水利工程施工安全生产标准化工作指南

主　编◎刘　军　　刘家文

副主编◎胡　浩　　朱秀红　　秦书平

河海大学出版社

HOHAI UNIVERSITY PRESS

·南京·

内 容 提 要

《水利工程施工安全生产标准化工作指南》对照《企业安全生产标准化基本规范》和《水利水电施工企业安全生产标准化评审标准》，以目标职责、制度化管理、教育培训、现场管理、安全风险管控及隐患排查治理、应急管理、事故管理、持续改进 8 个一级项目及 28 个二级项目和 149 个三级项目为主线，立足于对评审内容、赋分标准、法规要点、条文释义、实施要点、材料实例等进行详细分解。本书依据国家法律法规和地方标准，明确了管理者在水利工程施工安全生产标准化建设过程中应该遵守的标准规范以及应当收集的资料台账，使得水利水电施工企业安全生产标准化工作有章可循、有据可依，可作为水利工程施工安全生产管理人员的行动指南。

图书在版编目（C I P）数据

水利工程施工安全生产标准化工作指南 / 刘军，刘家文主编；胡浩，朱秀红，秦书平副主编. -- 南京：河海大学出版社，2021.12
　ISBN 978-7-5630-7276-7

　Ⅰ. ①水… Ⅱ. ①刘… ②刘… ③胡… ④朱… ⑤秦… Ⅲ. ①水利工程－工程施工－安全管理－标准化管理－中国－指南 Ⅳ. ①TV512-65

中国版本图书馆 CIP 数据核字（2021）第 244013 号

书　　　名	水利工程施工安全生产标准化工作指南
	SHUILI GONGCHENG SHIGONG ANQUAN SHENGCHAN BIAOZHUNHUA GONGZUO ZHINAN
书　　　号	ISBN 978-7-5630-7276-7
责任编辑	陈丽茹
特约校对	李春英
装帧设计	徐娟娟
出版发行	河海大学出版社
地　　　址	南京市西康路 1 号（邮编：210098）
网　　　址	http://www.hhup.com
电　　　话	(025)83737852（总编室）　(025)83722833（营销部）
经　　　销	江苏省新华发行集团有限公司
排　　　版	南京布克文化发展有限公司
印　　　刷	江苏凤凰数码印务有限公司
开　　　本	787 毫米×1092 毫米　1/16
印　　　张	28.25
字　　　数	696 千字
版　　　次	2021 年 12 月第 1 版
印　　　次	2021 年 12 月第 1 次印刷
定　　　价	98.00 元

编写人员

主　编：刘　军　　刘家文

副主编：胡　浩　　朱秀红　　秦书平

编　写：陈　敏　　王　凯　　沈　扬　　陆明志　　刘　念

　　　　仝　妍　　付俏丽　　殷　闻　　李文明　　林　立

　　　　周　松　　薛业章　　王　军　　蔡　宇　　朱　兰

　　　　侍　璐　　英　晟　　仝　杨　　朱　泼　　王　萍

　　　　蔡金东　　王　翰　　杨　婷　　张瑞峰　　陈芷睿

　　　　王新雷　　邵　笑　　董良泼　　肖怀前

主　审：肖怀前　　邵淮莲

前言

PREFACE

安全生产标准化体现了"安全第一、预防为主、综合治理"的方针和"以人为本"的科学发展观,强调安全生产工作的规范化、科学化、系统化和法治化,强化风险管理和过程控制,注重绩效管理和持续改进,符合安全管理的基本规律,代表了现代安全管理的发展方向,是先进安全管理思想与我国传统安全管理方法的有机结合,能有效提高企业安全管理水平,从而推动企业安全生产状况的根本好转。安全生产标准化是安全生产管理的重大创新,是新时代安全生产管理科学发展的基础。

2014 年 12 月 1 日施行的《中华人民共和国安全生产法》明确提出了生产经营单位"推进安全生产标准化工作"的要求。为进一步落实水利生产经营单位安全生产主体责任,强化安全基础管理,规范安全生产行为,促进水利安全生产工作的规范化、标准化,推动全员、全方位、全过程安全管理,进一步推进水利安全生产标准化建设,水利部先后出台了《水利行业深入开展安全生产标准化建设实施方案》《水利安全生产标准化评审管理暂行办法》《水利安全生产标准化评审管理暂行办法实施细则》,印发了《关于加快推进水利安全生产标准化建设工作的通知》《关于水利安全生产标准化达标动态管理的实施意见》等规范性文件。

在水利施工建设中,安全生产管理是一项至关重要的环节。水利安全生产标准化工作贯穿了水利施工企业生产经营的全过程,从建章立制、规范作业行为等方面提出了具体要求,为安全生产提供了标准,是水利施工企业建设安全生产长效机制的有效途径。水利安全生产标准化等级是体现水利生产经营单位安全生产管理水平的重要标志,可作为业绩考核、行业表彰、信用评级以及评价水利生产经营单位参与水利市场竞争能力的重要参考依据。

为更好地指导和推动水利水电施工企业安全生产标准化建设和评审工作,由江苏晓宇水利建设有限公司牵头,组织有关单位和专家,根据《水利水电施工企业安全生产标准化评审标准》(以下简称《评审标准》),在多方调研的基础上,编写了《水利工程施工安全生产标准化工作指南》(以下简称《工作指南》)。《工作指南》以《评审标准》的目标职责、制度化管理、教育培训、现场管理、安全风险管控及隐患排查治理、应急管理、事故管理、持续改进 8 个一级项目及 28 个二级项目和 149 个三级项目为主线,立足于对评审内容、赋分标准、法规要点、条文释义、实施要点、材料实例等进行详细分解。全书由刘军、邵淮莲编写大纲,刘家文、肖怀前进行统稿,肖怀前、邵淮莲统筹了内容审查。

《水利工程施工安全生产标准化工作指南》依据国家法律法规、地方标准和规范性文件,明确了管理者在水利水电施工企业安全生产标准化建设和评审工作中应该遵守的标准规范以及应当收集的资料台账,使得水利工程施工安全生产标准化工作有章可循、有据可依,可作为水利工程施工安全生产管理人员的行动指南。

目 录
CONTENTS

绪论

一、安全生产标准化

（一）安全及安全生产

安全是指没有受到威胁，没有危险、危害或损失。安全是人类在生产生活过程中，将对生命、财产、环境可能产生的损害控制在人类能够接受水平以下的一种状态。

在汉代就已出现"安全"一词，但"安"字却在许多场合下表达现代汉语中"安全"的意义，表达了人们通常理解的"安全"这一概念。例如，《易·系辞下》："是故君子安而不忘危，存而不忘亡，治而不忘乱，是以身安而国家可保也。"这里的"安"是与"危"相对的，并且如同"危"表达了现代汉语的"危险"一样，"安"所表达的就是"安全"的概念。"无危则安，无缺则全"，即安全意味着没有危险且尽善尽美，这是与人们传统的安全观念相吻合的。

"安全"作为现代汉语的一个基本语词，在各种现代汉语辞书里有着基本相同的解释。《现代汉语词典》对"安"字的第四个释义是："平安；安全（跟'危'相对）"，并列举"公安""治安""转危为安"作为例词。对"安全"的解释是："没有危险；平安"。《辞海》对"安"字的第一个释义就是"安全"，并在与国家安全相关的含义上列举《国策·齐策六》的一句话作为例证："今国已定，而社稷已安矣。"

其他出现"安全"的典籍还很多。如汉代焦赣《易林·小畜之无妄》："道里夷易，安全无恙。"《百喻经·愿为王剃须喻》："昔者有王，有一亲信，于军阵中，殁命救王，使得安全。"宋代范仲淹《答赵元昊书》："有在大王之国者，朝廷不戮其家，安全如故。"明代无名氏《临潼斗宝》第三折："你那铺谋定计枉徒然，我救的这十七国诸侯得安全。"明代吴承恩《西游记·第九十八回》，"佛祖笑道：'但只是经不可轻传，亦不可以空取，向时众比丘圣僧下山，曾将此经在舍卫国赵长者家与他诵了一遍，保他家生者安全，亡者超脱……'"。

所谓"安全生产"，是指在生产经营活动中，为了避免造成人员伤害和财产损失的事故而采取相应的事故预防和控制措施，使生产过程在符合规定的条件下进行，以保证从业人员的人身安全与健康、设备和设施免受损坏、环境免遭破坏，保证生产经营活动得以顺利进行的相关活动。

《辞海》中将"安全生产"解释为：为预防生产过程中发生人身、设备事故，形成良好劳动环境和工作秩序而采取的一系列措施和活动。《中国大百科全书》中将"安全生产"解释为：旨在保护劳动者在生产过程中安全的一项方针，也是企业管理必须遵循的一项原则，要求最大限度地减少劳动者的工伤和职业病，保障劳动者在生产过程中的生命安全和身体健康。后者将安全生产解释为企业生产的一项方针、原则和要求，前者则解释为企业生产的一系列措施和活动。

概括地说，安全生产是指采取一系列措施使生产过程在符合规定的物质条件和工作秩序下进行，有效消除或控制危险和有害因素，无人身伤亡和财产损失等生产事故发生，从而保障人员安全与健康、设备和设施免受损坏、环境免遭破坏，使生产经营活动得以顺利进行的一种状态。安全生产是保护劳动者的安全、健康和国家财产，促进社会生产力发展的基本保证，也是保证经济和社会发展的基本条件，因此，做好安全生产工作具有重要的意义。

"安全生产"这个概念，一般意义上讲，是指在社会生产活动中，通过人、机、物料、环境、方法的和谐运作，使生产过程中潜在的各种事故风险和伤害因素始终处于有效控制状态，切实保护劳动者的生命安全和身体健康。也就是说，安全生产是为了使劳动过程在符合安全要求的物质条件和工作秩序下进行的，防止人身伤亡、财产损失等生产事故，消除或控制危险等有害因素，保障劳动者的安全健康和设备设施免受损坏、环境免受破坏的一切行为。

安全生产是安全与生产的统一，其宗旨是安全促进生产，生产必须安全。搞好安全工作，改善劳动条件，可以调动人的生产积极性；减少职工伤亡，可以减少劳动力的损失；减少财产损失，可以增加企业效益，无疑会促进生产的发展；而生产必须安全，因为安全是生产的前提条件，没有安全就无法生产。

(二) 标准化及安全生产标准化

标准化，是指在经济、技术、科学和管理等社会实践中，对重复性的事物和概念，通过制定、发布和实施标准达到统一，以在一定的范围内获得最佳秩序和社会效益。企业标准化是以获得最佳生产经营秩序和经济效益为目标，对企业生产经营活动范围内的重复性事物和概念，以制定和实施企业标准，以及贯彻实施相关的国家、行业、地方标准等为主要内容的过程。

国家标准《标准化工作指南 第1部分：标准化和相关活动的通用词汇》(GB/T 20000.1—2002)对"标准化"的定义是："为了在一定范围内获得最佳秩序，对现实问题或潜在问题制定共同使用和重复使用的条款的活动。"同时在定义的后面注明：(1) 上述活动主要包括编制、发布和实施标准的过程；(2) 标准化的主要作用在于为了其预期目的改造产品、过程或服务的适用性，防止贸易壁垒，并促进技术合作。

标准化的基本原理通常是指统一原理、简化原理、协调原理和最优化原理。标准化的主要作用是组织现代化生产的重要手段和必要条件，是合理发展产品品种、组织专业化生产的前提，是企业实现科学管理和现代化管理的基础，是提高产品质量、保证安全卫生的技术保证，是资源合理利用、节约能源和节约原材料的有效途径，是推广新材料、新技术、新工艺、新产品的桥梁。

标准化管理的一个重要思想就是要求企业按照 PDCA 循环开展评价工作，周而复始地进行体系所要求的"计划、实施与运行、检查与纠正措施和管理评审"活动，从而实现持续改进的目标。标准化管理是一项复杂的系统工程，是一套全新的管理体制，具有系统性、国际性、动态性、超前性、经济性。标准化管理遵循 PDCA(戴明)管理模式，建立文件化的管理体系，坚持预防为主、全过程控制、持续改进的思想，使组织的管理工作在循环往复中螺旋上升，实现企业业绩改进的目的。

安全生产标准化，是指通过建立安全生产责任制，制定安全管理制度和操作规程，排查治理隐患和监控重大危险源，建立预防机制，规范生产行为，使各生产环节符合有关安全生产法律法规和标准规范的要求，人(人员)、机(机械)、料(材料)、法(工法)、环(环境)处于良好的生产或运行状态,不断持续改进,从而加强企业安全生产规范化建设。

安全生产标准化体现了"安全第一、预防为主、综合治理"的方针和"以人为本"的科学发展观,强调企业安全生产工作的规范化、科学化、系统化和法治化,强化风险管理和过程控制,注重绩效管理和持续改进,符合安全管理的基本规律,代表了现代安全管理的发展方向,是先进安全管理思想与我国传统安全管理方法、企业具体实际的有机结合,能有效提高企业安全管理水平,从而推动企业安全生产状况的根本好转。安全生产标准化是安全生产管理的重大创新,是科学发展和安全管理的基础。

安全生产标准化主要包含目标职责、制度化管理、教育培训、现场管理、安全风险管控及隐患排查治理、应急管理、事故管理、持续改进 8 个方面。

我国安全生产标准化工作自 21 世纪以来,经历了一个快速、逐步成熟的发展的过程。2006 年 6 月,全国安全生产标准化技术委员会成立大会暨第一次工作会议在北京召开。2011 年 5 月,国务院安委会下发了《关于深入开展企业安全生产标准化建设的指导意见》(安委〔2011〕4 号),要求全面推进企业安全生产标准化建设,进一步规范企业安全生产行为,改善安全生产条件,强化安全基础管理,有效防范和坚决遏制重特大事故发生。同时印发《关于深入开展全国冶金等工贸企业安全生产标准化建设的实施意见》(安委办〔2011〕18 号),提出工贸企业全面开展安全生产标准化建设工作,实现企业安全管理标准化、作业现场标准化和操作过程标准化。2011 年 6 月,国家安全监管总局印发《关于印发全国冶金等工贸企业安全生产标准化考评办法的通知》(安监总管四〔2011〕84 号),制定了考评发证、考评机构管理及考评员管理等实施办法,进一步规范工贸行业企业安全生产标准化建设工作。2011 年 8 月,国家安全监管总局印发《关于印发冶金等工贸企业安全生产标准化基本规范评分细则的通知》(安监总管四〔2011〕128 号),发布《冶金等工贸企业安全生产标准化基本规范评分细则》,进一步规范了冶金等工贸企业的安全生产。2013 年 1 月,国家安全监管总局等部门印发《关于全面推进全国工贸行业企业安全生产标准化建设的意见》(安监总管四〔2013〕8 号),提出要进一步建立健全工贸行业企业安全生产标准化建设政策法规体系,加强企业安全生产规范化管理,推进全员、全方位、全过程安全管理。2014 年 6 月,国家安全监管总局印发《企业安全生产标准化评审工作管理办法(试行)》(安监总办〔2014〕49 号)。2014 年 7 月,住房和城乡建设部印发《建筑施工安全生产标准化考评暂行办法》(建质〔2014〕111 号),要求进一步加强建筑施工安全生产管理,落实企业安全生产主体责任,规范建筑施工安全生产标准化考评工作。

(三) 企业安全生产标准化基本规范

2010 年 4 月,国家安全生产监督管理总局发布了《企业安全生产标准化基本规范》(AQ/T 9006—2010)安全生产行业标准,自 2010 年 6 月 1 日起实施。

2016 年 12 月,国家标准新版《企业安全生产标准化基本规范》(GB/T 33000—2016)由国家质量监督检验检疫总局、中国国家标准化管理委员会发布。2017 年 4 月 1 日,国家标准《企业安全生产标准化基本规范》(GB/T 33000—2016)正式实施。该标准由国家安全生产监督管理总局提出,全国安全生产标准化技术委员会归口,中国安全生产协会负责起草。该标准实施后,原《企业安全生产标准化基本规范》(AQ/T 9006—2010)废止。

《企业安全生产标准化基本规范》(GB/T 33000—2016)规定了企业安全生产标准化管理体系建立、保持与评定的原则和一般要求,以及目标职责、制度化管理、教育培训、现场管理、安全风险管控及隐患排查治理、应急管理、事故管理和持续改进 8 个体系的核心技术要求。该标准适用于工矿商贸企业开展安全生产标准化建设工作,制修订安全生产标准化标准、评定标准,以及对标准化工作的咨询、服务、评审、科研、管理和规划等,其他企业和生产经营单位等可参照执行。

《企业安全生产标准化基本规范》(GB/T 33000—2016)发布后,在企业安全生产标准化实践中发挥了积极的推动作用,指导和规范广大企业自主推进安全生产标准化建设,强化企业安全生产基础,引导企业科学发展、安全发展,实现企业生产质量、效益和安全的有机统一,能够产生广泛而实际的社会效益和经济效益。

(四) 双重预防与标准化

双重预防机制是安全生产标准化的核心,双重预防机制建设是根本,安全标准化是载体。安全生产标准化是借鉴《职业健康安全管理体系》(OHSAS 18001)、ISO 45001、GB/T 28001 等体系模式建立发展起来的,在近年国内安全体系发展中发挥了重要作用。国务院安委会在《关于深入开展企业安全生产标准化建设的指导意见》(安委〔2011〕4 号)中,明确指出了企业安全生产标准化建设是落实企业安全生产主体责任的必要途径,是强化企业安全生产基础工作的长效制度,是政府实施安全生产分类指导、分级监管的重要依据,是有效防范事故发生的重要手段,安全生产标准化给出了加强安全管理的具体途径和方法。

双重预防机制建设从事故致因理论角度出发,诠释了安全管理就是风险管理的内涵。安全管理的核心是风险管理,隐患排查治理是风险管控措施的监控过程。在现阶段国家推出风险管控与隐患治理双重预防机制,对于有效防控各类事故的发生具有很好的现实意义。双重预防机制建设的根本任务是通过风险管理全面辨识并管控各类危险源,从而解决"想不到"的问题。在此基础上,针对我国事故防控出现的漏洞多、有效性差等主要问题,开展隐患排查治理,重点整治人的不安全行为、物的不安全状态以及管理缺陷等专项措施,堵塞屏障上的这些缺陷、漏洞,使防控屏障能够发挥应有作用,有效遏制因防控屏障无效、低效而导致的事故高发,解决"管不住"的问题。

安全生产标准化起源于 20 世纪 80 年代,最早应用于煤矿领域,后期逐步发展完善,2011 年国家发布了正式文件,它的关键在于"合法合规",是企业安全生产的基础。双重预防机制是国家在 2015 年"8·12"天津滨海新区爆炸事故后提出的,2016 年初步形成规范指导文件,目前各个地方开展推进程度不同。它的关键在于构建了风险、隐患、事故链,是企业安全管理的核心,侧重于防止事故发生。综合而言,双重预防机制是灵魂,解决的是事故可防的问题。安全生产标准化是基础,解决的是提出事故防范的各项保障措施。即通过双重预防机制建设,抓重点、抓关键,通过安全生产标准化运行,抓全面、抓系统。二者相辅相成,互为补充促进。企业在理解国家文件时,应该全面系统地把握文件颁布的背景、意义、基本精神和主要目的等,而不应该孤立地理解一两个概念、工具的提法。

双重预防机制是安全生产标准化的核心,要将双重预防机制融入安全生产标准化体系,双重预防机制的风险分级管控和隐患排查治理在安全生产标准化中都有体现,但讲述很笼统,只有框架,具体内容不详细,对于双重预防机制具体如何开展没有要求,所以要将双重预防机制的具体要求融入安全生产标准化,组织开展危险源辨识、编制风险清单、进行风险评价、制定管控措施和管控责任人、风险监控等具体措施。在实施过程中,要调动安全生产标准化各个要素,以安全生产标准化要素联动保障双重预防机制建设,实现事故的可防可控。比如,双重预防机制的建设需要辨识国家相关法律法规,需要制度要素的支撑,需要组织机构要素来保障,需要培训教育要素培养合格的员工,辨识风险需要作业管理要素和生产设施及工艺安全要素来执行。以安全生产标准化的自评和持续改进验证双重预防机制的效果。双重预防机制开展得好不好,企业事故是否已经可防可控,需要进行验证。安全生产标准化是一个 PDCA 闭环体系,通过安全生产标准化的检查与自评要素,通过各种类型的检查,发现系统存在的安全问题和隐患,对于检查出的问题进行原因分析,可以找出企业有什么类型的风险是失控的或者没有辨识出来,进而继续推进双重预防机制建设。

二、水利工程施工安全生产标准化

(一) 水利安全生产标准化的工作背景

2013 年 4 月,根据国务院安委会《关于深入开展企业安全生产标准化建设的指导意见》(安委〔2011〕4 号)和水利部《关于印发水利行业开展安全生产标准化建设实施方案的通知》(水安监〔2011〕346 号)精神,为进一步落实水利生产经营单位安全生产主体责任,强化安全基础管理,规范安全生产行为,促进水利工程建设和运行安全生产工作的规范化、标准化,推动全员、全方位、全过程安全管理,水利部组织制定了《水利安全生产标准化评审管理暂行办法》(水安监〔2013〕189 号)。作为水利水电施工企业,应该积极响应水利部号召,通过在水利工程施工中开展安全生产标准化建设,规范施工作业,加强安全意识,提高管理水平,最终达到降低职业风险、提高本质安全的目的。2013 年,《水利安全生产标准化评审管理暂行办法实施细则》(办安监〔2013〕168 号)和《农村水电站安全生产标准化达标评级实施办法(暂行)》(水电〔2013〕379 号)印发施行。上一版《中华人民共和国安全生产法》于 2014 年 12 月 1 日起正式施行,其中增加了生产经营单位必须"推进安全生产标准化工作"的要求。

2016 年 2 月,水利部办公厅印发《关于加快推进水利安全生产标准化建设工作的通知》,要求各级水行政主管部门要进一步提高对水利安全生产标准化建设工作重要性的认识,把推进标准化建设工作放在水利安全生产监管的重要位置,加快标准化二、三级评审制度建设,积极培育评审机构,完善激励机制,切实做好水利安全生产标准化建设工作,要求多措并举,推动水利安全生产标准化建设。各级水行政主管部门要全面推动辖区内水利生产经营单位开展安全生产标准化达标建设,为水利生产经营单位开展安全生产标准化达标建设提供支持,并可采取招标加分、信用评级等多种方式,鼓励已经完成达标建设的水利生产经营单位申请安全生产标准化评审定级。

（二）水利工程施工安全生产标准化的重要意义

确保施工人员安全和工程建设安全可靠是建筑施工企业的必然要求，所以在水利水电施工建设中，安全生产管理是一项至关重要的环节。水利工程施工建设是一项工程量大、安全系数低、工序复杂、涉及人员广泛的工程项目，因此确保施工安全尤为重要。水利施工企业安全生产标准化是对水利工程施工安全管理的各个阶段通过制定目标或计划，落实、监督、检查和考核的 PDCA 闭环管理，从而保证水利工程施工的安全，对水利工程现场安全管理有着重要意义。水利施工企业安全生产标准化建设是一项系统工程，需要项目负责人进行周密的规划，确保施工各个环节符合国家相关标准。安全生产标准化工作贯穿了水利施工企业生产经营的全过程，从建章立制、规范作业行为等方面提出了具体要求，为安全生产提供了标准，是水利施工企业建设安全生产长效机制的有效途径。

水利安全生产标准化等级是体现水利生产经营单位安全生产管理水平的重要标志，可作为业绩考核、行业表彰、信用评级以及评价水利生产经营单位参与水利市场竞争能力的重要参考依据。

三、创建程序

（一）创建依据

安全生产标准化等级分为一级、二级、三级，一级为最高，依据评审得分确定，评审满分为 100 分。具体标准为：

（1）一级：评审得分 90 分以上（含），且各一级评审项目得分不低于应得分的 70%；

（2）二级：评审得分 80 分以上（含），且各一级评审项目得分不低于应得分的 70%；

（3）三级：评审得分 70 分以上（含），且各一级评审项目得分不低于应得分的 60%；

（4）不达标：评审得分低于 70 分，或任何一项一级评审项目得分低于应得分的 60%。

《水利安全生产标准化评审管理暂行办法》（水安监〔2013〕189 号）适用于水利部部属水利生产经营单位，以及申请一级的非部属水利生产经营单位安全生产标准化评审。水利生产经营单位是指水利工程项目法人、从事水利水电工程施工的企业和水利工程管理单位。从事水利水电工程施工的企业评审执行《水利水电施工企业安全生产标准化评审标准》，江苏省水利安全生产标准化二级、三级从事水利水电工程施工的企业评价执行《江苏省水利水电施工企业安全生产标准化评价标准》。

《江苏省水利安全生产标准化建设管理办法（试行）》适用于江苏省水利厅厅属水利生产经营单位安全生产标准化二、三级，以及非厅属水利生产经营单位安全生产标准化二级的建设管理工作。非厅属水利生产经营单位安全生产标准化三级的建设管理工作，由所在市水行政主管部门负责。水利部安全生产标准化评审委员会负责部属水利生产经营单位一、二、三级和非部属水利生产经营单位一级安全生产标准化评审的指导、管理和监督，其办公室设在监督司(原安全监督司)。评审具体组织工作由中国水利企业协会承担。江苏省水利厅负责全省水利安全生产标准化评价工作的组织、管理、指导和监督,具体工作由厅监督处(原安全监督处)承担,省水利科教中心(省水利企业管理协会)承办评价日常工作。

水利安全生产标准化评审程序包括:

(1) 水利生产经营单位依照《评审标准》进行自主评定;

(2) 水利生产经营单位根据自主评定结果向相关水行政主管部门提出评审申请;

(3) 经审核符合条件的,由水行政主管部门或其认可的评审机构开展评审;

(4) 水行政主管部门审定,并公告、颁证授牌。

水利生产经营单位应按照《评审标准》组织开展安全生产标准化建设,自主开展等级评定,形成自评报告。自评报告内容应包括:单位概况及安全管理状况、基本条件的符合情况、自主评定工作开展情况、自主评定结果、发现的主要问题、整改计划及措施、整改完成情况等。水利生产经营单位在策划、实施安全生产标准化工作和自主开展安全生产标准化等级评定时,可以聘请专业技术咨询机构提供支持。从事水利水电工程施工的企业申请水利安全生产标准化评审,应依法取得国家规定的相应安全生产行政许可。水利部对申请材料进行审核,符合申请条件的,通知申请单位开展评审机构评审。水利生产经营单位根据自主评定结果,按照下列规定提出评审书面申请,申请材料包括申请表和自评报告:

(1) 部属水利生产经营单位经上级主管单位审核同意后,向水利部提出评审申请;

(2) 地方水利生产经营单位申请水利安全生产标准化一级的,经所在地省级水行政主管部门审核同意后,向水利部提出评审申请;

(3) 上述两款规定以外的水利生产经营单位申请水利安全生产标准化一级的,经上级主管单位审核同意后,向水利部提出评审申请。

评审机构按照以下程序进行评审:

(1) 评审机构依据相关法律法规、技术标准以及《评审标准》,采用抽样的方式,采取文件审查、资料核对、人员询问、现场察看等方法,对申请单位进行评审;

(2) 评审机构评审工作应在30日内完成(不含申请单位整改时间);

(3) 评审机构应在评审工作结束后15日内完成评审报告。评审报告内容应包括:单位概况,安全生产管理及绩效,评审情况、得分及得分明细表,存在的主要问题及整改建议,推荐性评审意见,现场评审人员组成及分工。

水利部、省市级水行政主管部门对取得水利安全生产标准化等级证书的单位,实施分类指导和督促检查,一级单位抓巩固,二级单位抓提升,三级单位抓改进,并视情况组织检查、抽查,对检查、抽查中发现的重大问题进行通报。

水利生产经营单位取得水利安全生产标准化等级证书后,每年应对本单位安全生产标准化的情况至少进行一次自我评审,并形成报告,及时发现和解决生产经营中的安全问题,持续改进,不断提高安全生产水平。

安全生产标准化等级证书有效期为3年。有效期满需要延期的,须于期满前3个月,向原发证水行政主管部门提出延期申请。水利生产经营单位在安全生产标准化等级证书有效期内,完成年度自我评审,保持绩效,持续改进安全生产标准化工作,经复评,符合延期条件的,可延期3年。

取得水利安全生产标准化等级证书的单位，在证书有效期内发生下列行为之一的，由原发证水行政主管部门撤销其安全生产标准化等级，并予以公告：

（1）在评审过程中弄虚作假、申请材料不真实的；

（2）不接受检查的；

（3）迟报、漏报、谎报、瞒报生产安全事故的；

（4）水利水电施工企业发生较大及以上生产安全事故后，在半年内申请复评不合格的；

（5）水利水电施工企业复评合格后再次发生较大及以上生产安全事故的。

被撤销水利安全生产标准化等级的单位，自撤销之日起，须按降低至少一个等级重新申请评审；且自撤销之日起满 1 年后，方可申请被降低前的等级评审。水利安全生产标准化三级单位构成撤销等级条件的，责令限期整改。整改期满，经评审符合三级单位要求的，予以公告。整改期限不得超过 1 年。

（二）创建流程

1. 策划准备

策划准备阶段首先要成立安全生产标准化创建工作领导小组，由企业主要负责人担任领导小组组长，相关职能部门的主要负责人作为成员，确保安全生产标准化建设有组织保障；成立领导小组办公室及各执行小组，由各部门负责人、工作人员共同组成，负责安全生产标准化建设过程中的具体问题。要制定安全生产标准化建设目标，并根据目标来制定推进方案，分解落实创建责任，确保各部门在安全生产标准化建设过程中任务分工明确，顺利完成各阶段工作目标。

建设安全生产标准化需要企业最高管理者的大力支持及管理层的配合，因此需要召开安全生产标准化首次会议进行策划准备及制定相关目标。

2. 教育培训

安全生产标准化创建需要全员全方位的参与。教育培训首先要解决企业领导层对安全生产标准化建设工作重要性的认识，加强其对安全生产标准化工作的理解，从而使企业领导层重视该项工作，加大推动力度，监督检查执行进度；其次要解决执行部门及具体人员的问题，要明确本部门、本岗位、相关人员应该做哪些工作，如何将安全生产标准化建设和企业日常安全管理工作相结合。同时，要加大安全生产标准化工作的宣传力度，充分利用企业内部资源广泛宣传安全生产标准化的相关文件和知识，加强全员参与度，解决安全生产标准化创建的思想认识和关键问题。

安全生产标准化工作强调全员、全过程、全方位、全天候监督管理原则，因此，进行全员安全生产标准化培训是安全生产标准化工作重点内容之一。企业安全生产标准化创建工作领导小组办公室要根据实际情况，对公司全员进行培训。

3. 现状梳理

对照《水利水电施工企业安全生产标准化评审标准》，对企业各职能部门及各分公司、项目部安全管理情况、现场设备设施状况进行现状摸底，摸清存在的问题和缺陷；对于发现的问题，定责任部门、定措施、定时间、定资金，及时进行整改并验证整改效果。现状摸底的结果作为企业安全生产标准化建设各阶段进度任务的针对性依据。企业要根据自身经营规模、行业地位及现状摸底结果等因素及时调整达标目标,注重建设过程,保证建设真实、有效、可靠,不可盲目一味追求达标等级。

企业应该对照《水利水电施工企业安全生产标准化评审标准》,对自身安全生产管理情况进行修正,在现状梳理过程中发现"不符合"项。梳理过程和现状摸底的结果,作为企业安全生产标准化建设各阶段进度任务的针对性依据。要整理归纳日常安全生产管理工作,包括安全生产管理的制度文件、记录表单、统计表单及相关安全生产技术控制措施等,充分对现有安全生产管理情况进行现状摸底。与《水利水电施工企业安全生产标准化评审标准》进行对照,评估安全生产标准化建设工作难度及工作量。结合标准内容,进行查缺补漏,缺少的及时补充,已有但不满足标准化要求的及时进行修订,对于发现的问题及时整改并验证结果,形成安全生产标准化修正方案,持续改进。

4. 管理文件制订修订

安全生产标准化对安全管理制度、操作规程等要求,核心在其内容的符合性、针对性和有效性,而不是对其名称和格式的要求。企业要对照评定标准,对主要安全管理文件进行梳理,结合现状摸底所发现的问题,准确判断管理文件亟待加强和改进的薄弱环节,提出有关文件的制修订计划。以各部门为主,自行对相关文件进行制修订,由安全生产标准化创建工作领导小组对管理文件进行审核把关。

企业应该按照《水利水电施工企业安全生产标准化评审标准》对应的 8 个一级要素和若干个二级要素、三级要素进行分析,整理要素大纲,确定适用于本单位的有关条款,根据自身行业及地区所属的安全生产标准化相关规定,逐条对照,完善公司的管理文件。

5. 实施运行及整改

根据制修订后的安全管理文件,企业要在日常工作中进行实际运行。根据运行实际情况,对照评定标准的条款,按照有关程序,将发现的问题及时进行整改及完善。安全生产标准化的实施措施就是公司在生产经营和全部管理过程中,自觉贯彻执行安全生产的法律法规、规章制度及各项标准,加强安全生产工作,使人、机、物、环形成良好循环。可进行试运行或者制度文件试行,比如学习安全生产标准化方案文件,使各部门人员明确自身职责,知道该怎么做、如何做;在试运行前检查各部门协调的资源配置,加强宣传,增加现场标志标识,对试运行的符合性进行检查,提出纠正措施和预防措施,持续改进并对效果进行评估,然后进行正常实施及运行保持。在正式运行阶段,需要企业不断完善各项管理制度,从管理创新入手,努力提高安全生产标准化管理水平,采取有效措施为标准化建设开路,同时应该从基础工作抓起,加强硬件和软件建设,建立安全生产标准化创建工作的奖励和约束机制,激发广大员工的创建工作热情。在具体的实施过程当中要有完整的运行、更改、宣传等记录表单。

6. 企业自评

企业在安全生产标准化系统运行一段时间后,依据评定标准,由安全生产标准化创建工作领导小组组织相关人员,开展自主评定工作。企业对自主评定中发现的问题进行整改,整改完毕后,着手准备安全生产标准化评审申请材料。

一是成立自评机构。企业应成立专门的自评机构,应按照企业安全生产标准化建设时使用的本行业安全生产标准化评定标准进行自我评审,自评也可以邀请第三方专业技术服务机构提供支持。二是制订自评计划,发现问题并整改。结合企业实际情况制订自评计划,根据计划开展自评工作。针对自评过程中发现的问题制订整改计划及整改措施,并进行记录。整改完成后,继续按照评定标准进行重新自评,循序渐进,不断完善。三是形成自评报告,自评完成应形成自评报告、整改计划表及扣分汇总表。企业在自评材料中,应尽可能将每项考评内容的得分及扣分原因进行详细描述,应能通过申请材料反映企业安全管理情况。四是评审申请。水利部所管水利安全生产标准化评审实行网上申报。水利生产经营单位须根据自主评定结果登录水利安全监督网"水利安全生产标准化评审管理系统",经上级主管单位或所在地省级水行政主管部门审核同意后,提交水利部安全生产标准化委员会办公室。其中,审核单位为非水利部直属单位或省级水行政主管部门的,须以纸质材料进行审核,审核通过后,登录"水利安全生产标准化评审管理系统"进行申报。

7. 外部评审

评审机构现场评审工作程序:根据被评审单位实际,制订评审工作计划,选派评审工作人员开展评审,评审工作人员与被评审单位无直接利益关系;召开评审工作会议,听取被评审单位安全生产工作汇报,了解被评审单位的安全生产工作情况;对照评审标准要求,进行现场查验、问询,形成评审记录,提出整改意见和建议;召开总结会议,通报评审工作情况和推荐性评审意见。

被评审单位所管辖的项目或工程数量超过 3 个时,应抽查不少于 3 个项目或工程现场。施工企业须抽查现场作业量相对较大时期的水利水电工程项目。江苏省水利厅规定,申请单位所管辖的项目或工程数量在 2 个及以下的,应当全部开展现场抽样检查;超过 2 个的,应当现场抽样检查不少于 2 个规模较大的项目或工程。

江苏省水利厅规定水利安全生产标准化评价程序:

(1)申请单位对照本办法及《评价标准》,初评后提交申请材料:厅属申请单位直接向省水利厅提出申请;非厅属申请单位,经所在市水行政主管部门签署同意后,向省水利厅提出申请;

(2)省水利厅对申请材料进行初审;

(3)通过初审的,申请单位开展评价,提交评价报告;

(4)省水利厅对评价报告进行审查,通过审查的予以公示,公示期为 5 个工作日;

(5)公示期有异议的,由省水利厅组织核查;公示期无异议的,由省水利厅颁发证书、标牌。

(三) 考评注意事项

1. 取得水利安全生产标准化等级证书的单位每年年底应对安全生产标准化情况进行自评,形成报告,于次年 1 月 31 日前通过"水利安全生产标准化评审管理系统"报送原发证水行政主管部门。

2. 江苏省水利厅规定:本省范围内所有水利生产经营单位,应当按照安全生产标准化评价标准开展安全生产标准化建设工作。其中资质注册地在江苏省行政区域内的具有水利水电资质施工企业应当按照本办法申请安全生产标准化等级。水利安全生产标准化等级是体现水利生产经营单位安全生产管理水平的重要标志,可作为业绩考核、行业表彰、信用评级以及评估水利生产经营单位参与水利市场竞争能力的重要参考依据。

3. 江苏省水利厅规定：水利水电施工企业申请应当依法取得安全生产许可证，且在评价期（申请等级评价之日前一年，下同）内未发生较大及以上生产安全事故，无非法违法生产经营建设行为，重大事故隐患已治理达到安全生产要求；水利水电施工企业应当有一定规模和数量的在建工程供现场检查：其中申报二级的，应当不少于 2 个 1 000 万元（合同金额，下同）或 1 个 2 000 万元以上规模的工程现场；申报三级的，应当不少于 2 个 500 万元或 1 个 1 000万元以上规模的工程现场。

第一章

目标职责

第一节　目标

【三级评审项目】

1.1.1　安全生产目标管理制度应明确目标的制定、分解、实施、检查、考核等内容。

【评审方法及评审标准】

查制度文本。

1. 未以正式文件发布,扣 2 分;

2. 制度内容不全,每缺一项扣 1 分;

3. 制度内容不符合有关规定,每项扣 1 分。

【标准分值】

2 分

◆**法规要点**◆

《国务院关于进一步加强企业安全生产工作的通知》(国发〔2010〕23 号)

(二十五)制定落实安全生产规划。各地区、各有关部门要把安全生产纳入经济社会发展的总体布局,在制订国家、地区发展规划时,要同步明确安全生产目标和专项规划。企业要把安全生产工作的各项要求落实在企业发展和日常工作之中,在制订企业发展规划和年度生产经营计划中要突出安全生产,确保安全投入和各项安全措施到位。

◆**条文释义**◆

1. 目标管理:是以目标的设置和分解、目标的实施及完成情况的检查、奖惩为手段,通过员工的自我管理来实现企业的经营目的的一种管理方法。该方法由美国管理学家德鲁克于 20 世纪 50 年代提出,被称为"管理中的管理"。一方面强调完成目标,实现工作成果;另一方面重视人的作用,强调员工自主参与目标的制定、实施、控制、检查和评价。

2. 目标分解:就是将总体目标在纵向、横向或时序上分解到各层次、各部门以至具体人,形成目标体系的过程。目标分解是明确目标责任的前提,是使总体目标得以实现的基础。

◆**实施要点**◆

1. 本条考核应提供的备查资料一般包括:《安全生产目标管理制度》及其印发文件。目标的制定要切实贴近实际,要有针对性和可操作性。

2. 水利工程施工单位应建立目标管理制度,其主要内容包括总则、管理职责、目标的制定、目标的分解及实施、目标实施结果考核、目标的评审及修订、附则等,并以正式文件印发。制度的内容要全面,不应漏项。

3. 安全生产目标一般分为安全生产总目标和年度安全生产目标。

◆材料实例◆

印发目标管理制度文件

××水利工程建设有限公司文件

×××〔2021〕×号

___

关于印发《安全生产目标管理制度》的通知

各部门、各分公司:

为加强安全生产标准化目标管理,明确目标的制定、分解、实施、检查、考核等要求,根据水利部《水利安全生产标准化评定管理暂行办法》有关规定,我公司组织制定了《安全生产目标管理制度》,现印发给你们,请遵照执行。

附件:安全生产目标管理制度

××水利工程建设有限公司(章)

2021 年×月×日

安全生产目标管理制度

第一章　总　则

第一条　为认真贯彻"安全第一、预防为主、综合治理"的方针,加强对公司的安全生产目标的控制、管理,确保公司安全生产目标的实现,特制定本制度。

第二条　本制度适用于本公司范围内安全生产目标的控制管理。

第二章　管理职责

第三条　安全科负责本制度的编制、修订和督促检查工作。

第四条　各部门编制本部门的安全生产目标及实施计划。

第五条　单位负责人批准公司安全生产目标。

第三章　目标的制定

第六条　安全科根据安全生产方针、管理评审的结果、风险评价结果、生产和过程绩效、标准化系统评价结果、改进安全生产管理存在的不足之处,起草安全生产目标和指标。

第七条　安全科负责起草安全生产目标,提交安全生产委员会进行审查,审查其全面性和合理性,经审查合格后形成公司安全生产总目标和年度安全生产目标,由单位负责人批准后实施。

第八条　安全生产目标的制定,主要根据(但不局限于)以下几个方面建立具体的目标:

(一)事故控制方面,主要是实现不发生各类生产事故的目标,其中生产事故包括人身伤害事故、设备事故、交通事故、火灾事故、环境污染事故、社会安全事件及其他工程事故等。

(二)安全生产条件方面,如实现企业安全生产许可证的持证率100%。

(三)安全教育培训方面,如实现各类人员的安全生产考核合格率100%、定期复培率100%以及三项岗位作业人员的持证率100%的目标。

(四)安全生产责任落实方面,如实现企业安全责任书的签订率100%。

(五)设备管理方面,如实现在用施工设备、器具登记率、定检率100%。

(六)隐患排查治理方面,如实现隐患排查及时整改率100%。

(七)安全生产标准化方面,如实现企业安全生产标准化二级达标等。

第四章　目标的分解及实施

第九条　公司各部门、各人员应为实现安全生产目标提供人力资源、财力资源、物力资源及技术资源等方面的支持和配合。

第十条　公司根据安全生产总目标,编制年度安全生产目标,并依据编制的年度安全生产目标进行安全生产管理。

第十一条　安全科将年度安全生产目标以安全目标责任书形式逐级分解到各部门。各部门根据公司的年度安全生产目标,编制本部门的安全生产目标及实施计划,并将部门的安全生产目标逐级分解到各班组及员工个人,以确保目标和指标实施。

第十二条　公司分级控制安全目标依据的原则主要包括:

(一)公司控制重伤和一般事故,不发生人身死亡、较大事故。

(二)部门控制轻伤和障碍,不发生重伤和一般事故。

(三)班组控制未遂和异常,不发生轻伤和障碍。

(四)员工不发生违章行为。

第五章　目标实施结果考核

第十三条　为促进安全生产目标的落实,公司应至少每季度开展一次安全生产目标执行情况的监督检查,并根据检查情况及时调整实施计划。安全生产目标监督检查工作应将目标的实施情况和评估结果记录下来。

第十四条　公司应至少每年对各部门的安全生产目标的完成效果进行考核,并将考核结果公布,作为安全奖罚的依据。安全生产目标的完成效果及考核奖惩情况应形成记录。

第六章　目标的评审及修订

第十五条　通过考核安全生产目标的完成效果,分析安全生产目标和指标的适宜性,考虑企业内外部条件的变化,对安全生产目标及时进行修订。

第七章 附 则

第十六条 本制度由安全科负责解释。

第十七条 本制度自印发之日起开始实行。

【三级评审项目】

1.1.2 制定安全生产总目标和年度目标,应包括生产安全事故控制、生产安全事故隐患排查治理、职业健康、安全生产管理等目标。

【评审方法及评审标准】

查中长期安全生产工作规划和年度安全生产工作计划等相关文件。

1. 目标未以正式文件发布,扣3分;

2. 目标制定不全,每缺一项扣1分。

【标准分值】

3分

◆法规要点◆

《国务院关于进一步加强安全生产工作的决定》(国发〔2004〕2号)

(十六)建立安全生产控制指标体系。要制订全国安全生产中长期发展规划,明确年度安全生产控制指标,建立全国和分省(区、市)的控制指标体系,对安全生产情况实行定量控制和考核。从2004年起,国家向各省(区、市)人民政府下达年度安全生产各项控制指标,并进行跟踪检查和监督考核。对各省(区、市)安全生产控制指标完成情况,国家安全生产监督管理部门将通过新闻发布会、政府公告、简报等形式,每季度公布一次。

◆条文释义◆

1. 事故控制:通过采取技术和管理的手段,使事故发生后不造成严重后果或使损失尽可能地减小。

2. 职业健康:是对工作场所内产生或存在的职业性有害因素及其健康损害进行识别、评估、预测和控制的一门科学,其目的是预防和保护劳动者免受职业性有害因素所致的健康影响和危险,使劳动者适应工作,促进和保障劳动者在职业活动中的身心健康和社会福利。

◆实施要点◆

1. 本条考核应提供的备查资料一般包括:《××××－××××年度安全生产总目标》《××××年度安全生产目标》。

2. 水利工程施工单位一般每五年发布一次安全生产总目标,每年发布一次安全生产目标,其内容主要包括:生产安全事故控制、生产安全事故隐患排查治理、职业健康、安全生产管理等方面。安全生产总目标和安全生产目标必须以正式文件形式发布。

◆材料实例◆

1. 印发安全生产总目标文件

××水利工程建设有限公司文件

×××〔2021〕×号

关于发布 2021—2025 年度安全生产总目标的通知

各部门、各分公司：

为保证我公司工程建设施工的生产安全,根据国家有关方针政策和公司中长期发展规划的要求,特制定 2021—2025 年度安全生产总目标。

一、安全生产总目标

按照"安全第一、预防为主、综合治理"的安全生产方针,加大安全管理力度,严格落实各项安全管理措施,进一步提高安全管理水平,加大安全标准化建设力度;加强安全监管,杜绝生产安全事故的发生;遵循以人为本的原则,加强员工培训,努力提高员工队伍的安全意识;加大对安全生产的投入,夯实安全生产基础,改善安全生产环境;努力为员工提供一个安全健康的作业环境,实现各类生产安全事故零指标。具体指标如下：

（一）事故控制目标

1. 不发生重伤及死亡事故；

2. 不发生责任交通事故；

3. 不发生火灾事故；

4. 不发生责任机械、设备事故；

5. 不发生环境污染事故。

（二）隐患整改目标

隐患排查及时整改率 100%。

（三）安全管理目标

1. 安全教育培训合格率 100%；

2. 特殊工种持证上岗率 100%；

3. 安全防护设施安装、验收合格率 100%。

（四）其他目标

1. 不发生对企业形象和稳定造成不利影响的事件；

2. 创建安全文明施工样板工地。

二、安全生产总目标控制措施

（一）建立健全安全生产委员会工作制度

成立以企业主要负责人为主任,各部门负责人为成员的安全生产委员会,建立工作制度,明确各部门职责,定期召开安委会会议,总结、分析、部署各工程建设施工的安全生产工作。

（二）安全生产目标层层分解、层层落实

进一步加强安全生产管理目标的逐级分解。各部门根据公司安全生产总目标，制定年度安全生产目标，并结合工程特点和本单位实际情况，按照"纵向到底、横向到边"的原则，进一步将安全生产目标分解到各职能部门、各岗位，安全生产目标应可操作性强，并落实部门、岗位有关的安全保证措施。

（三）签订安全生产责任书，落实安全生产责任制

公司安全管理工作始终贯彻"安全第一、预防为主、综合治理"的方针，牢牢树立"安全是质量、安全是进度、安全是效益"的意识，以质量保安全，以安全促质量。公司每年年初与各部门签订安全生产责任书，建立了安全生产考核、奖罚制度，规定了安全生产责任、检查、考核和奖罚的具体要求。同时要求各部门结合施工情况制定和完善相应的制度、规定、方案和工程措施。

（四）建立健全各项安全生产规章制度

制度是管理的根本，相关部门应建立并完善安全生产责任制度、安全生产工作例会制度、隐患排查治理制度、生产安全事故管理制度和安全生产考核制度等有关安全生产规章制度，确保安全生产所需的人员、设备设施、资金等。随着工程建设的推进，管理重点和特点也将发生变化，公司应根据具体情况进一步完善并落实各项安全生产规章制度，使其具有严密性和可操作性。

（五）制订安全工作计划，确立安全管理重点

根据目前公司在建工程施工情况和后期工程施工要求，认真总结并吸取同类工程的经验教训，每年制订安全生产工作计划，确立工程建设安全管理重点和控制措施。

针对重点项目，加强过程的检查与监督，做到提前准备、措施到位。每季度定期组织会议，检查、研究、落实重点项目相关问题，确保工程安全、人身和设备安全，防止各类事故发生。

（六）强化教育培训，提高全员意识

建立、健全安全教育培训制度，强化新员工和从业人员的安全教育培训，100％培训合格后上岗。加强对主要负责人、项目负责人、专职安全管理人员培训、考核，持证上岗。

（七）落实安全责任，加强监督检查

公司和项目部均应编制并落实安全生产责任制，明确各部门、岗位及人员的安全生产职责、权限和考核内容，并定期对各岗位和人员的安全生产责任制的落实情况进行检查。安全管理机构和专职安全生产管理人员应加强现场监督检查，对各项安全管理制度和措施的落实情况进行经常性检查，以保证安全生产总目标的顺利实现。

（八）严格过程控制，规范现场管理

建立危险性作业和关键工序审批制度，加强对作业过程的监督管理，有效防控作业过程风险。加强工程建设危险源的辨识、控制，从人员、设备设施、环境、管理四个方面排查治理事故隐患，强化现场文明施工管理，提高现场本质安全管理水平。

××水利工程建设有限公司(章)

2021 年×月×日

2. 印发年度安全生产目标文件

××水利工程建设有限公司文件
×××〔2021〕×号

关于发布 2021 年度安全生产目标的通知

各部门、各分公司：

　　为认真贯彻"安全第一、预防为主、综合治理"的安全生产方针和"管生产必须管安全"的原则，深化安全生产管理体制改革，落实安全生产责任制，全面实施安全生产标准化建设，提高现场安全施工管理水平，提高员工安全素质，特发布 2021 年度安全生产目标计划。各部门及各分公司应针对目标内容，制定相应的安全措施，以确保公司安全生产目标的实现。

　　一、2021 年度安全生产目标内容

　　以安全生产法为武器，树立以人为本的观念，治理隐患，保障安全，消灭违章事故，消灭重复事故，在创建安全文明和加强安全管理方面要有新的突破。

　　(1) 不发生重伤及死亡事故；

　　(2) 不发生职业病；

　　(3) 不发生一般及以上责任交通事故；

　　(4) 不发生一般及以上火灾事故；

　　(5) 不发生一般及以上责任机械、设备事故；

　　(6) 不发生对企业形象和稳定造成不利影响的事件；

　　(7) 安全教育培训合格率 100%，特殊工种持证上岗率 100%，定期复培率 100%；

　　(8) 在用施工设备、器具登记率、定检率 100%；

　　(9) 隐患排查及时整改率 100%；

　　(10) 争创 2021 年度安全文明施工样板工地。

　　二、保障措施

　　(1) 提高安全意识，坚持预防为主，保障员工在施工过程中的安全和健康，把员工的生命安全与健康摆在首位，树立"安全就是效益"的观念，在计划、布置、检查、总结、评比生产的时候，同时计划、布置、检查、总结、评比安全工作。定期研究安全生产动态，及时解决生产中出现的问题，当安全与生产发生矛盾的时候，能够服从安全的需要行使安全一票否决权，用足用好安全防护经费，改善劳动条件和作业环境。

　　(2) 建立健全安全组织，落实好安全管理机构，完善安全生产岗位责任制，逐级签订安全生产责任状，发挥安全员的权利作用，杜绝违章指挥、违章操作。

　　(3) 加强安全教育，提高员工安全素质，健全员工安全教育档案，充分利用班前会、专题会、安全技术交底、板报宣传等形式，做到安全工作天天讲，形成"安全为了生产，生产必须安全"的氛围，新入场的工人上岗前必须全部进行安全教育培训，经考试合格，签订安全责任书后方可上岗操作。

（4）开展好安全生产月活动。通过开展群众性的安全活动，增强员工安全意识，提高员工安全素质，促进安全生产。

（5）加强现场临时用电管理、落实三相五线制，达到三级配电二级保护，接地接零齐全有效，配齐铁壳标准配电箱、五芯电缆、漏电保护器，规范用电安全技术资料。

（6）各级管理人员要做到有针对性地监督检查，把事故隐患消灭在萌芽之中，节假日前后及农忙季节要注意员工心理状态和疲劳程度，在高温、暑雨季节的施工要科学安排，落实好防洪度汛及防暑降温措施，冬季施工要落实防冻、防滑、防火措施。

（7）认真执行事故上报制度，坚持"四不放过"原则，及时召开现场会，使干部、员工吸取教训、接受教育，避免类似事故发生。如发生事故隐瞒不报或不及时上报者，追究有关人员责任并按公司有关规定处罚。

（8）各级领导管理人员要以身作则带头规范自己的安全行为，身教重于言教，自觉遵守安全规章制度，给员工做出表率。

××水利工程建设有限公司（章）
2021 年×月×日

【三级评审项目】

1.1.3 根据部门和所属单位在安全生产中的职能，分解安全生产总目标和年度目标。

【评审方法及评审标准】

查相关文件。

1. 目标未分解，扣 4 分；

2. 目标分解不全，每缺一个部门或单位扣 1 分；

3. 目标分解与职能不符，每项扣 1 分。

【标准分值】

4 分

◆法规要点◆

《国务院关于进一步加强安全生产工作的决定》（国发〔2004〕2 号）

（十六）建立安全生产控制指标体系。要制订全国安全生产中长期发展规划，明确年度安全生产控制指标，建立全国和分省（区、市）的控制指标体系，对安全生产情况实行定量控制和考核。从 2004 年起，国家向各省（区、市）人民政府下达年度安全生产各项控制指标，并进行跟踪检查和监督考核。对各省（区、市）安全生产控制指标完成情况，国家安全生产监督管理部门将通过新闻发布会、政府公告、简报等形式，每季度公布一次。

◆条文释义◆

年度目标：年度目标是计划和预算编制的依据，是企业根据战略目标，围绕关键战略因素，根据计划期提出的管理、财务、营运等方面的经营目标；确定企业年度经营目标实质上就是将企业营运状态分析结果转化成一系列管理决策的过程。

◆**实施要点**◆

1. 本条考核应提供的备查资料一般包括:《关于发布××××年度安全生产总目标分解的通知》或《关于发布××××年度安全生产目标分解的通知》等红头文件。

2. 安全生产总目标和年度目标要分解到每个部门或单位,且分解的目标要与职能相符。

◆**材料实例**◆

1. 印发安全生产年度目标分解文件

××水利工程建设有限公司文件
×××〔2021〕×号

关于发布 2021 年度安全生产目标分解的通知

各部门、各分公司:

公司 2021 年度安全生产目标已发布,为确保全年安全生产目标的顺利实现,公司将 2021 年度安全生产目标分解到各部门及各主要管理人员,各相关部门及人员应制定有效措施,确保安全生产目标的实现。

附件:××水利工程建设有限公司 2021 年度安全生产目标分解

××水利工程建设有限公司(章)

2021 年×月×日

××水利工程建设有限公司 2021 年度安全生产目标分解

一、总经理安全生产责任目标

(一) 不发生重伤及死亡事故;

(二) 不发生责任交通事故;

(三) 不发生火灾事故;

(四) 不发生责任机械、设备事故;

(五) 不发生环境污染事故;

(六) 隐患排查及时整改率 100%;

(七) 安全教育培训合格率 100%;

(八) 特殊工种持证上岗率 100%;

(九) 定期复培率 100%;

(十) 不发生对企业形象和稳定造成不利影响的事件。

二、副总经理安全生产责任目标

（一）不发生重伤及死亡事故；

（二）不发生责任交通事故；

（三）不发生火灾事故；

（四）不发生责任机械、设备事故；

（五）不发生环境污染事故；

（六）隐患排查及时整改率 100%；

（七）安全教育培训合格率 100%；

（八）特殊工种持证上岗率 100%；

（九）定期复培率 100%；

（十）不发生对企业形象和稳定造成不利影响的事件。

三、办公室安全生产责任目标

（一）重伤及死亡事故率为零；

（二）一般及以上责任交通事故率为零；

（三）一般及以上火灾事故率为零；

（四）对企业形象和稳定造成不利影响的事件发生率为零；

（五）安全教育培训全部合格；

（六）不发生事故瞒报、谎报、拖延不报行为。

四、安全科生产责任目标

（一）重伤及死亡事故率为零；

（二）职业病发生率为零；

（三）一般及以上责任交通事故率为零；

（四）一般及以上火灾事故率为零；

（五）一般及以上责任机械、设备事故率为零；

（六）围堰垮（漫）事故率为零；

（七）不发生对企业形象和稳定造成不利影响的事件；

（八）安全教育培训全部合格，特殊工种全部持证上岗，定期复培率 100%；

（九）在用施工设备、器具登记率、定检率 100%；

（十）隐患排查及时整改率 100%；

（十一）不发生事故瞒报、谎报、拖延不报行为；

五、工程科安全生产责任目标

（一）重伤及死亡事故率为零；

（二）职业病发生率为零；

（三）一般及以上责任交通事故率为零；

（四）一般及以上火灾事故率为零；

（五）一般及以上责任机械、设备事故率为零；

（六）围堰垮（漫）事故率为零；

（七）对企业形象和稳定造成不利影响的事件率为零；

（八）安全教育培训全部合格，特殊工种全部持证上岗，定期复培率100％；

（九）在用施工设备、器具登记率、定检率100％；

（十）隐患排查及时整改率100％；

（十一）危险性较大的分部、分项工程专业安全技术编制、审批、交底率100％；

（十二）不发生事故瞒报、谎报、拖延不报行为。

六、财务科安全生产责任目标

（一）重伤及死亡事故率为零；

（二）一般及以上责任交通事故率为零；

（三）一般及以上火灾事故率为零；

（四）不发生对企业形象和稳定造成不利影响的事件；

（五）安全教育培训全部合格，定期复培率100％。

七、经营科安全生产责任目标

（一）重伤及死亡事故率为零；

（二）职业病发生率为零；

（三）一般及以上责任交通事故率为零；

（四）一般及以上火灾事故率为零；

（五）一般及以上责任机械、设备事故率为零；

（六）不发生对企业形象和稳定造成不利影响的事件；

（七）安全教育培训全部合格，特殊工种全部持证上岗，定期复培率100％；

（八）在用设备、器具登记率、定检率100％；

（九）隐患排查及时整改率100％；

（十）不发生事故瞒报、谎报、拖延不报行为。

八、各项目部安全生产责任目标

（一）不发生重伤及死亡事故；

（二）不发生责任交通事故；

（三）不发生火灾事故；

（四）不发生责任机械、设备事故；

（五）不发生职业病；

（六）不发生环境污染事故；

（七）隐患排查及时整改率100％；

（八）安全教育培训合格率100％，特殊工种持证上岗率100％，定期复培率100％；

（九）安全防护设施安装、验收合格率100％；

（十）不发生事故瞒报、谎报、拖延不报行为；

（十一）不发生对企业形象和稳定造成不利影响的事件；

（十二）创建安全文明施工样板工地。

【三级评审项目】

1.1.4 逐级签订安全生产责任书,并制定目标保证措施。

【评审方法及评审标准】

查相关文件。

1. 未签订责任书,扣5分;

2. 责任书签订不全,每缺一个部门、单位或个人扣1分;

3. 未制定目标保证措施,每缺一个部门、单位或个人扣1分;

4. 责任书内容与安全生产职责不符,每项扣1分。

【标准分值】

5分

◆法规要点◆

《中华人民共和国安全生产法》

规定企业对安全生产负主体责任。如第四条:生产经营单位必须遵守本法和其他有关安全生产的法律、法规,加强安全生产管理,建立、健全安全生产责任制和安全生产规章制度,改善安全生产条件,推进安全生产标准化建设,提高安全生产水平,确保安全生产。第五条:生产经营单位的主要负责人对本单位的安全生产工作全面负责。第六条:生产经营单位的从业人员有依法获得安全生产保障的权利,并应当依法履行安全生产方面的义务。

◆条文释义◆

1. 目标责任:目标责任是指不同的责任中心在考核期内应达到的目标。责任目标既是责任部门的工作,也是责任部门的任务。

2. 安全生产责任制:根据我国的安全生产方针"安全第一、预防为主、综合治理"和安全生产法规,建立各级领导、职能部门、工程技术人员、岗位操作人员在劳动生产过程中对安全生产层层负责的制度。安全生产责任制是企业岗位责任制的一个组成部分,是企业中最基本的一项安全制度,也是企业安全生产、劳动保护管理制度的核心。

◆实施要点◆

1. 本条考核应提供的备查资料一般包括:逐级签订安全生产责任书,包括公司总经理与副总经理及各下属单位签订责任书,各副总经理与分管部门签订责任书,各部门或各单位与部门或单位全体职工签订责任书。要制定目标保证措施,确保各项目标得到落实。

2. 责任书内容与安全生产职责相一致,不同部门或单位、不同岗位的安全生产责任书与其职责一致。

◆材料实例◆

1. 部门安全生产责任书

2021年安全科安全生产目标责任书

为了进一步落实安全生产责任制,做到"责、权、利"相结合,根据我公司2021年度安全

生产目标的内容,现与安全科签订如下安全生产目标

一、安全生产目标

1. 重伤及死亡事故率为零;

2. 职业病发生率为零;

3. 一般及以上责任交通事故率为零;

4. 一般及以上火灾事故率为零;

5. 一般及以上责任机械、设备事故率为零;

6. 围堰垮(漫)事故率为零;

7. 不发生对企业形象和稳定造成不利影响的事件;

8. 安全教育培训全部合格,特殊工种全部持证上岗,定期复培率100%;

9. 在用施工设备、器具登记率、定检率100%;

10. 隐患排查及时整改率100%;

11. 不发生事故瞒报、谎报、拖延不报行为。

二、安全职责

1. 贯彻执行国家有关安全生产的方针、政策、法令、法规和各级政府部门及公司有关规定,组织开展公司的安全管理和安全监察工作;

2. 监督工程建设安全设施"三同时"的实施;

3. 修订、完善公司安全生产管理制度;

4. 监督、考核公司各部和参建单位安全生产责任制的落实情况;

5. 监督有关单位认真贯彻落实公司安全生产领导小组做出的安全决定;

6. 组织工程建设综合性安全检查,参加工程建设专项安全检查和工程防洪度汛检查;

7. 组织工程建设重大险情(未遂)事件调查处理;

8. 组织安全生产管理先进单位、先进个人评选工作;

9. 参与工程建设专项安全技术措施的审查,监督工程建设专项安全技术措施的落实;

10. 协助公司领导组织授权范围内生产安全事故调查,监督生产安全事故按照"四不放过"原则做好善后处理工作;

11. 承办公司领导和安全生产领导小组交办的其他工作;

12. 负责组织工程建设防尘、防毒和环境污染的管理;

13. 负责水保环保工作的管理;

14. 负责节能降耗工作管理。

三、保证措施

1. 按照现行安全生产法律法规、标准规范,尤其是《水利水电施工企业安全生产标准化评审标准》的核心要求,进一步修订、完善安全生产管理规章制度和应急救援预案;

2. 组织开展安全生产标准化自查评定、邀请外部评审机构开展安全生产标准化评定;

3. 组织开展安全生产月活动;组织开展安全教育培训、落实安全教育培训计划,组织开展水利水电施工企业安全生产标准化评审标准培训、安全资格证培训;

4. 组织开展2021年春季、秋季、元旦前安全大检查;

5. 每月组织一次隐患排查活动;

6. 深入开展打非治违活动,把打非治违同隐患排查治理过程检查有机结合起来,做好分类统计上报工作;

7. 负责所管理项目的防洪度汛管理,监督并参与防洪度汛值班工作;

8. 牵头考核公司各部门安全管理和责任落实情况;

9. 对自查和检查中存在的问题及时按照措施、责任、资金、时限和预案"五到位"的原则,及时整改落实,对存在的问题进行举一反三,做好源头控制,确保安全生产稳定受控;

10. 参与环保水保项目的安全生产调查与处理。

四、奖励与处罚

公司定期对安全生产目标的实施情况进行监督检查与考核,并根据考核结果进行奖励或处罚。

五、本责任书为年度考核用,不因本协议书的签订,免除各部门应履行的法定责任和合同规定的其他责任和义务。

六、本责任书执行期自签订之日起至 2021 年 12 月 31 日。

七、本责任书一式两份,公司和安全科各执一份。

公司:××水利工程建设有限公司

法定代表人(或分管安全负责人):　　　　　　　　　日期:2021 年 1 月 1 日

部门:安全科

负责人:　　　　　　　　　　　　　　　　　　　　日期:2021 年 1 月 1 日

2. 个人安全生产责任状

2021 年度安全生产责任状

为全面落实安全生产责任制,加强对安全生产工作的指导,有效防范和遏制安全事故的发生,确保工程建设安全和效益充分发挥,安全科与安全科人员×××就 2021 年安全工作签订如下责任状:

一、安全责任目标

坚决贯彻"安全第一、预防为主、综合治理"的工作方针,按照"管行业必须管安全、管业务必须管安全、管生产经营必须管安全"的原则,切实履行安全生产行业监督管理职责,协助科长认真落实各项安全措施,全面落实安全生产责任制,全力以赴做好安全生产各项工作,确保全年不发生安全事故。

二、安全工作主要任务

1. 切实加强对业务工作范围内安全生产工作的指导,认真抓好安全生产法律法规、方针政策和水利部、省委省政府有关安全生产工作的决策部署在分管行业领域的贯彻落实。

2. 认真履行《安全生产管理办法》明确的部门安全生产监督管理职责。

3. 把安全生产工作与本科室业务工作同时研究,同时安排部署,同时检查督促。

4. 参与业务范围内的安全生产检查,督促和协调专业领域内的重大事故隐患整治工作。

5. 积极开展业务范围内的安全生产工作情况收集分析,并及时向科长报告。

6. 积极参与安全生产的各种会议和各级安全检查、考核等工作。

7. 工作业务范围内发生生产安全事故时,及时赶赴事故现场,参与事故应急救援的技术支撑和善后处理工作。

8. 协助制定安全管理规章制度、上级文件。

9. 做好科室内消防、用电、防盗安全管理。

10. 完成科长交办的其他工作。

责任人:　　　　　　　　　　　　　安全科负责人:

2021 年 1 月 1 日　　　　　　　　　　2021 年 1 月 1 日

【三级评审项目】

1.1.5　定期对安全生产目标完成情况进行检查、评估,必要时,调整安全生产目标。

【评审方法及评审标准】

查相关文件和记录。

1. 未定期检查、评估,扣 6 分;

2. 检查、评估的部门或单位不全,每缺一个扣 1 分;

3. 必要时,未调整安全生产目标,扣 3 分。

【标准分值】

6 分

◆法规要点◆

《国务院关于进一步加强企业安全生产工作的通知》(国发〔2010〕23 号)

(二十五)制定落实安全生产规划。各地区、各有关部门要把安全生产纳入经济社会发展的总体布局,在制订国家、地区发展规划时,要同步明确安全生产目标和专项规划。企业要把安全生产工作的各项要求落实在企业发展和日常工作之中,在制订企业发展规划和年度生产经营计划中要突出安全生产,确保安全投入和各项安全措施到位。

◆条文释义◆

评估:评价估量的意思,指对方案进行评估和论证,以决定是否采纳。

◆实施要点◆

1. 本条考核应提供的备查资料一般包括:对各部门及单位安全生产目标完成情况的检查表、安全生产目标完成情况的评估表,或者类似《关于调整 2021 年安全生产目标的通知》等文件。

2. 检查、评估的单位要全面,每季度开展一次。调整安全生产目标非必需项,在必要时,才进行调整。

◆**材料实例**◆

安全生产目标实施情况监督检查表

安全生产目标实施情况监督检查表

被检查部门：×××项目部　　　　　　　　　　　　　　时间：2021年×月×日

监督检查人员				
序号	目标项目		实施情况	检查结论及说明
1	严格控制轻伤事故起数，实现全面零重伤、零死亡目标			
2	不发生职业病			
3	不发生一般及以上责任交通事故			
4	不发生一般及以上火灾事故			
5	不发生一般及以上责任机械、设备事故			
6	不发生围堰垮（漫）事故			
7	不发生对企业形象和稳定造成不利影响的事件			
8	安全教育培训合格率100％，特殊工种持证上岗率100％，定期复培率100％			
9	在用施工设备、器具登记率、定检率100％			
10	隐患排查及时整改率100％			
11	危险性较大的分部、分项工程专业安全技术编制、审批、交底率100％			
12	不发生事故瞒报、谎报、拖延不报行为			
存在的主要问题：			整改意见：	
整改意见落实情况			负责人： 时　间：	

【**三级评审项目**】

1.1.6　定期对安全生产目标完成情况进行考核奖惩。

【**评审方法及评审标准**】

查相关文件和记录。

1. 未定期考核奖惩，扣10分；

2. 考核奖惩不全，每缺一个部门或单位扣2分。

【**标准分值**】

10分

◆法规要点◆

《中央企业负责人经营业绩考核暂行办法》(国资委令第 30 号)

第五条 企业负责人经营业绩考核工作应当遵循以下原则:

(一)按照国有资产保值增值、企业价值最大化和可持续发展的要求,依法考核企业负责人经营业绩。

(二)按照企业的功能、定位、作用和特点,实事求是,公开公正,实行科学的差异化考核。

(三)按照权责利相统一的要求,建立健全科学合理、可追溯的资产经营责任制。坚持将企业负责人经营业绩考核结果同激励约束紧密结合,即业绩升、薪酬升,业绩降、薪酬降,并作为职务任免的重要依据。

(四)按照全面落实责任的要求,完善全员考核体系,确保国有资产保值增值责任广泛覆盖、层层落实。

(五)按照科学发展观的要求,推动企业加快转型升级、深化价值管理,不断提升企业核心竞争能力和发展质量,实现做强做优。

◆条文释义◆

奖惩制度:是奖励制度与惩戒制度的合称。奖励制度,指根据员工的现实表现和工作实绩对其进行物质或精神上的鼓励,以调动其工作潜能和工作积极性的制度,是一种正激励机制。惩戒制度,指通过剥夺员工的权利和增加义务,对违法渎职行为给予最大限度的防范和纠正的制度,是一种负激励机制。

◆实施要点◆

1. 本条考核应提供的备查资料一般包括:安全生产目标完成效果考核表、考核奖惩记录。

2. 水利工程施工单位应将安全生产目标考核情况作为年终考核的重要指标。

◆材料实例◆

安全生产目标完成效果考核表

安全生产目标完成效果考核表

被考核单位(部门)		考核时间	
考核组成员			
安全生产目标完成效果描述			

存在的主要问题	
奖励或惩罚意见	
	考核负责人：

第二节 机构与职责

【三级评审项目】

1.2.1 成立由主要负责人、其他领导班子成员、有关部门负责人等组成的安全生产委员会(安全生产领导小组),人员变化时及时调整发布。

【评审方法及评审标准】

查相关文件。

1. 未成立或未以正式文件发布,扣 4 分;

2. 成员不全,每缺一位领导或相关部门负责人扣 1 分;

3. 人员发生变化,未及时调整发布,扣 2 分。

【标准分值】

4 分

◆**法规要点**◆

《中华人民共和国安全生产法》

第二十一条 矿山、金属冶炼、建筑施工、道路运输单位和危险物品的生产、经营、储存单位,应当设置安全生产管理机构或者配备专职安全生产管理人员。

前款规定以外的其他生产经营单位,从业人员超过一百人的,应当设置安全生产管理机构或者配备专职安全生产管理人员;从业人员在一百人以下的,应当配备专职或者兼职的安全生产管理人员。

《建设工程安全生产管理条例》

第二章 第二十三条 施工单位应当设立安全生产管理机构,配备专职安全生产管理人员。专职安全生产管理人员负责对安全生产进行现场监督检查。

发现安全事故隐患,应当及时向项目负责人和安全生产管理机构报告;对违章指挥、违章操作的,应当立即制止。专职安全生产管理人员的配备办法由国务院建设行政主管部门会同国务院其他有关部门制定。

《地方党政领导干部安全生产责任制规定》(厅字〔2018〕13 号)

第四条 实行地方党政领导干部安全生产责任制,应当坚持党政同责、一岗双责、齐抓共管、失职追责,坚持管行业必须管安全、管业务必须管安全、管生产经营必须管安全。

地方各级党委和政府主要负责人是本地区安全生产第一责任人,班子其他成员对分管范围内的安全生产工作负领导责任。

《企业安全生产责任体系五落实五到位规定》(安监总办〔2015〕27 号)

一、必须落实"党政同责"要求,董事长、党组织书记、总经理对本企业安全生产工作共同承担领导责任。

二、必须落实安全生产"一岗双责",所有领导班子成员对分管范围内安全生产工作承担相应职责。

三、必须落实安全生产组织领导机构,成立安全生产委员会,由董事长或总经理担任主任。

四、必须落实安全管理力量,依法设置安全生产管理机构,配齐配强注册安全工程师等专业安全管理人员。

五、必须落实安全生产报告制度,定期向董事会、业绩考核部门报告安全生产情况,并向社会公示。

六、必须做到安全责任到位、安全投入到位、安全培训到位、安全管理到位、应急救援到位。

◆条文释义◆

1. 安全生产委员会:这里的委员会是指机关、团体、企业等为了完成一定的任务而设立的专门组织,安全生产委员会就是指为了做好安全生产工作而设立的专门组织。

2. 安全生产领导小组:领导小组是中国所特有的一种组织方式和工作机制,它是常规治理方式之外的补充,并在特定时期,拥有跨部门的协调权力。安全生产领导小组也是为了做好安全生产工作而设立的专门组织。

◆实施要点◆

1. 本条考核应提供的备查资料一般包括:《关于成立安全生产委员会的通知》《关于调整安全生产委员会的通知》等红头文件。

2. 水利工程施工单位安全生产委员会成员应包含公司全体领导及相关部门负责人,人员发生变动时应及时调整,专职安全员要专门指定并明确。

◆材料实例◆

印发成立安全生产委员会文件

××水利工程建设有限公司文件
×××〔2021〕×号

关于成立安全生产委员会的通知

各部门、各分公司:

为加强对××公司安全生产工作的统一领导,切实落实好国务院安委会及水利行业安全生产方针政策,加强施工现场安全生产管理工作,促进安全生产形势的稳定好转,遏制生产安全事故发生,保护生命和财产安全,经公司研究决定,成立××公司安全生产委员会。

一、安全生产委员会的主要职责

(一)坚持"安全第一、预防为主、综合治理"的安全生产管理方针,贯彻执行国家及地方安全生产法律、法规和安全生产工作的重大决策。

(二)在地方政府机构、上级管理单位和××公司的领导下,负责研究部署、指导协调公司各工程项目的安全施工。

（三）分析公司各工程项目施工现场的安全生产形势，研究解决工程施工中的重大安全生产问题。

（四）研究制定公司各项目建设施工的安全生产管理规划。

（五）协调重大、特大生产安全事故应急救援工作。

（六）完成地方政府、上级管理单位交办的其他安全生产工作。

二、安全生产委员会的组成成员

主　　任：×××（公司法人）

副主任：×××、×××、×××（公司副总）

成　　员：×××、×××、×××、×××（公司部门负责人）

三、工作机构设置和主要职责

设立安全生产委员会办公室作为安全生产委员会的办事机构，设在安全科。安全生产委员会办公室主任由×××担任。

安全生产委员会办公室的主要职责是：

（一）学习传达国家安全生产方针政策、安全生产会议精神，贯彻执行国家（地方）安全生产法律、法规。

（二）研究编制安全生产管理规划和指导安全工作思路。

（三）监督检查、协调指导工程建设施工过程中的安全生产工作。

（四）组织安全生产大检查和专项督查。

（五）参与研究安全生产投入和其他涉及安全生产的相关工作。

（六）负责组织重大险情（未遂）事故的调查处理。

（七）负责协助有关部门开展生产安全事故的调查处理，组织协调特别重大事故的应急救援工作。

（八）组织召开安委会会议和重要安全生产活动。

（九）督促、检查安全生产委员会会议决定事项的贯彻落实情况。

（十）承办安全生产委员会交办的其他事项。

四、安全生产委员会工作流程

安全生产委员会应总结分析安全生产管理过程中的安全生产情况，部署、协调解决安全生产工作，决定安全管理的重大措施。工作流程如下图所示。

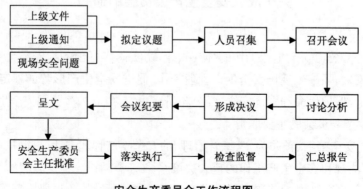

安全生产委员会工作流程图

五、安全生产委员会会议制度

（一）每季度由安全生产委员会主任主持召开一次安委全会会议。

（二）安全生产委员会办公室全权负责安全生产委员会会议的准备工作和人员通知工作，以及会议的时间、地点、会议室安排，并做好会议记录。

（三）在召开安全生产委员会会议时，通知到的有关人员都必须参加，特殊情况不能按时参加者，必须向安全生产委员会主任请假。

（四）在安全生产委员会会议上，主任向参会人员认真传达近期上级主管部门下发的各种文件、要求、指示。

（五）在安全生产委员会会议上，副主任向参会人员通报工程项目近期的安全生产状况，明确下一阶段的安全工作重点。

（六）安全生产委员会各成员汇报近期安全生产情况。部署安全生产工作，协调解决安全生产问题。分析讨论当前存在的安全隐患问题或上级文件精神，最终形成决议并具体落实执行。

（七）参会各成员必须做好会议纪要，并按照会议决议认真执行自己所辖范围的任务，并汇报完成情况。

（八）讨论形成的决议，由安全生产委员会办公室负责呈文，递交主任审核批准后，安排落实执行。

（九）各成员必须熟悉安全生产法律法规和各岗位的基本业务，尽职尽责做好安全监督管理工作，确保工程建设安全顺利开展。

（十）在下一期的安全生产委员会会议上，安全生产委员会办公室负责对上次会议决议的执行情况予以评价。

××水利工程建设有限公司(章)

2021年×月×日

【三级评审项目】

1.2.2　按规定设置安全生产管理机构。

【评审方法及评审标准】

查相关文件。

1. 未按规定设置，扣5分；

2. 项目部未按规定设置，每个扣2分。

【标准分值】

5分

◆**法规要点**◆

《中华人民共和国安全生产法》

第二十一条　矿山、金属冶炼、建筑施工、道路运输单位和危险物品的生产、经营、储存单位，应当设置安全生产管理机构或者配备专职安全生产管理人员。

前款规定以外的其他生产经营单位，从业人员超过一百人的，应当设置安全生产管理机构或者配备专职安全生产管理人员；从业人员在一百人以下的，应当配备专职或者兼职的安全生产管理人员。

《建设工程安全生产管理条例》

第二十三条　施工单位应当设立安全生产管理机构，配备专职安全生产管理人员。专职安全生产管理人员负责对安全生产进行现场监督检查。

发现安全事故隐患，应当及时向项目负责人和安全生产管理机构报告；对违章指挥、违章操作的，应当立即制止。专职安全生产管理人员的配备办法由国务院建设行政主管部门会同国务院其他有关部门制定。

◆条文释义◆

管理机构：是对社会经济活动进行管理的实施单位。它是根据生产力发展水平和一定社会生产关系的要求而设置的，既是协调和组织生产力的机关，又是代表生产资料所有者行使所有权和管理权的机关。

◆实施要点◆

本条考核应提供的备查资料一般包括：《关于成立××公司安全科的通知》红头文件，各施工项目部成立安全管理机构文件。

◆材料实例◆

印发成立××公司安全科文件

××水利工程建设有限公司文件

×××〔2021〕×号

关于成立××公司安全科的通知

各部门、各分公司：

为进一步规范工程建设施工的安全管理工作，根据相关法律、法规要求和我公司做好安全生产的各项管理工作的实际需要，经公司领导班子研究，决定成立××公司安全科，安全科负责公司安全生产监督管理工作。现将有关事项通知如下：

一、安全科人员

科　　长：×××

成　　员：×××、×××

二、安全科主要职责

1. 认真贯彻执行安全生产的方针、政策、法律法规，结合本公司实际制定公司安全生产、文明施工与环境管理制度，并对其执行情况予以监督。

2. 负责制定本年度安全生产、文明施工管理目标,对目标完成情况进行监督、检查和考核。

3. 参与审核安全技术方案与措施,监督检查安全技术方案与措施的执行情况,推进安全技术进步,参与公司投资项目新建、购置、更新改造的技术经济分析与论证。

4. 负责安全生产检查工作,对检查出的事故隐患限期整改。

5. 负责组织公司重伤及以上安全事故调查、分析、处理并及时上报有关部门;负责办理工伤人员医疗费用报销审批手续,裁决工伤索赔纠纷。

6. 负责公司安全生产的宣传工作,组织安全活动交流。

7. 负责公司安全生产管理人员的业务管理与培训,并对安全员业务水平进行评估。

8. 负责施工现场环境保护、噪音防治工作的指导和监督。

9. 负责管理公司的安全生产文明施工奖励基金,按公司有关规定执行。

10. 做好安全设施、劳保用品合格情况的监督工作。

××水利工程建设有限公司(章)

2021年×月×日

【三级评审项目】

1.2.3　按规定配备专(兼)职安全生产管理人员,建立健全安全生产管理网络。

【评审方法及评审标准】

查相关文件。

1. 安全管理人员配备不全,每少一人扣2分;

2. 人员不符合要求,每人扣2分。

【标准分值】

6分

◆法规要点◆

《中华人民共和国安全生产法》

第二十一条　矿山、金属冶炼、建筑施工、道路运输单位和危险物品的生产、经营、储存单位,应当设置安全生产管理机构或者配备专职安全生产管理人员。

前款规定以外的其他生产经营单位,从业人员超过一百人的,应当设置安全生产管理机构或者配备专职安全生产管理人员;从业人员在一百人以下的,应当配备专职或者兼职的安全生产管理人员。

第二十二条　生产经营单位的安全生产管理机构以及安全生产管理人员履行下列职责:

(一)组织或者参与拟定本单位安全生产规章制度、操作规程和生产安全事故应急救援预案;

(二)组织或者参与本单位安全生产教育和培训,如实记录安全生产教育和培训情况;

(三)督促落实本单位重大危险源的安全管理措施;

(四)组织或者参与本单位应急救援演练;

(五)检查本单位的安全生产状况,及时排查生产安全事故隐患,提出改进安全生产管理的建议；

（六）制止和纠正违章指挥、强令冒险作业、违反操作规程的行为；

（七）督促落实本单位安全生产整改措施。

《建设工程安全生产管理条例》

第二章 第二十三条　施工单位应当设立安全生产管理机构，配备专职安全生产管理人员。专职安全生产管理人员负责对安全生产进行现场监督检查。

发现安全事故隐患，应当及时向项目负责人和安全生产管理机构报告；对违章指挥、违章操作的，应当立即制止。专职安全生产管理人员的配备办法由国务院建设行政主管部门会同国务院其他有关部门制定。

◆条文释义◆

安全员：从事安全监督、检查、管理的人员，持证上岗，做好定期与不定期的安全提示排查，控制安全和事故的发生。

◆实施要点◆

本条考核应提供的备查资料一般包括：专（兼）职安全管理人员任命书和相应的安全生产管理网络。

◆材料实例◆

印发任命书文件

××水利工程建设有限公司文件
×××〔2021〕×号

任 命 书

各部门、各分公司：

经研究决定，现任命×××同志为公司安全科科长，主管本公司的工程建设施工的安全监督工作，任命×××同志为公司专职安全生产管理人员，负责本公司的工程建设施工的安全管理和监督检查工作。

附件1：安全科科长的工作职责
附件2：专职安全生产管理人员的工作职责
附件3：安全生产管理网络图

××水利工程建设有限公司（章）
2021年×月×日

【三级评审项目】

1.2.4 安全生产责任制度应明确各级单位、部门及人员的安全生产职责、权限和考核奖惩等内容。主要负责人全面负责安全生产工作,并履行相应责任和义务;分管负责人应对各自职责范围内的安全生产工作负责;各级管理人员应按照安全生产责任制的相关要求,履行其安全生产职责。

【评审方法及评审标准】

查制度文本。

1. 未以正式文件发布,扣2分;

2. 责任制不全,每缺一项扣2分;

3. 责任制内容与安全生产职责不符,每项扣1分。

【标准分值】

9分

◆法规要点◆

《中华人民共和国安全生产法》

第四条 生产经营单位必须遵守本法和其他有关安全生产的法律、法规,加强安全生产管理,建立、健全安全生产责任制和安全生产规章制度,改善安全生产条件,推进安全生产标准化建设,提高安全生产水平,确保安全生产。

◆条文释义◆

责任制:指各项工作由专人负责,并明确责任范围的管理制度。《中华人民共和国宪法》第一章第十四条:"国家通过提高劳动者的积极性和技术水平,推广先进的科学技术,完善经济管理体制和企业经营管理制度,实行各种形式的社会主义责任制,改进劳动组织,以不断提高劳动生产率和经济效益,发展社会生产力。"

◆实施要点◆

1. 本条考核应提供的备查资料一般包括:《关于印发安全生产责任制度的通知》,相关安全生产责任清单等。

2. 安全生产责任制度应包含各级人员的安全生产职责、权限和考核奖惩等内容。

◆材料实例◆

印发安全生产责任制度文件

××水利工程建设有限公司文件
×××〔2021〕×号

关于印发《安全生产责任制度》的通知

各部门、各分公司：

　　为进一步规范公司安全管理，切实履行公司各项工作职责，保障各项工作有章可循、有序开展，明确安全生产管理的程序，从而做到管理的制度化、规范化，公司制定了《安全生产责任制度》，现印发给你们，请遵照执行。

　　附件：《安全生产责任制度》

××水利工程建设有限公司（章）

2021 年×月×日

安全生产责任制度

第一章　总　则

　　第一条　为贯彻"安全第一、预防为主、综合治理"的方针，规范公司各级部门和各级人员的安全职责，做到各司其职、各负其责、密切配合，共同做好公司安全生产工作，依据国家有关安全生产的法律法规和标准规范等有关规定，制定本制度。

　　第二条　本制度适用于×××公司。

　　第三条　单位主要负责人为安全第一责任人，对本企业的安全生产负全面的领导责任。各级行政副职是分管工作范围内的安全第一责任人，对分管工作范围内的安全生产工作负领导责任，对行政正职负责。部门负责人是本部门开展工作的安全第一责任人，对部门开展工作负全面管理责任，对分管领导负责；部门副职是本部门开展工作的第一责任人，对分管的工作负全面管理责任，并对部门负责人负责。工作人员是岗位工作开展的安全第一责任人，对岗位工作负直接的安全管理责任。

　　第四条　各部门、各级人员都应在各自的工作岗位上，对安全工作密切配合，互相支持，在计划、布置、检查、总结、评比各项工作的同时，计划、布置、检查、总结、评比安全工作。

　　第五条　落实安全生产责任制。坚持职责分明、以责论处的原则，对认真履行职责、在安全生产方面做出突出贡献的人员，给予奖励；对未认真履行职责、失职造成事故的人员，按照责任划分，给予处罚。

　　第六条　公司对下属分公司和分包单位负有安全监管职责。

第二章　安全生产责任

　　第七条　公司总经理的安全生产职责

1. 总经理是公司安全生产第一责任人,对公司的安全生产负全面领导责任。

2. 认真贯彻执行党和国家安全生产、劳动保护的方针、政策、法律、法规和上级指示。

3. 组织建立、健全本单位的安全生产责任制,开展企业安全生产标准化建设工作。

4. 保证公司安全生产投入的有效实施。

5. 督促检查公司的安全生产工作,及时消除安全事故隐患。

6. 组织制定并实施公司的安全生产事故应急救援预案。

7. 接受上级安全生产主管部门的监督、检查和指导,及时、如实向上级主管部门报告生产安全事故。

8. 建立健全公司安全管理机构,配备符合要求的专(兼)职安全人员,完善必要的安全管理制度。

9. 负责组织制定公司安全生产管理体系文件。

10. 定期召开各类安全生产会议,分析研究解决公司生产过程中出现的安全隐患问题,在计划、布置、检查、总结、评比生产的过程中同时计划、布置、检查、总结、评比安全工作。

11. 履行法律法规规定的相关职责,保证公司全体人员的职业健康和安全。

第八条　安全副总经理的安全生产职责

1. 协助总经理分管公司的安全生产工作,对公司的安全生产及各级各部门安全生产责任制的建立健全与贯彻落实负直接领导责任。

2. 负责贯彻执行《中华人民共和国安全生产法》、上级主管部门有关安全生产的法规和规章制度,组织制定公司安全生产责任制和安全管理的各项规章制度、安全目标、安全工作计划,并督促实施。

3. 批阅上级各主管部门有关安全生产的一般性指令文件,并组织落实、及时协调处理各部门在贯彻落实上出现的问题。

4. 协助总经理建立健全公司安全保证、监督体系和组织机构,配备充实安全监察人员和专职安全人员,保证安全专职队伍的稳定。充分发挥安全管理部门的监督、检查、管理职能。

5. 负责组织公司项目总体和年度安全生产计划的起草工作,督促落实安全生产资金的足额投入到位。

6. 负责开展各项安全活动,组织定期或不定期的安全检查,督促整改措施的落实。经常深入施工现场巡视,听取职工对安全生产的意见和建议。

7. 负责定期召开有关公司领导、部门负责人参加的专题安全会议,听取安全管理部门的汇报,总结、布置安全工作,研究解决安全生产中存在的各种问题。

8. 负责组织对重大危险源的辨识、评估、监控,组织有关职能部门编制应急救援预案及相应措施,参加工程项目生产计划,施工组织设计(方案)中安全技术措施和单项、专项安全措施的审查工作。

9. 定期组织公司的安全检查工作,主持"安全生产工作专题会议",总结、考评、布置安全生产工作。

10. 负责组织安全生产事故的调查处理,参加或协助上级部门对重大事故的调查、处理,审定事故报告和各种安全报表。

11. 组织对公司各单位按月、季度、半年、年度安全考核和安全责任书的兑现工作,组织召开年度安全生产总结、兑现和表彰大会,落实"奖罚分明"的原则。

第九条　安全生产委员会(以下简称"安委会")的安全生产职责

1. 安委会是公司安全工作的最高决策机构,对公司的安全工作实行宏观管理。

2. 认真贯彻执行上级主管部门有关安全、劳动保护的文件、方针、政策。制定公司的总体、年度安全生产目标、安全管理体系及各级各类人员的安全职责。

3. 负责对公司的生产安全、劳动保护、设备安全、交通安全、防火防爆安全、防汛安全、环境保护及其他(如社会治安、医疗事故、食物中毒、非工伤意外伤害等)重大安全问题提出预防处理决策。

4. 审定公司相关职能部门制定的安全管理规章制度与安全技术操作规程。

5. 负责定期或不定期地组织召开安委会工作会议,分析安全生产形势,集中研究解决公司各单位、各职能部门、各项目部带有普遍性的重大安全问题。

第十条　安委会办公室的安全生产职责

1. 负责安委会的日常性事务工作。

2. 负责向安委会提供安全生产、劳动保护、设备安全、交通安全、防火防爆安全、防汛安全、环境保护及其他安全信息资料和现代安全管理的信息与经验,为安委会的决策提供依据。

3. 组织定期或不定期的安全生产大检查,对查出的安全隐患与不安全因素,监督有关单位及时整改,进行闭合管理。

4. 组织开展多种形式的安全宣传教育和安全竞赛活动,提高全员的安全意识,营造良好的安全文化氛围。

5. 参加重大伤亡事故或典型事故的调查处理,督促有关责任单位采取措施,防止同类事故重复发生。负责公司人身伤害事故、机械设备事故、交通事故的统计分析和上报工作。

第十一条　安全科的安全生产职责

1. 在公司总经理和安全生产委员会的领导下,组织和推动公司安全生产工作,认真贯彻执行上级公司的安全生产规章制度,并积极组织做好安全生产标准化工作。

2. 安全科负责安全管理、环境与职业健康等体系的运行,是公司安全、环保等管理工作的归口管理部门。

3. 组织进行环境因素和危险源辨识、风险评价,针对确定的重要环境因素和重大危险源编制目标、指标、管理方案和应急预案等控制措施,并监督实施。

4. 协助公司安全生产负责人制定公司安全、消防、环保管理性文件和规章制度,协助领导组织和推动安全生产的实施,负责施工安全、消防、环境保护等方面的安全管理和行使安全、环保监察职责。

5. 负责制定公司的安全工作计划,对公司的安全情况定期向分管安全的副总经理报告。

6. 负责监督公司各级安全生产责任制的落实,监督各项安全生产规章制度和上级有关安全生产指标的贯彻执行。

7. 负责监督涉及设备(设施)安全技术措施执行及人身安全的防护设施运行状况。

8. 负责监督、检查施工现场的安全和文明施工,组织开展定期安全大检查和日常性安全监督检查,协同施工管理部门督促责任单位对存在的事故隐患进行整改。

9. 负责组织安全技术劳动保护措施计划的制定,监督费用提取和计划的落实。

10. 开展安全目标管理,分解下达安全生产指标,协助总经理与各级安全第一责任人签订安全生产责任书。

11. 会同有关部门组织落实安全技术培训工作和进场职工的一级安全教育,督促安全管理人员和特殊工种作业人员持证上岗。

12. 负责特种作业人员安全技术培训、取证和复审的组织管理工作。

13. 对施工现场交通安全及爆破作业安全进行监督管理。

14. 对防护用品的发放和使用进行监督检查。

15. 参加对分包单位资质审查,履行对分包单位选用的否决权。

16. 负责对公司各类车辆驾驶人员驾驶证的登记、组织安全、管理体系专业人员和部分特种作业人员的培训、取证和复审管理工作。(含各施工队)

17. 负责组织开展公司的安全竞赛、评比、奖惩活动。

18. 参加或协助上级部门组织的事故调查,监督"四不放过"原则的贯彻落实。归口管理事故统计报告工作,做到及时、准确、完整,协助分管领导组织或参加环境事件、安全事故的调查与处理。

19. 组织开展安全技术科学研究,总结推广安全生产科研成果和先进经验。

第十二条 工程科的安全生产职责

1. 认真贯彻执行《中华人民共和国安全生产法》及上级部门颁布的有关法规、规定和制度,贯彻执行"管生产必须管安全"的原则,在生产调度工作中,负责协调处理有关安全的具体问题。对施工队反映的有关危及安全的问题,负责组织及时处理。

2. 负责施工现场安全生产、文明施工及防洪度汛管理。

3. 负责组织实施文明施工整治,为安全生产创造良好的生产环境。

4. 合理组织安全生产,做好交叉作业安全管理工作,坚持按"安全第一"的原则组织生产,纠正违章指挥和冒险蛮干行为。

5. 参加安全大检查,参与有关事故的调查、处理工作,负责组织、督促责任相关单位按要求进行隐患整改以及落实预防事故重复发生的纠正措施。

6. 参与组织施工安全技术以及施工安全保证措施的交底工作,坚持无技术交底书不施工。

7. 工程部负责工程技术管理、技术服务,编制施工组织设计、施工技术方案、施工计划等职责范围内的安全工作。

8. 负责编制采用新方案、新工艺,推广新技术,使用新设备、新材料和尘、毒、噪治理方面的技术设计,在编制施工组织设计、施工方案、技术措施时,必须包含具有安全操作规程和技术措施并进行技术交底。

9. 在编制施工组织设计、施工方案和施工措施时,负责编制各类安全技术措施、施工计划书和施工作业指导书,并负责进行层层技术交底。

10. 负责组织落实施工部位安全防护设施、措施,督促检查责任单位的落实情况并及时纠正整改。

11. 组织施工生产时,应严格按照安全环保规章制度执行,当施工与安全发生矛盾时,应优先考虑解决安全问题,使之符合安全生产要求。

12. 各施工部位开工前,应先制定相关的安全技术措施,并做到层层交底、层层落实,对于危险性较大、不能立即解决、有可能发生重大事故的施工部位,工程科有权一方面责令停止工作,另一方面向领导汇报,并及时协助施工单位解决问题。

13. 负责预防地质灾害、应急救援等组织指挥工作,当发生人身、设备及其他事故时,应根据报告的情况,负责迅速通知有关单位,并组织力量进行抢救。

14. 保证施工道路畅通,风、水、电铺设合理,各种施工设备、机具及物资摆放有序,保持现场整洁。

第十三条 办公室的安全生产职责

1. 严格执行国家、行业相关政策、法律、法规及上级部门有关规定,及时将国家及上级部门有关安全生产的文件传送公司总经理阅示,并按总经理的批示立即转送有关职能部门执行。

2. 办公室负责生活后勤、食堂、社会治安等职责范围内的安全工作,负责群众性事件的处理。

3. 负责公司小车(含大客车)的日常安全管理工作。

4. 制定各级各类文件档案管理、交通、消防等各项安全控制计划、措施、制度,并督促执行,送安全科备案。

5. 负责公司的保卫、消防,根据需要合理配置生活营地的消防器材,负责生活营地的各项安全监督管理工作。

6. 根据季节变化,做好公司职工防暑降温和保暖工作。

7. 负责食堂卫生工作,加强对职工食堂的管理,防止食物中毒。

8. 负责对车辆管理和交通安全管理。开展车辆安全检查,确保其车况良好及行驶安全。建立机动车驾驶员档案,送安全科备案。

9. 负责制定施工现场和生活小区文明生产环境的创建规划和考核办法,参加公司组织的各项安全检查。

10. 负责火灾、交通事故和社会治安事件的调查处理和统计上报工作及其善后处理工作,提供火灾、交通事故档案并送安全科备案。

第十四条 经营科的安全生产职责

1. 负责组织有关分包单位的安全资质和特殊工种操作证的有效性,严格执行《中华人民共和国安全生产法》和相关政策、规定以及用工制度,负责招用具有安全资质的合格劳务人员。

2. 在投标、招标及签订各项分包合同时,要有安全投入内容并有明确的安全责任,明确分包单位和承包单位各自承担的安全职责条款和上缴安全保证金的制度。

3. 在编制审查预算时,按规定安排安全技术措施费用。负责对安全技术措施计划执行情况的审计。

4. 协助安全科编写从业人员培训计划,并组织和参与安全教育与培训工作,确保从业人员培训合格、持证上岗和特种作业人员持证上岗。

5. 在进行生产计划管理工作的同时,必须把安全生产列入管理范围,负责将安全技术措施计划与生产经营计划同时下达。

6. 在检查生产计划实施情况的同时,要检查安全措施的执行情况,对施工中重要的安全防护设施、设备的施工(如支拆脚手架、安全网等)要纳入计划,列入正式工序,给予时间保证。

7. 负责落实安全生产的奖惩及其挂钩分配或安全抵押金考核的兑现实施工作,把安全和文明施工作为工程项目或工程量的验收、结算的重要依据纳入结算。

8. 参与有关事故的调查、处理以及负责工伤保险的索赔和职工工伤待遇等相关工作。

第十五条　财务科的安全生产职责

1. 认真贯彻执行《中华人民共和国安全生产法》和上级部门关于安全生产的有关规定。

2. 负责财务资金成本项目管理等职责范围内的安全工作,根据施工生产经营计划和安全技术措施的要求,及时组织相关安全措施经费、保障经费及时到位。

3. 在编制财务计划时,将环保措施、安全宣传、培训、教育、奖励等所需费用批准计划纳入财务开支计划,安全资金单列台账,并监督其支出,做到专款专用。

4. 负责建立施工安全生产基金专账。做好罚款及抵押金的代扣代收工作,根据职能部门的考核保障安全生产奖励资金及时兑现和风险抵押金的返还工作。

5. 负责资金运筹,保证安全生产的正常用款和紧急用款。当安全生产与资金发生矛盾时,应听取安全管理部门意见,服从公司总经理决定。

6. 组织开展公司员工及施工队职工体检工作,督促进场人员统一进行体检。定期组织从业人员体检和预防职业危害等职业病的防治。

7. 根据职业禁忌证情况,负责做好工人的分配和调整,合理安排工作和休息时间,严格控制加班加点,保证职工劳逸结合,严禁招用未成年工。

8. 根据有关规定,负责办理职工的有关保险业务。

9. 协助相关部门开展员工安全生产教育培训工作。

第三章　奖　惩

第二十一条　公司对安全生产工作实行重奖重罚的原则,对为安全生产工作做出突出贡献的单位和个人给予表彰和奖励,对不重视安全生产工作、发生事故的单位和个人予以处罚,直至追究刑事责任。

第二十二条　发生一般生产安全事故,根据事故调查结论,依据责任的划分,给予公司总经理×××元的经济处罚;给予相关副总经理×××元的经济处罚;按照人事管理权限由上级部门给予行政处分。

按照事故责任划分,给予公司有直接管理责任的副总经理、总工、职能部门负责人及相关人员警告至记大过处分,并处以×××元的经济处罚;给予其他相关副总经理、部门负责人及相关人员通报至警告处分,并处以×××元的经济处罚。

第四章　附　则

第二十三条　本制度由安全科解释。

第二十四条　本制度自发布之日起执行。

【三级评审项目】

1.2.5 安全生产委员会(安全生产领导小组)每季度至少召开一次会议,跟踪落实上次会议要求,总结分析本单位的安全生产情况,评估本单位存在的风险,研究解决安全生产工作中的重大问题,并形成会议纪要。

【评审方法及评审标准】

查相关文件和记录。

1. 会议频次不够,每少一次扣1分;

2. 未跟踪落实上次会议要求,每次扣1分;

3. 重大问题未经安委会(安全生产领导小组)研究解决,每项扣1分;

4. 未形成会议纪要,每次扣1分。

【标准分值】

4分

◆**法规要点**◆

无。

◆**条文释义**◆

安全风险:是安全事故(事件)发生的可能性与其后果严重性的组合。传统上,安全风险管理的方法有两种:前瞻性方法和反应性方法,各有优点与缺点。确定某一风险的优先级也有两种不同的方法:定性安全风险管理和定量安全风险管理。

◆**实施要点**◆

1. 本条考核应提供的备查资料一般包括:安委会会议通知、会议纪要、会议签名表、会议照片等。

2. 安委会会议纪要内容应包含:跟踪落实上次会议要求,总结分析本单位的安全生产情况,评估本单位存在的风险,研究解决安全生产工作中的重大问题。

3. 会议纪要格式宜按照党政公文格式排版印刷。

◆**材料实例**◆

印发安委会会议纪要文件

××水利工程建设有限公司会议纪要

(2021年第×期)

2021年度一季度安委会全体成员会议纪要

2021年×月×日,公司安全生产委员会在第一会议室召开2021年度第一季度安委会全体成员会议。会议由×××主持，安委会、安委办全体成员参加了会议。会议对2020年度安全生产工作进行了总结，对2021年度安全生产工作计划进行了部署，会议传达学习了××文件精神，通报了岁末年初安全生产督查问题整改落实情况，对本单位存在的安全风险进行了梳理，对当前安全生产工作做有关部署。现将有关会议结论纪要如下：

一、上次会议的措施和要求的执行情况

1. 根据2020年第四季度安全生产委员会会议内容和要求，各部门、项目部做好安全生产标准化建设和宣传贯彻培训工作；加强冬季安全工作、设备安全检查、维护和保养监督工作，加强日常安全监督检查工作，发现隐患做到了立即整改、及时消除。

2. 上季度未整改的隐患已经全部整改完成。

二、本次会议主要内容

1. 继续强化安全标准化建设，公司各部门要积极配合安全科的工作。

2. 加强车辆管理。施工现场来往车辆较多，有铲车、运输车、拉土车、挖掘机、商混车等，要加强现场人员监督管理，尤其是施工车辆，要紧盯施工现场，发现违章，立即采取措施。

3. 各部门要切实配合支持安全科工作，专职安全员要切实履行职责，排查隐患，及时制止人的不安全行为和发现物的不安全状态。

4. 做好安全防护和劳动保护，备齐备足劳保用品。

5. 本季度查出5处隐患，已经全部整改完成。

出席人员：×××、×××、×××、×××、×××等。

记录整理：×××、×××。

第三节　全员参与

【三级评审项目】

1.3.1　定期对部门、所属单位和从业人员的安全生产职责的适宜性、履职情况进行评估和监督考核。

【评审方法及评审标准】

查相关记录。

1. 未进行评估和监督考核，扣 8 分；

2. 评估和监督考核不全，每缺一个部门、单位或个人扣 2 分。

【标准分值】

8 分

◆法规要点◆

无。

◆条文释义◆

履职能力：指履行岗位职责发挥自身作用的能力。

◆实施要点◆

1. 本条考核应提供的备查资料一般包括：安全生产责任制落实情况检查表、安全生产岗位履职情况检查表。

2. 监督考核一般每半年开展一次，评估与考核应针对所有部门、单位和个人。

◆材料实例◆

1. 安全生产责任制落实情况检查表

安全生产责任制落实情况检查表

部门（责任人）		检查时间	
被考核部门负责人		检查人员	
责任制落实情况			

存在的主要问题	
考核意见	考核负责人： 2021 年×月×日

2. 安全生产岗位履职情况检查表

安全生产岗位履职情况检查表

被检查人		检查时间	
所在岗位		部门负责人	
检查内容：			
履职情况：			
检查人：		被检查人：	

【三级评审项目】

1.3.2　建立激励约束机制，鼓励从业人员积极建言献策，建言献策应有回复。

【评审方法及评审标准】

查相关文件和记录。

1. 未建立激励约束机制，扣 6 分；

2. 未对建言献策回复，每少一次扣 1 分。

【标准分值】

6分

◆法规要点◆

无。

◆条文释义◆

1. 激励约束:激励约束主体根据组织目标、人的行为规律,通过各种方式,去激发人的动力,使人有一股内在的动力和要求,迸发出积极性、主动性和创造性,同时规范人的行为,朝着激励主体所期望的目标前进的过程。

2. 建言献策:陈述主张或意见,通过口头或书面提出有益的意见,出谋划策,进献计策。

◆实施要点◆

1. 本条考核应提供的备查资料一般包括:《关于印发安全生产考核奖惩制度的通知》、安全生产合理化建议登记表、安全考核结果汇总表。

2. 建言献策要有相应的整改回复,要记录在案。

◆材料实例◆

1. 印发安全生产考核奖惩制度文件

××水利工程建设有限公司文件

×××〔2021〕×号

关于印发《安全生产考核奖惩制度》的通知

各部门、各分公司:

为进一步规范公司安全管理,切实履行公司各项工作职责,保障各项工作有章可循、有序开展,明确安全生产管理的程序,从而做到管理的制度化、规范化,公司制定了《安全生产考核奖惩制度》,现印发给你们,请遵照执行。

附件:《安全生产考核奖惩制度》

××水利工程建设有限公司(章)

2021年×月×日

安全生产考核奖惩制度

第一章　总　则

第一条　为进一步贯彻执行"安全第一、预防为主、综合治理"的安全生产方针,落实安全生产责任制,规范公司安全生产考核程序与方法,特制定本制度。

第二条　本制度适用于×××公司进行安全生产考核管理。

第二章　考核原则

第三条　公司安全考核坚持科学客观、公正公平、奖惩并重的原则。

第四条　安全考核工作由公司安全生产委员会具体组织实施。安全科负责对公司各部门安全生产工作进行检查和考核,将考核结果报安全生产领导小组进行审核,并将审核结果进行公布。

第五条　对认真履行安全生产职责并在安全生产中取得成绩的部门和有关人员予以表彰和奖励,对发生事故的部门和有关责任人员给予批评和处罚。

第三章　考核规定

第六条　公司安全考核分为安全生产标准化专项及常规项两部分。考核总分为100分,安全生产标准化专项考核分占70%,常规项考核分占30%。

第七条　安全生产考核工作半年一次,进行排名、评比、奖罚。

第八条　由安全科根据日常检查情况及考核检查情况综合评定,并将考核成绩报安全生产领导小组审查。安全生产领导小组审查完并下发考核结果通报。

第九条　半年考核由安全科在末月下旬组织检查、考核,并完成季度综合考评工作。

第十条　半年得分按月考核分算术平均计算得出。安全生产委员会审定考核结果,并下发考核结果通报。

第十一条　安全生产考核实得总分＝安全生产常规项考核得分×30%＋安全设施标准化达标考核得分×70%。

第四章　奖　惩

第十二条　得奖必要条件:考核时段内未发生一般及以上的生产安全事故,未发生群伤事故,且考核得分在85分以上。

第十三条　安全生产委员会对年度考核结果满足得奖条件的部门按A、B分级给予奖励(A＞90分;85分＜B≤90分);低于85分(含85分)的部门予以处罚。

第十四条　年度考核结果由公司以文件形式发布,同时兑现奖罚。

第五章　附　则

第十五条　本制度解释权归安全生产委员会所有。

第十六条　本制度自印发之日起实施。

2. 安全生产合理化建议表

××公司安全生产合理化建议表

单位/部门			
姓　名		工作岗位	
请您参与合理化建议			
建议内容： 　　　　　　　　　　　　　　　　　　　　　　　　　　日　期：			
单位(部门)意见及整改情况： 			

第四节　安全生产投入

【三级评审项目】

1.4.1　安全生产费用保障制度应明确费用的提取、使用、管理的程序、职责及权限。

【评审方法及评审标准】

查制度文本。

1. 未以正式文件发布,扣2分;

2. 制度内容不全,每缺一项扣1分;

3. 制度内容不符合有关规定,每项扣1分。

【标准分值】

2分

◆法规要点◆

《中华人民共和国安全生产法》

第二十条　生产经营单位应当具备的安全生产条件所必需的资金投入,由生产经营单位的决策机构、主要负责人或者个人经营的投资人予以保证,并对由于安全生产所必需的资金投入不足导致的后果承担责任。

有关生产经营单位应当按照规定提取和使用安全生产费用,专门用于改善安全生产条件。安全生产费用在成本中据实列支。安全生产费用提取、使用和监督管理的具体办法由国务院财政部门会同国务院安全生产监督管理部门征求国务院有关部门意见后制定。

◆条文释义◆

安全生产费用:简称安全费用,是指企业按照规定标准提取,在成本中列支,专门用于完善和改进企业安全生产条件的资金。

◆实施要点◆

1. 本条考核应提供的备查资料一般包括:《关于印发安全生产费用投入保障制度的通知》。

2. 安全生产费用保障制度应齐全、合理,要明确费用的提取、使用、管理的程序、职责及权限。

◆材料实例◆

印发安全生产费用投入保障制度文件

××水利工程建设有限公司文件

×××〔2021〕×号

关于印发《安全生产费用投入保障制度》的通知

各部门、各分公司：

为进一步规范公司安全管理，切实履行公司各项工作职责，保障各项工作有章可循、有序开展，明确安全生产管理的程序，从而做到管理的制度化、规范化，公司制定了《安全生产费用投入保障制度》，现印发给你们，请遵照执行。

附件：《安全生产费用投入保障制度》

××水利工程建设有限公司（章）

2021 年×月×日

安全生产费用投入保障制度

第一章 总 则

第一条 为了建立公司安全生产投入长效机制，规范安全生产投入管理工作，维护公司、职工以及社会公共利益，根据有关法律法规及财政部、公司有关规定，制定本制度。

第二条 安全生产费用（简称"安全费用"）是指企业按照规定标准提取，在成本中列支，专门用于完善和改进企业安全生产条件的资金。

第三条 为了保证安全生产人、财、物等资源配置，财务部按规定提取安全生产专项费用，并专户核算，非特殊原因不得挪作他用。

第四条 安全费用按照"企业提取、工会监管、确保需要、规范使用"的原则进行管理。

第二章 管理职责

第五条 公司负责人职责

（一）批准安全生产投入计划；

（二）全面协调、保证安全生产费用投入的落实。

第六条 安全副总经理职责。

校核安全生产投入计划。

第七条 安全科职责

（一）编制年度安全生产投入计划；

（二）建立安全生产费用使用台账；

（三）负责专项安全生产投入的统计；

（四）负责对本公司安全费用提取、管理、使用情况进行检查。

第八条 财务科

（一）负责常规安全生产投入的统计；

（二）负责安全生产费用的核算；

（三）负责对本公司安全费用提取、管理、使用情况进行检查。

第三章 安全生产费用的提取标准

第九条 安全生产措施费按基本直接费的百分率计算。

枢纽工程：建筑及安装工程 2.0%。

引水工程：建筑及安全工程 1.4%～1.8%。

河道工程：建筑及安全工程 1.2%。

引水工程：一般取下限标准，大型建筑物较多的引水工程、施工条件复杂的引水工程取上限标准。

第十条 工程科在编制施工技术措施的同时，将安全环保及职业健康技术措施列入，经营部造价时列入安全环保及职业健康投入。

第十一条 工程分包合同，应明确分包单位安全环保及职业健康责任，明确相关投入。

第四章 安全投入计划的编制

第十二条 安全生产投入计划以合同标段为主线，结合施工强度和现场实际情况，自下而上，汇总编制。

第十三条 年度安全生产投入计划编制后，由生产副总经理、安全副总经理校核，总工程师审核，公司负责人批准，与年度生产经营计划同时下达；常规投入按月度计划根据月生产计划安排和安全需要编制，专项投入根据业主相关管理规定立项申报，由公司负责人或分管领导批准后实施。

第十四条 安全科负责编制安全生产投入计划，安全生产投入计划应包括项目内容、预算、实施方案、责任人、完成期限等，履行编制、审核、批准手续，项目部安全生产第一责任人批准实施。

第十五条 相关部门、施工队认真落实安全生产投入计划，如发生重大变化时，应及时调整计划，优先保证安全生产投入的需要。

第十六条 签订工程分包合同时，在合同条款中，明确分包商安全生产专项费用的数量，安全科采取有效措施，检查监督，保证分包单位安全生产投入的有效实施，确保安全投入落实。

第五章 安全生产费用的统计

第十七条 为了规范管理，统一安全生产投入的口径，确保安全生产的有效投入，财务部和安全科加强安全生产投入的统计管理工作，常规费用由财务科统计，工程科、经营科、办公室等相关部门配合；专项费用由安全科统计，经营科、财务科等相关部门配合。具体内容要求有如下九个方面：

（一）完善、改造和维护安全防护设施设备支出（不含"三同时"要求初期投入的安全设施),包括施工现场临时用电系统、洞口、临边、机械设备、高处作业防护、交叉作业防护、防火、防爆、防尘、防毒、防雷、防汛防洪、防台风、防地质灾害、地下工程有害气体监测、通风、临时安全防护等设施设备支出;

(二)配备、维护、保养应急救援器材、设备支出和应急演练支出;

(三)开展重大危险源和事故隐患评估、监控和整改支出;

(四)安全生产检查、评价(不包括新建、改建、扩建项目安全评价)、咨询和标准化建设支出;

(五)配备和更新现场作业人员安全防护用品支出;

(六)安全生产宣传、教育、培训支出;

(七)安全生产适用的新技术、新标准、新工艺、新装备的推广应用支出;

(八)安全设施及特种设备检测检验支出;

(九)其他与安全生产直接相关的支出。

第十八条 安全投入费用主要包括以下项目:

(一)完善、改造和维护安全防护设备、设施支出,包括但不限于以下内容:

1. 通风、除尘、防火、灭火、防爆、防暑降温、防毒、防汛防洪、防潮、防雷、防静电;

2. 各类安全平台、安全围栏、安全隔离操作、设施;

3. 各类孔洞盖板、临时防护栏杆、悬空通道、钢扶梯、爬梯、排架、井架;

4. 安全自锁装置、速差自控器;

5. 漏电保护器、空气开关、各类开关、保险装置、安全低压照明设施;

6. 水冲式或干式厕所、排水及废弃物处置设施、洒水车;

7. 易燃易爆物品运输、储存专用设施、设备;

8. 指示信号灯、安全警告、警示标牌、安全墩等安全标识;

9. 监测设备、设施;

10. 各类运输车辆安全状况检测及维护、附属安全设施等。

(二)配备必要的应急救援器材、设备和现场作业人员安全防护物品支出,包括但不限于以下内容:

1. 应急救援预案涉及的应急物资、设备、装置、材料;

2. 安全帽,安全带,安全绳,救生衣,电气绝缘手套,电气绝缘操作棒,防尘、防毒用品用具等劳动保护用品;

3. 作业场所的安全用品、用具等。

(三)安全检查与评价支出,包括但不限于以下内容:

各类安全检查、考核工作发生的费用及安全评价支出。

(四)重要危险源、事故隐患的评估、整改、监控支出,包括但不限于以下内容:

1. 危险源辨识、评价、重要危险因素监控;

2. 安全隐患整改所需费用;

3. 专项安全措施费用。

(五)安全技能培训及应急预案演练支出,包括但不限于以下内容:

1. 安全宣传;

2. 教育、培训；

3. 各类安全活动；

4. 安全生产会议；

5. 应急救援预案的学习、演练、总结等。

（六）其他与安全生产直接相关的支出。

第十九条　各单位及各部门为从事高空、高压、易燃、易爆、剧毒、放射性、高速运输、野外等高危作业的人员办理团体人身意外伤害保险或个人意外伤害保险的，所需费用不在安全费用中列支，直接列入成本费用。

第二十条　公司为职工提供职业病防治、工伤保险、医疗保险所需费用，不在安全费用中列支。

第六章　安全生产费用的管理与监督

第二十一条　以上安全生产费用的列支，由相关部门分类确认，财务部门根据分类确认的资料进行专项核算。

第二十二条　安全生产费用管理过程中各部门或人员的职责主要有以下几个方面：

（一）总经理负责安全生产费用使用的批准。

（二）财务科按国家规定设立财务科目并足额提取。

（三）安全科编制使用资金计划。

（四）各部门申请使用安全生产费用。

第二十三条　安全生产专项资金主要包括：

（一）按规定提取的安全生产专项费用。

（二）安全违规、违章等违约金。

（三）安全事故违约金。

第二十四条　项目部安全费用的会计处理，应当符合国家和公司统一的会计制度规定。

第二十五条　财务科、安全科负责对本单位安全费用提取、管理、使用情况进行检查，办公室对安全费用提取、管理、使用情况进行监督。

对未按照要求提取和使用安全费用的，安全科会同财务部门责令其限期改正、给予警告。逾期不改正的，由安全科依据相关制度进行违约处理。不能保证安全生产必要的投入，造成事故和损失的，依据国家及公司的有关规定追究责任。

第七章　附　则

第二十六条　本制度由安全科负责解释。

第二十七条　本制度自发布之日起执行。

【三级评审项目】

1.4.2　按照规定足额提取安全生产费用；在编制投标文件时将安全生产费用列入工程造价。

【评审方法及评审标准】

查相关文件和记录。

1. 未足额提取,每个项目扣 3 分;

2. 未将安全生产费用列入工程造价,每个项目扣 3 分。

【标准分值】

15 分

◆**法规要点**◆

《中华人民共和国安全生产法》

第二十条　生产经营单位应当具备的安全生产条件所必需的资金投入,由生产经营单位的决策机构、主要负责人或者个人经营的投资人予以保证,并对由于安全生产所必需的资金投入不足导致的后果承担责任。

有关生产经营单位应当按照规定提取和使用安全生产费用,专门用于改善安全生产条件。安全生产费用在成本中据实列支。安全生产费用提取、使用和监督管理的具体办法由国务院财政部门会同国务院安全生产监督管理部门征求国务院有关部门意见后制定。

《企业安全生产费用提取和使用管理办法》

第十九条　建设工程施工企业安全费用应当按照以下范围使用:

(一)完善、改造和维护安全防护设施设备(不含"三同时"要求初期投入的安全设施)支出,包括施工现场临时用电系统、洞口、临边、机械设备、高处作业防护、交叉作业防护、防火、防爆、防尘、防毒、防雷、防台风、防地质灾害、地下工程有害气体监测、通风、临时安全防护等设施设备支出;

(二)配备、维护、保养应急救援器材、设备支出和应急演练支出;

(三)开展重大危险源和事故隐患评估、监控和整改支出;

(四)安全生产检查、咨询、评价(不包括新建、改建、扩建项目安全评价)和标准化建设支出;

(五)配备和更新现场作业人员安全防护用品支出;

(六)安全生产宣传、教育、培训支出;

(七)安全生产适用的新技术、新装备、新工艺、新标准的推广应用支出;

(八)安全设施及特种设备检测检验支出;

(九)其他与安全生产直接相关的支出。

◆**条文释义**◆

1. 工程造价:是指构成项目在建设期预计或实际支出的建设费用。

2. 投标文件:是指投标人应招标文件要求编制的响应性文件,一般由商务文件、技术文件、报价文件和其他部分组成。

◆**实施要点**◆

本条考核应提供的备查资料一般包括:安全生产费用提取台账、投标文件中安全生产费用列入造价资料。

◆材料实例◆

无。

【三级评审项目】

1.4.3 根据安全生产需要编制安全生产费用使用计划,并严格审批程序,建立安全生产费用使用台账。

【评审方法及评审标准】

查相关记录。

1. 未编制安全生产费用使用计划,扣 8 分;

2. 审批程序不符合规定,扣 3 分;

3. 未建立安全生产费用使用台账,扣 8 分;

4. 台账不全,每缺一项扣 1 分。

【标准分值】

8 分

◆法规要点◆

《企业安全生产费用提取和使用管理办法》

第十九条 建设工程施工企业安全费用应当按照以下范围使用:

(一)完善、改造和维护安全防护设施设备(不含"三同时"要求初期投入的安全设施)支出,包括施工现场临时用电系统、洞口、临边、机械设备、高处作业防护、交叉作业防护、防火、防爆、防尘、防毒、防雷、防台风、防地质灾害、地下工程有害气体监测、通风、临时安全防护等设施设备支出;

(二)配备、维护、保养应急救援器材、设备支出和应急演练支出;

(三)开展重大危险源和事故隐患评估、监控和整改支出;

(四)安全生产检查、咨询、评价(不包括新建、改建、扩建项目安全评价)和标准化建设支出;

(五)配备和更新现场作业人员安全防护用品支出;

(六)安全生产宣传、教育、培训支出;

(七)安全生产适用的新技术、新装备、新工艺、新标准的推广应用支出;

(八)安全设施及特种设备检测检验支出;

(九)其他与安全生产直接相关的支出。

第三十一条 企业应当建立健全内部安全费用管理制度,明确安全费用提取和使用的程序、职责及权限,按规定提取和使用安全费用。

◆条文释义◆

1. 审批:对下级呈报上级的公文或材料进行审查批示。

2. 程序：是管理方式的一种，是能够发挥出协调高效作用的工具，应该不断地将我们的工作从无序整改到有序。任何单位任何事情，首先强调的就是程序，因为管理界有句名言：细节决定成败。程序就是整治细节最好的工具。

◆实施要点◆

本条考核应提供的备查资料一般包括：《关于印发安全生产费用投入计划的通知》、安全生产费用审批材料、安全生产费用使用台账。

◆材料实例◆

1. 印发安全生产费用投入计划文件

××水利工程建设有限公司文件
×××〔2021〕×号

关于印发《2021年度安全生产费用使用计划》的通知

各部门、各分公司：

为认真做好安全生产费用管理，确保各项安全生产措施的落实，促进公司生产安全，根据国家及水利行业安全生产法律法规要求，结合公司安全生产实际，制定本计划。2021年公司共计划投入安全生产费用××万元，投入范围包括全公司及各项目部范围内的安全生产标准化建设、劳保用品、职业健康等方面。

附件：2021年度安全生产费用使用计划表

××水利工程建设有限公司（章）

2021年×月×日

2021年度安全生产费用使用计划表

序号	类别	项目	金额(万元)
一	完善、改造和维护安全防护设施	防潮、防晒、防冻、防腐、防雨、防滑等设施	
		施工供配电及用电安全防护设施	
		醒目处的警示牌、标语、安全标志标识、安全宣传栏等	
		机械及设备的限位器、防护罩、接地装置、防雷装置等	
		安全防护通信器材	

序号	类别	项目	金额(万元)
二	配备、维护、保养应急救援设备,应急演练	应急装备和物资	
		应急演练	
		各种消防设备和器材	
		危险源辨识与评估	
		应急预案措施投入	
三	安全生产检查、评价、咨询,标准化建设	各级开展安全生产检查、评价与考核	
		聘请专家参与安全检查督导	
		安全生产标准化建设、咨询、评审	
		聘请专家参与安全检查督导	
四	配备和更新个人安全防护用品	安全帽、安全带、防滑绝缘鞋、防护鞋、电焊手套、绝缘手套、护目镜、胶鞋、雨衣、耳塞、防尘口罩、防寒服等个人穿戴类的防护用品	
五	安全生产教育培训、宣传	各类安全教育培训的组织	
		安全知识竞赛的组织	
		安全周、安全月等活动的组织	
		活动中购买的各类安全材料、书籍、条幅、标语、宣传册、影像器材	
		企业安全文化建设活动的组织	
六	其他	办公区和生活区防腐、防毒、防四害、防触电、防中毒等支出	
		其他与安全生产相关的直接支出	
合计			

2. 安全生产费用使用台账

2021 年第×季度安全生产费用使用台账

序号	类别	支出项目	实际投入(万元)	备注
一	安全防护设施	防护栏杆、安全带、边坡等周边防护		
		消防设备设置		
		高处交叉作业防护		
		卷扬机、传动、转动部位安全防护设置		
		外电防护措施、电器漏电保护装置		

水利工程施工安全生产标准化工作指南

序号	类别	支出项目	实际投入(万元)	备注
二	应急救援设备及演练	消防设备		
		应急救援物资储备		
		急救药箱		
		消防演习费		
三	危险源及事故隐患评估、监控、整改	开展危险源辨识与评估、监控、整改		
四	安全生产检查、评价、咨询,标准化建设	委托中介机构开展安全标准化评审		
五	个人安全防护用品	安全帽		
		工作服、劳保鞋、手套、口罩		
		焊工防护面罩		
		水鞋、雨具、防水服		
六	安全生产教育培训、宣传	年度管理人员和作业人员安全培训		
		新工人"三级"安全培训		
		宣传栏、报刊、标语、企业文化		
七	安全生产新技术、新工艺、新装备等推广应用	安全生产新技术宣传推广		
八	安全设施、特种设备等检测检验	安全设施检测		
九	其他	工程车辆安全状况检修及维护		
		安全奖励		
合计				

【三级评审项目】

1.4.4 落实安全生产费用使用计划,并保证专款专用。

【评审方法及评审标准】

查相关记录。

1. 未落实安全生产费用使用计划,每项扣 3 分;

2. 未专款专用,每项扣 2 分。

【标准分值】

18 分

◆法规要点◆

《企业安全生产费用提取和使用管理办法》

第二十七条 企业提取的安全费用应当专户核算,按规定范围安排使用,不得挤占、挪用。年度结余资金结转下年度使用,当年计提安全费用不足的,超出部分按正常成本费用渠道列支。

第三十一条　企业应当建立健全内部安全费用管理制度,明确安全费用提取和使用的程序、职责及权限,按规定提取和使用安全费用。

《水利工程建设安全生产管理规定》(水利部令第 26 号)

第八条　项目法人不得调减或挪用批准概算中所确定的水利工程建设有关安全作业环境及安全施工措施等所需费用。工程承包合同中应当明确安全作业环境及安全施工措施所需费用。

第十九条　施工单位在工程报价中应当包含工程施工的安全作业环境及安全施工措施所需费用。对列入建设工程概算的上述费用,应当用于施工安全防护用具及设施的采购和更新、安全施工措施的落实、安全生产条件的改善,不得挪作他用。

◆**条文释义**◆

专款专用:是指对指定用途的资金,应按规定的用途使用,并单独核算和反映。安全生产费用都要按照专款专用的原则使用。

◆**实施要点**◆

本条考核应提供的备查资料一般包括:安全生产费用使用列支记录及发票,安全生产费用使用按计划列取使用的清单及审批材料。

◆**材料实例**◆

无。

【三级评审项目】

1.4.5　每年对安全生产费用的落实情况进行检查、总结和考核,并以适当方式公开安全生产费用提取和使用情况。

【评审方法及评审标准】

查相关记录。

1. 未进行检查、总结和考核,扣 7 分;

2. 未公开安全生产费用提取和使用情况,扣 3 分。

【标准分值】

7 分

◆**法规要点**◆

《企业安全生产费用提取和使用管理办法》

第三十五条　各级财政部门、安全生产监督管理部门、煤矿安全监察机构和有关行业主管部门依法对企业安全费用提取、使用和管理进行监督检查。

◆**条文释义**◆

无。

◆**实施要点**◆

1. 本条考核应提供的备查资料一般包括:安全生产费用落实情况检查记录、安全生产费用使用情况总结。

2. 以正式文件形式将安全生产费用的提取和使用情况进行总结和公示。

◆**材料实例**◆

1. 安全生产费用使用检查通报

2021 年上半年度安全生产使用费用检查情况通报

为进一步推动安全生产责任落实、全面加强安全生产工作、有效防范和减少生产安全事故、确保全公司安全生产形势持续平稳,根据安全生产工作的统一部署,×月×日至×月×日,公司安全生产委员会部分成员和安全员对公司上半年安全生产费用使用情况进行检查,现将检查通报如下:

2021 年公司安全生产费用计划费用××万元,截至×月×日,已完成安全防护设施×××元,应急救援设备及演练经费×××元,危险源及事故隐患评估、监控、整改经费×××元,标准化建设经费×××元,个人安全防护用品×××元,安全生产教育培训、宣传经费×××元,安全生产新技术宣传推广经费×××元,安全设施检测费用×××元,其他安全生产费用×××元。

经检查,安全生产经费使用合理、规范,附件及手续齐全,做到专款专用,截至目前没有发现费用不合规等情况。

××水利工程建设有限公司(章)

2021 年×月×日

2. 印发安全生产费用年度使用情况总结

××水利工程建设有限公司文件
×××〔2021〕×号

关于 2020 年度安全生产费用使用情况的通报

各部门、各分公司:

为了建立我公司安全生产投入长效机制,规范安全生产投入管理工作,根据有关法律法规及财政部、应急管理部等有关规定,我公司制定了《安全生产投入保障制度》,并严格按照规定提取和使用安全生产费用。2020 年 12 月 30 日,安全科联合财务科对公司 2020 年度安全生产费用使用情况进行了检查,现将具体检查结果进行通报。

一、2020 年度安全生产费用提取情况

结合 2020 年我公司存在的主要危险有害因素和安全管理的实际需要及工程总量,编制 2020 年度安全生产投入计划。2020 年计划投入××万元,累计投入安全措施费共××万元。

二、2020 年度安全生产费用使用统计

2020 年度我公司及各项目安全投入费用主要包括以下项目:

1. 完善、改造和维护安全防护设施、设备支出,包括施工现场临时用电系统、临边、机械设备、高处作业防护、防火、防雷、防尘、防毒、防地质灾害、地下工程有害气体监测、通风、临时安全防护设施支出;

2. 配备、维护、保养应急救援器材、设备和应急演练支出;

3. 开展重大危险源和事故隐患评估、监控和整改支出;

4. 安全生产检查、评价、咨询和标准化建设支出;

5. 配备和更新现场作业人员安全防护用品支出;

6. 安全生产宣传、教育、培训支出;

7. 安全设施及特种设备检测检验支出;

8. 其他与安全生产直接相关的支出。

2020 年度安全生产费用使用统计详见附表。

××水利工程建设有限公司(章)

2021 年×月×日

【三级评审项目】

1.4.6　按照有关规定,为从业人员及时办理相关保险。

【评审方法及评审标准】

查相关记录。

1. 未办理相关保险,扣 8 分;

2. 参保人员不全,每缺一人扣 1 分。

【标准分值】

8 分

◆**法规要点**◆

《中华人民共和国安全生产法》

第四十八条　生产经营单位必须依法参加工伤保险,为从业人员缴纳保险费。国家鼓励生产经营单位投保安全生产责任保险。

《工伤保险条例》

第二条　中华人民共和国境内的企业、事业单位、社会团体、民办非企业单位、基金会、律师事务所、会计师事务所等组织和有雇工的个体工商户(以下称用人单位)应当依照本条例规定参加工伤保险,为本单位全部职工或者雇工(以下称职工)缴纳工伤保险费。中华人民共和国境内的企业、事业单位、社会团体、民办非企业单位、基金会、律师事务所、会计师事务所等组织的职工和个体工商户的雇工,均有依照本条例的规定享受工伤保险待遇的权利。

第十条 用人单位应当按时缴纳工伤保险费。职工个人不缴纳工伤保险费。

◆条文释义◆

1. 工伤保险:是指劳动者在工作中或在规定的特殊情况下,遭受意外伤害或患职业病导致暂时或永久丧失劳动能力以及死亡时,劳动者或其遗属从国家和社会获得物质帮助的一种社会保险制度。

2. 安全生产责任保险(简称"安责险"):是指保险机构对投保的生产经营单位发生的生产安全事故造成的人员伤亡和有关经济损失等予以赔偿,并且为投保的生产经营单位提供事故预防服务的商业保险。安全生产责任保险是生产经营单位在发生生产安全事故以后对死亡、伤残者履行赔偿责任的保险,对维护社会安定和谐具有重要作用。对于高危行业分布广泛、伤亡事故时有发生的地区,发展安全生产责任保险,用责任保险等经济手段加强和改善安全生产管理,是强化安全事故风险管控的重要措施,有利于增强安全生产意识,防范事故发生,促进地区安全生产形势稳定好转;有利于预防和化解社会矛盾,减轻各级政府在事故发生后的救助负担;有利于维护人民群众根本利益,促进经济健康运行,保持社会稳定。

◆实施要点◆

1. 本条考核应提供的备查资料一般包括:全体成员各类保险证明材料。

2. 工伤保险属于强制保险,公司必须为所有员工购买。

◆材料实例◆

无。

第五节 安全文化建设

【三级评审项目】

1.5.1 确立本单位安全生产和职业病危害防治理念及行为准则，并教育、引导全体人员贯彻执行。

【评审方法及评审标准】

查相关文件和记录。

1. 未确立理念或行为准则，扣5分；

2. 未教育、引导全体人员贯彻执行，扣5分。

【标准分值】

5分

◆法规要点◆

《中华人民共和国安全生产法》

第三十七条 生产经营单位对重大危险源应当登记建档，进行定期检测、评估、监控，并制定应急预案，告知从业人员和相关人员在紧急情况下应当采取的应急措施。

生产经营单位应当按照国家有关规定将本单位重大危险源及有关安全措施、应急措施报有关地方人民政府安全生产监督管理部门和有关部门备案。

第三十八条 生产经营单位应当建立健全生产安全事故隐患排查治理制度，采取技术、管理措施，及时发现并消除事故隐患。事故隐患排查治理情况应当如实记录，并向从业人员通报。

县级以上地方各级人民政府负有安全生产监督管理职责的部门应当建立健全重大事故隐患治理督办制度，督促生产经营单位消除重大事故隐患。

《中华人民共和国职业病防治法》

第三十四条 用人单位的主要负责人和职业卫生管理人员应当接受职业卫生培训，遵守职业病防治法律、法规，依法组织本单位的职业病防治工作。用人单位应当对劳动者进行上岗前的职业卫生培训和在岗期间的定期职业卫生培训，普及职业卫生知识，督促劳动者遵守职业病防治法律、法规、规章和操作规程，指导劳动者正确使用职业病防护设备和个人使用的职业病防护用品。劳动者应当学习和掌握相关的职业卫生知识，增强职业病防范意识，遵守职业病防治法律、法规、规章和操作规程，正确使用、维护职业病防护设备和个人使用的职业病防护用品，发现职业病危害事故隐患应当及时报告。劳动者不履行前款规定义务的，用人单位应当对其进行教育。

第三十五条 对从事接触职业病危害的作业的劳动者，用人单位应当按照国务院卫生行政部门的规定组织上岗前、在岗期间和离岗时的职业健康检查，并将检查结果书面告知劳动者。职业健康检查费用由用人单位承担。用人单位不得安排未经上岗前职业健康检查的劳动者从事接触职业病危害的作业;不得安排有职业禁忌的劳动者从事其所禁忌的作业;对在职业健康检查中发现有与所从事的职业相关的健康损害的劳动者,应当调离原工作岗位,并妥善安置;对未进行离岗前职业健康检查的劳动者不得解除或者终止与其订立的劳动合同。职业健康检查应当由取得医疗机构执业许可证的医疗卫生机构承担。卫生行政部门应当加强对职业健康检查工作的规范管理,具体管理办法由国务院卫生行政部门制定。

第三十六条　用人单位应当为劳动者建立职业健康监护档案,并按照规定的期限妥善保存。职业健康监护档案应当包括劳动者的职业史、职业病危害接触史、职业健康检查结果和职业病诊疗等有关个人健康资料。劳动者离开用人单位时,有权索取本人职业健康监护档案复印件,用人单位应当如实、无偿提供,并在所提供的复印件上签章。

第三十七条　发生或者可能发生急性职业病危害事故时,用人单位应当立即采取应急救援和控制措施,并及时报告所在地卫生行政部门和有关部门。卫生行政部门接到报告后,应当及时会同有关部门组织调查处理;必要时,可以采取临时控制措施。卫生行政部门应当组织做好医疗救治工作。对遭受或者可能遭受急性职业病危害的劳动者,用人单位应当及时组织救治、进行健康检查和医学观察,所需费用由用人单位承担。

第三十八条　用人单位不得安排未成年工从事接触职业病危害的作业;不得安排孕期、哺乳期的女职工从事对本人和胎儿、婴儿有危害的作业。

◆**条文释义**◆

1. 职业病:职业病是指企业、事业单位和个体经济组织等用人单位的劳动者在职业活动中,因接触粉尘、放射性物质和其他有毒、有害物质等因素而引起的疾病。各国法律都有对于职业病预防方面的规定,一般来说,凡是符合法律规定的疾病才能称为职业病。

在生产劳动中,接触生产中使用或产生的有毒化学物质、粉尘气雾、异常的气象条件、高低气压、噪声、振动、微波、X射线、γ射线、细菌、霉菌,长期强迫体位操作,局部组织器官持续受压等,均可引起职业病,一般将这类职业病称为广义的职业病。其中某些危害性较大、诊断标准明确,结合国情,由政府有关部门审定公布的职业病,称为狭义的职业病,或称法定(规定)职业病。

中国政府规定诊断为法定(规定)职业病的,需由诊断部门向卫生主管部门报告;规定职业病患者在治疗休息期间,以及确定为伤残或治疗无效而死亡时,按照国家有关规定,享受工伤保险待遇或职业病待遇。有的国家对职业病患者给予经济赔偿,因此,也有称这类疾病为需赔偿的疾病。《中华人民共和国职业病防治法》规定职业病的诊断应当由省级卫生行政部门批准的医疗卫生机构承担。

2. 行为准则:是企业理念中对企业及员工进行总体约束的标准原则,它不同于企业的行为规范那么全面、周密、细致,而是原则性的一个标准。

◆**实施要点**◆

本条考核应提供的备查资料一般包括:《关于印发职业病危害防治责任制度的通知》、相关培训教育材料等。

◆材料实例◆
印发职业病危害防治责任制度文件

××水利工程建设有限公司文件
×××〔2021〕×号

关于印发《职业病危害防治责任制度》的通知

各部门、各分公司：

为进一步规范公司安全管理，切实履行公司各项工作职责，保障各项工作有章可循、有序开展，明确安全生产管理的程序，从而做到管理的制度化、规范化，公司制定了《职业病危害防治责任制度》，现印发给你们，请遵照执行。

附件：《职业病危害防治责任制度》

××水利工程建设有限公司（章）
2021年×月×日

职业病危害防治责任制度

一、总则

（1）为了从组织上、制度上落实"管生产必须管健康"的原则，使各级领导、各职能部门、各生产部门和职工明确职业病防治的责任，做到层层有责、各司其职、各负其责，做好职业病防治，促进生产可持续发展，特制定本制度。

（2）本制度规定从公司领导到各部门在职业病防治的职责范围，凡本公司发生职业病危害事故，依本制度追究责任。

二、职业卫生工作领导小组

主　　任：×××

副主任：×××、×××

成　　员：×××、×××、×××

三、职业卫生工作领导小组职责

职业卫生工作领导小组全面负责全公司的职业健康管理工作，具体职责包括：

（1）制定职业病防治计划和实施方案；

（2）建立健全职业卫生管理制度和操作规程；

（3）建立健全职业卫生档案和劳动者健康监护档案；

（4）建立健全工作场所职业病危害因素监测及评价制度；

（5）建立健全职业病危害事故应急救援预案；

（6）组织调查本单位职业病危害事故；

（7）对本企业的职业病防治工作负全面领导责任。

四、职业卫生工作领导小组组长职责

（1）认真贯彻国家有关职业病防治的法律法规、标准规范，落实各级职业病防治责任制，确保劳动者在劳动过程中的健康与安全。

（2）设置与企业规模相适应的职业健康管理机构，建立职业卫生管理网络，配备专职或兼职职业健康管理人员，负责本公司的职业病防治工作。

（3）每年组织制定职业病防治工作规划和落实情况，主动听取职工对本企业职业健康工作的意见，并责成有关部门及时解决提出的合理建议和正当要求。

（4）每年至少召开一次职业卫生工作领导小组会议，听取工作汇报，亲自研究和制订年度职业病防治计划与方案，落实职业病防治所需经费，督促落实各项防范措施。

（5）参加本单位职业病危害事故的调查和分析，对有关责任人予以严肃处理。

五、职业卫生工作领导小组副组长职责

（1）组织制订（修改）职业健康管理制度和职业健康操作规程，并督促执行。

（2）主持制定年度职业病防治计划与方案，并组织具体实施，保证经费的落实和使用。

（3）直接领导本企业职业病防治工作，建立企业职业健康管理档案。

（4）组织对全公司干部、职工进行职业危害法规、职业危害知识培训与宣传教育。对在职业病防治工作中有贡献的进行表扬、奖励，对违章者、不履行职责者进行批评教育和处罚。

（5）经常检查全公司和各部门职业病防治工作的开展情况，对查出的问题及时研究，制订整改措施，落实部门按期解决。

（6）经常听取各部门、项目部关于职业健康有关情况的汇报，及时采取措施。

（7）对企业内发生职业病危害事故采取应急措施，及时报告，并协助有关部门调查和处理，对有关责任人予以严肃处理。

六、专（兼）职职业卫生管理人员职责

（1）协助领导小组推动开展职业健康工作，汇总和审查各项技术措施、计划，并且督促有关部门切实按期执行。

（2）组织职工进行职业健康培训教育。

（3）组织职工进行职业健康检查，并为职工建立职业健康监护档案。

（4）组织开展职业病危害因素的日常监测、登记、上报、建档。

（5）组织和协助有关部门制订制度、职业卫生操作规程，对这些制度的执行情况进行监督检查。

（6）定期组织现场检查，对检查中发现的不安全情况，有权责令改正，或立即报告领导小组研究处理。

（7）负责职业病患者诊疗、疑似职业病患者的处置工作。

（8）负责职业病危害事故报告，参加事故调查处理。

七、各项目部职责

（1）把企业职业健康管理制度的措施贯彻到每个具体环节。

（2）组织本项目职工的职业健康培训、教育，发放职业病防护用品。

（3）督促职工严格按操作规程生产，确保职业病防护用品的正确使用。

（4）定期组织本项目范围的检查，对车间的设备、防护设施中存在的问题，及时报领导小组,采取措施。

（5）发生职业病危害事故时,迅速上报,并及时组织抢救。

【三级评审项目】

1.5.2 制定安全文化建设规划和计划,开展安全文化建设活动。

【评审方法及评审标准】

查相关文件和记录。

1. 未制定安全文化建设规划或计划,扣5分;

2. 未按计划实施,每项扣2分;

3. 单位主要负责人未参加安全文化建设活动,扣2分。

【标准分值】

5分

◆**法规要点**◆

无。

◆**条文释义**◆

安全文化:安全文化的概念最先由国际核安全咨询组（INSAG）于1986年针对切尔诺贝利事故,在INSA-1（后更新为INSAG-7）报告中提到"苏联核安全体制存在重大的安全文化的问题"。1991年出版的（INSAG-4）报告即给出了安全文化的定义:安全文化是存在于单位和个人中的种种素质和态度的总和。文化是人类精神财富和物质财富的总称,安全文化和其他文化一样,是人类文明的产物,企业安全文化是为企业在生产、生活、生存活动中提供安全生产的保证。

◆**实施要点**◆

本条考核应提供的备查资料一般包括:《关于印发安全文化建设规划和计划的通知》、安全生产月活动、安全文化建设活动记录、安全文化相关宣传栏、海报、横幅、活动等照片。

◆**材料实例**◆

1. 印发安全文化建设规划和计划文件

××水利工程建设有限公司文件

×××〔2021〕×号

关于印发《2021—2025年安全文化建设规划和计划》的通知

各部门、各分公司:

为进一步规范公司安全管理,切实履行公司各项工作职责,保障各项工作有章可循、有序开展，明确安全生产管理的程序，从而做到管理的制度化、规范化，公司制定了《2021—2025年安全文化建设规划和计划》，现印发给你们，请遵照执行。

附件：《2021—2025年安全文化建设规划和计划》

××水利工程建设有限公司（章）

2021年×月×日

2021—2025年安全文化建设规划和计划

为认真贯彻落实国家及行业关于安全文化建设的各项文件精神，进一步加强公司安全文化建设，营造浓厚的安全文化氛围，充分发挥安全文化对公司安全生产的引导作用，促进公司安全生产状况持续稳定好转，特制定本规划。

一、公司安全文化建设概况

近年来，公司认真贯彻落实国家安全生产法律法规，坚持"安全第一、预防为主、综合治理"的安全生产方针，牢固树立"科学发展、安全发展"的理念，组织开展了一系列的安全活动，营造了浓厚的安全生产氛围，增长了员工的安全知识，强化了责任意识，安全管理水平得到了大幅度提升。

公司在安全文化建设过程中主要开展以下几项工作。

（1）强化目标考核，落实安全生产责任

制定了总体和年度安全生产目标，层层签订安全生产责任状，将安全生产目标考核作为一项重要工作来抓，促进安全生产责任制的落实。

（2）加强制度建设，构建安全生产体系

建立和完善了公司安全管理例会及检查、安全生产责任制、交通安全、防火防爆、安全生产费用、防洪度汛、重大危险源管理、现场文明施工管理、生产安全事故处理办法等各项安全生产管理制度。

（3）加强体系建设，策划本质安全管理

开展了公司本质安全型管理策划，主要包括：本质安全管理体系、安全检查标准、安全生产标准化规范、危险源辨识、评价与控制。

（4）紧密围绕主题，开展安全生产月活动

制定并下发活动策划方案，各部门人员认真部署，确保了各种安全活动有效开展，包括制作切合主题的安全宣传横幅、宣教挂图、场内运输车辆专项检查、观看安全主题宣传片、组织学习安全生产法律法规、事故隐患速拍、安全咨询、应急预案演练、水利安全生产知识网络竞赛、防暑降温、安全大讲堂、隐患排查治理、"打非治违"专项行动、安全资格培训、安全考察学习等。

二、基本原则和建设目标

（一）建设原则

（1）坚持"三个注重"的原则，即重视过程、重视实效、重视关键。

（2）坚持创新与经验结合的原则，既要总结现有的优秀文化，同时要创新和发展，坚持与时俱进、科学发展。

（3）坚持规范化、制度化、科学化，注重实效，注重特色，推进安全文化理论发展创新。

（二）建设目标

（1）形成一个良好的安全氛围和自我管理的约束机制，变"要我安全"为"我要安全"。

（2）逐步建成具有公司特色的安全管理体系和保障体系，保证公司的各项规章制度能够得到有效贯彻实施，上行下效，为公司实现可持续发展提供保障。

（3）建立健全安全文化建设及宣教体系，创新安全文化形式，丰富安全文化内容，为实现工程建设安全生产稳步发展创造良好的文化氛围。

（4）在安全文化的熏陶影响下，各类安全问题迎刃而解，安全生产标准化达标创建成功并持续改进。

三、建设模式

公司在长期的安全文化研究中，提出了"一理念、三机制"的安全文化建设模式。

一理念：提炼公司安全文化理念，即"以人为本，关爱生命，追求本质安全，促进和谐发展"。

三机制：安全制度落实机制、安全教育培训机制、安全理念渗透机制。

安全理念渗透机制——建立健全完善的理念渗透机制和措施，将安全文化变成全体员工的共识。

安全教育培训机制——采取灵活多样的教育培训形式，强化员工教育培训，提高员工素质。

安全制度落实机制——建立、完善严格的安全生产责任体系，将加强人的管理贯穿公司文化建设的全过程，使安全管理成为一种自觉行为。

四、实施阶段

（一）宣传和启动阶段（2021年1月—2021年12月）

（1）成立公司安全文化建设指导小组，成员包括参建各方主要负责人。

（2）公司召开动员大会，启动安全文化建设工作。

（3）通过开展"安全生产月"活动，营造安全文化氛围。

（二）实施和引导阶段（2022年1月—2024年12月）

（1）以《安全生产标准化评审标准》等法律法规要求，完善制度体系建设。

（2）通过建立多媒体安全培训教室，加强员工教育培训工作，引导安全文化建设。

（三）总结和完善阶段（2025年1月—2025年12月）

（1）各部门负责完成本部门的总结，由公司安全科收集汇总。

（2）公司组织相关职能部门或各专项工作小组，到各部门检查安全文化建设情况，并对情况进行总结，将总结结果提交安委会审议。

（3）公司总结2021—2025年安全文化建设方面的经验，并策划2026—2030年安全文化建设规划，报安委会审批。

（4）公司召开总结大会，通报公司2021—2025年安全文化建设方面的经验和2026—2030年安全文化建设规划。

五、保障措施

（一）加强组织领导

各部门要高度重视安全文化建设对促进安全生产工作的重要推动和保障作用,加强工作指导和组织推动,统一部署,统一落实。形成主要领导共同负责,宣传和安全科组织协调,各职能部门配合,分工落实,基层员工广泛参与、积极发挥作用的工作格局。

（二）完善队伍建设

完善安全文化建设组织机构,集中一批专业人才,形成安全文化建设的骨干队伍,建立健全宣传教育机构,积极组织开展安全文化建设业务培训,引导改进安全文化建设方式、方法,提高建设质量和水平。

（三）健全相关制度

把安全文化建设纳入本公司发展的总体规划中来,逐级分解任务、明确工作职责,建立健全相关配套制度,统一部署、逐级落实。建立和完善表彰激励机制,制定安全文化建设的表彰条件和程序,建立安全文化建设的长效机制。

（四）加大资金投入

根据本公司实际情况,建立安全文化建设资金的保障机制,做好资金预算,并根据情况逐年增加安全文化建设的软硬件投入,为安全文化事业发展提供必要的经费保障。

（五）加强交流合作

加强与其他公司、咨询机构、高校在安全生产领域的交流与合作,学习借鉴安全生产先进经验与成果,进一步完善安全管理工作,使安全文化建设水平持续提升。

2. 安全文化建设活动记录表

安全文化建设活动记录表

时　　间		地　　点	
主持人		记录人	
参加人员			
活动主题			
活 动 内 容			

第六节 安全生产信息化建设

【三级评审项目】

1.6.1 根据实际情况,建立安全生产电子台账管理、重大危险源监控、职业病危害防治、应急管理、安全风险管控和隐患自查自报、安全生产预测预警等信息系统,利用信息化手段加强安全生产管理工作。

【评审方法及评审标准】

查相关系统。

1. 未建立信息系统,扣 10 分;

2. 信息系统不全,每缺一项扣 2 分。

【标准分值】

10 分

◆法规要点◆

全国安全生产信息化标准体系

(一) 总体标准

总体标准是标准体系中其他标准制定的基础,包括安全生产信息化建设、应用和运维管理所需的总体性、基础性和通用性标准规范,是其他标准间互相关联、互相协调、互相适应的基础。总体标准包括标准化工作、总体技术、基本术语等方面的标准。

(二) 信息资源标准

信息资源标准是安全生产信息化标准体系中的基础核心内容。信息资源标准主要依据信息资源标准化的基本原理和方法,全面和规范地描述各类安全生产信息,使得各级安全监管监察机构及负有安全监管职责的部门人员对业务数据概念达成一致性理解。同时,对信息进行分类与编码,统一数据口径。信息资源标准包括数据描述、资源目录、数据字典、信息分类与编码、统计图表、基础业务数据规范、数据采集等方面的标准与规范。

(三) 业务应用标准

业务应用标准是安全生产业务应用系统的建设、信息共享交换、业务协同等工作进行规范的标准集合,包括安全生产业务系统的基本功能、业务流程、对外接口等内容,重点支持业务流程的统一和协同工作,支持应用系统开发的一致性、开放性和可扩展性。业务应用标准包括业务系统技术规范、移动执法终端、重点企业在线监测联网等方面的标准与规范。

(四) 应用支撑标准

应用支撑标准在安全生产信息化标准框架中起着承上启下的作用。应用支撑标准适用于安全生产信息化所有业务应用系统的开发和建设,提供安全、可靠、统一的信息交换渠道、基础平台等,使业务应用系统能够在统一的支撑环境中运行。应用支撑标准包括信息交换与共享、基础平台、目录和 Web 服务等方面的标准与规范。

（五）基础设施标准

基础设施标准主要对安全生产信息化建设中的基础工作进行规范，为应用系统、数据库（数据中心）等建设提供安全、规范的运行环境，为安全生产信息资源的采集、传输、存储、分析、处理等提供基础性服务。基础设施标准包括基础环境、网络系统和信息安全等方面的标准与规范。

（六）管理标准

管理标准贯穿整个安全生产信息化建设、应用和运维管理工作。管理标准主要包括项目管理、运行维护等方面的标准与规范。

◆条文释义◆

1. 信息系统：是由计算机硬件、网络和通信设备、计算机软件、信息资源、信息用户和规章制度组成的以处理信息流为目的的人机一体化系统。主要有五个基本功能，即对信息的输入、存储、处理、输出和控制。信息系统经历了简单的数据处理信息系统、孤立的业务管理信息系统、集成的智能信息系统三个发展阶段。

2. 信息化：代表了一种信息技术被高度应用，信息资源被高度共享，从而使得人的智能潜力以及社会物质资源潜力被充分发挥，个人行为、组织决策和社会运行趋于合理化的理想状态。同时信息化也是 IT 产业发展与 IT 在社会经济各部门扩散的基础之上的，不断运用 IT 改造传统的经济、社会结构从而通往如前所述的理想状态的一段持续的过程。

3. 风险控制：是指风险管理者采取各种措施和方法，减少风险事件发生的各种可能性，或者减少风险事件发生时造成的损失。风险控制的四种基本方法是：风险回避、损失控制、风险转移和风险保留。

◆实施要点◆

本条考核应提供的备查资料一般包括：安全生产信息化管理系统、水利部安全生产信息系统填报材料、电子表格统计、微信群、QQ 群等证明材料。

◆材料实例◆

无。

第二章

制度化管理

第一节　法规标准识别

【三级评审项目】

2.1.1　安全生产法律法规、标准规范管理制度应明确归口管理部门、识别、获取、评审、更新等内容。

【评审方法及评审标准】

查制度文本。

1. 未以正式文件发布,扣 2 分;

2. 制度内容不全,每缺一项扣 1 分;

3. 制度内容不符合有关规定,每项扣 1 分。

【标准分值】

2 分

◆**法规要点**◆

《水利水电工程施工安全管理导则》(SL 721—2015)

5.1.1　工程开工前,各参建单位应组织识别适用的安全生产法律、法规、规章、制度和标准,报项目法人。

5.1.2　项目法人应及时组织有关参建单位识别适用的安全生产法律、法规、规章、制度和标准,并于工程开工前将适用的安全生产法律、法规、规章、制度和标准清单书面通知各参建单位。各参建单位应将安全生产法律、法规、规章、制度和标准的相关要求转化为内部管理制度贯彻执行。

对国家、行业主管部门新发布的安全生产法律、法规、规章、制度和标准,项目法人应及时组织参建单位识别,将适用的文件清单及时通知有关单位。

◆**条文释义**◆

1. 法律法规:指中华人民共和国现行有效的法律、行政法规、司法解释、地方性法规、地方规章、部门规章及其他规范性文件以及对于该等法律法规的不时修改和补充。

2. 标准:是对重复性事物和概念所做的统一规定,它以科学技术和实践经验的结合成果为基础,经有关方面协商一致,由主管机构批准,以特定形式发布作为共同遵守的准则和依据。

3. 规范:是指群体所确立的行为标准,可以由组织正式规定,也可以是非正式形成。

◆**实施要点**◆

本条考核应提供的备查资料一般包括:《关于印发安全生产法律法规与标准规范管理制度的通知》,制度应明确归口管理部门、识别、获取、评审、更新等内容。

◆材料实例◆

1. 印发安全生产法律法规与标准规范管理制度文件

××水利工程建设有限公司文件

×××〔2021〕×号

关于印发《安全生产法律法规与标准规范管理制度》的通知

各部门、各分公司：

为进一步规范公司安全管理，切实履行公司各项工作职责，保障各项工作有章可循、有序开展，明确安全生产管理的程序，从而做到管理的制度化、规范化，公司制定了《安全生产法律法规与标准规范管理制度》，现印发给你们，请遵照执行。

附件：《安全生产法律法规与标准规范管理制度》

××水利工程建设有限公司（章）

2021年×月×日

安全生产法律法规与标准规范管理制度

一、目的

1. 为了建立识别、获取适用的安全生产法律法规、规程规范的办法，包括识别、获取评审和更新等环节内容的途径，明确职责和范围，确定获取的渠道、方式等要求。保证安全生产管理有效实施。

2. 建立健全安全生产规章制度，并及时将识别、获取的安全生产法律法规与其他要求转化为公司规章制度，贯彻到日常安全生产管理工作中。

3. 根据岗位、工种特点，引用或编制齐全、完善、适用的岗位安全操作规程。

二、适用范围

适用于×××公司安全生产活动相关的国家、行业、地方法律法规、规程规范、管理制度、操作规程和其他要求的识别、获取、评审、更新、遵守情况的控制。

三、职责

1. 安全科为法律、法规、规程、规范的识别、获取、评审、更新和合规性评价控制的归口管理部门，负责定期识别、获取、评审、更新的管理；每年发布一次适用的安全生产法律法规与其他要求清单。

2. 各科室负责本科室的法律、法规、规程、规范的识别、获取、评审、更新及合规性评价的管理；及时向员工传达适用的安全生产法律法规与其他要求，配备适用的安全生产法律法规、规程规范。

3. 安全科负责本项目的法律、法规、规程、规范的识别、获取、评审、更新和合规性评价的管理；及时向员工传达适用的安全生产法律法规与其他要求，配备适用的安全生产法律法规、规程规范。

四、资源需求

识别、获取、评审、更新输入资料和活动相关人员。

五、工作程序

（一）获取途径

1. 通过上级传达、媒体检索、专业学习、行业交流等途径建立识别、获取适用的安全生产法律法规、规程规范。

2. 各科室应定期识别、获取与各自职责、职能相适用的安全生产法律法规和其他要求，并传达给安全科。

3. 安全科每年发布一次适用的安全生产法律法规与其他要求清单。

4. 及时向员工传达适用的安全生产法律法规与其他要求，配备适用的安全生产法律法规、规程规范。

（二）识别

1. 根据公司生产、活动和服务过程中所有的危险、有害因素，结合法律法规的最新内容及版本，识别适用的法律、法规、标准和其他要求。

2. 根据本行业的特点，识别适用的法律、法规、标准和其他要求。

3. 安全科组织相关科室对获取和识别的法律、法规、标准和其他要求组织评审确认，报公司分管领导审核批准。

4. 安全科及时将最新版适用的法律、法规、标准和其他要求传达给相关方。

（三）安全生产规章制度

1. 安全科组织相关职能部门编制公司安全生产规章制度。安全生产规章制度应根据公司文件管理制度要求进行审定或签发，并以正式文件发布。

2. 各科室建立健全各自的与职责、职能相适应的安全生产规章制度，并及时将识别、获取的安全生产法律法规与其他要求转化为本单位安全生产规章制度，贯彻到日常安全生产管理工作中。

3. 安全生产规章制度中应包含安全生产目标管理，安全生产责任制管理，法律法规标准规范管理，安全投入管理，工伤保险，文件和记录管理，档案管理，风险评估和控制管理，安全教育培训及持证上岗管理，施工机械和工器具(含特种设备)管理，安全设施和安全标志管理，交通安全管理，消防安全管理，防洪度汛安全管理，脚手架搭设、拆除、使用管理，施工用电安全管理，危险化学品管理，工程分包安全管理，相关方及外用工(单位)安全管理，安全技术(含安全技术交底)管理，职业健康管理，劳动防护用品(具)管理，安全检查及隐患排查治理管理，文明施工管理，安全生产预警预报和应急管理，信息报送及事故调查处理，安全绩效评定管理，安全生产考核奖罚等内容。

4. 安全生产规章制度应发放到相关工作岗位，并组织员工学习。

（四）安全操作规程

1. 安全科组织相关职能科室根据岗位、工种特点，引用或编制齐全、完善、适用的岗位安全操作规程,满足公司各层次作业的需要。

2. 安全操作规程应根据公司文件控制要求进行审定或签发。

3. 岗位安全操作规程应发放到相关班组、岗位,并对员工进行培训和考核。

(五)评审和修订

1. 各科室每年至少对安全生产法律法规、规程规范、规章制度、操作规程的执行情况进行一次检查评审。

2. 各科室应根据评估情况、安全检查反馈的问题、生产安全事故分析、绩效评定结果等,及时对安全生产规章制度和操作规程进行修订,确保其有效和适用。

(六)更新

1. 当现行法律、法规、标准和其他规范更新时,应重新及时识别。

2. 安全科每年进行一次法律、法规、标准和其他规范的获取、识别、更新工作。

3. 当生产过程中的危险、有害因素发生变更时,应及时进行法律、法规、标准和其他规范的重新识别。

(七)文件和档案管理

1. 文件管理、记录管理,执行文件控制管理制度和记录管理制度,严格管理。

2. 按照档案管理规定对主要安全生产文件、记录进行管理。

六、记录

包括主要安全生产文件,安全费用提取使用记录,劳动防护用品采购发放记录,技术文件及其编制、审批、发放记录,事故、事件记录及调查报告,危险源辨识、评价、控制记录,检查、整改记录,职业卫生检查与监护记录,检验、检测、校验记录,设备安全管理记录,安全设施管理记录,应急演练记录,对分包方和供应方监管记录,安全生产会议记录,安全活动记录,安全培训记录,人员资格证书,以及安全奖惩记录等。

【三级评审项目】

2.1.2 职能部门和所属单位应及时识别、获取适用的安全生产法律法规和其他要求,归口管理部门每年发布一次适用的清单,建立文本数据库。

【评审方法及评审标准】

查相关文件和记录。

1. 未发布清单,扣 4 分;

2. 识别和获取不全,每缺一项扣 1 分;

3. 法律法规或其他要求失效,每项扣 1 分;

4. 未建立文本数据库,扣 4 分。

【标准分值】

4 分

◆法规要点◆

《水利水电工程施工安全管理导则》(SL 721—2015)

5.1.1 工程开工前,各参建单位应组织识别适用的安全生产法律、法规、规章、制度和标准,报项目法人。

5.1.2 项目法人应及时组织有关参建单位识别适用的安全生产法律、法规、规章、制度和标准,并于工程开工前将《适用的安全生产法律、法规、规章、制度和标准清单》书面通知各参建单位。各参建单位应将安全生产法律、法规、规章、制度和标准的相关要求转化为内部管理制度贯彻执行。

对国家、行业主管部门新发布的安全生产法律、法规、规章、制度和标准,项目法人应及时组织参建单位识别,并将适用的文件清单及时通知有关单位。

◆**条文释义**◆

1. 归口管理:是一种管理方式,一般是按照行业、系统分工管理,防止重复管理、多头管理。归口管理实际上就是指按赋予的权利和承担的责任,各司其职,按特定的管理渠道实施管理。

2. 文本数据库:是一种常用的数据库,也是最简单的数据库,任何文件都可以成为文本数据库。

◆**实施要点**◆

1. 本条考核应提供的备查资料一般包括:《关于印发适用安全生产法律法规清单的通知》。

2. 法律法规一般每年识别获取一次,每次尤其要列出增加或减少的法规。

◆**材料实例**◆

印发适用安全生产法律法规清单文件

××水利工程建设有限公司文件

×××〔2021〕×号

关于印发《2021 年度适用安全生产法律法规清单》的通知

各部门、各分公司:

为确保公司所使用安全生产法律法规的有效性,对与水利施工项目密切相关的安全生产法律法规、标准规范等进行了审查,紧扣国家安全生产最新动态,对安全生产法律法规、标准规范清单进行了识别、更新、补充,编制了 2021 年适用安全生产法律法规清单,请各部门、项目部对照附件,对有关的安全生产法律法规、标准规范进行获取、评审、更新和补充。

附件:2021 年适用安全生产法律法规清单

××水利工程建设有限公司(章)

2021 年×月×日

2021 年适用安全生产法律法规清单

序号	名称	文号	颁布日期	实施日期
一、安全生产法律				
1	《中华人民共和国刑法修正案（十）》	主席令第八十号	2017 - 11 - 4	2017 - 11 - 4
2	《中华人民共和国安全生产法》	主席令第十三号	2014 - 8 - 31	2014 - 12 - 1
3	《中华人民共和国建筑法》	主席令第四十六号	2011 - 4 - 22	2011 - 7 - 1
4	《中华人民共和国劳动法》	主席令第十八号	2009 - 8 - 27	2009 - 8 - 27
5	《中华人民共和国劳动合同法》	主席令第七十三号	2012 - 12 - 28	2013 - 7 - 1
6	《中华人民共和国合同法》	主席令第十五号	1999 - 3 - 15	1999 - 10 - 1
7	《中华人民共和国消防法》	主席令第六号	2008 - 10 - 28	2009 - 5 - 1
8	《中华人民共和国道路交通安全法》	主席令第四十七号	2011 - 4 - 22	2011 - 5 - 1
9	《中华人民共和国职业病防治法》	主席令第八十一号	2017 - 11 - 4	2017 - 11 - 5
10	《中华人民共和国工会法》	主席令第六十二号	2001 - 10 - 27	2001 - 10 - 27
11	《中华人民共和国突发事件应对法》	主席令第六十九号	2007 - 8 - 30	2007 - 11 - 1
12	《中华人民共和国防震减灾法》	主席令第七号	2008 - 12 - 27	2009 - 5 - 1
13	《中华人民共和国水土保持法》	主席令第三十九号	2010 - 10 - 25	2011 - 3 - 1
14	《中华人民共和国防洪法》	主席令第四十八号	2016 - 7 - 2	2016 - 7 - 2
15	《中华人民共和国环境保护法》	主席令第九号	2014 - 4 - 24	2015 - 1 - 1
16	《中华人民共和国水污染防治法》	主席令第七十号	2017 - 6 - 27	2018 - 1 - 1
17	《中华人民共和国民法通则》	主席令第三十七号	2009 - 8 - 27	2009 - 8 - 27
18	《中华人民共和国行政处罚法》	主席令第七十六号	2017 - 9 - 1	2018 - 1 - 1
19	《中华人民共和国行政许可法》	主席令第七号	2003 - 8 - 27	2004 - 7 - 1
20	《中华人民共和国行政复议法》	主席令第七十六号	2017 - 9 - 1	2018 - 1 - 1
21	《中华人民共和国特种设备安全法》	主席令第四号	2013 - 6 - 29	2014 - 1 - 1
22	《中华人民共和国环境噪声污染防治法》	主席令第七十七号	1996 - 10 - 29	1997 - 3 - 1
23	《中华人民共和国招标投标法》	主席令第八十六号	2017 - 12 - 27	2017 - 12 - 28
24	《中华人民共和国水法》	主席令第四十八号	2016 - 7 - 2	2016 - 7 - 2
25	《中华人民共和国文物保护法》	主席令第八十一号	2017 - 11 - 4	2017 - 11 - 5
26	《中华人民共和国产品质量法》	主席令第十八号	2009 - 8 - 27	2009 - 8 - 27
27	《中华人民共和国内河交通安全管理条例》	国务院令第 676 号	2017 - 3 - 1	2017 - 3 - 1
二、安全生产行政法规				
28	《建设工程安全生产管理条例》	国务院令第 393 号	2003 - 11 - 24	2004 - 2 - 1
29	《安全生产许可证条例》	国务院令第 397 号	2014 - 7 - 29	2014 - 7 - 29
30	《生产安全事故报告和调查处理条例》	国务院令第 493 号	2007 - 4 - 9	2007 - 6 - 1

序号	名称	文号	颁布日期	实施日期
31	《国务院关于特大安全事故行政责任追究的规定》	国务院令第 302 号	2001 - 4 - 21	2001 - 4 - 21
32	《工伤保险条例》	国务院令第 586 号	2010 - 12 - 20	2011 - 1 - 1
33	《劳动保障监察条例》	国务院令第 423 号	2004 - 11 - 1	2004 - 12 - 1
34	《女职工劳动保护特别规定》	国务院令第 619 号	2012 - 4 - 28	2012 - 4 - 28
35	《中华人民共和国防汛条例》	国务院令第 588 号	2011 - 1 - 8	2011 - 1 - 8
36	《中华人民共和国抗旱条例》	国务院令第 552 号	2009 - 2 - 26	2009 - 2 - 26
37	《中华人民共和国水土保持法实施条例》	国务院令第 588 号	2011 - 1 - 8	2011 - 1 - 8
38	《建设项目环境保护管理条例》	国务院令第 682 号	2017 - 7 - 16	2017 - 10 - 1
39	《危险化学品安全管理条例》	国务院令第 591 号	2013 - 12 - 7	2013 - 12 - 7
40	《民用爆炸物品安全管理条例》	国务院令第 653 号	2014 - 7 - 29	2014 - 7 - 29
41	《中华人民共和国道路交通安全法实施条例》	国务院令第 687 号	2017 - 10 - 7	2017 - 10 - 7
……	……	……	……	……

【三级评审项目】

2.1.3　及时向员工传达并配备适用的安全生产法律法规和其他要求。

【评审方法及评审标准】

查相关记录。

1. 未及时传达或配备,扣 4 分;

2. 传达或配备不到位,每少一人扣 1 分。

【标准分值】

4 分

◆**法规要点**◆

《中华人民共和国安全生产法》

第四条　生产经营单位必须遵守本法和其他有关安全生产的法律、法规,加强安全生产管理,建立健全安全生产责任制和安全生产规章制度,改善安全生产条件,推进安全生产标准化建设,提高安全生产水平,确保安全生产。

第十八条　生产经营单位的主要负责人对本单位安全生产工作负有下列职责:(1)建立、健全本单位安全生产责任制;(2)组织制定本单位安全生产规章制度和操作规程;(3)组织制定并实施本单位安全生产教育和培训计划;(4)保证本单位安全生产投入的有效实施;(5)督促、检查本单位的安全生产工作,及时消除生产安全事故隐患;(6)组织制定并实施本单位的生产安全事故应急救援预案;(7)及时、如实报告生产安全事故。

《水利水电工程施工安全管理导则》(SL 721—2015)

5.1.1　工程开工前,各参建单位应组织识别适用的安全生产法律、法规、规章、制度和标准,报项目法人。

5.1.2 项目法人应及时组织有关参建单位识别适用的安全生产法律、法规、规章、制度和标准,并于工程开工前将适用的安全生产法律、法规、规章、制度和标准清单书面通知各参建单位。各参建单位应将安全生产法律、法规、规章、制度和标准的相关要求转化为内部管理制度贯彻执行。

对国家、行业主管部门新发布的安全生产法律、法规、规章、制度和标准,项目法人应及时组织参建单位识别,并将适用的文件清单及时通知有关单位。

◆**条文释义**◆
无。

◆**实施要点**◆

1. 本条考核应提供的备查资料一般包括:安全生产法律法规标准规范发放记录、安全生产规章制度发放记录等。

2. 可以发放电子版资料,但要有相关记录并签名。

◆**材料实例**◆
安全生产法律法规标准规范发放记录表

安全生产法律法规标准规范发放记录表

序号	名称	执行日期	领用部门(人)	领用份数	领用日期	发放人

第二节　规章制度

【三级评审项目】

2.2.1　及时将识别、获取的安全生产法律法规和其他要求转化为本单位规章制度，结合本单位实际，建立健全安全生产规章制度体系。

规章制度应包括但不限于：1. 目标管理；2. 安全生产责任制；3. 法律法规标准规范管理；4. 安全生产承诺；5. 安全生产费用管理；6. 意外伤害保险管理；7. 安全生产信息化；8. 安全技术措施审查管理（包括安全技术交底及新技术、新材料、新工艺、新设备设施）；9. 文件、记录和档案管理；10. 安全风险管理、隐患排查治理；11. 职业病危害防治；12. 教育培训；13. 班组安全活动；14. 安全设施与职业病防护设施"三同时"管理；15. 特种作业人员管理；16. 设备设施管理；17. 交通安全管理；18. 消防安全管理；19. 防洪度汛安全管理；20. 施工用电安全管理；21. 危险物品和重大危险源管理；22. 危险性较大的单项工程管理；23. 安全警示标志管理；24. 安全预测预警；25. 安全生产考核奖惩管理；26. 相关方安全管理（包括工程分包方安全管理）；27. 变更管理；28. 劳动防护用品（具）管理；29. 文明施工、环境保护管理；30. 应急管理；31. 事故管理；32. 绩效评定管理。

【评审方法及评审标准】

查规章制度文本。

1. 未以正式文件发布，每项扣 2 分；

2. 制度内容不符合有关规定，每项扣 1 分。

【标准分值】

12 分

◆**法规要点**◆

《中华人民共和国安全生产法》

第十八条　生产经营单位的主要负责人对本单位安全生产工作负有下列职责：

（一）建立、健全本单位安全生产责任制；

（二）组织制定本单位安全生产规章制度和操作规程；

（三）组织制定并实施本单位安全生产教育和培训计划；

（四）保证本单位安全生产投入的有效实施；

（五）督促、检查本单位的安全生产工作，及时消除生产安全事故隐患；

（六）组织制定并实施本单位的生产安全事故应急救援预案；

（七）及时、如实报告生产安全事故。

第十九条　生产经营单位的安全生产责任制应当明确各岗位的责任人员、责任范围和考核标准等内容。生产经营单位应当建立相应的机制，加强对安全生产责任制落实情况的监督考核，保证安全生产责任制的落实。

◆**条文释义**◆

制度体系:是企业员工在企业生产经营活动共同遵守的规定和准则的总称,是企业赖以生存的体制基础,是企业员工的行为规范,是企业经营活动的体制保障。管理制度体系建设是企业管理工作的基础,它以一定的标准和规范来调整企业内部的生产要素,调动职工的积极性和创造性,提高企业的经济效益。当企业发展到一定规模后,能否科学地进行管理,对企业的发展至关重要。在当前市场深化改革的形势下,管理制度体系建设已经被越来越多的企业所重视,加强管理制度体系建设成为提高企业竞争力的有效途径。

◆**实施要点**◆

1. 本条考核应提供的备查资料一般包括:《关于印发安全生产规章制度汇编的通知》。

2. 规章制度汇编内容应全面,应用红头文件印发规章制度,可以集中印发,也可以单项印发。

◆**材料实例**◆

印发安全生产规章制度汇编文件

××水利工程建设有限公司文件
×××〔2021〕×号

关于印发《安全生产规章制度汇编》的通知

各部门、各分公司:

为进一步规范公司安全管理,切实履行公司各项工作职责,保障各项工作有章可循、有序开展,明确安全生产管理的程序,从而做到管理的制度化、规范化,现将新修订的《安全生产规章制度汇编》印发给你们,请认真组织学习并贯彻落实。

附件:《安全生产规章制度汇编》

××水利工程建设有限公司(章)

2021 年×月×日

【三级评审项目】

2.2.2 及时将安全生产规章制度发放到相关工作岗位,并组织培训。

【评审方法及评审标准】

查相关记录。

1. 工作岗位发放不全,每缺一个扣 1 分;

2. 规章制度发放不全，每缺一项扣1分。

【标准分值】

4分

◆**法规要点**◆

《中华人民共和国安全生产法》

第十八条　生产经营单位的主要负责人对本单位安全生产工作负有下列职责：

（一）建立、健全本单位安全生产责任制；

（二）组织制定本单位安全生产规章制度和操作规程；

（三）组织制定并实施本单位安全生产教育和培训计划；

（四）保证本单位安全生产投入的有效实施；

（五）督促、检查本单位的安全生产工作，及时消除生产安全事故隐患；

（六）组织制定并实施本单位的生产安全事故应急救援预案；

（七）及时、如实报告生产安全事故。

第十九条　生产经营单位的安全生产责任制应当明确各岗位的责任人员、责任范围和考核标准等内容。生产经营单位应当建立相应的机制，加强对安全生产责任制落实情况的监督考核，保证安全生产责任制的落实。

◆**条文释义**◆

无。

◆**实施要点**◆

本条考核应提供的备查资料一般包括：安全生产规章制度发放记录表、安全生产规章制度培训记录。

◆**材料实例**◆

1. 安全生产规章制度发放记录表

安全生产规章制度发放记录表

编号	文件名称	版本	签收			发放数量
			部门	签字	日期	
1	《安全生产规章制度汇编》	2021年	办公室			
2	《安全生产规章制度汇编》	2021年	工程科			
3	《安全生产规章制度汇编》	2021年	经营科			
4	《安全生产规章制度汇编》	2021年	财务科			
5	《安全生产规章制度汇编》	2021年	安全科			

2. 安全生产规章制度培训实施记录表

安全生产规章制度培训实施记录表

单位(部门)：

培训主题			主讲人		
培训地点		培训时间		培训学时	
参加人员					
培训内容					
培训评估方式	□考试　　　□实际操作　　　□事后检查　　　□课堂评价				
培训效果评估	评估人： 　　　　　　　　　　　　　　　　　　　年　　月　　日				

记录人：　　　　　　　　　　　　　　　　　　日期：

第三节　操作规程

【三级评审项目】

2.3.1　引用或编制安全操作规程,确保从业人员参与安全操作规程的编制和修订工作。

【评审方法及评审标准】

查规程文本和记录。

1. 未以正式文件发布,每项扣 2 分;

2. 规程内容不符合有关规定,每项扣 1 分;

3. 规程的编制和修订工作无从业人员参与,每项扣 1 分。

【标准分值】

8 分

◆**法规要点**◆

《中华人民共和国安全生产法》

第十八条　生产经营单位的主要负责人对本单位安全生产工作负有下列职责:

(二)组织制定本单位安全生产规章制度和操作规程。

第二十二条　生产经营单位的安全生产管理机构以及安全生产管理人员履行下列职责:组织或者参与拟定本单位安全生产规章制度、操作规程和生产安全事故应急救援预案。

第二十五条　生产经营单位应当对从业人员进行安全生产教育和培训,保证从业人员具备必要的安全生产知识,熟悉有关的安全生产规章制度和安全操作规程,掌握本岗位的安全操作技能,了解事故应急处理措施,知悉自身在安全生产方面的权利和义务。未经安全生产教育和培训合格的从业人员,不得上岗作业。

◆**条文释义**◆

安全操作规程:是指工人操作机器设备和调整仪器仪表时必须遵守的规章和程序。

◆**实施要点**◆

1. 本条考核应提供的备查资料一般包括:《关于印发安全生产操作规程汇编的通知》,规程内容应与单位实际相符,规程的编制和修订工作应有单位从业人员参与。

2. 安全操作规程一般包括:操作步骤和程序,安全技术知识和注意事项,正确使用个人安全防护用品,生产设备和安全设施的维修保养,预防事故的紧急措施,安全检查的制度和要求等。

3. 相关人员应参与编制、修订、审查的过程。

◆材料实例◆
印发安全生产操作规程汇编文件

××水利工程建设有限公司文件

×××〔2021〕×号

关于印发《安全生产操作规程汇编》的通知

各部门、各分公司：

为了规范本公司各水利水电工程施工作业行为，确保现场作业安全有序进行，从而做到管理的制度化、规范化，强化作业人员的安全意识和自我保护意识，现将《安全生产操作规程汇编》印发给你们，请各单位及各项目部严格遵守本规程进行作业，并开展相关的教育培训以及加强监督管理，确保相关要求执行到位。

附件：《安全生产操作规程汇编》

××水利工程建设有限公司（章）

2021年×月×日

【三级评审项目】

2.3.2　新技术、新材料、新工艺、新设备设施投入使用前，组织编制或修订相应的安全操作规程，并确保其适宜性和有效性。

【评审方法及评审标准】

查规程文本和记录。

"四新"投入使用前，未组织编制或修订安全操作规程，每项扣2分。

【标准分值】

4分

◆法规要点◆

《中华人民共和国安全生产法》

第二十六条　生产经营单位采用新工艺、新技术、新材料或者使用新设备，必须了解、掌握其安全技术特性，采取有效的安全防护措施，并对从业人员进行专门的安全生产教育和培训。

◆条文释义◆

1. 适宜性：操作规程等体系恰到好处，能适应企业的内、外环境条件，文件的可操作性强，体系运行规范有序。

2. 有效性:完成操作规程原先预定目标和达到安全结果的程度。

◆**实施要点**◆

1. 本条考核应提供的备查资料一般包括:"四新"投入使用前,应编制安全生产操作规程。

2. 如无"四新"投入,则可以将情况进行具体说明。

◆**材料实例**◆

无。

【三级评审项目】

2.3.3　安全操作规程应发放到相关作业人员。

【评审方法及评审标准】

查相关记录并现场抽查。

未及时发放到相关作业人员,每缺一人扣1分。

【标准分值】

6分

◆**法规要点**◆

《建筑安全生产管理条例》(中华人民共和国国务院令第393号)

第二十一条　施工单位主要负责人依法对本单位的安全生产工作全面负责。施工单位应当建立健全安全生产责任制度和安全生产教育培训制度,制定安全生产规章制度和操作规程,保证本单位安全生产条件所需资金的投入,对所承担的建设工程进行定期和专项安全检查,并做好安全检查记录。施工单位的项目负责人应当由取得相应执业资格的人员担任,对建设工程项目的安全施工负责,落实安全生产责任制度、安全生产规章制度和操作规程,确保安全生产费用的有效使用,并根据工程的特点组织制定安全施工措施,消除安全事故隐患,及时、如实报告生产安全事故。

◆**条文释义**◆

无。

◆**实施要点**◆

本条考核应提供的备查资料一般包括:安全生产操作规程发放记录。

安全生产操作规程发放记录表

安全生产操作规程发放记录表

序号	名　称	执行日期	领用部门(人)	领用份数	领用日期	发放人
1	《安全生产操作规程汇编（2021 版)》		办公室			
2	《安全生产操作规程汇编（2021 版)》		工程科			
3	《安全生产操作规程汇编（2021 版)》		经营科			
4	《安全生产操作规程汇编（2021 版)》		财务科			
5	《安全生产操作规程汇编（2021 版)》		安全科			

第四节　文档管理

【三级评审项目】

2.4.1　文件管理制度应明确文件的编制、审批、标识、收发、使用、评审、修订、保管、废止等内容，并严格执行。

【评审方法及评审标准】

查制度文本和记录。

1. 未以正式文件发布，扣 2 分；

2. 制度内容不全，每缺一项扣 1 分；

3. 制度内容不符合有关规定，每项扣 1 分；

4. 未按规定执行，每项扣 1 分。

【标准分值】

3 分

◆法规要点◆

《水利工程建设项目档案管理规定》(水办〔2005〕480 号)

第五条　水利工程档案工作应贯穿于水利工程建设程序的各个阶段。即从水利工程建设前期就应进行文件材料的收集和整理工作；在签订有关合同、协议时，应对水利工程档案的收集、整理、移交提出明确要求；检查水利工程进度与施工质量时，要同时检查水利工程档案的收集、整理情况；在进行项目成果评审、鉴定和水利工程重要阶段验收与竣工验收时，要同时审查、验收工程档案的内容与质量，并作出相应的鉴定评语。

第六条　各级建设管理部门应积极配合档案业务主管部门，认真履行监督、检查和指导职责，共同抓好水利工程档案工作。

第八条　勘察设计、监理、施工等参建单位，应明确本单位相关部门和人员的归档责任，切实做好职责范围内水利工程档案的收集、整理、归档和保管工作；属于向项目法人等单位移交的应归档文件材料，在完成收集、整理、审核工作后，应及时提交项目法人。项目法人应认真做好有关档案的接收、归档和向流域机构档案馆的移交工作。

第九条　工程建设的专业技术人员和管理人员是归档工作的直接责任人，须按要求将工作中形成的应归档文件材料，进行收集、整理、归档，如遇工作变动，须先交清原岗位应归档的文件材料。

第十条　水利工程档案的质量是衡量水利工程质量的重要依据，应将其纳入工程质量管理程序。质量管理部门应认真把好质量监督检查关，凡参建单位未按规定要求提交工程档案的，不得通过验收或进行质量等级评定。工程档案达不到规定要求的，项目法人不得返还其工程质量保证金。

◆**条文释义**◆

无。

◆**实施要点**◆

1. 本条考核应提供的备查资料一般包括:《关于印发文件管理制度的通知》。

2. 文件管理制度内容一般包括:文件的编制、审批、标识、收发、使用、评审、修订、保管、废止等内容。

◆**材料实例**◆

印发文件管理制度文件

××水利工程建设有限公司文件

×××〔2021〕×号

关于印发《文件管理制度》的通知

各部门、各分公司:

为进一步规范公司安全管理,切实履行公司各项工作职责,保障各项工作有章可循、有序开展,明确安全生产管理的程序,从而做到管理的制度化、规范化,公司制定了《文件管理制度》,现印发给你们,请遵照执行。

附件:《文件管理制度》

××水利工程建设有限公司(章)

2021年×月×日

文件管理制度

第一章 总 则

第一条 为促进我公司的文件管理工作规范化、制度化、科学化,确保我公司使用的文件具有统一性、完整性和有效性,特制定本制度。

第二条 本制度所称文件,包括上级机关来文、同级单位来文、我公司上报下发的各类文件和资料。

第三条 文件管理指文件的编制、审批、标识、收发、评审、修订、使用、保管、废止等一系列相互关联、衔接有序的工作。文件管理必须严格执行国家保密法律、法规和其他有关规定,确保国家秘密的安全。

第四条 公司办公室是文件管理的管理机构,具体负责本公司的文件管理工作并指导公司所属各单位的文件档案管理工作。

第二章 文件种类

第五条 我公司适用的文件种类主要有：

（一）通知

适用于转发上级机关和不相隶属机关的文件，传达要求下属各单位各部门办理和需要有关单位周知或者执行的事项、任免人员。

（二）函

适用于不相隶属机关之间商洽工作，询问和答复问题，请求批准和答复审批事项。

（三）批复

适用于答复下级部门的请示事项。

（四）报告

适用于向上级机关汇报工作，反映情况，答复上级机关的询问。

（五）请示

适用于向上级机关请求指示、批准。

（六）通报

适用于表彰先进，批评错误，传达重要情况。

（七）决定

适用于对重要事项或重大行动做出安排，奖惩有关单位及人员等。

（八）通告

适用于公布社会各有关方面应当遵守或者周知的事项。

（九）会议纪要

适用于记载和传达会议情况和议定事项。

第三章 文件标识

第六条 为确保文件的唯一性，由公司办公室指定统一的文件标识管理。

第四章 文件格式

第七条 文件一般由秘密等级、保密期限、紧急程度、发文机关标识、发文字号、签发人、标题、主送机关、正文、附件说明、成文日期、印章、附注、附件、主题词、抄送机关、印发机关、印发份数（页数）和印发日期等部分组成。

（一）涉及国家秘密的文件应当依照有关法规，分别标明密级和保密期限。

（二）紧急文件应当根据紧急程度分别标明"特急""急件"（紧急程度标于眉首右上角）。其中电报应当分别标明"特提""特急""加急""平急"。文件紧急程度由公司办公室在核稿时标明。

（三）发文机关标识应当使用发文机关全称，套红印刷，置于眉首上部居中；联合行文，主办机关排列在前。

（四）发文字号包括机关代字、年份、序号。其中，年份用四位阿拉伯数字加方括号表示：序号由公司办公室统一编录，置于发文机关标识之下、横线之上（函件文号处横线之下居右）。联合行文，一般只标明主办机关发文字号。

（五）上行文应当在首页注明签发人姓名。其中，"请示"应当在附注处（在成文日期和印章之下、主题词之上）注明联系人的姓名和电话。

（六）文件标题应当准确简要地概括文件的主要内容，标明发文机关和文件种类。文件标题中除法规、规章名称或特定词加书名号或引号外，一般不用标点符号。转发文件如原标题过长，应重新概括新标题。

（七）主送机关指文件的主要受理机关，应当使用全称或者规范化简称、统称。

（八）文件如有附件，应当在正文之后、成文日期之前注明附件顺序和名称。有多个附件的，应在各附件首页的左上角编注附件序号。草拟文件时，应当将附件顺序和名称在文后写明。

（九）文件除"会议纪要"外，还应当加盖印章。联合上报的文件，由主办机关加盖印章。上级部门另有规定的，按要求执行。联合下发的文件，发文机关都应当加盖印章。

（十）成文日期，以公司负责人签发的日期为准；电报以发出日期为准。

（十一）会议通过的文件，应在标题之下正文之上注明会议名称和通过日期。

（十二）文件如有附注（需要说明的其他事项），应当加括号标注。

（十三）文件应当标注主题词。一份文件的主题词，不得超过 6 个。主题词标引在文件的抄送栏之上，顶格印，词目之间间隔一个汉字的距离。

（十四）抄送机关指除主送机关外需要执行或知晓文件内容的其他机关。填写抄送机关时，应当使用全称或者规范化简称、统称。

（十五）文字从左至右横写、横排。

第八条　文件中各组成部分的标识规则，参照《国家行政机关文件格式》国家标准执行。文件用纸采用国家标准 A4 型（宽 210 毫米，长 297 毫米），左侧装订。

第五章　行文规则

第九条　行文应当确有必要，注重效用。行文关系根据隶属关系和职权范围确定，一般不得越级请示和报告。

第十条　除上级单位领导直接交办的事项外，上报文件，不得直接报送上级单位领导个人，一律报送上级单位。

第十一条　"请示"应当一文一事：一般只写一个主送机关，如需同时送其他机关，应当用抄送形式。不得抄送下级单位。

"报告"不得夹带请示事项。

第六章　发文办理

第十二条　发文办理指以公司名义编制发放文件的过程，包括草拟、审核、签发、复核、缮印、用印、登记、分发等程序。具体程序：拟稿→部门审核→办公室核稿→分管主任会签→主任签发→编号→打印→校对→缮印→用印分发（归档）。

第十三条　草拟文件应当做到：

（一）确有行文必要。

（二）文种选择正确。

（三）观点正确，条理清晰，表述准确，文字精简。

（四）拟制紧急文件，应有充分原因，急件应跑签。

（五）引用准确，引用文件先引标题，后引发文字号；引用日期须具体写明年、月、日，年份用四位阿拉伯数字表示。

（六）结构层次序数，第一层为"一"、第二层为"（一）"、第三层为"1."、第四层为"（1）"。

（七）原则上使用国家法定计量单位。

（八）使用规范化简称，非规范化简称须在第一次使用时注明。

（九）除成文日期、部分结构序数和在词组、惯用语作为词素的数字必须使用汉字外，应当使用阿拉伯数字。

（十）起草文件的依据文件、重要参考资料及说明材料应附在文稿之后。

（十一）主题词引用正确。

部门审核应当做到：

（一）确有行文必要。

（二）符合国家法律、法规及有关政策。所提新的政策、规定等，要切实可行并有依据和说明。

（三）审核主送及抄送单位是否合适。

（四）审核会签部门及会签顺序是否合适。

第十四条 凡以公司名义制发的文件送公司负责人签发之前，先经办公室审核。

办公室应当做到：

（一）确有行文必要。

（二）符合党和国家政策。

（三）文件格式规范，拟文至会签步骤全部完成。

（四）文种选择正确。

（五）结构序数及文件引用正确。

（六）审核主题词。

（七）对错、漏字进行初校。

（八）附件正确。

第十五条 文件正式印制前，办公室应当进行复核。重点是复核审批、签发、校对手续是否完备，附件材料是否齐全，格式是否统一、规范等。经复核需要对文稿进行实质性修改的，应按程序复审。

第十六条 以公司名义制发的文件，由制文部门将文稿（附电子件）送办公室统一印制。办公室应按照文件缓急程度安排印制，一般情况下，急件随到随办、一般文件2个工作日内发出。凡有时限要求的文件应按要求时限确保印出。

第十七条 公司对外发送文件，由拟稿部门自行发送。办公室留存2份备查。发送一般文件通过当地邮局，秘密级以上的文件发送由办公室机要人员办理。

第十八条 文件需修订或废止时，由制文部门持原批准人批准的文件（原件一份、电子件一份）、填写文件修订/废止表，到办公室登记备案后，同时更新原保存批准的文件原件，且及时将已发送至各部门的文件收回，由办公室集中销毁，防止作废文件非预期使用。

第七章 收文办理

第十九条 收文办理指对收到文件的办理过程，包括签收、审核、登记、拟办、批办、承办、催办等程序。

凡主送、抄送我公司的文件，均应交办公室处理。主送我公司的文件由文秘人员登记，并由办公室主任提出拟办意见，交公司领导审核后，分送承办科室，科室负责人安排阅办。从收文到将文件分发给有关科室，一般在办公室停留不超过 2 个工作日。

第二十条 需要办理的文件，办公室应当及时交有关科室办理，需要 2 个以上单位办理的应当明确主办单位。紧急文件，应当明确办理时限。

具体要求是：

（一）重要文件，由办公室主任提出拟办意见，呈送公司领导阅批后分请有关科室处理。

（二）一般业务性文件、资料等均按业务归属由办公室直接分请各有关科室阅处，其中需呈送公司负责人阅批的，由办公室及时呈送。

（三）办理责任：收文应仔细认真，对不符合文件要求的要写明理由退回。登记的文件，阅送要及时；拟办应全面具体，有针对性提出初步处理意见；批办应明确肯定，结合实际，提出组织实施的具体方案和意见；传阅要严格登记手续，急件急办，合理安排，并随时掌握文件行踪，及时询问催退；承办要认真及时，需部门联合办理的文件，主办部门要主动牵头，协办部门要积极配合；催办要积极主动，对重要文件、有时限要求的文件要及时跟踪了解，对文件办理过程中存在的问题，要及时向领导汇报，协助解决。

第二十一条 对因特殊情况不能在规定时限内办结的文件，主办科室应报请公司分管负责人同意后及时向来文单位和办公室说明延期原因。

第二十二条 有关科室收到交办的文件后应当抓紧办理，不得延误、推读。对不属于本单位职权范围或者不宜由本单位办理的，应当及时返回办公室并说明理由。

紧急文件，主办科室经办人可持文件当面与会办科室协商、会签；重要的紧急文件，由主办科室负责人及时召集有关科室协商。

第二十三条 审批文件时，对有具体请求事项的，主批人应当明确签署意见、姓名和审批日期，其他审批人圈阅视为同意；没有请示事项的，圈阅表示已阅知。

第八章 文件立卷、归档

第二十四条 文件办理完毕，应当及时将文件定稿、正本和有关资料整理（立卷），确定保管期限，按照有关规定向档案室移交。电报随同文件一起立卷。个人不得保存应当归档的文件。

第二十五条 归档范围内的文件，应当根据其相互联系、特征和保存价值等整理（立卷），要保证归档文件的齐全、完整，能正确反映本单位的主要工作情况，便于保管和利用。传真件应复印后存档。

第二十六条　拟制、修改和签批文件,应当使用钢笔或签字笔,不得使用铅笔和圆珠笔或使用红色、蓝色墨水书写,书写及所用纸张和字迹材料必须符合存档要求。不得在文稿装订线以外书写。

第九章　文件利用

第二十七条　本单位工作人员因工作需要,可到办公室查阅利用有关的文件资料。查阅利用前必须填写文件使用登记表。

第二十八条　文件利用者应妥善保管好文件,不得在文件上乱涂、乱画,确保文件整洁、清晰、可辨,不得私自外借。文件使用完毕,应及时返还办公室,不得滞留。

第十章　文件管理

第二十九条　文件由办公室统一收发、审核、用印、传递和销毁。

第三十条　传递秘密文件,必须采取保密措施,确保安全。严禁利用计算机、传真机传输秘密文件。

第三十一条　不具备归档和存查价值的文件,办公室经过鉴别并由负责人批准,可以销毁。销毁秘密文件另按照有关保密规定执行。保证不泄密,不丢失,不漏销。禁止将文件和内部资料出售。

第三十二条　工作人员调离工作岗位时,应当将本人暂存、借用的文件按照有关规定移交、清退。

第十一章　附则

第三十三条　本制度由办公室负责解释。本办法自发文之日起施行。

【三级评审项目】

2.4.2　记录管理制度应明确记录管理职责及记录的填写、收集、标识、保管和处置等内容,并严格执行。

【评审方法及评审标准】

查制度文本和记录。

1. 未以正式文件发布,扣2分;

2. 制度内容不全,每缺一项扣1分;

3. 制度内容不符合有关规定,每项扣1分;

4. 未按规定执行,每项扣1分。

【标准分值】

3分

◆法规要点◆

《水利工程建设项目档案管理规定》(苏水办〔2005〕480号)

第五条　水利工程档案工作应贯穿于水利工程建设程序的各个阶段。即从水利工程建设前期就应进行文件材料的收集和整理工作；在签订有关合同、协议时，应对水利工程档案的收集、整理、移交提出明确要求；检查水利工程进度与施工质量时，要同时检查水利工程档案的收集、整理情况；在进行项目成果评审、鉴定和水利工程重要阶段验收与竣工验收时，要同时审查、验收工程档案的内容与质量，并作出相应的鉴定评语。

第六条　各级建设管理部门应积极配合档案业务主管部门，认真履行监督、检查和指导职责，共同抓好水利工程档案工作。

第八条　勘察设计、监理、施工等参建单位，应明确本单位相关部门和人员的归档责任，切实做好职责范围内水利工程档案的收集、整理、归档和保管工作；属于向项目法人等单位移交的应归档文件材料，在完成收集、整理、审核工作后，应及时提交项目法人。项目法人应认真做好有关档案的接收、归档和向流域机构档案馆的移交工作。

◆条文释义◆

无。

◆实施要点◆

1. 本条考核应提供的备查资料一般包括：《关于印发记录管理制度的通知》。

2. 记录管理制度内容一般包括：记录管理职责及记录的填写、收集、标识、保管和处置等内容。

◆材料实例◆

印发记录管理制度文件

××水利工程建设有限公司文件
×××〔2021〕×号

关于印发《记录管理制度》的通知

各部门、各分公司：

为进一步规范公司安全管理，切实履行公司各项工作职责，保障各项工作有章可循、有序开展，明确安全生产管理的程序，从而做到管理的制度化、规范化，公司制定了《记录管理制度》，现印发给你们，请遵照执行。

附件：《记录管理制度》

××水利工程建设有限公司（章）

2021 年×月×日

记录管理制度

第一章　总　则

第一条　为规范安全记录,确保安全记录的有效性、完整性,特制定本制度。

第二条　本制度适用于公司安全生产标准化运行活动记录管理,包括记录职责、填写、标识、收集、存储、保护、检索和处置等要求。

第二章　管理职责

第三条　安全生产委员会负责指导全所范围内安全记录工作。

第四条　记录管理人员负责职责范围内各类安全记录的编制、填写、查阅和保管工作。

第三章　安全记录填写、收集和标识

第五条　记录项目包括各类检查记录、设施设备维护保养记录、安全生产活动、培训记录、劳保防护用品领用记录等与安全生产相关的各项记录。

第六条　记录应包括记录名称、内容、人员、时间、记录单位名称。

第七条　安全记录基本要求:内容真实、准确、清晰;填写及时、签署完整;编号清晰、标识明确;易于识别与检索;完整反映相应过程;明确保存期限。

第八条　表格类记录要按表式内容进行全面认真的记录,做到书写规整,字迹清楚,不准少记或漏记,不准随意乱写乱画,不准弄虚作假、伪造内容、任意涂改。如有缺项应注明原因,不能划线代替,不能留空白。

第九条　记录应妥善保管,便于查阅,避免损坏、变质或遗失,应规定其保存期限并予以记录。

第十条　各部门文件记录由各部门收集汇总,定期整理、分类、编制目录。

第十一条　各项记录按各单位要求由档案室或部门进行编号标识。

第四章　记录存储、检索和保护

第十二条　记录应妥善保存,记录原件一般不准外借,特殊情况下,须经领导同意,并办理借阅登记手续,在规定时间内送还。

第十三条　贮存于计算机系统数据库内的记录,要复制备份文件,以防原始记录丢失,应注意计算机应用软件的更新以及为调用记录所必需的硬件和软件的可获得性,同时要规定各类记录调用的授权和设置防火墙,以及其他所需的信息安全措施,各种电子媒体记录也要进行控制,不能随意复制、拷贝,如需复制、拷贝须经单位领导同意。

第十四条　记录管理人员应确定适宜的地点按期限保存其记录,对其保存环境条件经常检查,确保在保存期限内记录保存良好,并便于查阅。

第十五条　记录不得随意复印,经本单位领导批准复印时,应办理登记手续,填写记录借阅登记表。

第十六条　管理人员分别按规范要求制定档案号,以便于检索。

第五章 记录处置

第十七条 记录不得随意销毁,过期的记录须填写记录处置审批表,经申请单位主管领导及安全生产委员会审批后进行相应处置,并制作记录销毁清单,由销毁人、见证人签名,管理所负责人审核确认,记录销毁清单应长期保存。

第十八条 有参考价值的记录需保留时,由记录保管人在记录的右上角以醒目颜色标明"过期"字样。

第十九条 记录的销毁可采用粉碎、焚烧、当废品变卖等方式处理。

第六章 附 则

第二十条 本制度由办公室负责解释。本制度自发文之日起施行。

【三级评审项目】

2.4.3 档案管理制度应明确档案管理职责及档案的收集、整理、标识、保管、使用和处置等内容,并严格执行。

【评审方法及评审标准】

查制度文本和记录。

1. 未以正式文件发布,扣 2 分;

2. 制度内容不全,每缺一项扣 1 分;

3. 制度内容不符合有关规定,每项扣 1 分;

4. 未按规定执行,每项扣 1 分。

【标准分值】

3 分

◆法规要点◆

《江苏省水利厅水利基本建设项目(工程)档案资料管理规定》(苏水办〔2003〕1 号)

第九条 水利项目档案工作的进程要与工程建设进程同步。基本建设项目从立项开始就应进行文件材料的收集、积累和整理工作;签订勘测、设计、施工、监理等协议(合同)时,要对水利项目档案(包括竣工图)的质量、份数和移交工作提出明确要求;检查施工质量时,要同时检查水利项目档案的手续、整理情况;进行单元与分部工程质量等级评定和工程验收(包括单位工程验收和阶段工程验收)时,要同时验收应归档文件材料的完整程度与整理质量,并在验收后,及时整理归档。整改项目的归档工作,应在竣工验收后 2 个月内完成(项目尾工的归档工作,应在尾工完成后的 1 个月内完成)。

◆条文释义◆

无。

◆实施要点◆

1. 本条考核应提供的备查资料一般包括:《关于印发档案管理制度的通知》。

2. 档案管理制度内容一般包括:档案管理职责及档案的收集、整理、标识、保管、使用和处置等内容。

◆材料实例◆

印发记录管理制度文件

××水利工程建设有限公司文件
×××〔2021〕×号

关于印发《档案管理制度》的通知

各部门、各分公司:

为进一步规范公司安全管理,切实履行公司各项工作职责,保障各项工作有章可循、有序开展,明确安全生产管理的程序,从而做到管理的制度化、规范化,公司制定了《档案管理制度》,现印发给你们,请遵照执行。

附件:《档案管理制度》

××水利工程建设有限公司(章)

2021 年×月×日

档案管理制度

第一章　总　则

第一条　为加强档案管理工作,提高档案工作质量,更好地为单位工作服务,根据《中华人民共和国档案法》及有关档案管理的规定,结合本公司档案工作的实际,制定本制度。

第二章　文件材料归档

第二条　归档要求

应归档的文件材料必须齐全、完整,要保持文件之间的历史联系,区分保存价值,分类整理、立卷,便于保管利用。

第三条　归档范围

凡本公司各项活动中形成的具有保存价值的文件,包括党、政、工、团及人事、财务等工作形成的不同门类和载体的档案。

第四条　归档时间

保存各部门档案,在每年上半年向档案管理部门移交前一年的档案(特殊载体档案除外)。

第五条 归档份数

一般一份，特殊门类的档案要备存两套以上。

第六条 归档手续

交接双方要根据移交目录清点核对，并履行签字手续。

第三章 安全生产档案管理

第七条 安全生产相关档案应做到完整性、合理性、科学性，为安全生产工作提供依据。

第八条 安全生产档案包括与安全生产相关的文件、管理制度、操作规程的编制、评审、修订、贯彻落实、教育培训以及安全设备设施管理等。

第九条 安全科负责安全文件和资料的收集、汇总、保存，以及特种设备和特种作业人员资料与台账的管理工作。

第十条 公司各部门负责各自安全资料的建档、保存以及涉及本部门的安全类通知、隐患整改单、规程等的传达、学习和使用。

第十一条 公司办公室负责文件的发放管理工作。

第十二条 程序

（一）职责与权限

1. 安全生产管理工作必须建立安全档案，由安监办、各部门、班组进行分级管理。

2. 安监办对需要进行档案管理的资料进行收集和汇总，汇总后归档保存，其中需要发放的文件交由公司办公室进行发放，并保存发放记录。

3. 公司各单位部门应及时将各自的安全资料建档、保存。

4. 本公司工作人员查阅技术资料、图书等需办理借阅手续，借阅者必须爱护并按期归还；公司外部人员需要借阅资料、图书时，须经档案管理部门主管领导批准后方可借阅。

5. 对于公司办公室发放的文件，各部门、班组应及时传达、学习和使用，并保存相关传达记录。

（二）档案管理内容

1. 安全组织、机构、人员类。

2. 安全宣传教育类。（新员工三级安全教育、全员定期教育、特种作业人员教育等活动）

3. 安全检查类。（公司级、部门单位、班组检查，专项检查等）

4. 安全奖罚类。

5. 各种伤亡、事故类。

6. 职业安全卫生实施类。

7. 各种设备安全状态类。

8. 消防类。

9. 特种作业培训、考试、发证类。

10. "三同时"审批手续费。

11. 各种统计、分类报表类。

12. 事故应急救援类。

（三）文件档案保存形式

1. 档案必须入框上架，建立统一的分类标准，分门别类保存，并编号备查，避免暴露或捆扎堆放。

2. 胶片、照片、磁带要专柜密封保管，胶片和照片、母片和拷贝要分别存放。

3. 底图入库要认真检查，平放或卷放。

4. 库藏档案要定期核对，做到账物相符。发现破损变质及时修补或复制。

（四）保存要求

1. 归档文件要做到及时、准确、清晰、专人管理。

2. 资料管理人员随时做好安全档案的保管，注意防盗、防火、防蛀、防潮湿、防遗漏。若发生遗漏和失误要追究相关人员的责任。

3. 各类资料、档案至少保存 2 年，并建立销毁台账。法律法规对特殊档案有其他要求的，遵循相关规定。

4. 需销毁的档案，由档案管理人员编造销毁清册，经公司领导及有关人员会审批准后销毁。销毁的档案清单由档案管理人员永久保存。

（五）外来文件的管理

公司外来文件由办公室统一接收，办公室接收人员接收文件前应对文件的完整性进行检查，确认无误后填写外来文件接收清单，并转发到相关部门。

第四章　技术档案管理

第十三条　工程管理的技术档案由技术人员实行集中统一管理，并做好收集、整理、保管、鉴定和提供利用工作，确保档案的完整、准确、系统、安全。

第十四条　凡是在工程建设、管理中所形成的技术文件材料，具有保存价值的均应归档。工程建设、岁修及测量等活动中产生的科技文件，在成果验收或校核后归档；设备文件在开箱验收或安装完毕之后归档。每项工作结束后，在一个月内整理归档，长期进行的项目，按阶段分批归档。

第十五条　档案柜内应保持适当的温度、湿度的同时要具有防盗、防火、防潮、防腐蚀、防有害生物和防污染等设备，以确保档案的安全。

第十六条　机构变化，单位撤销、合并或改组时，管理员应将技术档案妥善保管，经请示上级主管部门后再作处理。个人工作调动时，应填写档案移交（接受）登记簿，任何单位和个人不准随意分散或带走。

第十七条　科技档案不得随便借阅或翻印，确因工程需要的应执行下列规定：

（一）外单位要借阅的，需经公司领导批准。

（二）公司内部门借阅的，需经部门负责人批准。

（三）所有借阅单位和个人必须认真填写档案借阅单。

（四）重要的档案只借出副本。

（五）档案管理员要及时追回借出的档案。

第五章　档案人员岗位

第十八条　负责收集、整理、鉴定、统计和管理本公司的档案。

第十九条　熟悉全公司档案情况,根据档案管理要求,对应归档的文件材料及时归档,并做好整理、编目和立卷工作。

第二十条　做好档案的利用工作,确保及时高效。

第二十一条　做好会计档案的移交接受工作。

第二十二条　严格执行保密制度,维护档案的完整、安全。

第二十三条　积极做好防火、防盗、防光、防尘、防蛀等工作。

第六章　兼职档案人员岗位

第二十四条　兼职档案员是保证我公司档案、归档和收集齐全的重要力量,各个部门都要配备一定数量的兼职档案员。

第二十五条　为使档案能真实地反映出我公司在工程管理、综合经营、党建和精神文明建设等活动中的整个面貌,兼职档案员要履行职责,负责收集本部门形成的档案材料,并定期上交档案室。

第二十六条　为调动兼职档案员的积极性,兼职档案员要享受本部门其他工作人员同样的待遇。

第二十七条　兼职档案员要精通业务,熟悉自己的工作范围,不断提高档案的管理水平。

第七章　档案鉴定、销毁、利用

第二十八条　认真贯彻《档案法》,实行文书部门立卷归档工作,并对归档的案卷进行分类、加工、整理和科学管理。

第二十九条　负责管理本公司形成的全部档案,积极提供利用,为各项工作服务。

第三十条　定期进行档案的鉴定、销毁工作。对超过保管期限的档案,档案室应会同有关业务部门进行鉴定,鉴定后提出销毁报告,对确无保存价值的档案进行登记造册,经办公室负责人批准后,由档案人员和有关领导参加监销,监销人员应在销毁文件清单上签名,并由档案人员专卷保管。

第三十一条　档案人员要熟悉所藏档案的情况,根据工作需要,编制必要的目录、索引等检查工具,积极主动地开展档案的利用工作。

第三十二条　档案人员要努力提高政治思想、科学文化和档案业务水平,逐步实现档案管理工作科学化、现代化。

第八章　档案借阅保密

第三十三条　档案是国家的宝贵财富,是历史的真实记录。为了充分发挥档案的利用率,特作如下规定:

(一)凡本公司工作人员查阅档案,需填写借阅档案登记簿,经本部门领导批准后方可查阅。

(二)查阅档案材料,一般要在档案室阅读;如确因工作需要借出档案室查阅的,须经办公室主任批准,方可借出。

（三）案卷借出的期限不超过一周，用后应及时归还，如需继续使用的，应预先办好续借手续。利用者对借出的案卷需要妥善保存，严守机密，不得任意转借或带出单位外；翻阅案卷时，要注意爱护，切勿遗失，严禁涂改、勾画、批注、折卷、抽页。

（四）借出和归还案卷时，档案管理人员和借阅人员双方要详细清点，确认无误后方能办理借阅或归还手续，归还的档案应及时入库进箱。

第九章　档案库房管理

第三十四条　档案库房是保存档案的重要基地，必须做到防高温、防潮、防霉、防光、防蛀、防污染、防盗。

第三十五条　随时注意库房温度、湿度的变化，并采取相应的通风和密闭措施。

第三十六条　库房严禁烟火，严防易燃、易爆、杂物等。

第三十七条　非档案工作人员不得私自进入库房，如确因工作需要应有专人陪同。

第三十八条　档案人员离开库房要锁门，下班前要对库房进行一次安全检查，关好门窗，消除一切不安全因素。

【三级评审项目】

2.4.4　每年至少评估一次安全生产法律法规、标准规范、规范性文件、规章制度、操作规程的适用性、有效性和执行情况。

【评审方法及评审标准】

查相关记录。

1. 未按时进行评估或无评估结论，扣4分；

2. 评估结果与实际不符，扣2分。

【标准分值】

4分

◆法规要点◆

无。

◆条文释义◆

评估：评价估量，对法律法规、标准规范、规范性文件、规章制度、操作规程进行评估和论证，以决定是否继续执行或者需要修订、完善。

◆实施要点◆

本条考核应提供的备查资料一般包括：安全生产法律法规、规程规范、规章制度及操作规程的执行和适用情况评估报告或者审查报告等。

◆材料实例◆

发布安全生产法律法规、规程规范、规章制度及操作规程的执行和适用情况评估报告

2021 年度安全生产法律法规、规程规范、规章制度及操作规程执行和适用情况评估报告

一、评估目的

检查公司一年来安全生产法律法规和规程规范、各项规章制度及操作规程的执行情况和适用性，不断改进管理方式，完善管理制度，做到持续改进，实现源头防范。

二、评估小组

组　　长：×××

副组长：×××、×××、×××

成　　员：×××、×××、×××、×××、×××

三、评估范围

1. 公司辨识的主要安全生产法律法规、规程规范。

2. 公司制定的所有安全生产规章制度、安全操作规程。

3. 公司涉及的各项危险危害因素。

4. 公司涉及的各单位生产设施、设备。

5. 公司涉及的各项施工作业。

四、安全法律法规、规程规范执行及适用情况调查

1. 安全法律法规、规程规范获取情况

通过政府职能部门、网络、书店、相关政府主管部门发文等获取收集涉及相关的法律法规，并识别出我公司适用的安全法律法规及其他要求，识别出国家法律×部，行政法规和部门规章×部，地方性法规×部，标准规范×部。

2. 安全法律法规、规程规范执行情况调查

通过查阅各种资料、记录和现场查看，安全生产法律法规、规程规范的执行情况良好，主要体现在：

建立健全了安全管理机构和管理网络，设立了安全科和专职安全管理人员；健全了各项规章制度和操作规程；制定了安全生产责任制、岗位安全操作规程等；建立了安全、环保、消防、员工职业健康等多项档案资料，完善、规范了基础管理工作；制定了各种事故应急救援措施，各种应急物资配备充足到位，定期开展应急培训和演练。对新进员工进行三级安全教育，并开展全员安全上岗培训，经常开展各种形式的安全活动。特种作业人员经过培训并取得特种作业证，持证上岗率 100％，并按时进行复审。对起重设施、车辆、安全防护设施、消防设施等都进行了定期检验，各种安全保护设施完好、有效。按标准发放了劳保用品，保障员工作业过程中的安全防护。定期开展安全检查，及时整改隐患。按期组织职工参加职业健康体检。各种职业卫生设施正常运行。劳动防护用品、防暑降温药品按规定发放，现场清凉饮料供应充足，职工劳保用品穿戴情况良好。

安全管理绩效良好，一年来没有发生工伤、火灾、重大设备、交通、生产等事故，生产现场尘毒浓度在国家标准范围内，没有出现职业病，实现了安全生产目标。

五、规章制度及操作规程制定和适用情况调查

1. 规章制度及操作规程充分性检查

目前公司的各种安全生产规章制度文件有 48 项，基本覆盖安全生产管理的各个方面。

操作规程有 39 项,包含公司各水利项目现有的所有工种。

2. 规章制度及操作规程适用性检查

检查组对规章制度的内容进行了全面检查,基本上内容符合实际情况,无与法规标准不符的内容,可继续使用。安全操作规程满足公司施工项目各工种对操作规程的需求。应急救援方面,公司的《综合应急预案》及各项专项应急预案齐全,对较大危险源已制定相应的应急措施,各项方案满足实际需求。

六、检查评估结论

公司对各种安全生产法律法规、规程规范、规章制度、岗位安全操作遵守情况良好,各种安全生产规章制度、操作规程基本适用,暂时不需要修订。

【三级评审项目】

2.4.5 根据评估、检查、自评、评审、事故调查等发现的相关问题,及时修订安全生产规章制度、操作规程。

【评审方法及评审标准】

查相关记录。

未及时修订,每项扣 1 分。

【标准分值】

3 分

◆法规要点◆

无。

◆条文释义◆

无。

◆实施要点◆

1. 本条考核应提供的备查资料一般包括:安全生产规章制度、安全操作规程修订记录。

2. 安全生产规章制度、安全操作规程修订,一般要列出修订的具体内容。

◆材料实例◆

安全生产规章制度、安全操作规程修订记录表

安全生产规章制度、安全操作规程修订记录表

序号	修订的安全生产规章制度 (安全操作规程)名称	原因、内容 说明	修订 页次	修订 日期	修订人 /部门	批准人	备注
1							
2							
3							

第三章

教育培训

第一节　教育培训管理

【三级评审项目】

3.1.1　安全教育培训制度应明确归口管理部门、培训的对象与内容、组织与管理、检查和考核等要求。

【评审方法及评审标准】

查制度文本。

1. 未以正式文件发布，扣 2 分；

2. 制度内容不全，每缺一项扣 1 分；

3. 制度内容不符合有关规定，每项扣 1 分。

【标准分值】

2 分

◆**法规要点**◆

《中华人民共和国安全生产法》

第二十四条　生产经营单位的主要负责人和安全生产管理人员必须具备与本单位所从事的生产经营活动相应的安全生产知识和管理能力。危险物品的生产、经营、储存单位以及矿山、金属冶炼、建筑施工、道路运输单位的主要负责人和安全生产管理人员，应当由主管的负有安全生产监督管理职责的部门对其安全生产知识和管理能力考核合格。

第二十五条　生产经营单位应当对从业人员进行安全生产教育和培训，保证从业人员具备必要的安全生产知识，熟悉有关的安全生产规章制度和安全操作规程，掌握本岗位的安全操作技能，了解事故应急处理措施，知悉自身在安全生产方面的权利和义务。未经安全生产教育和培训合格的从业人员，不得上岗作业。生产经营单位使用被派遣劳动者的，应当将被派遣劳动者纳入本单位从业人员统一管理，对被派遣劳动者进行岗位安全操作规程和安全操作技能的教育和培训。劳务派遣单位应当对被派遣劳动者进行必要的安全生产教育和培训。生产经营单位接收中等职业学校、高等学校学生实习的，应当对实习学生进行相应的安全生产教育和培训，提供必要的劳动防护用品。学校应当协助生产经营单位对实习学生进行安全生产教育和培训。生产经营单位应当建立安全生产教育和培训档案，如实记录安全生产教育和培训的时间、内容、参加人员以及考核结果等情况。

《安全生产培训管理办法》（国家安全生产监督管理总局令第 **80** 号）

第十条　生产经营单位应当建立安全培训管理制度，保障从业人员安全培训所需经费，对从业人员进行与其所从事岗位相应的安全教育培训；从业人员调整工作岗位或者采用新工艺、新技术、新设备、新材料的，应当对其进行专门的安全教育和培训。未经安全教育和培训合格的从业人员，不得上岗作业。

◆**条文释义**◆

归口管理:是一种管理方式,一般是按照行业、系统分工管理,防止重复管理、多头管理。归口管理实际上就是指按国家赋予的权利和承担的责任,各司其职,按特定的管理渠道实施管理。

◆**实施要点**◆

1. 本条考核应提供的备查资料一般包括:《关于印发安全教育培训制度的通知》。

2. 安全教育培训制度应明确归口管理部门、培训的对象与内容、组织与管理、检查和考核等要求。

◆**材料实例**◆

印发安全教育培训制度文件

××水利工程建设有限公司文件
×××〔2021〕×号

关于印发《安全教育培训管理制度》的通知

各部门、各分公司:

为进一步规范公司安全管理,切实履行公司各项工作职责,保障各项工作有章可循、有序开展,明确安全生产管理的程序,从而做到管理的制度化、规范化,公司制定了《安全教育培训管理制度》,现印发给你们,请遵照执行。

附件:《安全教育培训管理制度》

××水利工程建设有限公司(章)
2021年×月×日

安全教育培训管理制度

第一章 总 则

第一条 为贯彻"安全第一、预防为主、综合治理"的安全生产方针,加强职工安全教育培训,增强职工的安全意识、自我防护能力和遵章守纪的自觉性,预防和减少各类安全事故的发生,维护稳定的生产、工作秩序,确保安全生产,结合本所实际情况,特制订本制度。

第二条 本制度依据国务院安全生产领导小组《关于进一步加强安全培训工作的决定》《水利部关于进一步加强水利安全培训工作的实施意见》等制定。

第三条 各部门职工、特种作业人员、外来施工人员等的安全教育,适用本制度。

第二章 管理职责

第四条 安全生产委员会负责审批本公司年度安全教育培训计划。

第五条 办公室会同安全科负责把安全教育培训计划纳入职工教育培训体系,制定管理所《年度安全教育培训计划》,落实上级及相关行业组织的各类安全培训,指导各部门教育培训工作。编制本所职工安全教育培训年报,上报上级主管单位。

第六条 安全科负责组织实施安全教育培训,建立安全教育培训台账和安全教育培训档案,对各部门安全教育培训工作进行检查。

第七条 财务科负责安全教育计划经费管理。

第八条 各部门负责制定本单位的年度安全教育培训计划,组织对新进人员进行部门级安全教育培训,建立安全教育培训台账和安全教育培训档案。

第三章 培训对象与内容

第九条 各部门主要负责人和专(兼)职安全生产管理人员,应参加与本单位所从事的生产经营活动相适应的安全生产知识、管理能力和资格培训,按规定进行复审培训,获取由培训机构颁发的合格证书。

第十条 安全生产管理人员初次安全培训时间不得少于 32 学时,每年再培训时间不得少于 20 学时,一般在岗作业人员每年安全生产教育和培训时间不得少于 12 学时,新员工的三级安全培训教育时间不得少于 24 学时。教育培训情况交由上级单位办公室记入员工安全生产教育培训档案。

第十一条 各部门主要负责人的安全培训应当包括下列内容:

1. 国家安全生产方针、政策和有关安全生产的法律、法规、规章和标准;

2. 安全生产管理基本知识、安全生产技术、安全生产专业知识;

3. 重大危险源管理、重大事故防范、应急管理和救援组织以及事故调查处理的有关规定;

4. 职业危害及其预防措施;

5. 国内外先进的安全生产管理经验;

6. 典型事故和应急救援案例分析;

7. 其他需要培训的内容。

第十二条 专(兼)职安全生产管理人员安全培训应当包括下列内容:

1. 国家安全生产方针、政策和有关安全生产的法律、法规、规章和标准;

2. 安全生产管理、安全生产技术、职业卫生等知识;

3. 伤亡事故统计、报告及职业危害的调查处理方法;

4. 应急管理、应急预案编制以及应急处置的内容和要求;

5. 国内外先进的安全生产管理经验;

6. 典型事故和应急救援案例分析;

7. 其他需要培训的内容。

第十三条　职工一般性培训通常要接受的教育培训内容：

1. 安全生产方针、政策、法律法规、标准及规章制度等；

2. 作业现场及工作岗位存在的危险因素、防范及事故应急措施；

3. 有关事故案例、通报等；

4. 其他需要培训的内容。

第十四条　新员工培训内容及要求

新员工上岗前应接受管理所、部门、班组三级安全教育培训，考试合格后方可上岗。

一、一级岗前安全教育培训内容应当包括：

1. 安全生产情况及安全生产基本知识；

2. 管理所安全生产规章制度和劳动纪律；

3. 从业人员安全生产权利和义务；

4. 有关事故案例；

5. 事故应急救援、事故应急预案演练及防范措施等。

二、二级岗前安全培训内容应当包括：

1. 工作环境及危险因素；

2. 所从事工种可能遭受的职业危害和伤亡事故；

3. 所从事工种的安全职责、操作技能及强制性标准；

4. 自救互救、急救办法、疏散和现场紧急情况的处理；

5. 安全设备设施、个人防护用品的使用和维护；

6. 本部门安全生产状况及规章制度；

7. 预防事故和职业危害的措施及应注意的安全事项；

8. 有关事故案例；

9. 其他需要培训的内容。

三、三级岗前安全教育培训内容应当包括：

1. 岗位安全操作规程；

2. 岗位之间工作衔接配合的安全与职业卫生事项；

3. 有关事故案例；

4. 其他需要培训的内容。

第十五条　在新工艺、新技术、新材料、新装备、新流程投入使用之前，应当对有关从业人员重新进行针对性的安全培训。学习与本单位从事的生产经营活动相适应的安全生产知识，了解、掌握安全技术特性，采用有效的安全防护措施。对有关管理、操作人员进行有针对性的安全技术和操作规程培训，经考核合格后方可上岗操作。

第十六条　转岗、离岗作业人员培训内容及要求

作业人员转岗、离岗一年以上，重新上岗前需进行部门、班组安全教育培训，经考核合格后方可上岗。培训情况记入安全生产教育培训台账。

第十七条　特种作业人员培训内容及要求

特种作业人员应按照国家有关法律、法规接受专门的安全培训，经考核合格，取得特种作业操作资格证书后，方可上岗作业。并按照规定参加复审培训，未按期复审或复审不合格

的人员,不得从事特种作业工作。

离岗六个月以上的特种作业人员,各部门应对其进行实际操作考核,经考核合格后方可上岗工作。

第十八条 相关方作业人员培训内容及要求

1. 本着"谁用工、谁负责"的原则,对项目承包方、被派遣劳动者进行安全教育培训;

2. 督促项目承包方按照规定对其员工进行安全生产教育培训,经考核合格后方可进入施工现场;

3. 需持证上岗的岗位,不得安排无证人员上岗作业;

4. 项目承包方应建立分包单位进场作业人员的验证资料档案,做好监督检查记录,定期开展安全培训考核工作。

第十九条 外来参观、学习人员培训内容及要求

1. 外来参观、学习人员到工程现场进行参观学习时,由接待单位对外来参观、学习人员可能接触到的危险和应急知识等内容进行安全教育和告知。

2. 接待部门应向外来参观、学习人员提供相应的劳保用品,安排专人带领并做好监护工作。接待部门应填写并保留对外来参观、学习人员的安全教育培训记录和提供相应的劳动保护用品记录。

第四章 组织与管理

第二十条 培训需求的调查

安全科每年12月20日前下发《关于安全教育培训需求调查的通知》。各部门根据本单位的安全生产实际情况,组织进行安全教育培训需求识别,填写安全教育培训需求调查表,经本单位领导审核后,于次年1月20日前报送上级单位安全科。

第二十一条 培训计划的编制

安全科应将各部门上报的安全教育培训需求调查表进行汇总,会同办公室编制年度安全教育培训计划,报领导小组审批通过后,以正式文件发至各部门。

各部门按照下发的年度安全教育培训计划,组织制定本单位的年度安全教育培训实施方案,报安全科备案。

第二十二条 培训计划的实施

1. 安全教育培训由安全科负责组织实施,并制作安全教育培训记录表。

2. 当教育培训涉及多个单位时,由上级单位办公室制定培训实施计划,落实培训对象、经费、师资、教材以及场地等,组织实施教育培训。

3. 外部培训由上级单位办公室组织实施。培训结束后获取的相关证件备案保存。

4. 列入各部门计划的自行培训,由各部门制定培训实施计划,落实培训对象、经费、师资、教材以及场地等,组织实施教育培训。

5. 如需外聘师资等,由办公室协助解决,并填写安全教育培训记录表。

第二十三条 计划外的各项培训,实施前均应向上级单位有关部门提出培训申请,批准后组织实施。培训结束后保存相关记录。

第五章 检查与考核

第二十四条 安全教育培训结束后,教育培训主办单位应对本次教育培训效果做出评估,并根据评估结果对培训内容、方式不断进行改进,确保培训质量和效果。效果评估结果填写在安全教育培训记录表中。

第二十五条 安全科定期对各部门安全教育培训工作进行检查,对安全教育培训工作作出评估,并按照有关考核办法进行考核奖惩。

第六章 附 则

第二十六条 安全教育培训记录按档案管理要求规范存档,记录表样见附件。

第二十七条 本制度由办公室、安全科负责解释。

第二十八条 本制度自发文之日起执行。

附件 1 安全生产教育培训档案

附件 2 安全教育培训台账

附件 3 特种作业人员登记表

附件 4 年度安全教育培训计划表

附件 5 培训实施记录表

职工安全培训档案

工号(工资号)：＿＿＿＿＿＿＿　　　　　　　　　　　　档案编号：＿＿＿＿＿＿＿

姓名		性别		身份证号			
部门		工种		职务/职称			
学历		专业		联系电话			
持证情况	□主要负责人□安全管理人员□特种作业人员□一般从业人员(画"√"选择)						
	证书名称				证书编号		
岗前培训情况	分级	培训日期	培训学时	考核成绩	补考情况		备注
	公司						
	部门						
	班组						
继续教育情况	年度	培训级别	培训学时	培训日期	考核成绩		备注
岗位变动培训情况	原岗位	新岗位	培训内容		培训学时		考核成绩
"四新"教育培训情况	"四新"项目	培训内容、培训学时、考核情况					
违章记录	违法违章记录						
	责任事故记录						
备注							

制表人：　　　　　　　　　　　　　　　　　　　　制表时间：

附件 2

安全教育培训台账

培训活动名称：   编号：

序号	日期	单位	班组	姓名	考试成绩

附件 3

特种作业人员登记表

单位：

序号	姓名	工种	性别	年龄	证书编号	初次取证时间	复审时间及结果
1							
2							
3							
4							

附件 4

年度安全教育培训计划表

填报单位：   填报时间： 年 月 日   编号：

序号	培训班名称	培训内容	培训范围	培训课时	培训地点	主办单位	备注

批准人：   审核人：   制表：

培训实施记录表

单位： 编号：

培训主题			主讲人		
培训地点		培训时间		培训课时	
参加人员					
培训内容	记录人：				
培训评估方式	□考试　　　□实际操作　　　□事后检查　　　□课堂评价				
培训效果评估	评估人：　　　　　　　　　　　　　　　　　　　　年　　　月　　　日				

填写人： 日期：

水利工程施工安全生产标准化工作指南

【三级评审项目】

3.1.2　定期识别安全教育培训需求,编制培训计划,按计划进行培训,对培训效果进行评价,并根据评价结论进行改进,建立教育培训记录、档案。

【评审方法及评审标准】

查相关文件和记录。

1. 未编制年度培训计划,扣 8 分;

2. 培训计划不合理,扣 3 分;

3. 未进行培训效果评价,每次扣 1 分;

4. 未根据评价结论进行改进,每次扣 1 分;

5. 记录、档案资料不完整,每项扣 1 分。

【标准分值】

8 分

◆法规要点◆

《水利部关于进一步加强水利安全培训工作的实施意见》(水安监〔2013〕88 号)

(四)完善培训制度,建立长效机制。各级水行政主管部门、各水利生产经营单位要建立健全安全培训制度体系,完善安全培训的岗位职责、绩效考核、奖惩办法、信息档案等管理制度,规范安全培训的课程设置、学时安排、教学考试、成绩评判、档案管理等工作。有关水行政主管部门要加强安全培训教材建设,分专业组织编写安全生产知识应知应会读本;强化培训机构管理,严格落实教考分离制度;严格执行水利安全生产条件准入制度,加强水利水电工程施工企业"三类人员"考核管理,严格落实"三类人员"持证上岗、先培训后上岗制度。水利水电工程施工企业要严格班前安全培训制度,有针对性地讲述岗位安全生产与应急救援知识、安全隐患和注意事项等。

(五)制定培训计划,强化培训管理。各级水行政主管部门、各水利生产经营单位要结合发展规划合理制定"十二五"期间安全培训规划和年度培训计划,把"三类人员"、特种作业人员和班组长、新工人、农民工的安全培训放在突出位置,强化水利安全培训管理,保证培训学时,建立安全培训、持证上岗和考试档案制度。要严格安全培训过程管理,严格考试、发证制度,加强安全培训监督检查工作,把安全培训检查作为安全检查、隐患排查等日常监督检查的重要内容,并加大"三违"行为处罚力度。

◆条文释义◆

长效机制:能长期保证制度正常运行并发挥预期功能的制度体系。长效机制不是一劳永逸、一成不变的,它必须随着时间、条件的变化而不断丰富、发展和完善。理解长效机制,要从"长效""机制"两个关键词上来把握。机制是使制度能够正常运行并发挥预期功能的配套制度。它有两个基本条件:一是要有比较规范、稳定、配套的制度体系;二是要有推动制度正常运行的"动力源",即要有出于自身利益而积极推动和监督制度运行的组织和个体。机制与制度之间有联系,也有区别,机制不等同于制度,制度只是机制的外在表现。

◆**实施要点**◆

本条考核应提供的备查资料一般包括:《关于印发安全生产教育培训计划的通知》,安全生产教育培训记录、效果评估记录以及培训通知、签名表、照片、课件等。

◆**材料实例**◆

1. 印发安全生产教育培训计划文件

××水利工程建设有限公司文件
×××〔2021〕×号

关于印发《2021 年度安全生产教育培训计划》的通知

各部门、各分公司:

为切实做好公司安全生产教育培训工作,增强职工安全意识,提升安全技能,公司组织编制了《2021 年度安全生产教育培训计划》,现印发给你们,请结合实际,编制本单位安全生产教育培训计划,一并抓好贯彻落实。

附件:《2021 年度安全生产教育培训计划》

××水利工程建设有限公司(章)
2021 年×月×日

2021 年度安全生产教育培训计划

为贯彻落实"安全第一、预防为主、综合治理"的安全生产方针,提高公司全体人员安全素质,从根本上杜绝人的不安全行为,根据国家安全生产法律法规和上级主管部门要求,结合工程实际,制订了本公司 2021 年度安全教育培训计划,各相关单位及部门应按各自职责予以落实。

一、安全教育培训目标

(1)使从业人员了解国家安全生产法律法规和上级主管部门相关要求。

(2)使从业人员掌握本岗位的作业风险、职业危害因素、事故防范、应急措施等基础知识。

(3)提供从业人员的安全生产意识。

二、安全教育培训的形式

(1)会议形式。主要有:安全例会、座谈会、先进经验交流会等。

(2)张挂形式。主要有:安全宣传标语、标志、图片、安全宣传栏等。

(3)多媒体形式。主要有:安全教育 PPT、安全讲座录像等。

（4）现场观摩演示形式。主要有：安全操作方法演示。

（5）现场教学形式。主要有：工作现场安全培训、工作现场实践操作等。

三、安全教育培训对象

公司所有人员。

四、安全教育培训的内容

（1）安全思想教育。包括安全与效益、安全与个人的利害关系等方面的教育培训。

（2）安全生产管理知识培训。包括安全生产管理基本理论、重大危险源管理、职业健康、应急管理、事故管理等方面基础知识的教育培训。

（3）安全生产法律法规宣贯。包括国家安全生产法律法规、标准、规章制度等方面的教育培训。

（4）典型经验和事故案例教育。包括国内外企业先进的安全生产经验、典型事故案例分析，避免同类事故的发生。

2021 年度安全生产培训计划一览表

序号	培训时间	培训对象	培训内容
1	2021 年 2 月	公司各职能部门员工	相关的安全生产法律法规、标准
2	2021 年 3 月	现场各工种作业人员	操作规程
3	2021 年 4 月	公司各职能部门员工	相关的安全生产规章制度
4	2021 年 5 月	公司各职能部门员工	经常性安全教育
5	2021 年 6 月	公司各职能部门员工	应急预案
6	2021 年 7 月	公司各职能部门员工	消防安全知识
7	2021 年 8 月	公司各职能部门员工	职业卫生健康教育
8	2021 年 9 月	公司主要负责人、项目负责人、专职安全生产管理人员	安全生产理论、典型经验及事故案例
9	2021 年 10 月	公司各职能部门员工	经常性安全教育
10	不定期	外来人员	外来人员安全教育
11	不定期	公司所有新员工	三级教育

2. 安全生产教育培训记录表

安全生产教育培训记录表

培训时间		主讲教师	
培训地点		培训对象	
培训主题			
培训目的			

培训内容	
培训总结与 考核情况	

3. 安全生产教育培训效果评估表

安全生产教育培训效果评估表

部门/单位		培训时间			
地点		培训方式			
培训课时		授课老师			
培训内容					
1. 是否有对学员进行书面考核		□ 是		□ 否	
2. 学员培训中有无迟到、早退现象		□ 有		□ 无	
3. 培训中学员的态度		□ 非常满意	□ 满意	□ 一般	□ 差
4. 培训中学员的互动情况		□ 非常满意	□ 满意	□ 一般	□ 差
5. 学员对培训项目的反映情况		□ 非常满意	□ 满意	□ 一般	□ 差
6. 学员是否学习到培训中所教的技能		□ 是	□ 否	□ 其他	
7. 学员工作技能是否有所提高		□ 是	□ 否	□ 其他	
8. 学员技能提高与培训是否有关		□ 是	□ 否	□ 其他	
9. 学员工作是否有创新		□ 是	□ 否	□ 其他	
10. 结合培训目标，判断是否达到培训期望得到的效果		□ 是	□ 否	□ 其他	
评估人 综合评价					
改进建议					

第二节　人员教育培训

【三级评审项目】

3.2.1　应对各级管理人员进行教育培训,每年按规定进行再培训。主要负责人、项目负责人、专职安全生产管理人员按规定经水行政主管部门考核合格并持证上岗。

【评审方法及评审标准】

查相关文件和记录,并现场抽查。

1. 培训不全,每少一人扣 1 分;

2. 未按规定持证上岗,每人扣 2 分;

3. 对岗位安全生产职责不熟悉,每人扣 1 分。

【标准分值】

8 分

◆**法规要点**◆

《中华人民共和国安全生产法》

第二十五条　生产经营单位应当对从业人员进行安全生产教育和培训,保证从业人员具备必要的安全生产知识,熟悉有关的安全生产规章制度和安全操作规程,掌握本岗位的安全操作技能,了解事故应急处理措施,知悉自身在安全生产方面的权利和义务。未经安全生产教育和培训合格的从业人员,不得上岗作业。

生产经营单位使用被派遣劳动者的,应当将被派遣劳动者纳入本单位从业人员统一管理,对被派遣劳动者进行岗位安全操作规程和安全操作技能的教育和培训。劳务派遣单位应当对被派遣劳动者进行必要的安全生产教育和培训。

生产经营单位接收中等职业学校、高等学校学生实习的,应当对实习学生进行相应的安全生产教育和培训,提供必要的劳动防护用品。学校应当协助生产经营单位对实习学生进行安全生产教育和培训。

生产经营单位应当建立安全生产教育和培训档案,如实记录安全生产教育和培训的时间、内容、参加人员以及考核结果等情况。

《生产经营单位安全培训规定》(国家安全生产监督管理总局令第 3 号)

第四条　生产经营单位应当进行安全培训的从业人员包括主要负责人、安全生产管理人员、特种作业人员和其他从业人员。

生产经营单位从业人员应当接受安全培训,熟悉有关安全生产规章制度和安全操作规程,具备必要的安全生产知识,掌握本岗位的安全操作技能,增强预防事故、控制职业危害和应急处理的能力。

未经安全生产培训合格的从业人员,不得上岗作业。

第六条　生产经营单位主要负责人和安全生产管理人员应当接受安全培训,具备与所从事的生产经营活动相适应的安全生产知识和管理能力。

第九条　生产经营单位主要负责人和安全生产管理人员初次安全培训时间不得少于32 学时。每年再培训时间不得少于 12 学时。

煤矿、非煤矿山、危险化学品、烟花爆竹等生产经营单位主要负责人和安全生产管理人员安全资格培训时间不得少于 48 学时;每年再培训时间不得少于 16 学时。

第十五条　生产经营单位新上岗的从业人员,岗前培训时间不得少于 24 学时。

煤矿、非煤矿山、危险化学品、烟花爆竹等生产经营单位新上岗的从业人员安全培训时间不得少于 72 学时,每年接受再培训的时间不得少于 20 学时。

第二十二条　具备安全培训条件的生产经营单位,应当以自主培训为主;可以委托具有相应资质的安全培训机构(具备安全培训条件的机构),对从业人员进行安全培训。

《安全生产培训管理办法》(国家安全生产监督管理总局令第 80 号)

第八条　生产经营单位的从业人员的安全培训,由生产经营单位负责。

第九条　对从业人员的安全培训,具备安全培训条件的生产经营单位应当以自主培训为主,也可以委托具备安全培训条件的机构进行安全培训。不具备安全培训条件的生产经营单位,应当委托具有安全培训条件的机构对从业人员进行安全培训。生产经营单位委托其他机构进行安全培训的,保证安全培训的责任仍由本单位负责。

◆条文释义◆

1. 专职安全员:是指专门负责安全监督、检查,督促、指导,培训、教育,专职人员。

2. 再培训:由于生产技术的进步,或需要进入新行业,对已就业者或失业者进行的,更新其知识和技能的培训。

◆实施要点◆

本条考核应提供的备查资料一般包括:各级管理人员安全培训记录、各级安全管理人员安全培训证明或证书、培训汇总表等。

◆材料实例◆

主要负责人、项目负责人和专职安全生产管理人员资格证书汇总表

主要负责人、项目负责人和专职安全生产管理人员资格证书汇总表

汇总时间:　　　　　　　　　　　　　　　　　　　　　　　　　统计人:

序号	姓名	职务	证书类型	证书编号	发证时间	有效期	延期时间	备注
1								
2								
3								

【三级评审项目】

3.2.2 新员工上岗前应接受三级安全教育培训,培训时间满足规定学时要求;在新工艺、新技术、新材料、新设备设施投入使用前,应根据技术说明书、使用说明书、操作技术要求等,对有关管理、操作人员进行培训;作业人员转岗、离岗一年以上重新上岗前,均应进行项目部(队、车间)、班组安全教育培训,经考核合格后上岗。

【评审方法及评审标准】

查相关记录并现场抽查。

1. 新员工未经培训考核合格上岗,每人扣2分;

2. "四新"投入使用前,未按规定进行培训,每人扣2分;

3. 转岗、离岗复工人员未经培训考核合格上岗,每人扣2分。

【标准分值】

15分

◆**法规要点**◆

《中华人民共和国安全生产法》

第二十五条 生产经营单位应当对从业人员进行安全生产教育和培训,保证从业人员具备必要的安全生产知识,熟悉有关的安全生产规章制度和安全操作规程,掌握本岗位的安全操作技能,了解事故应急处理措施,知悉自身在安全生产方面的权利和义务。未经安全生产教育和培训合格的从业人员,不得上岗作业。

生产经营单位使用被派遣劳动者的,应当将被派遣劳动者纳入本单位从业人员统一管理,对被派遣劳动者进行岗位安全操作规程和安全操作技能的教育和培训。劳务派遣单位应当对被派遣劳动者进行必要的安全生产教育和培训。

生产经营单位应当建立安全生产教育和培训档案,如实记录安全生产教育和培训的时间、内容、参加人员以及考核结果等情况。

第二十六条 生产经营单位采用新工艺、新技术、新材料或者使用新设备,必须了解、掌握其安全技术特性,采取有效的安全防护措施,并对从业人员进行专门的安全生产教育和培训。

第二十七条 生产经营单位的特种作业人员必须按照国家有关规定经专门的安全作业培训,取得相应资格,方可上岗作业。

◆**条文释义**◆

1. 转岗培训:是指为转换工作岗位,使转岗人员掌握新岗位技术业务知识和工作技能,取得新岗位上岗资格所进行的培训。转岗培训的对象一般具有一定的工作经历和实践经验,但转移的工作岗位与原工作岗位差别较大,需要进行全面的培训,以掌握新知识、新技能。

2. 三级安全教育:是指新入厂职员和工人的厂级安全教育(公司级)、车间级安全教育(部门级)和岗位(班组级)安全教育,是厂矿企业安全生产教育制度的基本形式。企业必须对新工人进行安全生产的入厂教育、车间教育、班组教育;对调换新工种、复工,采取新技术、新工艺、新设备、新材料的工人，必须进行新岗位、新操作方法的安全卫生教育，受教育者经考试合格后，方可上岗操作。建筑工地三级安全教育是指公司、项目经理部、施工班组三个层次的安全教育，是工人进场上岗前必备的过程，属于施工现场实名制管理的重要一环，也是工地管理中的核心部分之一。

◆**实施要点**◆

本条考核应提供的备查资料一般包括：新进职工上岗前三级教育培训记录；"四新"投入使用前的人员培训记录；转岗、复岗人员培训合格记录等。

◆**材料实例**◆

无。

【三级评审项目】

3.2.3　特种作业人员接受规定的安全作业培训，并取得特种作业操作资格证书后上岗作业；特种作业人员离岗 6 个月以上重新上岗，应经实际操作考核合格后上岗工作；建立健全特种作业人员档案。

【评审方法及评审标准】

查相关文件和记录，并现场抽查。

1. 未按规定持证上岗，每人扣 2 分；

2. 离岗 6 个月以上，未经考核合格上岗，每人扣 2 分；

3. 特种作业人员档案资料不全，每少一人扣 2 分。

【标准分值】

10 分

◆**法规要点**◆

《中华人民共和国安全生产法》

第二十七条　生产经营单位的特种作业人员必须按照国家有关规定经专门的安全作业培训，取得相应资格，方可上岗作业。

《水利工程建设安全生产管理规定》（水利部令第 26 号）

第六条　项目法人在对施工投标单位进行资格审查时，应当对投标单位的主要负责人、项目负责人以及专职安全生产管理人员是否经水行政主管部门安全生产考核合格进行审查。有关人员未经考核合格的，不得认定投标单位的投标资格。

第二十二条　垂直运输机械作业人员、安装拆卸工、爆破作业人员、起重信号工、登高架设作业人员等特种作业人员，必须按照国家有关规定经过专门的安全作业培训，并取得特种作业操作资格证书后，方可上岗作业。

◆**条文释义**◆

1. 特种作业：是指容易发生人员伤亡事故，对操作者本人、他人的生命健康及周围设施的安全可能造成重大危害的作业。直接从事特种作业的人员称为特种作业人员。因为特种作业有着不同的危险因素,容易损害操作人员的安全和健康,因此对特种作业需要有必要的安全保护措施,包括技术措施、保健措施和组织措施。

2. 资格证书:是从事某种职业所应具备的条件或身份证明,资格证又有执业资格证和职业资格证两种。

◆**实施要点**◆

1. 本条考核应提供的备查资料一般包括:特种作业人员特种作业证书;离岗 6 月以上人员,要重新取得证书;特种作业人员统计表及相关档案。

2. 国家有关的安全生产法律、法规对特种作业人员操作资格作出了严格而又明确的规定,要求特种作业人员必须经过专门的安全培训并经考核合格,方可上岗作业。

◆**材料实例**◆

特种作业人员资格证书统计表

特种作业人员资格证书统计表

汇总时间: 统计人:

序号	姓名	性别	身份证号	操作类别	起止时间	证号
1						
2						
3						
4						

【三级评审项目】

3.2.4 每年对在岗作业人员进行安全生产教育和培训,培训时间和内容应符合有关规定。

【评审方法及评审标准】

查相关记录。

未按规定进行培训,每人扣 1 分。

【标准分值】

5 分

◆**法规要点**◆

《生产经营单位安全培训规定》(国家安全生产监督管理总局令第 3 号)

第三条 生产经营单位负责本单位从业人员安全培训工作。

生产经营单位应当按照安全生产法和有关法律、行政法规和本规定,建立健全安全培训工作制度。

第四条 生产经营单位应当进行安全培训的从业人员包括主要负责人、安全生产管理人员、特种作业人员和其他从业人员。

生产经营单位从业人员应当接受安全培训,熟悉有关安全生产规章制度和安全操作规程,具备必要的安全生产知识,掌握本岗位的安全操作技能,增强预防事故、控制职业危害和应急处理的能力。未经安全生产培训合格的从业人员,不得上岗作业。

第六条 生产经营单位主要负责人和安全生产管理人员应当接受安全培训,具备与所从事的生产经营活动相适应的安全生产知识和管理能力。

煤矿、非煤矿山、危险化学品、烟花爆竹等生产经营单位主要负责人和安全生产管理人员,必须接受专门的安全培训,经安全生产监管监察部门对其安全生产知识和管理能力考核合格,取得安全资格证书后,方可任职。

第七条 生产经营单位主要负责人安全培训应当包括下列内容:

(一)国家安全生产方针、政策和有关安全生产的法律、法规、规章及标准;

(二)安全生产管理基本知识、安全生产技术、安全生产专业知识;

(三)重大危险源管理、重大事故防范、应急管理和救援组织以及事故调查处理的有关规定;

(四)职业危害及其预防措施;

(五)国内外先进的安全生产管理经验;

(六)典型事故和应急救援案例分析;

(七)其他需要培训的内容。

第八条 生产经营单位安全生产管理人员安全培训应当包括下列内容:

(一)国家安全生产方针、政策和有关安全生产的法律、法规、规章及标准;

(二)安全生产管理、安全生产技术、职业卫生等知识;

(三)伤亡事故统计、报告及职业危害的调查处理方法;

(四)应急管理、应急预案编制以及应急处置的内容和要求;

(五)国内外先进的安全生产管理经验;

(六)典型事故和应急救援案例分析;

(七)其他需要培训的内容。

第九条 生产经营单位主要负责人和安全生产管理人员初次安全培训时间不得少于32学时。每年再培训时间不得少于12学时。

煤矿、非煤矿山、危险化学品、烟花爆竹等生产经营单位主要负责人和安全生产管理人员安全资格培训时间不得少于48学时;每年再培训时间不得少于16学时。

第十条 生产经营单位主要负责人和安全生产管理人员的安全培训必须依照安全生产监管监察部门制定的安全培训大纲实施。

非煤矿山、危险化学品、烟花爆竹等生产经营单位主要负责人和安全生产管理人员的安全培训大纲及考核标准由国家安全生产监督管理总局统一制定。

煤矿、非煤矿山、危险化学品、烟花爆竹以外的其他生产经营单位主要负责人和安全管理人员的安全培训大纲及考核标准,由省、自治区、直辖市安全生产监督管理部门制定。

第十一条 煤矿、非煤矿山、危险化学品、烟花爆竹等生产经营单位必须对新上岗的临时工、合同工、劳务工、轮换工、协议工等进行强制性安全培训,保证其具备本岗位安全操作、自救互救以及应急处置所需的知识和技能后,方能安排上岗作业。

第十二条　加工、制造业等生产单位的其他从业人员,在上岗前必须经过厂(矿)、车间(工段、区、队)、班组三级安全培训教育。

生产经营单位可以根据工作性质对其他从业人员进行安全培训,保证其具备本岗位安全操作、应急处置等知识和技能。

第十三条　生产经营单位新上岗的从业人员,岗前培训时间不得少于24学时。

煤矿、非煤矿山、危险化学品、烟花爆竹等生产经营单位新上岗的从业人员安全培训时间不得少于72学时,每年接受再培训的时间不得少于20学时。

◆**条文释义**◆

无。

◆**实施要点**◆

1. 本条考核应提供的备查资料一般包括:作业人员教育培训记录以及通知、照片、课件等。

2. 培训时间要符合有关规定。

◆**材料实例**◆

无。

【三级评审项目】

3.2.5　监督检查分包单位对员工进行的安全生产教育培训情况及员工持证上岗情况。

【评审方法及评审标准】

查相关记录。

1. 未监督检查,扣9分;

2. 监督检查不全,每缺一个单位扣2分。

【标准分值】

9分

◆**法规要点**◆

《生产经营单位安全培训规定》(国家安全生产监督管理总局令第3号)

第二十六条　各级安全生产监管监察部门对生产经营单位安全培训及其持证上岗的情况进行监督检查,主要包括以下内容:

(一)安全培训制度、计划的制定及其实施的情况;

(二)煤矿、非煤矿山、危险化学品、烟花爆竹、金属冶炼等生产经营单位主要负责人和安全生产管理人员安全培训以及安全生产知识和管理能力考核的情况;其他生产经营单位主要负责人和安全生产管理人员培训的情况;

(三)特种作业人员操作资格证持证上岗的情况;

（四）建立安全生产教育和培训档案，并如实记录的情况；

（五）对从业人员现场抽考本职工作的安全生产知识；

（六）其他需要检查的内容。

◆**条文释义**◆

分包：是指从事工程总承包的单位将所承包的建设工程的一部分依法发包给具有相应资质的承包单位的行为，该总承包人并不退出承包关系，其与第三人就第三人完成的工作成果向发包人承担连带责任。

◆**实施要点**◆

本条考核应提供的备查资料一般包括：分包单位员工安全教育培训及持证上岗监督检查记录表、分包单位对员工进行安全生产教育培训及持证上岗情况的支撑材料。

◆**材料实例**◆

无。

【三级评审项目】

3.2.6　对外来人员进行安全教育，主要内容应包括：安全规定、可能接触到的危险有害因素、职业病危害防护措施、应急知识等。由专人带领做好相关监护工作。

【评审方法及评审标准】

查相关记录。

1. 未进行安全教育，扣 3 分；

2. 安全教育内容不符合要求，扣 2 分；

3. 无专人带领，扣 3 分。

【标准分值】

3 分

◆**法规要点**◆

《中华人民共和国安全生产法》

第二十五条　生产经营单位使用被派遣劳动者的，应当将被派遣劳动者纳入本单位从业人员统一管理，对被派遣劳动者进行岗位安全操作规程和安全操作技能的教育和培训。劳务派遣单位应当对被派遣劳动者进行必要的安全生产教育和培训。

生产经营单位接收中等职业学校、高等学校学生实习的，应当对实习学生进行相应的安全生产教育和培训，提供必要的劳动防护用品。学校应当协助生产经营单位对实习学生进行安全生产教育和培训。

生产经营单位应当建立安全生产教育和培训档案，如实记录安全生产教育和培训的时间、内容、参加人员以及考核结果等情况。

◆**条文释义**◆

1. 危险有害因素：泛指那些破坏环境并危及人类生活和生存的不利因素。

2. 职业病危害：指对从事职业活动的劳动者可能导致职业病的各种危害。职业病危害因素包括职业活动中存在的各种有害的化学、物理、生物等因素，以及在作业过程中产生的其他职业有害因素。职业病危害因素可以分为很多种，这些因素包括职业活动中存在的各种有害的化学（如有机溶剂类毒物，铅、锰等金属毒物，粉尘等）、物理（如噪声、高频、微波、紫外线、X射线等）、生物因素以及在工作过程中产生的其他职业有害因素（如不合适的生产布局、劳动制度等）。

◆**实施要点**◆

本条考核应提供的备查资料一般包括：外来人员安全教育培训记录，内容主要包括：安全规定、可能接触到的危险有害因素、职业病危害防护措施、应急知识等。

◆**材料实例**◆

外来人员安全教育、告知记录表

外来人员安全教育、告知记录表

接待部门		教育、告知实施人		参观带领人		时间	
相关方和外来人员							
事　由							
培训、告知内容							
劳保用品领取登记	名称						
	数量						
相关方和外来人员签名							
姓名		单位		姓名		单位	

第四章

现场管理

第一节 设备设施管理

【三级评审项目】

4.1.1 设备设施管理制度

设备设施管理制度应明确购置（租赁）、安装（拆除）、验收、检测、使用、检查、保养、维修、改造、报废等内容。

【评审方法及评审标准】

查制度文本。

1. 未以正式文件发布，扣 2 分；

2. 制度内容不全，每缺一项扣 1 分；

3. 制度内容不符合有关规定，每项扣 1 分。

【标准分值】

2 分

◆**法规要点**◆

《建设工程安全生产管理条例》(国务院令第 393 号)

第二十一条 施工单位主要负责人依法对本单位的安全生产工作全面负责。施工单位应当建立健全安全生产责任制度和安全生产教育培训制度，制定安全生产规章制度和操作规程，保证本单位安全生产条件所需资金的投入，对所承担的建设工程进行定期和专项安全检查，并做好安全检查记录。

《水利工程建设安全生产管理规定》(水利部令第 26 号)

第十八条 施工单位主要负责人依法对本单位的安全生产工作全面负责。施工单位应当建立健全安全生产责任制度和安全生产教育培训制度，制定安全生产规章制度和操作规程，保证本单位建立和完善安全生产条件所需资金的投入，对所承担的水利工程进行定期和专项安全检查，并做好安全检查记录。

《特种设备安全监察条例》(国务院令第 549 号)

第二十七条 特种设备使用单位应当对在用特种设备进行经常性日常维护保养，并定期自行检查。

特种设备使用单位对在用特种设备应当至少每月进行一次自行检查，并作出记录。特种设备使用单位在对在用特种设备进行自行检查和日常维护保养时发现异常情况的，应当及时处理。

特种设备使用单位应当对在用特种设备的安全附件、安全保护装置、测量调控装置及有关附属仪器仪表进行定期校验、检修，并作出记录。

《水利水电工程施工安全管理导则》(SL 721—2015)

9.1.1 施工单位应建立设施设备安全管理制度，包括购置、租赁、安装、拆除、验收、检测、使用、保养、维修、改造和报废等内容。

《水利工程建设与质量安全生产监督检查办法(试行)》问题清单(2020 年版)

(一)安全管理体系

11. 未建立或落实安全生产管理制度、安全操作规程。

12. 未健全安全生产管理制度、安全操作规程,或针对性差。

◆条文释义◆

设备设施:水利建设工地一般包含装载机、挖掘机、推土机、自卸汽车、载重汽车、交流电焊机、直流电焊机、混凝土搅拌机、混凝土输送机、潜水泵等。

◆实施要点◆

1. 本条考核应提供的备查资料一般包括:《设备设施管理制度》及其印发文件。

2. 水利工程施工单位应建立设备设施管理制度,其主要内容应明确购置(租赁)、安装(拆除)、验收、检测、使用、检查、保养、维修、改造、报废等,并以正式文件印发。制度的内容要全面,不应漏项。

◆材料实例◆

印发设备设施管理制度文件

××水利工程建设有限公司文件
×××〔2021〕×号

关于印发《××水利工程建设有限公司设备设施管理制度》的通知

各部门、各分公司:

为加强施工现场设备设施管理工作,明确管理人员、内容与范围等要求,我公司组织制定了《××水利工程建设有限公司设备设施管理制度》,现印发给你们,请遵照执行。

附件:××水利工程建设有限公司设备设施管理制度

××水利工程建设有限公司(章)

2021 年×月×日

××水利工程建设有限公司设备设施管理制度

1 范围

本制度规定了××水利工程建设有限公司(以下简称"公司")设备设施管理的职责、设备设施管理机构、设备设施购置、设备设施进场验证、特种设备管理、设备运行检查、设备设施维护保养、设备报废、检查与考核、报告与记录、归档管理等要求。

本制度适用于公司设备设施管理。

2　规范性引用文件

下列文件对于本文件的应用是必不可少的。凡是注日期的引用文件，仅所注日期的版本适用于本文件。凡是不注日期的引用文件，其最新版本（包括所有的修改单）适用于本文件。

（1）《中华人民共和国特种设备安全法》（主席令第四号）。

（2）《特种设备安全监察条例》（国务院令第 549 号）。

（3）《建设项目安全生产管理条例》（国务院令第 393 号）。

（4）根据 2019 年 5 月 10 日《水利部关于修改部分规章的决定》第三次修正《水利工程建设安全生产管理规定》（水利部令第 26 号）。

（5）《建筑起重机械安全监督管理规定》（建设部令第 166 号）。

（6）《质检总局关于修订〈特种设备目录〉的公告》（2014 年第 114 号）。

（7）《水利水电工程施工安全管理导则》（SL 721—2015）。

3　术语和定义

下列术语和定义适用于本文件。

3.1　设备

指可供企业在生产中长期使用，并在反复使用中基本保持原有实物形态和功能的劳动资料和物质资料的总称。

3.2　特种设备

特种设备，是指对人身和财产安全有较大危险性的锅炉、压力容器（含气瓶）、压力管道、电梯、起重机械、场内专用机动车辆，以及法律、行政法规规定适用本法的其他特种设备。

4　职责

4.1　工程科

4.1.1　批准项目部设备采购、租赁计划。

4.1.2　实施设备采购和租赁。

4.1.3　建立设备台账、特种设备档案。

4.2　各项目部

4.2.1　提出设备采购、租赁计划。

4.2.2　建立设备台账。

4.2.3　编制设备维护保养计划，实施维护保养。

4.2.4　对租赁和分包单位设备进行进场验收。

5　管理活动的内容与方法

5.1　设备设施管理机构及人员

5.1.1　公司工程科为公司设备管理机构，配备专（兼）职设备管理人员，以公司正式文件发布。

5.1.2 各项目部成立设备管理机构或指定专(兼)职设备管理人员,以项目部文件正式发布。

5.1.3 公司物资管理和项目部设备管理机构或设备管理人员组成公司二级设备安全管理网络。

5.2 设备设施购置

5.2.1 各项目部需要购置设备时,由项目部设备管理人员提出申请,报工程科设备管理员,经工程科负责人批准,由业务人员负责采购。

5.2.2 设备设施的购置应根据实际需要,以适用性、经济性为原则,充分进行市场调研。

5.2.3 设备设施购置前应收集相关信息,了解设备型号、规格、价格等情况,充分考虑价格、使用成本、售后服务、配料供应、质量和人员培训等因素。

5.2.4 设备设施购置前,将拟购置设备进行公示,按照公平、公开、公正的原则,通过竞价方式择优确定。

5.2.5 设备生产厂家必须具有生产许可证、产品合格证及国家、地方准用证件,严禁采购三无产品。

5.2.6 采购特种设备时,应要求特种设备生产厂家提供特种设备制造许可。(见《中华人民共和国特种设备安全法》第十八条和《特种设备安全监察条例》第十四条)

5.2.7 在签订设备购置合同时,应确保合同的合法性,合同内容必须注明设备名称、型号、数量、价格、交货时间及地点、付款方式、质量标准、验收程序、违约责任等条款,新型、特种设备应有人员培训、安装、调试等内容。

5.2.8 设备厂家交货时,工程科设备管理员应做好验收工作,并填写验收记录,验收后的随机说明书、合格证等附件由工程科管理人员报公司档案室归档。

5.3 租赁设备和分包单位设备

5.3.1 公司工程科应与设备出租单位签订设备租赁合同,明确双方的设备管理安全责任和设备技术状况等要求。

5.3.2 项目部设备管理员在租赁设备进入施工现场前,对进场设备进行验收,设备验收合格后由项目部设备管理员和安全员签字后,方可进入施工现场投入使用。租赁设备和分包单位设备应符合《建设工程安全生产管理条例》中的相关规定。

5.4 特种设备管理

5.4.1 《中华人民共和国特种设备安全法》中第二条规定的特种设备。

5.4.2 原国家质检总局2014年发布的《关于修订〈特种设备目录〉的公告》(2014年第114号)规定的特种设备。

5.5 特种设备安装、拆除资质

5.5.1 特种设备安装前应验证特种设备安装拆除的单位和人员应符合《中华人民共和国特种设备安全法》《特种设备安全监察条例》提出的对特种设备安装拆除单位和人员的资质和资格规定,不具备相应资质和资格的单位和人员不得从事特种设备的安装和拆除。

5.5.2 从事起重机械安装、拆卸的单位应当依法取得建设主管部门颁发的相应的资质和建筑施工单位安全生产许可证,并在其许可的范围内承揽建筑起重机械的安装、拆卸工作。

5.5.3 门式起重机、塔式起重机和施工升降机的安装、拆卸应具有"起重设备安装工程专业承包资质标准",起重设备安装工程专业承包单位应按资质级别承担起重设备的安装、拆卸。

（1）一级资质可承担塔式起重机、各类施工升降机和门式起重机的安装与拆卸。

（2）二级资质可承担 3 150 KN·m 以下的塔式起重机、各类施工升降机和门式起重机的安装与拆卸。

（3）三级资质可承担 800 KN·m 以下的塔式起重机、各类施工升降机和门式起重机的安装与拆卸。

5.5.4 对于其他场所所用的起重机械的安装、拆除单位应按照《中华人民共和国特种设备安全法》和《特种设备安装监察条例》的规定，取得特种设备安装改造维修许可证后方可开展相应的作业活动。

5.5.5 自建筑起重机械安装验收合格之日起 30 日内，使用单位应将建筑起重机械安装验收资料、建筑起重机械安全管理制度、特种作业人员名单等，向工程所在地县级以上地方人民政府建设主管部门办理建筑起重机械使用登记。登记标志应置于或者附着于该设备的显著位置。

5.6 特种设备的安装、拆除技术方案

5.6.1 特种设备自身的安装、拆卸属于达到一定规模的危险性较大的单项工程，在安装和拆卸前应编制技术方案，方案的编制和审核应符合 SL 721—2015 第 7.3 条的相关规定。

5.6.2 特种设备安装、拆卸时，方案编制人员和项目部安全员应对作业人员进行安全技术交底，并履行签字确认手续。

5.6.3 特种设备安装时，项目部应安排专人进行现场监护。

5.7 特种设备的验收与检定

5.7.1 特种设备交付和投入使用前，应经具备资质的检验检测机构检验合格。

5.7.2 起重机械安装完毕后，使用单位应组织出租、安装、监理等有关单位进行验收，或者委托具有相应资质的检验检测机构进行验收。经验收合格后方可投入使用，未经验收或检验不合格的起重机械不得使用。

5.8 设备台账

工程科和各项目部应建立设备台账，并保证设备台账完整，一般应包括以下内容：

（1）设备来源、类型、数量、技术性能、使用年限等信息；

（2）设备进场验收资料；

（3）使用地点、状态、责任人及检测检验、日常维修保养等信息；

（4）采购、租赁、改造计划及实施情况等。

5.9 特种设备档案

工程科和各项目部应建立特种设备安全技术档案，技术档案应符合《中华人民共和国特种设备安全法》中第三十五条的规定。

5.10 设备进场验证

项目部在设备进场前应进行全面、系统的检查，填写"机械（电气）设备进场查验登记表"，检查内容一般包括：核对型号规格、生产能力、机容机貌、技术状况，核对设备制造厂合格证、役龄期,核对强制性年检设备的检验合格证等。

5.11 设备运行检查

5.11.1 设备操作人员在设备设施运行前应对设备设施进行全面检查,运行过程中应按规定进行自检、巡检、旁站监督、专项检查、周期性检查,确保性能完好。

5.11.2 对起重机械检查应符合 SL 398—2007、SL 399—2007、SL 400—2007、SL 425—2007 的相关规定。

5.11.3 对其他施工机械的检查,可参考《施工现场机械设备检查技术规范》(JGJ 160—2016)中规定的 11 大类共 50 种施工机械设备检查的技术要求。

5.12 设备维护保养

5.12.1 项目部应编制设备维护保养计划,针对有特殊要求的设备,应符合相关技术标准、规范及设备自身的要求,设备维护保养计划应具体到每台设备维护保养的时间、保养项目、责任人等。

5.12.2 项目部按照设备维护保养计划,开展设备维修保养工作,对于大型生产设备维修保养,应制定安全技术措施,安排专人进行监护。

5.12.3 维修保养结束后,项目部组织维修单位、设备管理人员等进行验收,确认维修保养工作满足相关要求,杜绝维修保养后未经验收或验收不合格的设备投入使用。

5.12.4 设备维修保养应对维修保养工作进行详细记录,包括维修保养时间、人员、项目、维修保养过程、验收检查记录、验收人员签字等内容。

5.12.5 对起重机械的日常维护保养应符合 SL 398—2007、SL 425—2017、TSG Q5001—2009 的规定,重点是对主要受力结构件、安全保护装置、工作机构、操纵机构、电气(液压、气动)控制系统等进行清洁、润滑、检查、调整,更换易损件和失效的零部件。

5.12.6 对在用起重机械的自行检查至少包括以下内容:

(1) 整机工作性能;

(2) 安全保护、防护装置;

(3) 电气(液压、气动)等系统的润滑、冷却系统;

(4) 制动装置;

(5) 吊钩及其闭锁,吊钩螺母及其放松装置;

(6) 联轴器;

(7) 钢丝绳的磨损和绳端的固定;

(8) 链条和吊辅具的损伤。

5.12.7 起重机械的全面检查,除包括 5.12.6 自行检查的内容外,还应包括以下内容:

(1) 金属结构的变形、裂纹、腐蚀以及焊缝、铆钉、螺栓等的连接情况;

(2) 主要零部件的变形、裂纹、磨损;

(3) 指示装置的可靠性和精度;

(4) 电气和控制系统的可靠性。

5.12.8 对起重机械必要时还需进行相关的载荷试验。

5.13 设备性能及运行环境

5.13.1 项目部设备管理员和安全员每月组织对设备结构、运转机构、电气及控制系统等各部位进行润滑,对基础、行走面和轨道进行检查。

5.13.2 项目部设备管理员和安全员每月组织对设备制动、限位等安全装置,仪表、信号、灯光,以及防护罩、盖板、爬梯、护栏等防护设施的检查。

5.13.3 项目部设备管理员和安全员每月组织在设备的醒目位置悬挂标识牌、检验合格证及安全操作规程,检查设备是否干净整洁、有无"跑冒滴漏"现象。

5.13.4 项目部设备管理员和安全员对作业区域无影响安全运行的障碍物进行检查。

5.13.5 项目部安全员对在同一区域有两台以上设备运行可能发生碰撞时,应制定安全运行方案。

5.14 归档管理

项目部对设备检查等记录按照《档案管理制度》进行归档管理。

【三级评审项目】

4.1.2 设备设施管理机构及人员

设置设备设施管理部门,配备管理人员,明确管理职责,形成设备设施安全管理网络。

【评审方法及评审标准】

查相关文件。

1. 无设备设施管理机构,扣 4 分;

2. 未配备设备设施管理人员,扣 4 分。

【标准分值】

4 分

◆法规要点◆

《建设工程安全生产管理条例》(国务院令第 393 号)

第二十一条 施工单位主要负责人依法对本单位的安全生产工作全面负责。施工单位应当建立健全安全生产责任制度和安全生产教育培训制度,制定安全生产规章制度和操作规程,保证本单位安全生产条件所需资金的投入,对所承担的建设工程进行定期和专项安全检查,并做好安全检查记录。

《水利工程建设安全生产管理规定》(水利部令第 26 号)

第十八条 施工单位主要负责人依法对本单位的安全生产工作全面负责。施工单位应当建立健全安全生产责任制度和安全生产教育培训制度,制定安全生产规章制度和操作规程,保证本单位建立和完善安全生产条件所需资金的投入,对所承担的水利工程进行定期和专项安全检查,并做好安全检查记录。

《水利水电工程施工安全管理导则》(SL 721—2015)

9.1.2 施工单位应设置施工设施设备管理部门,配备管理人员,明确管理职责和岗位责任,对施工设备(设施)的采购、进场、退场实行统一管理。

《水利工程建设与质量安全生产监督检查办法(试行)》问题清单(2020 年版)

(一)安全管理体系

3. 未建立健全安全生产管理机构,专职安全生产管理人员配备不符合要求。

4. 专职安全生产管理人员未履职。

5. 专职安全生产管理人员履职不到位。

◆条文释义◆

无。

◆实施要点◆

1. 本条考核应提供的备查资料一般包括：设备设施管理部门及其印发文件。

2. 水利工程施工单位应设置设备设施管理部门，配备管理人员，明确管理职责，形成设备设施安全管理网络。设备设施管理人员要满足现场实际需求。

◆材料实例◆

印发设备管理文件

××水利工程建设有限公司文件

×××〔2021〕×号

关于成立《××项目部设备管理小组》的通知

各部门、各分公司：

根据本项目部设备的实际使用情况和设备管理工作的需要，为了更好地发挥机械设备在施工中的重要作用，使设备管理水平有进一步的提高，本公司决定成立××项目部设备管理小组。

一、设备管理小组构成

组　　长：×××

副组长：×××

成　　员：×××、×××、×××

二、设备管理小组职责

1. 组长职责

（1）传达、贯彻国家有关机械设备管理的方针、政策和法规；

（2）负责组织设备管理工作会议的召开，组织制定、修改本项目部机械设备管理制度、方针、目标、要求并督促实施；

（3）负责本项目部大中型设备、关键设备的购置、租赁、处置、报废申请的报送；

（4）负责对本项目设备检查、维护保养、维修验收等设备管理情况进行监督考核；

（5）配合做好机械设备事故的调查和处理，以及设备管理中其他重大问题的处理。

2. 副组长职责

（1）贯彻执行项目部设备管理制度，对各设备管理、维修、操作人员的管理制度、操作规程执行情况进行监督、检查；

（2）负责项目部进场设备的验收、设备管理档案的建立和资料归档；

（3）建立项目部设备台账，实行动态管理，及时、准确填报季报表、年报表；

（4）负责项目部设备维修保养计划的审批、备案；

（5）负责组织、参与本项目设备专项安全检查、季节性安全检查、定期安全检查；

（6）对设备使用、维护保养、安全检查等情况进行监督；

（7）参与机械事故的调查、分析和处理；

（8）负责向公司机电物资部报送特种设备的定期检测、特种设备作业人员的培训考核的需求；

（9）协助办公室对项目部机械操作人员进行培训和考核。

3. 成员职责

（1）在组长和副组长的领导下，负责设备管理目标的实施；

（2）负责对设备使用情况的检查和规章制度落实情况的检查；

（3）负责组织设备的检修和年检；

（4）负责组织设备隐患的整改；

（5）负责各种设备台账的检查和各种报表的上交，负责设备的使用管理和维护保养检查，负责设备各种台账的完善和各种报表的上交。

××水利工程建设有限公司（章）

2021 年×月×日

【三级评审项目】

4.1.3　设备设施采购及验收

严格执行设备设施管理制度，购置合格的设备设施。

【评审方法及评审标准】

查相关文件、记录，并查看现场。

1. 设备设施无产品质量合格证，扣 5 分；

2. 购置未取得生产许可的单位生产的特种设备，扣 5 分；

3. 设备设施采购合同无验收质量标准，每项扣 2 分；

4. 设备设施未进行验收，每台扣 2 分。

【标准分值】

5 分

◆法规要点◆

《建设工程安全生产管理条例》（国务院令第 393 号）

第三十四条　施工单位采购、租赁的安全防护用具、机械设备、施工机具及配件，应当具有生产（制造）许可证、产品合格证，并在进入施工现场前进行查验。

施工现场的安全防护用具、机械设备、施工机具及配件必须由专人管理，定期进行检查、维修和保养，建立相应的资料档案，并按照国家有关规定及时报废。

第三十五条 施工单位在使用施工起重机械和整体提升脚手架、模板等自升式架设设施前，应当组织有关单位进行验收，也可以委托具有相应资质的检验检测机构进行验收；使用承租的机械设备和施工机具及配件的，由施工总承包单位、分包单位、出租单位和安装单位共同进行验收。验收合格的方可使用。

《特种设备安全监察条例》规定的施工起重机械，在验收前应当经有相应资质的检验检测机构监督检验合格。

《特种设备安全监察条例》(国务院令第 549 号)

第十五条 特种设备出厂时，应当附有安全技术规范要求的设计文件、产品质量合格证明、安装及使用维修说明、监督检验证明等文件。

第二十四条 特种设备使用单位应当使用符合安全技术规范要求的特种设备。特种设备投入使用前，使用单位应当核对其是否附有本条例第十五条规定的相关文件。

《水利工程建设安全生产管理规定》(水利部令第 26 号)

第二十四条 施工单位在使用施工起重机械和整体提升脚手架、模板等自升式架设设施前，应当组织有关单位进行验收，也可以委托具有相应资质的检验检测机构进行验收；使用承租的机械设备和施工机具及配件的，由施工总承包单位、分包单位、出租单位和安装单位共同进行验收。验收合格的方可使用。

《水利水电工程施工安全管理导则》(SL 721—2015)

9.1.3 施工现场所有设施设备应符合有关法律、法规、制度和标准要求；安全设施应与建设项目主体工程同时设计、同时施工、同时投入生产和使用。

9.1.4 施工单位设施设备投入使用前，应报监理单位验收。验收合格后，方可投入使用。进入施工现场设施设备的牌证应齐全、有效。

《水利工程建设与质量安全生产监督检查办法(试行)》问题清单(2020 年版)

(三)设施、设备、材料管理

31. 租用施工设施设备时，未签订租赁合同和安全协议书，未明确双方安全责任。

32. 租用不合格的机械设备、施工机具或构配件。

34. 未定期对设备、用具安全状况进行检查、检验、维修、保养。

◆**条文释义**◆

无。

◆**实施要点**◆

1. 本条考核应提供的备查资料一般包括：设备设施质量合格证书、进场报验资料及其采购租赁合同等文件。

2. 水利工程施工单位应严格执行设备设施管理制度，购置合格的设备设施。

◆**材料实例**◆

无。

【三级评审项目】

4.1.4　特种设备安装(拆除)

特种设备安装(拆除)单位具备相应资质;安装(拆除)人员具备相应的能力和资格;安装(拆除)特种设备应编制安装(拆除)专项方案,安排专人现场监督,安装完成后组织验收,委托具有专业资质的检测、检验机构检测合格后投入使用;按规定办理使用登记。

【评审方法及评审标准】

查相关文件、记录,并查看现场。

1. 安装(拆除)单位不具备相应资质,每个扣 5 分;

2. 安装(拆除)人员不具备相应的能力和资格,每人扣 2 分;

3. 安装(拆除)无专项方案,每台扣 3 分;

4. 安装(拆除)过程无专人现场监督,每次扣 3 分;

5. 未经验收或未取得检定合格证书投入使用,每台扣 3 分;

6. 未按规定办理使用登记,每台扣 3 分。

【标准分值】

15 分

◆法规要点◆

《建设工程安全生产管理条例》(国务院令第 393 号)

第三十五条　施工单位在使用施工起重机械和整体提升脚手架、模板等自升式架设设施前,应当组织有关单位进行验收,也可以委托具有相应资质的检验检测机构进行验收;使用承租的机械设备和施工机具及配件的,由施工总承包单位、分包单位、出租单位和安装单位共同进行验收。验收合格的方可使用。

《特种设备安全监察条例》规定的施工起重机械,在验收前应当经有相应资质的检验检测机构监督检验合格。

施工单位应当自施工起重机械和整体提升脚手架、模板等自升式架设设施验收合格之日起 30 日内,向建设行政主管部门或者其他有关部门登记。登记标志应当置于或者附着于该设备的显著位置。

《特种设备安全监察条例》(国务院令第 549 号)

第十四条　锅炉、压力容器、电梯、起重机械、客运索道、大型游乐设施及其安全附件、安全保护装置的制造、安装、改造单位,以及压力管道用管子、管件、阀门、法兰、补偿器、安全保护装置等(以下简称"压力管道元件")的制造单位和场(厂)内专用机动车辆的制造、改造单位,应当经国务院特种设备安全监督管理部门许可,方可从事相应的活动。

前款特种设备的制造、安装、改造单位应当具备下列条件:

(一) 有与特种设备制造、安装、改造相适应的专业技术人员和技术工人;

(二) 有与特种设备制造、安装、改造相适应的生产条件和检测手段;

(三) 有健全的质量管理制度和责任制度。

第十七条　锅炉、压力容器、起重机械、客运索道、大型游乐设施的安装、改造、维修以及场(厂)内专用机动车辆的改造、维修,必须由依照本条例取得许可的单位进行。

第二十条　锅炉、压力容器、电梯、起重机械、客运索道、大型游乐设施的安装、改造、维修以及场(厂)内专用机动车辆的改造、维修竣工后,安装、改造、维修的施工单位应当在验收后 30 日内将有关技术资料移交使用单位,高耗能特种设备还应当按照安全技术规范的要求提交能效测试报告。使用单位应当将其存入该特种设备的安全技术档案。

第二十四条　特种设备使用单位应当使用符合安全技术规范要求的特种设备。特种设备投入使用前,使用单位应当核对其是否附有本条例第十五条规定的相关文件。

第二十五条　特种设备在投入使用前或者投入使用后 30 日内,特种设备使用单位应当向直辖市或者设区的市的特种设备安全监督管理部门登记。登记标志应当置于或者附着于该特种设备的显著位置。

《水利工程建设安全生产管理规定》(水利部令第 26 号)

第二十二条　垂直运输机械作业人员、安装拆卸工、爆破作业人员、起重信号工、登高架设作业人员等特种作业人员,必须按照国家有关规定经过专门的安全作业培训,并取得特种作业操作资格证书后,方可上岗作业。

《水利水电工程施工安全管理导则》(SL 721—2015)

9.1.5　《特种设备安全法》规定的施工起重机械验收前,应经具备资质的检验检测机构检验。施工单位应自施工起重机械和整体提升脚手架、模板等自升式架设设施验收合格之日起 30 日内,向建设行政主管部门或者其他有关部门登记。登记、检验结果应报监理单位备案。

9.1.7　施工单位应在特种设备作业人员(含分包商、租赁的特种设备操作人员)进场时确认其证件的有效性,经监理单位审核确认,报项目法人备案。

《水利工程建设与质量安全生产监督检查办法(试行)》问题清单(2020 年版)

(三)设施、设备、材料管理

23. 特种设备及大型设备安装、拆除无专项施工方案或专项施工方案未经审批;或特种设备的使用未向有关部门登记,未按规定定期检验。严重。

28. 特种设备存在重大事故隐患或超过规定使用年限时未停用。严重。

29. 特种设备安全、保险装置缺少或失灵、失效。严重。

◆**条文释义**◆

特种设备:指涉及生命安全、危险性较大的锅炉、压力容器(含气瓶)、压力管道、电梯、起重机械、客运索道、大型游乐设施和场(厂)内专用机动车辆等。

◆**实施要点**◆

本条考核应提供的备查资料一般包括:特种设备安装(拆除)单位资质证书、安装(拆除)人员资格证书、安装(拆除)专项方案、安装(拆除)检测及验收相关材料。

◆材料实例◆

1. 施工起重机械安装(拆卸)告知单

施工起重机械安装(拆卸)告知单

_____(建设主管部门或安全监督部门):

我公司承担_____工程的_____(建筑起重机械名称)的(□安装,□拆卸)施工任务,该起重机械的型号为:_____,产权备案号为:_____,各项资料经施工单位、监理单位均审核合格,我公司计划从___年___月___日起安装。现告知你单位并附施工单位、监理单位审核书面意见及审核合格的各项资料。

告知资料附件:

一、建筑施工起重机械安装(拆卸)专项方案审核资料

1. 建筑施工机械、起重机械安装(拆卸)专项方案报审表。

2. 建筑施工机械、起重机械安装(拆卸)专项方案审核表(总承包单位)。

3. 建筑施工机械、起重机械安装(拆卸)专项方案审核表(分包单位)。

4. 建筑施工机械、起重机械安装(拆卸)专项方案(含应急预案)。

二、建筑起重机械安装(拆卸)工程单位条件审查资料

1. 建筑起重机械安装(拆卸)工程单位条件审核表。

2. 相关附件材料

(1)安装(拆卸)单位建筑资质证书、安全生产许可证副本(复印件)。

(2)安装(拆卸)单位分包单位配备的建造师、专职安全生产管理人员、专业技术人员名单及资格证书(复印件)。

(3)安装(拆卸)单位分包单位配备的装拆人员特种作业操作证(复印件)。

(4)辅助起重机械定期检验合格证明及特种作业人员证书(复印件)。

(5)建筑施工起重机械备案登记证明,特种设备制造许可证、产品合格证、制造监督检验证明(复印件)。

(6)安装(拆卸)单位与使用单位签订的安装(拆卸)合同及安全协议书(复印件)。

其他资料承诺:

我单位提交的以上告知资料及附件均真实有效、绝无虚假,资料如有虚假,我公司为此承担一切法律责任。

安装(拆卸)负责人:

联系人: 安装(拆卸)单位(章):

联系电话: 年   月   日

告知要求	1. 在建筑施工起重机械装拆前2个工作日,安装(拆卸)单位应将本告知单及提交的资料报送工程所在地安全监督机构。 2. 本告知单提交的各项资料复印件,必须加盖单位公章。 3. 安装(拆卸)单位在接到安全监督机构告知资料接收单后方可进行装拆作业。

2. 施工起重机械安装（拆卸）专项方案报审表

施工起重机械安装（拆卸）专项方案报审表

工程名称：

致：＿＿＿＿＿＿＿＿＿＿（监理单位） 兹报验： 　□1. 基坑支护与降水工程专项施工方案 　□2. 土方开挖工程专项施工方案 　□3. 模板工程专项施工方案 　☑4. 吊装及安装拆卸工程专项施工方案 　□5. 脚手架工程专项施工方案 　□6. 拆除、爆破工程专项施工方案 　□7. 其他危险性较大的工程专项施工方案 本次申报内容系第＿＿＿＿＿次申报，申报内容施工企业技术负责人已批准。 附件： 　□1. 施工组织设计/方案 　□2. 专家认证意见 　　　　　　　　　　　　　　　　　　总承包单位项目部（盖章）： 　　　　　　　　　　　　　　　　　　　项目经理：＿＿＿＿＿＿＿ 日期： 	

项目监理机构 签收人姓名及时间		总承包单位 签收人姓名及时间	
专业监理工程师审查意见： 　　　　　　　　　　　　　专业监理工程师：＿＿＿＿＿＿＿ 日期：			
总监理工程师审核意见： 　　　　　　　　　　　项目监理机构（盖章）： 　　　　　　　　　　　总监理工程师：＿＿＿＿＿＿＿ 日期：			

说明：总承包单位项目经理部应提前 7 日报送本报审表。

3. 施工起重机械安装（拆卸）专项方案审核表（总承包单位）

施工起重机械安装（拆卸）专项方案审核表（总承包单位）

工程名称			
总承包单位			
起重设备安装单位			
设备名称		规格型号	
作业类型	□安装作业 □拆卸作业	起重机备案证号	

兹报验：

　　□1. 建筑起重机械安装工程专项施工方案及应急救援预案

　　□2. 建筑起重机械拆卸工程专项施工方案及应急救援预案

　　本次申请审核内容系第_____次申请，申报内容分包的建筑起重机械安装单位技术负责人已批准。

　　□1. 建筑起重机械安装、拆卸工程专项施工方案。

　　□2. 采用非常规起重设备、方法，且单件起吊重量在100 kN及以上的起重吊装工程专项施工方案专家论证意见。

　　□3. 起重量300 kN及以上或安装高度200 m及以上内爬起重设备的安装、拆卸工程专项施工方案专家论证意见。

　　□4. 施工起重机械安装（拆卸）单位资质、安装（拆卸）施工人员资格复印件。

项目部（盖章）：

项目技术负责人（签字）：_____　　　年　　月　　日

相关部门审核情况	审核意见	相关部门	签名	职务	日期
		施工技术部门			
		安全管理部门			
		质量管理部门			

审批意见：

总承包单位技术负责人（签字）：　　　　　　　　　　　　总承包单位（盖章）：

　　　　　　　　　　　　　　　　　　　　　　　　　　　　年　　月　　日

4. 施工起重机械安装（拆卸）专项方案审核表（分包单位）

施工起重机械安装（拆卸）专项方案审核表（分包单位）

工程名称			
分包单位名称			
设备名称		规格型号	
作业类型	□安装作业 □拆卸作业	起重机备案证号	

　　依据本建筑起重机械安装使用说明书及工程特点编制此专项施工方案，方案内容符合建筑起重机械的安装拆卸及使用安全技术规程的要求。

　　兹报验：

　　□1. 建筑起重机械安装工程专项施工方案、应急救援预案及评审意见。

　　□2. 建筑起重机械拆卸工程专项施工方案、应急救援预案及评审意见。

　　□3. 施工起重机械安装（拆卸）单位资质、安装（拆卸）施工人员资格复印件。

安装（拆卸）单位编制人（签字）：

　　　　　　　　　　　　　　　　　　　　　　　　　　　　年　　月　　日

安装（拆卸）单位专业技术人员审核意见：

　　审核人（签字）：

　　　　　　　　　　　　　　　　　　　　　　　　　　　　年　　月　　日

审批意见：

安装（拆卸）单位技术负责人（签字）：　　　　　　　安装单位（盖章）：

　　　　　　　　　　　　　　　　　　　　　　　　　　　　年　　月　　日

5. 起重机械基础验收表

起重机械基础验收表

工程名称：

工程名称					
起重机械名称		型号规格		备案编号		工地自编号	
总承包单位				项目负责人		
基础施工单位				项目负责人		
验收项目			检查结果		验收结论	
地基的承载能力(不小于 kN/m²)						
基础混凝土强度(附试验报告)						
基础周围有无排水设施						
基础地下有无暗沟、孔洞(附钎探资料)						
混凝土基础尺寸(预埋件尺寸)、规格是否符合图纸及说明书要求						
混凝土基础表面平整情况(允许偏差 10 mm)						
钢筋、预埋件隐蔽验收记录						
桩验收记录						

验收结论：

验收日期： 年 月 日

验收人签名	总承包单位	基础施工单位	监理单位
	专项方案编制人： (签名) 项目技术负责人： (签名) 项目负责人： (签名) (公章)	专项方案编制人： (签名) 项目技术负责人： (签名) 项目负责人： (签名) (公章)	专业监理工程师： (签名) 总监理工程师： (签名)

说明：本表一式_____份，由施工单位填写。施工单位、监理机构各 1 份。

6. 起重机械安装验收表

起重机械安装验收表

工程名称：

工程名称		工程地址	
施工总承包单位		项目负责人	
使用单位		项目负责人	
安装单位		项目负责人	

起重机械名称		型号规格		备案编号		工地自编号	
检验评定机构名称		检验报告编号			报告签发日期		
序号	验收项目	检查内容与要求			现场和资料是否符合要求		
1	安全运行条件	（1）与周边建构筑物、输电线路的安全距离					
		（2）周边杂物以及机体上堆积杂物和悬挂物的清理					
		（3）专用配电箱、电缆的安置位置是否恰当					
		（4）水平吊运作业路线的规定					
		（5）施工作业人员的安全通道					
		（6）基础部位的防水、排水设施					
		（7）作业环境危险部位的安全警示标识					
2	落实安全管理责任	（1）明确起重机械的安全管理部门和管理员及其安全管理责任					
		（2）本台设备管理责任人及其责任					
		（3）定期维护保养					
		（4）安全操作规程					
		（5）在机身上的显著位置张挂设备管理标牌					
3	安全管理资料	（1）按规定建立一机一档的安全技术档案					
		（2）特种作业人员的上岗资格证					
		（3）安全技术交底记录					
		（4）各项起重机械安全管理制度（含应急预案及加节、附着装置的验收等制度）					
4	其他资料	（1）安装单位安装自检表					
		（2）安装检验报告					
		（3）检验报告中不合格项的整改情况					
验收结论						年 月 日	
参加验收人员		总承包单位	使用单位	安装单位	设备产权（或出租）单位	监理单位	
		专业技术人员：（签名） 项目技术负责人：（签名） 项目负责人：（签名）（公章）	专业技术人员：（签名） 项目技术负责人：（签名） 项目负责人：（签名）（公章）	专业方案编制人：（签名） 专业技术人员：（签名） 项目负责人：（签名）（公章）	负责人：（签名） （公章）	专业监理工程师：（签名） 总监理工程师：（签名）	

说明：本表一式_____份，由施工单位填写。施工单位、监理机构各1份。

水利工程施工安全生产标准化工作指南

【三级评审项目】

4.1.5 设备设施台账

建立设备设施台账并及时更新;设备设施管理档案资料齐全、清晰,管理规范。

【评审方法及评审标准】

查相关记录并查看现场。

1. 未建立设备设施台账,扣3分;

2. 台账信息未及时更新,扣1分;

3. 档案资料不符合要求,扣1分。

【标准分值】

3分

◆**法规要点**◆

《水利水电工程施工安全管理导则》(SL 721—2015)

9.1.6 施工单位应建立设施设备的安全管理台账,应记录下列内容:

1. 来源、类型、数量、技术性能、使用年限等信息;

2. 设施设备进场验收资料;

3. 使用地点、状态、责任人及检测检验、日常维修保养等信息;

4. 采购、租赁、改造计划及实施情况等。

《水利工程建设与质量安全生产监督检查办法(试行)》问题清单(2020年版)

(九) 档案管理

102. 未建立安全生产、安全防护用具、特种设备安全技术等档案或档案不符合规定。

103. 未设置特种设备使用登记标志、定期检验标志。

104. 各类安全检查、检测等记录不全。

◆**条文释义**◆

设备基本台账:一般包括设备名称、编号、设备类别、型号、规格、制造厂(国)、出厂年月、安装完成日期、调试完成日期、投产日期、安装地点、合同号、设备原值和净值、厂家质保期和管理责任落实情况。

◆**实施要点**◆

1. 本条考核应提供的备查资料一般包括:安全生产、安全防护用具、特种设备安全技术等技术档案。

2. 水利工程施工单位应建立设备设施台账并及时更新。设备设施管理档案资料齐全、清晰,管理规范。

◆**材料实例**◆

1. 现场设施安全管理台账

现场设施安全管理台账

工程名称：　　　　　　　　　　　　　　　　　　　　　　　　施工单位：

序号	名称	规格型号	制造厂家	安装位置	厂内编号	运行情况	投用时间	检验周期	检验时间	检验情况

说明：本表一式＿＿＿＿＿份，由施工单位填写，用于存档和备查。

2. 现场机械设备安全管理台账

现场机械设备安全管理台账

工程名称：　　　　　　　　　　　　　　　　　　　　　　　　施工单位：

序号	名称	规格型号	制造厂家	安装位置	厂内编号	运行情况	投用时间	检验周期	检验时间	检验情况

说明：本表一式＿＿＿＿＿份，由施工单位填写，用于存档和备查。

3. 消防设施设备安全管理台账

消防设施设备安全管理台账

工程名称：　　　　　　　　　　　　　　　　　　　　　　　　施工单位：

序号	设施设备名称	规格型号	数量	购置日期	配置地点	责任人	维护、保养记录			
							第一次	第二次	第三次	第四次

说明：本表一式＿＿＿＿＿份，由施工单位填写，用于存档和备查。消防设施设备包括：室内外灭火枪、消防泵、自动灭火系统、自动报警装置、灭火器等。

4. 特种设备安全管理台账

特种设备安全管理台账

工程名称： 施工单位：

序号	设备名称	规格型号	出厂日期	产品合格证号	使用日期	使用许可证号	安装地点	设备编号	备注

说明：本表一式＿＿＿＿＿份，由施工单位填写，用于存档和备查。

【三级评审项目】

4.1.6 设备设施检查

设备设施运行前应进行全面检查；运行过程中应按规定进行自检、巡检、旁站监督、专项检查、周期性检查，确保性能完好。

【评审方法及评审标准】

查相关记录并查看现场。

1. 未按要求进行检查，每台扣 2 分；

2. 设备设施性能不满足安全要求，每台扣 2 分。

【标准分值】

10 分

◆法规要点◆

《建设工程安全生产管理条例》（国务院令第 393 号）

第二十一条 施工单位的项目负责人应当由取得相应执业资格的人员担任，对建设工程项目的安全施工负责，落实安全生产责任制度、安全生产规章制度和操作规程，确保安全生产费用的有效使用，并根据工程的特点组织制定安全施工措施，消除安全事故隐患，及时、如实报告生产安全事故。

《水利工程建设安全生产管理规定》（水利部令第 26 号）

第十八条 施工单位的项目负责人应当由取得相应执业资格的人员担任，对水利工程建设项目的安全施工负责，落实安全生产责任制度、安全生产规章制度和操作规程，确保安全生产费用的有效使用，并根据工程的特点组织制定安全施工措施，消除安全事故隐患，及时、如实报告生产安全事故。

《水利水电工程施工安全管理导则》(SL 721—2015)

9.2.1 施工单位在设施设备运行前应进行全面检查;运行过程中应定期对安全设施、器具进行维护、更换,每月应对主要施工设备安全状况进行一次全面检查(包含停用一个月以上的起重机械在重新使用前),并做好记录,以确保其运行可靠。

《水利工程建设与质量安全生产监督检查办法(试行)》问题清单(2020年版)

(三)设施、设备、材料管理

24.起重机械上安装非原制造厂制造的标准节和附着装置且无方案及检测,同一作业区多台起重设备运行无防撞方案或按方案实施。

25.使用达到报废标准的钢丝绳或钢丝绳的安全系数不符合规范规定。

26.钢构件或重大设备起吊时,使用摩擦式或皮带式卷扬机。

27.违规指挥起重吊装。

30.违规进入起重机、挖掘机等设备工作范围。

35.拌和设备操作平台安全防护不规范,违规清理、操作拌和设备。

◆**条文释义**◆

无。

◆**实施要点**◆

1.本条考核应提供的备查资料一般包括:设备设施运行前的检查记录、运行过程中的检查记录。

2.水利工程施工单位应对设备设施运行前进行全面检查;运行过程中按规定进行自检、巡检、旁站监督、专项检查、周期性检查,确保性能完好。

◆**材料实例**◆

1.中小型施工机具检查表

中小型施工机具检查表

单位名称			工程名称		
序号	检查项目	验收内容			结果
1	平刨	(1)外露传动部位必须有防护罩,刀刃处装有护手防护装置,并有防雨棚; (2)刀架夹板必须平整贴紧,合金刀片焊缝的高度不得超出刀头,刀片紧固螺丝应嵌入刀片槽内,槽端离刀背不得小于10 mm; (3)入刀片槽内,槽端离刀背不得小于10 mm; (4)不得使用木工多用机床; (5)漏电保护开关灵敏有效,保护接零符合要求			

单位名称			工程名称		
序号	检查项目		验收内容		结果
2	圆盘锯		(1) ……锯片必须平整，不应有裂纹，锯齿应尖锐，不得连续缺齿两个； (2) 锯盘护罩、分料器（锯尾刀）、防护挡板安全装置齐全有效； (3) 传动部位防护罩装置齐全牢固； (4) 操作必须用单向密封式电动开关； (5) 漏电保护开关灵敏有效，保护接零良好		
3	钢筋机械		(1) 钢筋机械包括：钢筋调直切断机、钢筋切断机、钢筋弯曲机、钢筋冷拉机、预应力钢筋拉伸机、钢筋冷拔机等； (2) 机械的安装必须坚实稳固，保持水平位置，固定式机械应有可靠的基础； (3) 传动机构间隙合理，齿轮啮合和滑动部位润滑良好，运行无异响，外露的转动部位必须有防护罩； (4) 室外作业应设置机棚，机旁应有堆放原料、半成品的场地，场地两端外侧应有防护栏杆和警告标志； (5) 开关箱、电线完好无破损，保护接零良好		
4	电焊机		(1) 电焊机应设置专用开关箱，装设隔离开关、自动开关、专用漏电保护器，作保护接零； (2) 必须使用二次侧空载降压保护器和漏电保护器； (3) 一次侧电源线长度应不大于 5 m，接线端必须设置防护罩； (4) 二次侧线宜采用 YHS 型橡皮护套铜芯多股软电缆； (5) 电焊机须有防雨罩，放置在防雨和通风良好的地方； (6) 焊把线接头不得超过 3 处或绝缘老化		
5	搅拌机		(1) 电源装漏电保护器，作保护接零； (2) 机体安装和作业平台平稳，操作棚符合防雨要求，有排水措施，有安全操作规程； (3) 传动部位防护、离合器、制动器等符合规定，料斗钢丝绳最少必须保持三圈，料斗保险链、钩和操作柄保险装置齐全有效； (4) 传动部位必须有防护罩		
6	打桩机械		(1) 整机整洁，保养良好； (2) 铭牌完好； (3) 有出厂检验或年检合格标识； (4) 安全防护装置齐全有效		
7	挖土机		(1) 监测、指示、仪表、警报器、照明灯等完整无损； (2) 机械传动的部件连接可靠，运行良好； (3) 机械作业的部件应满足施工的技术要求； (4) 电源接线及控制系统可靠； (5) 配置有符合上岗要求的司机和操作人员； (6) 机具设施、液压装置应满足有关规定要求		

验收意见：

项目技术负责人： 日期：

验收人签名	施工单位负责人：	总监理工程师：
	其他参加验收人员	

说明：本表一式_____份，由施工单位填写。施工单位、监理机构各 1 份。

2. 起重机械(桥式、门式)安全检查表

起重机械(桥式、门式)安全检查表

单位名称			工程名称		
序号	检查项目	检查内容			结果
1	人员	操作人员必须持有特种作业操作资格证书			
2	检验标志	安全检验合格标志固定在起重机械的醒目位置上,其他警示标志齐全、醒目			
		超期未检验或检验不合格的起重机械不准使用			
		起重机械醒目位置上应有吨位标牌,其他警示标志齐全、醒目			
3	行走机构	行走制动器及联轴节部件齐全,制动力矩合适			
		减速器无漏油,底脚螺栓无松动			
		电缆及配重装置完好			
		行走防风铁鞋齐全			
		惯性制动有效			
4	变幅机构	制动器、减速器制动有效,螺栓无松动			
		限位装置齐全有效			
		大栏杆、象鼻梁栏杆无脱焊变形			
		轴承轴锁无窜动,固定端盖片无变形,固定螺栓齐全、紧固			
		齿轮、齿条啮合正常			
		摇架底座焊缝无开裂现象			
5	旋转机构	两侧小齿转轴端盖螺栓无松动			
		行星减速器底脚螺栓无松动,制动抱刹调整到位			
		制动总、分泵不漏油,制动效果好			
		压轮轨道平整无变形,压轮工作平稳,受力均匀			
		金属结构高度>30 m时,应安装风速风级报警器,且效果灵敏可靠			
6	起升机构及索具、属具	起升钢丝绳一个捻节距内断丝数达钢丝总丝数的10%时,应予报废			
		制动装置有效,制动效果好			
		吊钩危险断面颈部产生塑性变形,应报废;出现裂纹,应报废;开口度比原尺寸增加15%,应报废;危险断面的磨损超过原尺寸的10%,应报废			
		钢丝绳在卷筒上应保留2~3圈余量			

单位名称			工程名称		
序号	检查项目	检查内容			结果
7	电气	照明完好			
		主令控制器操作灵敏			
		电铃开关灵活,声响符合要求			
		各级接触器、继电器,主、从触头平整统一,动作有效,灭弧装置齐全			
		电器柜内布线整洁,电线电缆无破皮,无临时跳跃短接及继电器塞死现象			
		超负荷及测距装置有效			
		紧急断电开关应设在司机操作方便的地方,且标记明显,灵敏可靠			
验收意见:					
			项目技术负责人:	日期:	
验收人签名	施工单位负责人:		总监理工程师:		
	其他参加验收人员:				

说明:本表一式_____份,由施工单位填写。施工单位、监理机构各1份。

3. 吊索吊具安全检查表

吊索吊具安全检查表

单位名称			工程名称		
序号	检查项目	检查内容			结果
1	管理制度	吊具使用单位是否有安全使用、维护保养规程或相应的规章制度			
2	钢丝绳	不得有断丝、断股、腐蚀、压扁、弯折及电弧作用引起的损坏			
		钢丝绳的连接绳扣长度应≥150 mm,插花不得<3个			
		钢丝绳使用夹头连接时,夹头不得<3个,间距不得<1 500 mm,夹头必须压紧,直到钢丝绳直径被压缩1/3为止			
		钢丝绳磨损或腐蚀量应不超过原直径的10%			
		外层钢丝磨损小于其直径的40%			
		钢丝绳直径相对于公称直径减小<7%			
		钢丝绳没有松股、打结、芯子外露等			
		吊钩处于最低点时卷筒上至少留有3圈			

单位名称				工程名称	
序号	检查项目	检查内容			结果
3	吊钩	要定期检查吊钩有无裂纹、变形及吊钩螺母和防松装置有无松动			
		吊钩装配部分每季度至少要检修一次，并清洁润滑			
		危险的断面磨损不得超过原尺寸的 10%（按 GB 10051.2 制造的吊钩不得超过原尺寸的 5%）			
		吊钩开口度比原尺寸增加不得超过 15%（按 GB 10051.2 制造的吊钩开口度比原尺寸增加不得超过 10%）			
		吊钩扭转变形不得超过 10%			
		吊钩危险断面或吊钩颈部不得产生塑性变形			
4	附件	板钩衬套磨损量不得超过原尺寸的 50%			
		型钩心轴磨损量不得超过原尺寸的 5%			
		紧固件必须齐全，并有防松措施			
		卡板、插板完好，动作灵活			
验收意见：					
				项目技术负责人：	日期：
验收人签名	施工单位负责人：		总监理工程师：		
	其他参加验收人员：				

说明：本表一式_____份，由施工单位填写。施工单位、监理机构各 1 份。

【三级评审项目】

4.1.7 设备性能及运行环境

设备结构、运转机构、电气及控制系统无缺陷，各部位润滑良好；基础稳固，行走面平整，轨道铺设规范；制动、限位等安全装置齐全、可靠、灵敏；仪表、信号、灯光等齐全、可靠、灵敏；防护罩、盖板、爬梯、护栏等防护设施完备可靠；设备醒目的位置悬挂有标识牌、检验合格证及安全操作规程；设备干净整洁，无"跑冒滴漏"现象；作业区域无影响安全运行的障碍物；同一区域有两台以上设备运行可能发生碰撞时，制定安全运行方案。

【评审方法及评审标准】

查相关文件、记录并查看现场。

1. 设备结构、运转机构、电气控制系统或重要零部件不符合安全要求，每项扣 3 分；

2. 设备基础不稳固，每台扣 3 分；

3. 安全装置不符合要求，每项扣 3 分；

4. 作业区域存在影响安全的障碍物，每处扣 3 分；

5. 设备运行可能发生碰撞的，未制定安全运行方案，每处扣 3 分。

【标准分值】

15 分

◆法规要点◆

《建设工程安全生产管理条例》(国务院令第 393 号)

第二十二条　施工单位对列入建设工程概算的安全作业环境及安全施工措施所需费用，应当用于施工安全防护用具及设施的采购和更新、安全施工措施的落实、安全生产条件的改善，不得挪作他用。

第二十八条　施工单位应当在施工现场入口处、施工起重机械、临时用电设施、脚手架、出入通道口、楼梯口、电梯井口、孔洞口、桥梁口、隧道口、基坑边沿、爆破物及有害危险气体和液体存放处等危险部位，设置明显的安全警示标志。安全警示标志必须符合国家标准。

《水利工程建设安全生产管理规定》(水利部令第 26 号)

第十九条　施工单位在工程报价中应当包含工程施工的安全作业环境及安全施工措施所需费用。对列入建设工程概算的上述费用，应当用于施工安全防护用具及设施的采购和更新、安全施工措施的落实、安全生产条件的改善，不得挪作他用。

《水利水电工程施工安全管理导则》(SL 721—2015)

9.2.2　施工单位设施设备运行管理必须符合下列要求：

1. 在使用现场明显部位设置设备负责人及安全操作规程等标牌；

2. 在负荷范围内使用施工设施设备；

3. 基础稳固，行走面平整，轨道铺设规范；

4. 制动可靠、灵敏；

5. 限位器、联锁联动、保险等装置齐全、可靠、灵敏；

6. 灯光、音响、信号齐全可靠，指示仪表准确、灵敏；

7. 在传动转动部位设置防护网、罩，无裸露；

8. 接地可靠，接地电阻值符合要求；

9. 使用的电缆合格，无破损情况；

10. 各种设施设备已履行安装验收手续等。

《水利工程建设与质量安全生产监督检查办法(试行)》问题清单(2020 年版)

(三) 设施、设备、材料管理

24. 起重机械上安装非原制造厂制造的标准节和附着装置且无方案及检测，同一作业区多台起重设备运行无防撞方案或按方案实施。

25. 使用达到报废标准的钢丝绳或钢丝绳的安全系数不符合规范规定。

26. 钢构件或重大设备起吊时，使用摩擦式或皮带式卷扬机。

27. 违规指挥起重吊装。

30. 违规进入起重机、挖掘机等设备工作范围。

35. 拌和设备操作平台安全防护不规范，违规清理、操作拌和设备。

◆**条文释义**◆

1. 设备性能：一般指设备技术性能。设备技术性能是工艺规范、生产能力等的总称。

2. 安全装置：是机械设备上使用的一种本质安全化附件，其作用是杜绝在机械正常工作期间发生人身事故。安全装置通过自身的结构功能限制或防止机器的某种危险，或限制运动速度、压力等危险因素。常见的安全装置有联锁装置、双手操作式装置、自动停机装置、限位装置等。

3. 限位：即限位器，是一种为了保护机器及其使用者安全的装置。如塔式起重机必须具备起重量限制器、力矩限制器、高度限制器、行程限制器、幅度限位器等。

◆**实施要点**◆

本条考核应提供的备查资料一般包括：设备性能技术材料和安全运行方案等。

◆**材料实例**◆

1. 砂石料生产系统安全检查验收表

砂石料生产系统安全检查验收表

工程名称：

单位名称			工程名称	
序号	验收项目	验收内容		结果
1	保证资料	系统中的各机械设备是否有合格证、产品鉴定书、使用说明书等		
2	生产机械安装	安装基础应坚固、稳定性好，基础各部位连接螺栓紧固，不应松动，接地电阻不大于 10 Ω		
3	破碎机械	进料口平台的设置应符合《水利水电工程施工通用安全技术规程》(SL 398—2007)要求		
		进料口边缘除机动车辆进料侧外，应设置宽度不小于 0.5 m 的走道，并设置栏杆		
		颚式破碎机的碎石轧料槽上面设防护罩		
		进料口处应设立人工处理卡石及超径石的操作平台		
4	筛分机械	筛分楼应设置避雷装置，接地电阻不大于 10 Ω		
		指示灯等联动的启动、运行、停机、故障联系信号可靠、灵敏		
		裸露的传动装置设置孔口尺寸不大于 30 mm×30 mm、装拆方便的钢筋网或钢板防护装置		
		设备周边设置宽度不小于 1 m 的通道，并在筛分设备前设置检修平台		

单位名称				工程名称		
序号	验收项目	验收内容				结果
5	其他安装要求	洗砂机、洗泥机、沉砂箱、棒磨机等机械设备周围通道的宽度不应小于1 m,设备之间的间距不小于2 m				
		棒磨机转筒与行人通道不小于1.5 m,并设高度不小于1.2 m的护栏,装棒侧设宽度不小于5 m的工作平台				
6	砂石输料皮带隧洞	隧洞稳定,高度不低于2 m,不稳定的围岩采用混凝土支护、衬砌				
		皮带机一侧设有宽度不小于0.8 m的通道,通道平整、畅通				
		洞口采取混凝土衬砌或上部设置安全挡墙等措施				
		洞内地面设有排水沟,排水畅通,不积水				
		洞内采用低压照明,使用灯泡不应小于60 W,两灯距离不大于30 m,并装有控制开关和触电保护器				
7	堆取料机械	轨道应平直,基础坚实,两轨顶水平误差不应大于3 mm,轨道坡度应小于3‰				
		夹轨装置完好、可靠				
		指示灯等联动的启动、运行、停机、故障联系信号可靠、灵敏				
		轨道两端设有止挡,高度不小于行车轮直径的一半				
8	消防	破碎机械的润滑站、液压站、操作室应配备足量有效的消防器材				
9	作业环境	平台、通道临空面应设置防护栏杆,栏杆的高度符合相关规定				
		破碎机、筛分机的进出料口、振动筛等部位设置相应的喷水等降尘装置				
		筛分作业场所应设隔音值班室,室内噪声不应大于75 dB(A)				

验收意见:

验收人签名	施工单位负责人:		总监理工程师:	
	其他参加验收人员:		项目技术负责人:	日期:

说明:本表一式_____份,由施工单位填写。施工单位、监理机构各1份。

2. 施工车辆安全检查验收表

施工车辆安全检查验收表

工程名称：

单位名称		工程名称	
序号	验收项目	验收内容	结果
1	保证资料	是否有检验合格证，取得有效牌照、保险有效凭证，车辆维修保养记录等资料	
2	车辆情况	车辆有关装备、安全装置及附件是否齐全有效	
		车辆驾驶及转向系统是否符合有关规定，驾驶是否灵便，转向是否灵活	
		车辆及挂车是否有彼此独立的行车和驻车制动系统，是否可靠	
		整车的制动装置是否可靠	
		车辆的照明系统是否符合规定	
		车辆的减震系统是否符合规定	
		车辆的离合、变速系统是否正常	
		驾驶室的技术状况是否符合规定，视线是否良好	
		车辆传动装置的技术状况是否保持良好	
		易燃易爆车辆是否备有消防器材和相应的安全措施，并喷有"禁止烟火"字样	
3	交通安全	各类机动车辆是否符合安全要求	
		有无机动车辆管理制度，是否落实，机动车司机是否持有合格证或驾驶许可证	
验收意见： 　　　　　　　　　　　　　　　　　　项目技术负责人：　　　　日期：			
验收人签名	施工单位负责人：	总监理工程师：	
	其他参加验收人员：		

说明：本表一式＿＿＿＿＿份，由施工单位填写。施工单位、监理机构各1份。

3. 混凝土拌和系统安全检查验收表

混凝土拌和系统安全检查验收表

工程名称：

单位名称		工程名称	
检查人及验收人			
序号	验收项目	验收内容	验收结果
1	保证资料	系统中的各机械是否有合格证、产品鉴定书、使用说明书等	

单位名称			工程名称		
检查人及验收人					
序号	验收项目	验收内容			验收结果
2	制冷机械	设备、管道、阀门、容器密封良好,无滴、冒、跑、漏现象			
		机械设备的传动、转动等裸露部位,设带有网孔的钢防护罩,孔径不大于 5 mm			
		泄压、排污装置性能良好			
		电气绝缘可靠,接地电阻不大于 10 Ω			
3	制冷车间	基础稳固、轻型屋面的独立建筑物			
		门窗应向外开,墙的上下部设有气窗,通风良好			
		设备与设备、设备与墙之间的距离不应小于 1.5 m,设有巡视检查通道并保持畅通			
		车间设备多层布置时,应设有上下连接通道或扶梯			
4	拌和楼布设	场地平整,基础稳固、坚实			
		设有人员行走通道和车辆装、停、倒车场地			
		各层之间设有钢扶梯或通道			
		电力线路绝缘良好,不使用裸线;电气接地、接零应良好,接地电阻不大于 4 Ω			
5	拌和机械	压力容器、安全阀、压力表等应经国家专业部门检验合格,不应有漏风、漏气现象			
		拌和机械设备的传动、转动部位设有网孔尺寸不大于 10 mm×10 mm 的钢防护罩			
		离合器、制动器、倾倒机构应动作准确、可靠			
6	消防	拌和楼及制冷车间内配备足量有效的消防器材、专用防毒面具和急救药物,并设有人员应急清洗装置			
7	作业环境	拌和楼内有防尘、除尘、降噪装置,并符合《水利水电工程施工通用安全技术规程》(SL 398—2007)要求			
		各平台边缘设有钢防护栏杆			

验收意见:

项目技术负责人: 日期:

验收人签名	施工单位负责人:		总监理工程师:
	其他参加验收人员:		

说明:本表一式＿＿＿＿份,由施工单位填写。施工单位、监理机构各 1 份。

4. 施工机械检查验收表(混凝土搅拌机)

施工机械检查验收表(混凝土搅拌机)

设备名称：　　　　　　　　　　　　　　　　　　　设备编号：

序号	检查内容与要求	验收结果
1	机体安装在有防雨、防砸、防噪音操作棚内	
2	设备周围排水通畅、严禁积水,必须设置沉淀池	
3	安装牢固平稳,轮胎离地并作保护	
4	搅拌机离合器、制动器、传动部位有防护罩	
5	操作手柄有保险装置	
6	料斗保险挂钩齐全完好	
7	钢丝绳的使用符合规定要求	
8	开关箱距设备距离不大于 3 m,且电源线穿管保护	
9	不得使用倒顺开关	
10	操作人员持证上岗	
11	按要求设置喷淋降尘装置	
12	挂设安全操作规程牌	
验收意见	设备管理员(签字)：　　　　　　　专职安全员(签字)： 　　　　　　　　　　　　　　　　　年　　月　　日	

说明:本表一式＿＿＿＿＿份,由施工单位填写,用于归档和备查。施工单位、监理机构各 1 份。

5. 施工机械检查验收表(机动翻斗车)

施工机械检查验收表(机动翻斗车)

设备名称：　　　　　　　　　　　　　　　　　　　设备编号：

序号	验收项目	验收内容	验收结果
1	发动机	冷却水充足,水箱浮子有效	
		曲轴箱机油油面在油标尺上两条刻线中间	
		机油指示器有效	
		空气滤清器清洁,机油添加符合要求	
		减压装置灵敏有效	
		不漏水,不漏油,不漏气	
		放水嘴通畅	
2	转向系统	方向盘自由行程小于15°	
		转向桥与车架连接可靠	

序号	验收项目	验收内容	验收结果
3	行驶系统	离合器踏板自由行程 25～30 mm	
		离合器结合时不发抖,不打滑	
		轮胎气压符合要求	
		变速箱齿轮油添加符合要求	
		车辆制动灵敏有效	
		脚制动踏板自由行程 10～15 mm	
		传动三角皮带不老化,张紧度符合要求	
		手刹手柄向后拉过 3～4 齿时,制动应起作用	
4	其他	锁斗器、回斗器灵敏有效	
		灯光、喇叭齐全有效	
		蓄电池外观清洁,符合要求	
		设备具有生产合格证书	
		驾驶室内挂设设备操作规程	
		整机清洁,防护齐全	
		设备操作人员持证上岗作业	
验收意见	设备管理员(签字): 专职安全员(签字): 年 月 日		

说明:本表一式_____份,由施工单位填写,用于归档和备查。施工单位、监理机构各 1 份。

6. 施工机械检查验收表(龙门吊)

施工机械检查验收表(龙门吊)

设备名称: 设备编号:

序号	验收项目	验收内容	验收结果
1	安全管理	施工方案	
		安全使用技术交底	
		操作人员持证上岗	
		设备产品生产合格证	
2	轨道铺设	路基、固定基础承载能力符合要求,有排水、防雨设施,没有积水;道碴层厚度＞250 mm;枕木间距＜600 mm	
		钢轨接头间隙≤2～4 mm,两轨顶高度差≤2 mm,鱼尾板安装符合要求	
		纵横方向上钢轨顶面倾斜度≤1‰	

序号	验收项目	验收内容	验收结果
3	安全装置	起升超高限位器	
		小车行走限位器	
		大车行走限位器	
		操作室门连锁安全限位器	
		维修平台门连锁安全限位器	
		警示电铃完好有效	
		多机在同一轨道作业防碰撞限位器	
		吊钩保险装置齐全	
		大车夹轨器,轨道终端1 m处必须设置缓冲止挡器	
4	钢丝绳	起重钢丝绳无断丝、断股,无乱绳,润滑良好,符合安全使用要求	
5	吊钩滑轮	吊钩、卷筒、滑轮无裂纹,符合安全使用要求	
6	架 体	架体稳固,焊缝无开裂,符合安装技术要求	
7	用电管理	架体稳固,焊缝无开裂,符合安装技术要求	
		设置专用配电箱,符合临时用电规范要求	
		卷线器、滑线器运转正常,电源线无破损,压接、固定牢固	
		地线设置符合规范要求,地线接地电阻≤4 Ω	
验收意见	设备管理员(签字):	专职安全员(签字):	
			年　　月　　日

说明:本表一式_____份,由施工单位填写,用于归档和备查。施工单位、监理机构各1份。

7. 施工机械检查验收表(汽车吊)

施工机械检查验收表(汽车吊)

设备名称:　　　　　　　　　　　　　　　　　　　　　　　设备编号:

序号	验收项目	验收内容	验收结果
1	外观验收	灯光正常	
		仪表正常,齐全有效	
		轮胎螺丝紧固,无缺少	
		传动轴螺丝紧固,无缺少	
		方向机横竖拉杆无松动	
		无任何部位的漏油、漏气、漏水	
		全车各部位无变形	

序号	验收项目	验收内容	验收结果
2	检查各油位水位	水箱水位正常	
		机油油位正常	
		方向机油油位正常	
		刹车制动油位正常	
		变速箱油位正常	
		液压油位正常	
		各齿轮油位正常	
		电瓶水位正常	
3	发动机部分	机油压力怠速时≥1.5 kg/cm²	
		水温正常	
		发动机运转正常,无异响	
		各附属机构齐全正常	
4	液压传动部分	液压泵压力正常	
		支腿正常伸缩,无下滑拖滞现象	
		变幅油缸无下滑现象	
		主臂伸缩油缸正常,无下滑	
		回转正常	
		液压油温无异常	
5	底盘部分	离合器正常,无打滑	
		变速箱正常	
		刹车系统正常	
		各操控机构正常	
		行走系统正常	
6	安全防护部分	有产品合格证	
		起重钢丝绳无断丝、断股,润滑良好,直径缩径不大于10%	
		吊钩及滑轮无裂纹,危险断面磨损不大于原尺寸的10%	
		起重量幅度指示器正常	
		力矩限制器(安全载荷限制器)装置灵敏可靠	
		起升高度限位器的报警切断动力功能正常	
		水平仪的指示正常	
		防过放绳装置的功能正常	
		卷筒无裂纹、乱绳现象	
		吊钩防脱装置工作可靠	

序号	验收项目	验收内容	验收结果
6	安全防护部分	操作人员持证上岗	
		驾驶室内挂设安全技术操作规程	
验收意见	设备管理员（签字）：	专职安全员（签字）： 　　年　　月　　日	

说明：本表一式＿＿＿＿份，由施工单位填写，用于归档和备查。施工单位、监理机构各1份。

8. 施工机械检查验收表（挖掘机）

施工机械检查验收表（挖掘机）

设备名称：　　　　　　　　　　　　　　　　　　　　设备编号：

序号	验收项目	验收内容	验收结果
1	外观验收	灯光正常	
		仪表齐全有效	
		驱动轮、托链轮、支重轮无变形	
		行走链条磨损符合机械性能要求	
		配重安装正常	
		无任何部位的漏油、漏气、漏水	
		全车各部位无变形	
2	检查各油位水位	水箱水位正常	
		机油油位正常	
		变速箱油位正常	
		液压油位正常	
		各齿轮油位正常	
		电瓶水位正常	
3	发动机部分	机油压力怠速时≥1.5 kg/cm^2	
		水温正常	
		发动机运转正常，无异响	
		各辅助机构工作正常	
4	液压传动部分	液压泵压力正常	
		大臂油缸伸缩正常	
		小臂油缸伸缩正常	
		转斗油缸伸缩正常	
		回转正常	
		液压油温无异常	

序号	验收项目	验收内容	验收结果
5	底盘部分	变速箱正常	
		刹车系统正常	
		各操控机构正常	
		行走系统正常	
6	安全防护部分	具有产品质量合格证	
		操作人员持证上岗	
		驾驶室内挂设安全技术操作规程	
验收意见	设备管理员（签字）： 专职安全员（签字）： 年　　月　　日		

说明：本表一式＿＿＿＿份，由施工单位填写，用于归档和备查。施工单位、监理机构各1份。

9. 施工机械检查验收表（装载机）

施工机械检查验收表（装载机）

设备名称：　　　　　　　　　　　　　　　　　　设备编号：

序号	验收项目	验收内容	验收结果
1	外观验收	灯光正常	
		仪表齐全有效	
		轮胎螺丝紧固，无缺少	
		传动轴螺丝紧固，无缺少	
		方向机横竖拉杆无松动	
		无任何部位的漏油、漏气、漏水	
		全车各部位无变形	
2	检查各油位水位	水箱水位正常	
		机油油位正常	
		方向机油油位正常	
		刹车制动油位正常	
		变速箱油位正常	
		液压油位正常	
		各齿轮油位正常	
		电瓶水位正常	

序号	验收项目	验收内容	验收结果
3	发动机部分	机油压力怠速时≥1.5 kg/cm²	
		水温正常	
		发动机运转正常,无异响	
		各辅助机构工作正常	
4	液压传动部分	液压泵压力正常	
		行走系统正常	
		举臂油缸起升正常,无下滑	
		转斗油缸起升正常	
		液压油温无异常	
5	底盘部分	液压耦合器正常	
		变速箱正常	
		刹车系统正常	
		各操控机构正常	
		行走系统正常	
6	安全防护部分	具有产品质量合格证	
		操作人员持证上岗	
		驾驶室内挂设安全技术操作规程	
验收意见	设备管理员(签字)： 专职安全员(签字)： 年　　月　　日		

说明:本表一式_____份,由施工单位填写,用于归档和备查。施工单位、监理机构各1份。

10. 施工机械检查验收表(混凝土泵)

施工机械检查验收表(混凝土泵)

设备名称：　　　　　　　　　　　　　　　　　　　　　　　设备编号：

序号	验收项目	验收内容	验收结果
1	外观验收	设备基础平整坚实,安装平稳,有足够的操作空间	
		仪表齐全有效	
		轮胎螺丝紧固,无缺失,地泵支腿插销入位,安全可靠	
		料斗螺丝紧固,无缺失,隔栅安装可靠	
		机容机况整洁,无任何部位的漏油、漏气、漏水	
		泵体各部位无变形	

序号	验收项目	验收内容	验收结果
2	检查各油位水位	水箱水位正常	
		机油油位正常	
		液压油位正常	
		电瓶水位正常	
3	发动机部分	机油压力怠速时≥1.5 kg/cm²	
		水温正常	
		发动机运转正常,无异响	
		液压泵压力正常	
		各辅助机构工作正常	
		行走系统正常	
		举臂油缸起升正常,无下滑	
		转斗油缸起升正常	
		液压油温无异常	
4	底盘部分	变速箱正常	
		行走、刹车系统正常	
		各操控机构正常	
5	安全防护部分	具有产品质量合格证	
		泵管布设合理,壁厚和材质符合安全使用要求,卡箍安装到位,逆止阀工作可靠	
		搭设符合要求的防雨、防砸、防噪声的操作棚,棚内悬挂安全技术操作规程,操作人员持证上岗	
验收意见	设备管理员(签字): 专职安全员(签字): 年 月 日		

说明:本表一式_____份,由施工单位填写,用于归档和备查。施工单位、监理机构各1份。

【三级评审项目】

4.1.8 设备运行

设备操作人员严格按照操作规程运行设备,运行记录齐全。

【评审方法及评审标准】

查相关记录并查看现场。

1. 未按操作规程运行设备,每人扣3分;

2. 设备带病运行,每台扣3分;

3. 设备运行记录不齐全,每台扣1分。

【标准分值】

15 分

◆法规要点◆

《建设工程安全生产管理条例》(国务院令第 393 号)

第二十一条 施工单位主要负责人依法对本单位的安全生产工作全面负责。施工单位应当建立健全安全生产责任制度和安全生产教育培训制度,制定安全生产规章制度和操作规程,保证本单位安全生产条件所需资金的投入,对所承担的建设工程进行定期和专项安全检查,并做好安全检查记录。

施工单位的项目负责人应当由取得相应执业资格的人员担任,对建设工程项目的安全施工负责,落实安全生产责任制度、安全生产规章制度和操作规程,确保安全生产费用的有效使用,并根据工程的特点组织制定安全施工措施,消除安全事故隐患,及时、如实报告生产安全事故。

《水利工程建设安全生产管理规定》(水利部令第 26 号)

第十八条 施工单位主要负责人依法对本单位的安全生产工作全面负责。施工单位应当建立健全安全生产责任制度和安全生产教育培训制度,制定安全生产规章制度和操作规程,保证本单位建立和完善安全生产条件所需资金的投入,对所承担的水利工程进行定期和专项安全检查,并做好安全检查记录。

施工单位的项目负责人应当由取得相应执业资格的人员担任,对水利工程建设项目的安全施工负责,落实安全生产责任制度、安全生产规章制度和操作规程,确保安全生产费用的有效使用,并根据工程的特点组织制定安全施工措施,消除安全事故隐患,及时、如实报告生产安全事故。

《水利水电工程施工安全管理导则》(SL 721—2015)

9.2.3 大、中型设备应坚持定人、定机、定岗,设立人机档案卡和运行记录。大型设备必须实行机长负责制。

《水利工程建设与质量安全生产监督检查办法(试行)》问题清单(2020 年版)

(三)设施、设备、材料管理

35. 拌和设备操作平台安全防护不规范,违规清理、操作拌和设备。

◆条文释义◆

无。

◆实施要点◆

1. 本条考核应提供的备查资料一般包括:设备操作规程及其运行记录文件。

2. 水利工程施工单位应严格按照操作规程运行设备,运行记录齐全。

◆材料实例◆

1. 施工机械运转及交接班记录

施工机械运转及交接班记录

设备名称		规格型号		使用登记证号	
工作日期	__年__月__日__时__分至__时__分			累计运转时间	
本班工作内容					
本班机械部件工作情况					
				本班操作工(签字):	
交接班时检查记录					
				接班操作工(签字):	

2. 起重机械运行记录表

起重机械运行记录表

工程名称：   第   页

年		运行	故障	维修	司机(签名)
月 日 时 分起 时 分止		作业前试验			
		安全装置、电气线路检查			
		作业情况			
月 日 时 分起 时 分止		作业前试验			
		安全装置、电气线路检查			
		作业情况			
月 日 时 分起 时 分止		作业前试验			
		安全装置、电气线路检查			
		作业情况			

说明:本表一式_____份,由施工单位填写,用于归档和备查。

【三级评审项目】

4.1.9 租赁设备和分包单位的设备

设备租赁合同或工程分包合同应明确双方的设备管理安全责任和设备技术状况要求等内容;租赁设备或分包单位的设备进入施工现场验收合格后投入使用;租赁设备或分包单位的设备应纳入本单位管理范围。

【评审方法及评审标准】

查相关文件、记录并查看现场。

1. 合同未明确双方安全责任,扣 10 分;

2. 设备进场未组织验收,每台扣 2 分;

3. 租赁设备或分包单位的设备未纳入本单位设备安全管理范围,每台扣 2 分。

【标准分值】

10 分

◆法规要点◆

《建设工程安全生产管理条例》(国务院令第 393 号)

第三十四条　施工单位采购、租赁的安全防护用具、机械设备、施工机具及配件,应当具有生产(制造)许可证、产品合格证,并在进入施工现场前进行查验。

施工现场的安全防护用具、机械设备、施工机具及配件必须由专人管理,定期进行检查、维修和保养,建立相应的资料档案,并按照国家有关规定及时报废。

第三十五条　施工单位在使用施工起重机械和整体提升脚手架、模板等自升式架设设施前,应当组织有关单位进行验收,也可以委托具有相应资质的检验检测机构进行验收;使用承租的机械设备和施工机具及配件的,由施工总承包单位、分包单位、出租单位和安装单位共同进行验收。验收合格的方可使用。

《水利工程建设安全生产管理规定》(水利部令第 26 号)

第十五条　为水利工程提供机械设备和配件的单位,应当按照安全施工的要求提供机械设备和配件,配备齐全有效的保险、限位等安全设施和装置,提供有关安全操作的说明,保证其提供的机械设备和配件等产品的质量和安全性能达到国家有关技术标准。

《水利水电工程施工安全管理导则》(SL 721—2015)

9.2.10　施工单位使用外租施工设施设备时,应签订租赁合同和安全协议书,明确出租方提供的施工设施设备应符合国家相关的技术标准和安全使用条件,确定双方的安全责任。

《水利工程建设与质量安全生产监督检查办法(试行)》问题清单(2020 年版)

(三)设施、设备、材料管理

31. 租用施工设施设备时,未签订租赁合同和安全协议书,未明确双方安全责任。

32. 租用不合格的机械设备、施工机具或构配件。

◆条文释义◆

无。

◆**实施要点**◆

1. 本条考核应提供的备查资料一般包括:设备租赁合同或工程分包合同及设备进场验收资料。

2. 水利工程施工单位设备租赁合同或工程分包合同应明确双方的设备管理安全责任和设备技术状况要求等内容。租赁设备或分包单位的设备进入施工现场验收合格后方可投入使用。

◆**材料实例**◆

1. 厂(场)内机动车辆验收表

厂(场)内机动车辆验收表

设备名称: 设备编号:

序号	验收项目	验收内容	验收结果
1	整机	主要工作性能达到额定指标,各总成零部件及附属装置齐全完整,各部连接紧固可靠,结构无变形损坏	
2	动力装置	启动和加速性能良好,怠速平稳,输出功率不低于额定功率的85%,运转平稳正常,油压、水温正常,各滤清器齐全有效	
3	液压及气压系统	工作平稳可靠,各部分仪表工作正常,元件齐全有效,各部连接可靠、无泄漏;油质、油量符合说明书要求,压力满足要求	
4	电气系统	线路完整,卡箍良好,仪表、声、光、信号齐全有效;电瓶清洁,固定良好,电解液比重、液面高度符合说明书要求	
5	底盘及工作机构	转向操作灵活,性能可靠,离合器平稳可靠,无异响;各变速机构良好,定位可靠,无跳挡、乱挡现象,各传动机构工作正常,无异响、过热现象;制动装置完整,工作可靠,手制动有效	
6	润滑	装置齐全,油路畅通无堵,油质、油量符合要求	
7	管理资料	有使用说明书、产品合格证、维修保养记录、生产许可证及机械操作规程	
验收意见	设备管理员(签字): 专职安全员(签字): 年 月 日		

说明:本表一式_____份,由施工单位填写,用于归档和备查。施工单位、监理机构各1份。

2. 打桩(钻孔)机械验收记录表

打桩(钻孔)机械验收记录表

设备名称：　　　　　　　　　　　　　　　　　　　　设备编号：

序号	验收项目	验收内容	验收结果
1	外观验收	灯光正常、仪表正常,齐全有效	
		全车各部位无变形,驱动轮、托链轮、支重轮无变形、行走	
		链条磨损符合机械性能要求	
		配重安装符合要求	
		无任何部位的漏油、漏气、滑水,机容机况整洁	
2	检查油位	水箱水位、电瓶水位正常	
		机油油位正常,液压油位正常	
		方向机油油位正常,刹车制动油正常	
		变速箱油位正常,各齿轮油位正常	
3	部分发动机	机油压力怠速时不少于 1.5 kg/cm²	
		水温正常	
		发动机运转正常,无异响	
		各辅助机构工作正常	
4	部分传动液压	液压泵压力正常,液压油温无异常	
		支腿正常伸缩,无下滑拖滞现象,回转正常	
		变幅油缸无下滑现象,钻斗提升油缸正常	
5	部分底盘	变速箱正常	
		刹车系统正常,各操作控制机构正常	
		动力头运转正常,钻杆无弯扭变形	
6	安全防护部分	有产品质量合格证	
		吊钩、卷筒、滑轮无裂纹,符合安全使用要求	
		起重钢丝绳无断丝、断股,无乱绳,润滑良好,符合安全使用要求	
		起升高度限位器的报警切断动力功能正常	
		水平仪的指示正常	
		防过放绳装置的功能正常	
		高压线附近作业,保证足够的安全距离	
		操作工持证上岗,遵守操作规程	
		驾驶室内挂设安全技术性能表和操作规程	
		设置专用配电箱,符合临时用电规范要求,电源线按要求架设或有保护措施	

序号	验收项目	验收内容	验收结果
验收意见	设备管理员（签字）：　　　　　　　　　　　　专职安全员（签字）： 　　　　　　　　　　　　　　　　　　　　　　　年　　月　　日		

说明：本表一式_____份，由施工单位填写，用于归档和备查。施工单位、监理机构各1份。

3. 施工桩工机械验收表

施工桩工机械验收表

设备名称：　　　　　　　　　　　　　　　　　　　　　　设备编号：

序号	验收项目	验收内容	验收结果
1	主体结构	主要结构无弯曲变形、焊缝无裂纹、无脱焊等缺陷，各连接件、紧固件牢固可靠，轴承转动灵活，润滑良好，各转动部件运转灵活可靠，行走制动牢靠，脱离彻底，轨道式桩机装有夹轨器，轨道两端有限位装置、超高限位装置	
2	斜撑	伸缩转动部分要灵活，球头要转动灵活、润滑良好	
3	卷扬机	离心器、制动器工作灵活可靠，各部件坚固、润滑良好，减速机构运转平稳、无异响，联轴器无裂纹或严重磨损，齿轮皮带、传动装置等有防护罩，限位、限速、限载装置齐全	
4	钢丝绳	使用符合要求，末端固定牢靠，绳卡数量、规格符合要求，绳卡坚固良好，无断股、轧扁和绳芯外露，无严重锈蚀，缆风绳紧固良好	
5	液压部位及路基箱使用	工作压力符合设计要求，液压元件工作正常，接头坚固无漏油，有过滤器，正确使用路基箱及钢板	
6	电器系统	元件接触良好，接头牢固，所有电器、电机及防护罩绝缘良好，有接地线，工作装置上电缆要固定，晚间工作有照明设备，有零位、过流、失压保护，漏电保护器灵敏可靠	
7	管理资料	是否有桩机准用证、打桩作业方案、桩工安全操作规程、维修保养记录	
验收意见	设备管理员（签字）：　　　　　　　　　　　专职安全员（签字）： 　　　　　　　　　　　　　　　　　　　　　　　年　　月　　日		

说明：本表一式_____份，由施工单位填写，用于归档和备查。施工单位、监理机构各1份。

【三级评审项目】

4.1.10 安全设施管理

建设项目安全设施必须执行"三同时"制度;临边、沟、坑、孔洞、交通梯道等危险部位的栏杆、盖板等设施齐全、牢固可靠;高处作业等危险作业部位按规定设置安全网等设施;施工通道稳固、畅通;垂直交叉作业等危险作业场所设置安全隔离棚;机械、传送装置等的转动部位安装可靠的防护栏、罩等安全防护设施;临水和水上作业有可靠的救生设施;暴雨、台风、暴风雪等极端天气前后组织有关人员对安全设施进行检查或重新验收。

【评审方法及评审标准】

查相关文件、记录并查看现场。

1. 未执行安全设施"三同时"制度,扣 15 分;

2. 安全设施不符合规定,每项扣 2 分;

3. 极端天气前后未对安全设施进行检查验收,每次扣 5 分。

【标准分值】

15 分

◆ **法规要点** ◆

《建设工程安全生产管理条例》(国务院令第 393 号)

第二十八条 施工单位应当在施工现场入口处、施工起重机械、临时用电设施、脚手架、出入通道口、楼梯口、电梯井口、孔洞口、桥梁口、隧道口、基坑边沿、爆破物及有害危险气体和液体存放处等危险部位,设置明显的安全警示标志。安全警示标志必须符合国家标准。

施工单位应当根据不同施工阶段和周围环境及季节、气候的变化,在施工现场采取相应的安全施工措施。施工现场暂时停止施工的,施工单位应当做好现场防护,所需费用由责任方承担,或者按照合同约定执行。

第三十条 施工单位对因建设工程施工可能造成损害的毗邻建筑物、构筑物和地下管线等,应当采取专项防护措施。

施工单位应当遵守有关环境保护法律、法规的规定,在施工现场采取措施,防止或者减少粉尘、废气、废水、固体废物、噪声、振动和施工照明对人和环境的危害和污染。

在城市市区内的建设工程,施工单位应当对施工现场实行封闭围挡。

《水利水电工程施工安全管理导则》(SL 721—2015)

9.2.5 施工单位现场的木加工、钢筋加工、混凝土加工场所及卷扬机械、空气压缩机必须搭设防砸、防雨棚。

施工现场的氧气瓶、乙炔瓶及其他易燃气瓶、油脂等易燃、易爆物品应分别存放,保持安全距离,不得同车运输。氧气瓶、乙炔瓶应有防震圈和安全帽,不得倒置,不得在强烈日光下曝晒;氧气瓶不得用吊车吊转运。

《水利工程建设与质量安全生产监督检查办法(试行)》问题清单(2020 年版)

(三)设施、设备、材料管理

37. 未根据化学危险物品的种类、性能设置相应的通风、防火、防爆、防毒、监测、报警、降温、防潮、避雷、防静电、隔离操作等安全设施。

◆**条文释义**◆

1. 三同时：即建设项目的安全设施，必须与主体工程同时设计、同时施工、同时投入生产和使用。

2. 建筑业安全三宝：安全帽、安全带和安全网。建筑业安全三宝是建筑行业必不可少的安全配置设施，是对建筑安全的基本要求，对于施工单位来讲，必须配备。

3. 安全网：是在进行高空建筑施工设备安装时，在其下或其侧设置的起保护作用的网，以防因人或物件坠落而造成事故。安全网由网体、边绳、系绳和筋绳构成。网体由网绳编结而成，具有菱形或方形的网目。

4. 交叉作业：两个或以上的工种在同一个区域同时施工，称为交叉作业。施工现场常会有上下立体交叉的作业。因此，凡在不同层次中，处于空间贯通状态下同时进行的高处作业，属于交叉作业。

◆**实施要点**◆

本条考核应提供的备查资料一般包括：对安全设施进行检查验收的资料，安全设施、救生设施统计表等。

◆**材料实例**◆

无。

【三级评审项目】

4.1.11 设备设施维修保养

根据设备安全状况编制设备维修保养计划或方案，对设备进行维修保养；维修保养作业应落实安全措施，并明确专人监护；维修结束后应组织验收；记录规范。

【评审方法及评审标准】

查相关文件、记录并查看现场。

1. 未制定或未落实维修保养计划或方案，扣 10 分；

2. 未落实安全措施，每次扣 2 分；

3. 无专人监护，每次扣 3 分；

4. 维修结束后未组织验收，每次扣 2 分；

5. 记录不规范，每次扣 2 分。

【标准分值】

10 分

◆**法规要点**◆

《建设工程安全生产管理条例》（国务院令第 393 号）

第三十三条 作业人员应当遵守安全施工的强制性标准、规章制度和操作规程，正确使用安全防护用具、机械设备等。

第三十四条　施工单位采购、租赁的安全防护用具、机械设备、施工机具及配件,应当具有生产(制造)许可证、产品合格证,并在进入施工现场前进行查验。

施工现场的安全防护用具、机械设备、施工机具及配件必须由专人管理,定期进行检查、维修和保养,建立相应的资料档案,并按照国家有关规定及时报废。

《水利水电工程施工安全管理导则》(SL 721—2015)

9.2.6　施工单位应制订设施设备检维修计划,检维修前应制订包含作业行为分析和控制措施的方案,检维修过程中应采取隐患控制措施,并监督实施。

安全设施设备不得随意拆除、挪用或弃置不用;确因检查维修拆除的,应采取临时安全措施,检查维修完毕后应立即复原。

检维修结束后应组织验收,合格后方可投入使用,并做好维修保养记录。

《水利工程建设与质量安全生产监督检查办法(试行)》问题清单(2020 年版)

(三) 设施、设备、材料管理

34. 未定期对设备、用具安全状况进行检查、检验、维修、保养。

◆**条文释义**◆

设备维修:是指为保持、恢复以及提升设备技术状态进行的技术活动,其中包括保持设备良好技术状态的维护、设备劣化或发生故障后恢复其功能而进行的修理以及提升设备技术状态进行的技术活动。

◆**实施要点**◆

1. 本条考核应提供的备查资料一般包括:设备维修保养计划或方案,维修结束后组织验收记录。

2. 水利工程施工单位应根据设备安全状况编制设备维修保养计划或方案,对设备进行维修保养;维修保养作业应落实安全措施,并明确专人监护;维修结束后应组织验收;记录规范。

◆**材料实例**◆

1. 设备停放保养记录表

设备停放保养记录表

部门：　　　　　　　　　　　　　　　　　　　　　　　　日期：　年　月　日

设备名称	保养内容			
	设备表面清洁	在润滑点加油润滑	在存放地点通风	试运转
装载机				
挖掘机				
推土机				
自卸汽车				

设备名称	保养内容			
	设备表面清洁	在润滑点加油润滑	在存放地点通风	试运转
混凝土搅拌机				
潜水泵				
柴油发电机				

保养人：

2. 设备设施维修保养计划表

设备设施维修保养计划表

项目部名称：　　　　　　　　　　　　　　　　　日期：　年　月　日

设备名称	维修保养内容			备注
	日常保养	一级保养	二级保养	
装载机				
挖掘机				
推土机				
自卸汽车				
载重汽车				
交流电焊机				
直流电焊机				
混凝土搅拌机				
混凝土输送泵				
潜水泵				
柴油发电机				

备注：
1. 日常保养是在施工设备运行的前后及过程中进行的清洁和检查，主要检查要害、易损零部件（如设备安全装置）的情况，冷却液、润滑剂、燃油量、仪表指示等。
2. 一级保养的主要工作是普遍进行清洁、紧固和润滑作业，并部分地进行调整作业，维护施工设备完好的技术状况。
3. 二级保养的主要工作包括一级保养的所有内容，以检查、调整为中心，保持施工设备各总成、机构、零件具有良好的工作性能。

编制人：

【三级评审项目】

4.1.12　特种设备管理

按规定进行登记、建档、使用、维护保养、自检、定期检验以及报废；有关记录规范；制定特种设备事故应急措施和救援预案；达到报废条件的及时向有关部门申请办理注销；建立特种设备技术档案(包括设计文件、制造单位、产品质量合格证明、使用维护说明等文件以及安装技术文件和资料;定期检验和定期自行检查的记录;日常使用状况记录;特种设备及其安全附件、安全保护装置、测量调控装置及有关附属仪器仪表的日常维护保养记录;运行故障和事故记录;高耗能特种设备的能效测试报告、能耗状况记录以及节能改造技术资料);安全附件、安全保护装置、安全距离、安全防护措施以及与特种设备安全相关的建筑物、附属设施,应当符合有关规定。

【评审方法及评审标准】

查相关文件、记录并查看现场。

1. 未经检验或检验不合格使用,扣 10 分;

2. 检验周期超过规定时间,扣 10 分;

3. 记录不规范,每次扣 2 分;

4. 未制定应急措施或预案,扣 5 分;

5. 设备报废未按程序办理,每台扣 2 分;

6. 未建立特种设备技术档案,每台扣 5 分;

7. 档案资料不全,每缺一项扣 1 分;

8. 安全附件、安全保护装置、安全距离、安全防护措施以及与特种设备安全相关的建筑物、附属设施不符合有关规定,每项扣 2 分。

【标准分值】

10 分

◆**法规要点**◆

《建设工程安全生产管理条例》(国务院令第 393 号)

第三十五条 施工单位在使用施工起重机械和整体提升脚手架、模板等自升式架设设施前,应当组织有关单位进行验收,也可以委托具有相应资质的检验检测机构进行验收;使用承租的机械设备和施工机具及配件的,由施工总承包单位、分包单位、出租单位和安装单位共同进行验收。验收合格的方可使用。

《特种设备安全监察条例》规定的施工起重机械,在验收前应当经有相应资质的检验检测机构监督检验合格。

施工单位应当自施工起重机械和整体提升脚手架、模板等自升式架设设施验收合格之日起 30 日内,向建设行政主管部门或者其他有关部门登记。登记标志应当置于或者附着于该设备的显著位置。

《水利工程建设安全生产管理规定》(水利部令第 26 号)

第二十二条 垂直运输机械作业人员、安装拆卸工、爆破作业人员、起重信号工、登高架设作业人员等特种作业人员,必须按照国家有关规定经过专门的安全作业培训,并取得特种作业操作资格证书后,方可上岗作业。

《水利工程建设安全生产监督检查导则》

2.5 对施工现场安全生产监督检查内容主要包括:

1)特种设备检验与维护状况。

（三）设施、设备、材料管理

23. 特种设备及大型设备安装、拆除无专项施工方案或专项施工方案未经审批；或特种设备的使用未向有关部门登记，未按规定定期检验。

28. 特种设备存在重大事故隐患或超过规定使用年限时未停用。

29. 特种设备安全、保险装置缺少或失灵、失效。

◆条文释义◆

设备故障：是指设备失去或降低其规定功能的事件或现象，表现为设备的某些零件失去原有的精度或性能，使设备不能正常运行、技术性能降低，致使设备中断生产或效率降低而影响生产。

◆实施要点◆

本条考核应提供的备查资料一般包括：特种设备登记、建档、使用、维护保养、自检、定期检验以及报废记录；特种设备事故应急措施和救援预案；特种设备技术档案（包括设计文件、制造单位、产品质量合格证明、使用维护说明等文件以及安装技术文件和资料；定期检验和定期自行检查的记录；日常使用状况记录；特种设备及其安全附件、安全保护装置、测量调控装置及有关附属仪器仪表的日常维护保养记录；运行故障和事故记录；高耗能特种设备的能效测试报告、能耗状况记录以及节能改造技术资料）。

◆材料实例◆

特种设备安全管理卡

特种设备安全管理卡

单位：　　　　　　　　　　　　　　　　　　　　　　设备编号：

设备名称		型号		出厂日期		合格证号	
使用部门		安装地点		管理人		检验证号	
检测检验记录	检验日期		检测检验部门			检测检验结论	

设备名称		型号		出厂日期		合格证号	
使用部门		安装地点		管理人		检验证号	
故障维修记录	发生故障日期		故障内容			维修结论	

说明：本表一式＿＿＿＿＿份，由施工单位填写，用于归档和备查。

【三级评审项目】

4.1.13　设备报废

设备设施存在严重安全隐患，无改造、维修价值，或者超过规定使用年限，应当及时报废。

【评审方法及评审标准】

查相关记录并查看现场。

1. 达到报废条件的设备未报废，每台扣 3 分；

2. 已报废的设备未及时撤出施工现场，每台扣 2 分。

【标准分值】

8 分

◆法规要点◆

《建设工程安全生产管理条例》(国务院令第 393 号)

第三十四条　施工单位采购、租赁的安全防护用具、机械设备、施工机具及配件，应当具有生产(制造)许可证、产品合格证，并在进入施工现场前进行查验。

施工现场的安全防护用具、机械设备、施工机具及配件必须由专人管理，定期进行检查、维修和保养，建立相应的资料档案，并按照国家有关规定及时报废。

《水利水电工程施工安全管理导则》(SL 721—2015)

9.2.8　施工单位应执行生产设备报废管理制度，设备存在严重安全隐患，无改造、维修价值，或者超过规定使用年限的，应及时报废；已报废的设备应及时拆除，或退出施工现场。

拆除的生产设施设备涉及危险物品的，必须制定危险物品处置方案和应急措施，并严格组织实施。

（三）设施、设备、材料管理

28. 特种设备存在重大事故隐患或超过规定使用年限时未停用。

32. 租用不合格的机械设备、施工机具或构配件。

◆条文释义◆

1. 使用寿命：产品在按设计者或制造者规定的使用条件下，保持安全工作能力的期限叫作使用寿命，其中包括进行必要的维修保养所占的时间。产品超过了使用寿命，再继续使用已不安全，存在着某种事故隐患。

2. 设备报废：是指设备使用超过其自然寿命或在其自然寿命结束前因技术原因被淘汰而采取的一种废弃处理方法。

◆实施要点◆

1. 本条考核应提供的备查资料一般包括：设备设施进场报验资料。

2. 水利工程施工单位应及时报废存在严重安全隐患，无改造、维修价值，或者超过规定使用年限的设备设施。

◆材料实例◆

无。

【三级评审项目】

4.1.14 设备设施拆除

设备设施拆除前应制定方案，办理作业许可，作业前进行安全技术交底，现场设置警示标志并采取隔离措施，按方案组织拆除。

【评审方法及评审标准】

查相关记录并查看现场。

1. 未制定方案，扣 8 分；

2. 未按规定办理作业许可，每次扣 2 分；

3. 未交底或交底不符合规定，每人扣 2 分；

4. 未设置警示标志或采取隔离措施，每次扣 2 分；

5. 未按方案组织拆除，扣 8 分。

【标准分值】

8 分

◆法规要点◆

《水利水电工程施工安全管理导则》(SL 721—2015)

9.2.9 施工单位在安装、拆除大型设施设备时，应遵守下列规定：

1. 安装、拆除单位应具备相应资质。

2. 应编制专项施工方案,报监理单位审批。

3. 安装、拆除过程应确定施工范围和警戒范围,进行封闭管理,由专业技术人员现场监督。

4. 拆除作业开始前,应对风、水、电等动力管线妥善移设、防护或切断,拆除作业应自上而下进行,严禁多层或内外同时拆除。

《水利工程建设与质量安全生产监督检查办法(试行)》问题清单(2020 年版)

(三)设施、设备、材料管理

23. 特种设备及大型设备安装、拆除无专项施工方案或专项施工方案未经审批;或特种设备的使用未向有关部门登记,未按规定定期检验。严重。

◆条文释义◆

安全技术交底:是指施工负责人在生产作业前对直接生产作业人员进行的该作业的安全操作规程和注意事项的培训。

◆实施要点◆

1. 本条考核应提供的备查资料一般包括:设备设施拆除方案、作业许可证明材料、作业前安全技术交底材料等。

2. 水利工程施工单位应在设备设施拆除前制定方案,办理作业许可,作业前进行安全技术交底,现场设置警示标志并采取隔离措施,按方案组织拆除。

◆材料实例◆

无。

第二节 作业安全

【三级评审项目】

4.2.1 施工布置与现场管理

施工总体布局与分区合理，规范有序，符合安全文明施工、交通、消防、职业健康、环境保护等有关规定。

【评审方法及评审标准】

查相关图纸并查看现场。

施工总体布局与分区不合理，每项扣 2 分。

【标准分值】

10 分

◆**法规要点**◆

《建设工程安全生产管理条例》（国务院令第 393 号）

第二十九条 施工单位应当将施工现场的办公、生活区与作业区分开设置，并保持安全距离；办公、生活区的选址应当符合安全性要求。职工的膳食、饮水、休息场所等应当符合卫生标准。施工单位不得在尚未竣工的建筑物内设置员工集体宿舍。

施工现场临时搭建的建筑物应当符合安全使用要求。施工现场使用的装配式活动房屋应当具有产品合格证。

《水利水电工程施工通用安全技术规程》（SL 398—2007）

3.2.1 现场施工总体规划布置应遵循合理使用场地、有利施工、便于管理等基本原则。分区布置，应满足防洪、防火等安全要求及环境保护要求。

3.2.2 生产、生活、办公区和危险化学品仓库的布置，应遵守下列规定：

1. 与工程施工顺序和施工方法相适应；

2. 选址地质稳定，不受洪水、滑坡、泥石流、塌方及危石等威胁；

3. 交通道路畅通，区域道路宜避免与施工主干线交叉；

4. 生产车间，生活、办公房屋，仓库的间距应符合防火安全要求；

5. 危险化学品仓库应远离其他区布置。

3.2.3 施工区内起重设施、施工机械、移动式电焊机及工具房、水泵房、空压机房、电工值班房等布置应符合安全、卫生、环境保护要求。

3.2.4 混凝土、砂石料等辅助生产系统和制作加工维修厂、车间的布置，应符合以下要求：

1. 单独布置，基础稳固，交通方便、畅通；

2. 应设置处理废水、粉尘等污染的设施；

3. 应减少因施工生产产生的噪声对生活区、办公区的干扰。

3.2.5 生产区仓库、堆料场布置应符合以下要求：

1. 单独设置并靠近所服务的对象区域,进出交通畅通;

2. 存放易燃、易爆、有毒等危险物品的仓储场所应符合有关安全的要求;

3. 应有消防通道和消防设施。

3.2.6 生产区大型施工机械与车辆停放场的布置应与施工生产相适应,要求场地平整、排水畅通、基础稳固,并应满足消防安全要求。

3.2.7 弃渣场布置应满足环境保护、水土保持和安全防护的要求。

3.2.8 生活区应遵守下列规定:

1. 噪声应符合相关规定;

2. 空气环境质量不应低于 GB 3095 三级标准;

3. 生活饮用水符合国家饮用水标准。

3.2.9 各区域应根据人群分布状况修建公共厕所或设置移动式公共厕所。

3.2.10 各区域应有合理排水系统,沟、管、网排水畅通。

3.2.11 有关单位宜设立医疗急救中心(站),医疗急救中心(站)宜布置在生活区内。施工现场应设立现场救护站。

《水利工程建设与质量安全生产监督检查办法(试行)》问题清单(2020 年版)

(五)施工环境管理

73. 有毒有害物品贮存仓库与车间、办公室、居民住房等安全防护距离少于 100 m。

74. 施工生产作业区与建筑物之间的防火安全距离不满足规范规定,金属夹芯板材燃烧性能等级未达到 A 级。

75. 加油站、油库与其他设施、建筑之间的防火安全距离小于 50 m,周围未设置围挡或围挡高度低于 2.0 m。

78. 施工驻地设置在滑坡、泥石流、潮水、洪水、雪崩等危险区域;易燃易爆物品仓库或其他危险品仓库的布置以及与相邻建筑物的距离不符合规定,或消防设施配置不满足规定;办公区、生活区和生产作业区未分开设置或安全距离不足。

◆**条文释义**◆

1. 施工布置:亦称"施工部署",是施工前的总体安排,即施工战略方案的制定。

2. 施工总布置:确定工程建设及运行所需的料源料场、渣场、场内外交通、施工生产设施、营地及工程管理区的布置位置、占地面积、施工用地范围的设计工作。施工总布置按其功能可划分为料源料场、渣场、施工生产设施、营地及工程管理区及场内交通。

3. 施工总平面图:是指拟建项目施工场地的总布置图,它是按照施工部署、施工方案和施工总进度计划的要求,将施工现场的交通道路、材料仓库、附属生产或加工企业、临时建筑、临时水、电、管线等合理规划和布置,并以图纸的形式表达出来,从而正确处理全工地施工期间所需各项设施与永久建筑、拟建工程之间的空间关系,指导现场进行有组织、有计划的文明施工。

◆**实施要点**◆

1. 本条考核应提供的备查资料一般包括:施工图纸、施工布置照片等。

2. 施工单位应根据初步设计及招投标文件中对施工现场总体布置要求,对施工现场的施工区、生产区、仓储区、办公区、生活区进行合理布局,对区域内施工道路、消防设施、临建、风水电管线、通信设施、施工照明、材料及设备摆放、废料或垃圾处理、安全警示标志、卫生急救保健和生产等的安全管理要符合相关规定。

3. 施工总平面布置应符合《水利水电工程施工组织设计规范》(SL 303—2004)相关条款的要求。

◆材料实例◆

无。

【三级评审项目】

4.2.2 施工技术管理

设置施工技术管理机构,配足施工技术管理人员,建立施工技术管理制度,明确职责、程序及要求;工程开工前,应参加设计交底,并进行施工图会审;对施工现场安全管理和施工过程的安全控制进行全面策划,编制安全技术措施,并进行动态管理;达到一定规模的危险性较大单项工程应编制专项施工方案,超过一定规模的危险性较大单项工程的专项施工方案,应组织专家论证;施工组织设计、施工方案等技术文件的编制、审核、批准、备案规范;施工前按规定分层次进行交底,并在交底书上签字确认;专项施工方案实施时安排专人现场监护,方案编制人员、技术负责人应现场检查指导。

【评审方法及评审标准】

查相关文件、记录并查看现场。

1. 无管理机构或管理人员配备不足,扣 5 分;

2. 未建立技术管理制度或制度不符合要求,扣 2 分;

3. 未参加设计交底,每次扣 2 分;

4. 未按规定进行施工图会审,每次扣 2 分;

5. 无安全技术措施,扣 25 分;

6. 达到一定规模的危险性较大单项工程未编制专项施工方案,扣 25 分;

7. 超过一定规模的危险性较大单项工程的专项施工方案,未组织专家论证,每项扣 10 分;

8. 技术文件的编制、审核、批准、备案不符合规定,每项扣 2 分;

9. 未交底或交底不符合规定,每项扣 5 分;

10. 专项施工方案实施无专人现场监护,每项扣 2 分;

11. 方案编制人员、技术负责人未现场检查指导,每项扣 2 分。

【标准分值】

25 分

◆法规要点◆

《建设工程安全生产管理条例》(国务院令第 393 号)

第二十六条 施工单位应当在施工组织设计中编制安全技术措施和施工现场临时用电

方案,对下列达到一定规模的危险性较大的分部分项工程编制专项施工方案,并附具安全验算结果,经施工单位技术负责人、总监理工程师签字后实施,由专职安全生产管理人员进行现场监督:

（一）基坑支护与降水工程;

（二）土方开挖工程;

（三）模板工程;

（四）起重吊装工程;

（五）脚手架工程;

（六）拆除、爆破工程;

（七）国务院建设行政主管部门或者其他有关部门规定的其他危险性较大的工程。

对前款所列工程中涉及深基坑、地下暗挖工程、高大模板工程的专项施工方案,施工单位还应当组织专家进行论证、审查。

本条第一款规定的达到一定规模的危险性较大工程的标准,由国务院建设行政主管部门会同国务院其他有关部门制定。

第二十七条 建设工程施工前,施工单位负责项目管理的技术人员应当对有关安全施工的技术要求向施工作业班组、作业人员作出详细说明,并由双方签字确认。

《水利工程建设安全生产管理规定》(水利部令第 26 号)

第二十三条 施工单位应当在施工组织设计中编制安全技术措施和施工现场临时用电方案,对下列达到一定规模的危险性较大的工程应当编制专项施工方案,并附具安全验算结果,经施工单位技术负责人签字以及总监理工程师核签后实施,由专职安全生产管理人员进行现场监督:

（一）基坑支护与降水工程;

（二）土方和石方开挖工程;

（三）模板工程;

（四）起重吊装工程;

（五）脚手架工程;

（六）拆除、爆破工程;

（七）围堰工程;

（八）其他危险性较大的工程。

对前款所列工程中涉及高边坡、深基坑、地下暗挖工程、高大模板工程的专项施工方案,施工单位还应当组织专家进行论证、审查。

《水利工程建设与质量安全生产监督检查办法(试行)》问题清单(2020 年版)

（二）技术方案管理

19. 未编制危险性较大的单项工程专项施工方案,或未按规定进行审查论证。

21. 未组织安全技术交底。

22. 擅自修改、调整专项施工方案。

（四）施工作业管理

40. 危险性较大的单项工程施工方案实施时,无专职安全管理人员现场监督。

◆**条文释义**◆

1. 达到一定规模的危险性较大单项工程：一般指基坑支护和降水工程、土方和石方开挖工程、模板工程及支撑体系、起重吊装及安装拆卸工程、脚手架工程、拆除和爆破工程、围堰工程、水上施工作业平台、其他危险性较大的工程。

2. 超过一定规模的危险性较大单项工程：一般指深基坑工程、模板工程及支撑体系、起重吊装安装拆卸工程、脚手架工程、拆除和爆破工程。

3. 图纸会审：是指工程各参建单位（建设单位、监理单位、施工单位等相关单位）在收到施工图审查机构审查合格的施工图设计文件后，在设计交底前进行全面细致的熟悉和审查施工图纸的活动。

◆**实施要点**◆

1. 本条考核应提供的备查资料一般包括：管理机构成立文件，施工技术管理制度，技术交底资料、施工安全技术措施，达到一定规模的危险性较大单项工程专项施工方案，超过一定规模的危险性较大单项工程的专项施工方案，技术文件的编制、审核、批准、备案。

2. 水利工程施工单位应按照水利部令第 26 号的规定，对危险性较大的工程应当编制专项施工方案，对涉及高边坡、深基坑、地下暗挖工程、高大模板工程、重要的施工围堰、拆除（含爆破）工程等专项方案，施工单位还应当组织专家进行论证、审查。

◆**材料实例**◆

1. 安全生产保证措施方案

××水利工程建设有限公司文件

×××〔2021〕×号

关于印发《××项目部安全生产保证措施方案》的通知

各部门、各分公司：

为切实做好工地安全生产工作，我公司组织制定了《××项目部安全生产保证措施方案》，现印发给你们，请遵照执行。

附件：××项目部安全生产保证措施方案

××水利工程建设有限公司（章）

2021 年×月×日

××项目部安全生产保证措施方案

一、安全预防措施

（一）安全保障措施

工程开工之后项目部要成立安全生产领导小组，各部门认真履行各自的安全职责。由安全科负责制订建立安全保障体系文件和安全控制程序文件；各科室认真执行安全保障措施文件；建立健全安全组织机构并制定相应的安全管理制度；施工项目部建立健全各工种的安全操作要求，进行员工进场安全教育及三级安全教育；落实安全生产保护、防护用品购置和发放。

（二）安全防范重点

设置专职安全员，负责监控工程安全检查重点、重大危险源。本工程重要检查部位及危险源主要集中在以下方面：

（1）施工用电及火灾；

（2）高空坠落；

（3）工地施工机械；

（4）防洪和安全度汛。

（三）照明及夜间施工安全措施

1. 如需连续安排生产的项目，必须按要求做好夜间施工安全保护措施。

2. 夜间施工现场配备值班电工，在施工作业面、材料运输通道、施工设备旁、主要出入通道等架设亮度足够的照明灯具，照明专用回路必须设置漏电保护装置，金属灯具外壳全部做接零保护。

3. 室内线路及灯具安装高度不得低于 2.4 m，当低于 2.4 m 时必须使用安全电压供电，在潮湿作业环境中照明供电必须使用 36 V 以下安全电压，在 36 V 安全电压照明线路混乱和接头处全部使用绝缘胶布包扎，手持照明灯必须使用 36 V 及以下电源供电。

4. 凡可能漏电伤人或易受雷击的电器及建筑物均应设置接地或避雷装置，建立定期检查制度；固定的灯具与易燃物体要保持足够的安全距离，电源开关均要有漏电保护装置。

5. 夜班人员要保证休息时间不低于 8 小时，不得在值夜班时，在危险地段及无照明部位和隐蔽部位休息。

6. 夜班时，避免单独活动。

（四）生产用电安全措施

1. 严格按照《水利水电机电安全操作技术手册》的要求进行安全施工。

2. 使用电动工具必须符合安全要求，检查绝缘、电线不准扭转和过度弯曲，线路经过道路或堆置材料地点，应避免挤压和磨损。同一开关上，禁止接用两个电动工具，电源和开关符合安全要求。

3. 10 kV 及以下变压器装于地面时，设立离地 0.5 m 以上的高台，高压电周围应装设栅栏，栅栏高度不低于 1.7 m，栅栏与变压器外廊的距离不低于 1 m，并挂"止步""高压危险"的标示牌。

……

二、重要施工方案和特殊施工工序的安全控制措施

（一）施工用水、用电安全控制措施

施工供电

电气作业人员，定期进行身体检查，患有不适应症人员一律不准从事电气作业。电气作业人员必须经过专业培训，熟悉本专业安全操作规程，具备技术理论和实际操作技能，取得合格证书后方可上岗。在安装施工供电设施时，遇有易燃易爆气体场所，电气设备线路均应满足防火、防爆要求。电动机械与电动工具的电气回路，应设开关或触电保护器，要一闸控制一台机，禁止一闸控制多台电动设备。安装手动操作开关或自动空气开关及管式熔断器时，应使用绝缘工具。当施工用电设施用完后，需拆除电气装置时，不准留有带电的导线，必须保留时，一定要将裸露端部包好，做出标记、妥善放置。安装 110 V 以上的灯具，只能做固定照明用，悬挂高度一般不准低于 2.5 m，若低于 2.5 m 时应设保护罩，以防人员意外触电，混凝土仓面，机械检修车间等部位所用的工作行灯，应使用 36 V 以下的低压电。现场施工电源设施，要经常维护，对于变压器，每年雨季前，应做一次绝缘试验。在日常电工作业时，必须保证 2 人以上，一人作业，一人监护。禁止非电气作业人员从事电气作业。电气作业人员，对于使用的工具必须经常进行检查，不合格品不准使用。电工登高作业，必须按照要求系好安全带、脚扣和安全帽。立杆、架线、紧线作业要设专人统一指挥，跨越线路，公路、河流放线时，应征得工程建设处同意，并做好安全防范措施后方可进行作业。避雷装置安装的位置应设在不经常通行的地方，避雷针及其接地装置与道路的距离不应小于 3 m，当小于 3 m时，应采取接地体局部深埋或铺沥青绝缘层等安全措施。

……

2. 危险性较大工程清单

危险性较大工程清单

单位名称		工程名称	
达到一定规模的危险性较大工程			
危险性较大工程名称	内容		计划实施时间
1. 基坑支护、降水工程	□开挖深度达到 3(含)～5 m 或未超过 3 m 但地质条件和周边环境复杂的基坑(槽)支护、降水工程		
2. 土方和石方开挖工程	□开挖深度达到 3(含)～5 m 的基坑(槽)的土方和石方开挖工程		
3. 模板工程及支撑体系	□1)大模板等工具式模板工程 □2)混凝土模板支撑工程：搭设高度 5(含)～8 m；搭设跨度 10(含)～18 m；施工总载荷 10(含)～15 kN/m²；集中载荷 15(含)～20 kN/m²；高度大于支撑水平投影宽度且相对独立无联系构件的混凝土模板支撑工程 □3)承重支撑系统：用于钢结构安装等满堂支撑体系		

4. 起重吊装及安装拆卸工程	□1)采用非常规起重设备、方法,且单件起吊重量在 10(含)～100 kN 的起重吊装工程 □2)采用起重机械设备进行安装的工程 □3)起重机械设备自身的安装、拆卸	
5. 脚手架工程	□1)搭设高度 24(含)～50 m 的落地式钢管脚手架工程 □2)附着式整体和分片提升脚手架工程 □3)悬挑脚手架工程 □4)吊篮脚手架工程 □5)自制卸料平台、移动操作平台工程 □6)新型及异型脚手架工程	
6. 拆除、爆破工程	□	
7. 围堰工程	□	
8. 水上施工作业平台	□	
9. 其他危险性较大的工程	□	

单位名称		工程名称	
超过一定规模的危险性较大工程			
超过一定规模的危险性较大工程名称	内容		计划实施时间
1. 深基坑工程	□1)开挖深度超过 5 m(含)的基坑(槽)的土方开挖、支护、降水工程 □2)开挖深度虽未超过 5 m,但地质条件、周围环境和地下管线复杂,或影响毗邻建筑(构筑)物安全的基坑(槽)的土方开挖、支护、降水工程		
2. 模板工程及支撑体系	□1)工具式模板工程:滑模、爬模、飞模工程 □2)混凝土模板支撑工程:搭设高度 8 m 及以上;搭设跨度 18 m 及以上;施工总载荷 15 kN/m² 及以上;集中线载荷 20 kN/m² 及以上 □3)承重支撑系统:用于钢结构安装等满堂支撑体系,承受单点集中荷载 700 kg 以上		
3. 起重吊装、安装拆卸工程	□1)采用非常规起重设备、方法,且单件起吊重量在 100 kN 以上的起重吊装工程 □2)起重量 300 kN 及以上的起重设备安装工程;安装高度 200 m 及以上的起重设备的拆除工程		
4. 脚手架工程	□1)搭设高度 50 m 及以上的落地式钢管脚手架工程 □2)提升高度 150 m 及以上附着式整体和分片提升脚手架工程 □3)架体高度 20 m 及以上悬挑脚手架工程		

5. 拆除、爆破工程	□1)采用爆破拆除工程 □2)可能影响行人、交通、电力设施、通信设施或其他建、构筑物安全的拆除工程 □3)文物保护建筑、优秀历史建筑或历史文化风貌区控制范围的拆除工程	
6. 其他	□1)开挖深度超过16 m的人工挖孔桩工程 □2)重要的施工围堰、拆除(含爆破)工程、水上施工作业平台、基坑上下通道、施工导流(航)工程等 □3)高边坡工程 □4)采用新技术、新工艺、新材料、新设备及尚无相关技术标准的危险性较大的工程	

安全管理措施(可另附页)：

见各项施工方案。

项目经理(签字)： 施工单位(盖章) 　　年　　月　　日	总监理工程师(签字)： 监理单位(盖章) 　　　年　　月　　日	项目负责人(签字)： 建设单位(盖章) 　　年　　月　　日

说明：本表一式_____份，由施工单位填写，用于归档和备查。施工、监理、项目法人各1份。

3. 专项施工方案报审表

专项施工方案报审表

工程名称：

致：(监理单位) 　　我方已完成专项施工方案的编制，并经公司技术负责人批准，请予以审查。 附： 　　　　　　　　　　　　　　　　　　　　　　总承包单位(项目章)： 　　　　　　　　　　　　　　　　　　　　　　项目负责人(注册章)： 　　　　　　　　　　　　　　　　　　　　　　　　年　　月　　日
专业监理工程师审查意见：   　　　　　　　　　　　　　　　　　　　　　　专业监理工程师(签名)： 　　　　　　　　　　　　　　　　　　　　　　　　年　　月　　日
总监理工程师审查意见：   　　　　　　　　　　　　　　　　　　　　　　项目监理机构(章)： 　　　　　　　　　　　　　　　　　　　　　　总监理工程师(注册章)： 　　　　　　　　　　　　　　　　　　　　　　　　年　　月　　日

说明：本表一式_____份，由施工单位填写，监理机构审核后，施工、监理、项目法人各1份。

4. 超过一定规模的危险性较大工程专项施工方案专家论证审查表

超过一定规模的危险性较大工程专项施工方案专家论证审查表

<table>
<tr><td colspan="6">一、工程基本情况</td></tr>
<tr><td>工程名称</td><td colspan="3"></td><td>地点</td><td></td></tr>
<tr><td>建设单位</td><td></td><td>施工总承包单位</td><td></td><td>专业承包单位</td><td></td></tr>
<tr><td colspan="6">单项工程类别：</td></tr>
<tr><td colspan="6">工程基本情况：

</td></tr>
</table>

二、参加专家论证会的有关人员（签名）

类别	姓名	单位（全称）	专业	职务/职称	手机
专家组组长					
专家组成员					
建设单位项目负责人或技术负责人					
监理单位项目总监理工程师					
监理单位专业监理工程师					
施工单位安全管理机构负责人					
施工单位工程技术管理机构负责人					
施工单位项目负责人					
专项方案编制人员					
项目专职安全生产管理人员					
设计单位项目技术负责人					
其他有关人员					

三、专家组审查综合意见及修改完善情况

专家组审查意见：

论证结论：　　　　　□通过　　　　　□修改通过　　　　　□不通过

专家签名：　　　　　　　　　　　　　　　　　专家组组长（签名）：
　　　　　　　　　　　　　　　　　　　　　　　　　　年　　月　　日

施工单位就专家论证意见对专项方案的修改情况：（对专家提出的意见逐条回复，可另附页）

施工单位意见：	施工总承包单位(公章)：
	项目负责人(签名)：
	单位技术负责人(签名)： 年　月　日
监理单位意见：	
	总监理工程师(注册章)：
专业监理工程师(签名)：	年　月　日
项目法人意见：	
项目负责人(签名)：	（公章)： 年　月　日

说明：本表一式＿＿＿＿＿份，由施工单位填写，监理机构审核后，施工、监理、项目法人各1份。

5. 安全技术交底单

安全技术交底单

工程名称		施工单位	
施工部位		施工内容	
交底负责人		施工期限	年　月　日至　年　月　日
基本安全技术要求			
施工现场针对性交底	危险因素		
	防范措施		
	应急措施		
交底人签名		接受交底负责人签名		交底时间	
接受交底人员签名					

说明：本表一式＿＿＿＿＿份，由施工单位填写，用于存档和备查。

【三级评审项目】

4.2.3 施工用电管理

按照有关法律法规、技术标准做好施工用电管理。建立施工用电管理制度；按规定编制用电组织设计或制定安全用电和电气防火措施；外电线路及电气设备防护满足要求；配电系统、配电室、配电箱、配电线路等符合相关规定；自备电源与网供电源的联锁装置安全可靠；

接地与防雷满足要求;电动工器具使用管理符合规定;照明满足安全要求;施工用电应经验收合格后投入使用,并定期组织检查。

【评审方法及评审标准】

查相关文件、记录并查看现场。

1. 未建立施工用电管理制度,扣 2 分;

2. 未按规定编用电组织设计或制定安全用电和电气防火措施,每项扣 5 分;

3. 外电线路及电气设备防护不满足要求,每项扣 5 分;

4. 配电系统、配电室、配电箱、配电线路等不符合相关规定,每项扣 2 分;

5. 自备电源与网供电源的联锁装置不可靠,每项扣 5 分;

6. 接地与防雷不满足要求,每处扣 2 分;

7. 电动工器具使用管理不符合规定,每项扣 5 分;

8. 照明不满足安全要求,每处扣 2 分;

9. 施工用电未经验收合格投入使用,扣 15 分;

10. 未定期组织检查,每少一次扣 2 分。

【标准分值】

15 分

◆**法规要点**◆

《建设工程安全生产管理条例》(国务院令第 393 号)

第二十六条 施工单位应当在施工组织设计中编制安全技术措施和施工现场临时用电方案。

《水利工程建设安全生产管理规定》(水利部令第 26 号)

第二十三条 施工单位应当在施工组织设计中编制安全技术措施和施工现场临时用电方案。

《施工现场临时用电安全技术规范》(JGJ 46—2005)

3.1.1 施工现场临时用电设备在 5 台及以上或设备总容量在 50 kW 及以上者,应编制用电组织设计。

《水利工程建设与质量安全生产监督检查办法(试行)》问题清单(2020 年版)

(四)施工作业管理

54. 施工用电系统未按规定实行三相五线制;混凝土浇筑振捣棒漏电保护措施不到位,配电线路电线绝缘破损、带电金属导体外露,漏电保护器的漏电动作时间或漏电动作电流不符合规范要求等。

55. 地下暗挖工程、有限作业空间、潮湿等场所作业未使用安全电压,在存放易燃、易爆物品场所或有瓦斯的巷道内未使用防爆照明设备。

56. 配电箱及开关箱安装使用不符合规程规范要求。

57. 施工现场及作业地点无足够照明。

◆**条文释义**◆

1. 三相五线制中"五线"指的是:3 根相线加一根地线、一根零线。

2. 电气闭锁:是将断路器、隔离开关、接地刀闸等设备的辅助接点接入相关电气设备的操作电源回路构成的闭锁,广泛用于电动操作设备。

3. 配电系统:将电力系统中从降压配电变电站(高压配电变电站)出口到用户端的这一段系统称为配电系统,配电系统是由多种配电设备(或元件)和配电设施所组成的变换电压和直接向终端用户分配电能的一个电力网络系统。

◆**实施要点**◆

1. 本条考核应提供的备查资料一般包括:施工用电管理制度、用电组织设计及其定期检查资料。

2. 水利工程施工单位应制定施工用电专项措施方案,确保施工用电符合《水利水电工程施工通用安全技术规程》(SL 398—2007)及《施工现场临时用电安全技术规范》(JGJ 46—2005)的相关规定。

◆**材料实例**◆

1. 施工临时用电安全管理文件

××水利工程建设有限公司文件
×××〔2021〕×号

关于印发《××项目部临时用电安全管理规定》的通知

各部门、各分公司:

为切实做好工地安全生产工作,根据《施工现场临时用电安全技术规范》(JGJ 46—2005)有关规定,我公司组织制定了《××项目部临时用电安全管理规定》,现印发给你们,请遵照执行。

附件:××项目部临时用电安全管理规定

××水利工程建设有限公司(章)

2021 年×月×日

××项目部临时用电安全管理规定

1. 总则 贯彻执行国家安全生产的方针政策和法规,保障施工现场用电安全。防止事故发生,加快施工进度,争取良好经济效益。

2. 目的和适用范围　本施工现场临时用电管理制度是以实现临时架设电气线路及用电设备合理配置、满足生产用电安全的需要为目的。适用于本处所属范围内施工现场临时用电管理。

3. 施工现场临时用电的一切电气线路、用电设备的配置安装、维修、维护、拆除必须执行相关安全规定。

4. 必须由有资质培训机构核发的电工证电工上岗操作。

5. 配电线路

5.1　临时用电线路必须安装有总隔离开关、总漏电开关、总熔断器(或空气开关)。

5.2　架空电线、电缆必须设在专用电杆上,严禁设在树木或脚手架上,架空线的最大弧垂与地面的距离不小于3.5 m,跨越机动车道时不小于6 m。

……

2. 施工现场临时用电电工安装、巡检、维修、拆除工作记录

施工现场临时用电电工安装、巡检、维修、拆除工作记录

工程名称:

巡检及处理问题记录:			
安装工作记录	设备(电箱)名称	编号	工作内容
拆除工作记录			
维修工作记录			
电工:			日期:　　年　　月　　日

说明:1. 本表一式_____份,由施工单位填写,用于存档和备查。

2. 电工安装、巡检、维修、拆除工作记录为每日工作日志,巡检内容包括施工现场配电线路、配电室、分配电箱、开关箱以及用电设备的日常检查。

【三级评审项目】

4.2.4　施工脚手架管理

按照有关法律法规、技术标准做好脚手架管理。建立脚手架安全管理制度;脚手架搭拆前,应编制施工作业指导书或专项施工方案,超过一定规模的危险性较大脚手架工程应经专门设计、方案论证,并严格执行审批程序;脚手架的基础、材料应符合规范要求;脚手架搭设(拆除)应按审批的方案进行交底、签字确认后方可实施;按审批的方案和规程规范搭设(拆除)脚手架,过程中安排专人现场监护;脚手架经验收合格后挂牌使用;在用的脚手架应定期检查和维护,并不得附加设计以外的荷载和用途;在暴雨、台风、暴风雪等极端天气前后组织有关人员对脚手架进行检查或重新验收。

【评审方法及评审标准】

查相关文件、记录并查看现场。

1. 未建立脚手架安全管理制度,扣2分;

2. 未编制专项施工方案或作业指导书,扣 10 分;

3. 超过一定规模的危险性较大脚手架工程,未组织专家论证,扣 10 分;

4. 专项施工方案审批手续不符合要求,每项扣 2 分;

5. 脚手架的基础、材料不符合规定,每处扣 2 分;

6. 未交底或交底不符合规定,每人扣 2 分;

7. 未按审批的方案和规程规范实施,扣 10 分;

8. 专项施工方案实施无专人现场监护,每项扣 2 分;

9. 脚手架未经验收合格或未挂牌使用,扣 10 分;

10. 检查和维护不到位,每次扣 2 分;

11. 脚手架使用过程中附加设计以外的荷载和用途,扣 10 分;

12. 极端天气未按规定组织检查验收,每次扣 2 分。

【标准分值】

10 分

◆法规要点◆

《建设工程安全生产管理条例》(国务院令第 393 号)

第二十六条 施工单位应当在施工组织设计中编制安全技术措施和施工现场临时用电方案,对达到一定规模的危险性较大的脚手架工程编制专项施工方案,并附具安全验算结果,经施工单位技术负责人、总监理工程师签字后实施,由专职安全生产管理人员进行现场监督。

《水利工程建设安全生产管理规定》(水利部令第 26 号)

第二十三条 施工单位应当在施工组织设计中编制安全技术措施和施工现场临时用电方案,对达到一定规模的危险性较大的脚手架工程编制专项施工方案,并附具安全验算结果,经施工单位技术负责人、总监理工程师签字后实施,由专职安全生产管理人员进行现场监督。

《水利工程建设与质量安全生产监督检查办法(试行)》问题清单(2020 年版)

(四)施工作业管理

40. 危险性较大的单项工程施工方案实施时,无专职安全管理人员现场监督。

45. 模板支架、脚手架主材及配件不合格,基础承载力、安装、拆除不符合设计或规程规范要求。

◆条文释义◆

无。

◆实施要点◆

1. 本条考核应提供的备查资料一般包括:脚手架安全管理制度、脚手架专项施工方案、超过一定规模的危险性较大脚手架工程、专家论证审批手续等。

2. 水利工程施工单位应建立脚手架搭设及拆除专项措施,确保其符合《建筑施工扣件式钢管脚手架安全技术规范》(JGJ 130—2011)及其他有关规定。

扣件式钢管脚手架验收表

扣件式钢管脚手架验收表

<table>
<tr><td>工程名称</td><td colspan="4"></td></tr>
<tr><td>总承包单位</td><td colspan="2"></td><td>项目负责人</td><td></td></tr>
<tr><td>专业承包单位</td><td colspan="2"></td><td>项目负责人</td><td></td></tr>
<tr><td>施工执行标准及编号</td><td colspan="4"></td></tr>
<tr><td>验收部位</td><td>搭设高度(m)</td><td></td><td>材质型号</td><td></td></tr>
<tr><td>序号</td><td>检查项目</td><td colspan="2">检查内容与要求</td><td>验收结果</td></tr>
<tr><td rowspan="6">1</td><td rowspan="6">施工方案</td><td colspan="2">架子工持省级以上建设主管部门颁发的建筑施工特种作业人员操作资格证书</td><td></td></tr>
<tr><td colspan="2">脚手架搭设前必须编制专项方案,搭设高度50 m及以上须有专家论证报告,审批手续完备</td><td></td></tr>
<tr><td colspan="2">搭设高度50 m以下脚手架应有连墙杆、立杆地基承载力设计计算;搭设高度超过50 m时,应有完整设计计算书</td><td></td></tr>
<tr><td colspan="2">卸荷装置符合专项方案要求</td><td></td></tr>
<tr><td colspan="2">立杆、纵向水平杆、横向水平杆间距符合设计和规范要求</td><td></td></tr>
<tr><td colspan="2">必须设置纵横扫地杆并符合要求</td><td></td></tr>
<tr><td rowspan="3">2</td><td rowspan="3">立杆基础</td><td colspan="2">基础经验收合格,平整坚实,与方案一致,有排水设施</td><td></td></tr>
<tr><td colspan="2">立杆底部有底座或垫板,符合方案要求,并应准确放线定位</td><td></td></tr>
<tr><td colspan="2">立杆没有因地基下沉而悬空的情况</td><td></td></tr>
<tr><td rowspan="4">3</td><td rowspan="4">剪刀撑与连墙杆</td><td colspan="2">剪刀撑按要求沿脚手架高度连续设置,每道剪刀撑宽度不小于4跨(且不应小于6 m),角度45°~60°,搭接长度不小于1 m,扣件距钢管端部大于10 cm,等间距设置3个旋转扣件固定</td><td></td></tr>
<tr><td colspan="2">按方案要求设置连墙拉结点;高度在50 m及以下的双排架和高度在24 m及以下的单排架,每根连墙杆覆盖面积不大于40 m²,高度在50 m以上的双排架每根连墙杆覆盖面积不大于27 m²</td><td></td></tr>
<tr><td colspan="2">高度超过24 m的双排脚手架必须用刚性连墙杆与建筑物可靠连接</td><td></td></tr>
<tr><td colspan="2">高度在24 m以下的双排脚手架宜采用刚性连墙件与建筑物可靠连接,亦可采用拉筋和顶撑配合使用的附墙连接方式</td><td></td></tr>
<tr><td rowspan="3">4</td><td rowspan="3">杆件连接</td><td colspan="2">步距、纵距、横距和立杆垂直度搭设误差符合规范要求;不同步、不同跨相邻立杆,纵向水平杆接头须错开,不小于500 mm,除顶层顶步外,其余接头必须采用对接扣件连接</td><td></td></tr>
<tr><td colspan="2">纵、横向水平杆根据脚手板铺设方式与立杆正确连接</td><td></td></tr>
<tr><td colspan="2">扣件紧固力矩控制在40~65 N·m之间</td><td></td></tr>
</table>

序号	检查项目	检查内容与要求	验收结果
5	脚手板与防护栏杆	施工层满铺脚手板,其材质符合要求	
		脚手板对接接头外伸长度 130～150 mm,脚手板搭接接头长度应大于 200 mm,脚手板固定可靠	
		斜道两侧及平台外围搭设不低于 1.2 m 高的防护栏杆和 180 mm 的挡脚板,并用密目安全网防护	
6	钢管及扣件	规格符合方案或计算书中要求	
		禁止钢木(竹)混搭	
		有出厂质量合格证	
		使用的钢管无裂纹、弯曲、压扁、锈蚀	
7	架体安全防护	脚手架外立杆内侧满挂密目式安全网封闭	
		施工层脚手架内立杆与建筑物之间用平网或其他措施防护,并符合方案要求	
8	通道	运料斜道宽度不宜小于 1.5 m,坡度宜采用 1∶6;人行斜道宽度不宜小于 1 m,坡度宜采用 1∶3	
		每隔 250～300 mm 设置一根防滑木条,有防护栏杆及挡脚板,并符合规范要求	
9	其他		

验收结论	验收日期: 年 月 日

参加验收人员	总承包单位	专业承包单位	监理单位
	专项方案编制人:(签名)	专项方案编制人:(签名)	专业监理工程师:(签名)
	项目技术负责人:(签名)	项目技术负责人:(签名)	
	项目负责人:(签名)	项目负责人:(签名)	总监理工程师:(签名)
	(项目章)	(项目章)	

说明:本表一式_____份,由施工单位填写。施工单位、监理机构各 1 份。

【三级评审项目】

4.2.5　防洪度汛管理

按照有关法律法规、技术标准做好防洪度汛管理。有防洪度汛要求的工程应编制防洪度汛方案和超标准洪水应急预案;成立防洪度汛的组织机构和防洪度汛抢险队伍,配置足够的防洪度汛物资,并组织演练;施工进度应满足安全度汛要求;施工围堰、导流明渠、涵管及隧洞等导流建筑物应满足安全要求;开展防洪度汛专项检查;建立畅通的水文气象信息渠道;做好汛期值班。

【评审方法及评审标准】

查相关文件、记录并查看现场。

1. 未制定防洪度汛方案和超标准洪水应急预案,扣 15 分;

2. 未按规定成立防洪度汛的组织机构,或未落实防汛抢险队伍及物资,扣 15 分;

3. 未定期组织演练,每少一次扣 3 分;

4. 施工进度不满足安全度汛要求,每个项目扣 5 分;

5. 导流建筑物不满足安全要求,每处扣 5 分;

6. 未开展防洪度汛专项检查,每个项目扣 5 分;

7. 水文气象信息渠道不畅通,每个项目扣 5 分;

8. 汛期值班不符合要求,每个项目扣 5 分。

【标准分值】

15 分

◆**法规要点**◆

《水利工程建设安全生产管理规定》(水利部令第 26 号)

第二十一条　施工单位在建设有度汛要求的水利工程时,应当根据项目法人编制的工程度汛方案、措施制定相应的度汛方案,报项目法人批准;涉及防汛调度或者影响其他工程、设施度汛安全的,由项目法人报有管辖权的防汛指挥机构批准。

《水利工程建设与质量安全生产监督检查办法(试行)》问题清单(2020 年版)

(七)防洪度汛与应急管理

90. 未编制度汛方案,或度汛方案存在重大缺陷。

91. 未制定超标准洪水、水上水下作业、重大危险源、重大事故隐患、危险化学品、消防、脚手架、施工临时用电、地下工程、液氨制冷、职业病危害等专项应急预案和现场处置方案。

《水利水电工程施工安全管理导则》(SL 721—2015)

7.5.2　度汛方案应包括防汛度汛指挥机构设置、度汛工程形象、汛期施工情况、防汛度汛工作重点,人员、设备、物资准备和安全度汛措施,以及雨情、水情、汛情的获取方式和通信保障方式等内容。防汛度汛指挥机构应由项目法人、监理单位、施工单位、设计单位主要负责人组成。

7.5.3　超标准洪水应急预案应包括超标准洪水可能导致的险情预测、应急抢险指挥机构设置、应急抢险措施、应急队伍准备及应急演练等内容。

7.5.5　施工单位应根据批准的度汛方案和超标准洪水应急预案,制订防汛度汛及抢险措施,报项目法人批准,并按批准的措施落实防汛抢险队伍和防汛器材、设备等物资准备工作,做好汛期值班,保证汛情、工情、险情信息渠道畅通。

7.5.9　施工单位应落实汛期值班制度,开展防洪度汛专项安全检查,及时整改发现的问题。

◆**条文释义**◆

1. 超标准洪水:指超过防洪系统或防洪工程设计标准的洪水。

2. 明渠导流:在水利工程施工基坑的上下游修建围堰挡水,使原河水通过明渠导向下游的施工导流方式。

3. 防洪:根据洪水规律与洪灾特点,研究并采取各种对策和措施,以防止或减轻洪水灾害,保障社会经济发展的水利工作。

◆**实施要点**◆

1. 本条考核应提供的备查资料一般包括:防洪度汛方案和超标准洪水应急预案、防洪度汛专项检查记录等文件。

2. 水利工程施工单位应根据项目法人编制的度汛方案,制定相应的度汛方案,报监理单位批准。

◆**材料实例**◆

1. 印发激励分配文件

××水利工程建设有限公司文件

×××〔2021〕×号

关于成立××项目部防洪度汛领导小组和防洪度汛抢险队伍的通知

各部门、各分公司:

为确保防洪度汛工作有序开展,经研究决定成立××水利工程建设有限公司××项目部防洪度汛领导小组和防洪度汛抢险队伍,组织机构具体如下:

总指挥:×××

副总指挥:×××

成员:×××

主要职责:负责统一领导、组织、部署、协调防洪度汛工作;解决防洪度汛有关重大问题;领导指挥防洪度汛抢险工作。

领导小组下设办公室,办公室设在安全科。

办公室主任:×××

成员:×××

主要职责:在防洪度汛领导小组的领导下,负责防洪度汛日常工作;编制防洪度汛各项管理制度、防洪度汛应急预案;监督、检查、指导、协调工程防洪度汛工作,并进行工作总结;组织、协调防洪度汛应急救援工作;承办防洪度汛领导小组交办的其他事项。

附件:1. 防洪度汛领导小组名单

2. 防洪度汛抢险队伍名单

××水利工程建设有限公司(章)

2021 年×月×日

防洪度汛领导小组

姓名	职务	联系方式	备注
	防洪度汛领导小组		
×××	防洪度汛领导小组总指挥		
×××	防洪度汛领导小组副总指挥		
×××	防洪度汛领导小组成员		
×××	防洪度汛领导小组成员		
	防洪度汛办公室		
×××	防洪度汛领导小组办公室主任		
×××	防洪度汛领导小组办公室组员		
×××	防洪度汛领导小组办公室组员		

防洪度汛抢险队伍

职务	姓名	备注
安全保障组长	×××	
组员	×××	
组员	×××	
机电维修组组长	×××	
组员	×××	
组员	×××	
工程技术组组长	×××	
组员	×××	
物资供应组组长	×××	
组员	×××	
组员	×××	
急救组组长	×××	
组员	×××	
组员	×××	

2. 防洪度汛方案

防洪度汛方案

……

3 组织机构及职责

3.1 防洪度汛应急组织机构

3.1.1 防洪度汛应急领导小组

为确保雨季施工安全,立足于防大汛、防早汛,坚持"防抢结合、立足于防"的方针,公司特成立防洪度汛应急领导小组。

组　长:×××

副组长:×××

成　员:×××

3.1.2 防洪度汛应急领导小组办公室

防洪度汛应急领导小组下设办公室,负责防汛期间的各项工作,确保公司安全度汛。

主　任:×××

副主任:×××

成　员:×××

3.2 防洪度汛应急组织机构职责

3.2.1 应急领导小组职责

(1) 审批公司防洪度汛方案和防洪度汛应急预案;

(2) 决定启动和终止本预案;

(3) 负责向上级报告汛情及应急处置情况。

3.2.2 应急领导小组办公室职责

(1) 组织编制防洪度汛方案和防汛应急预案;

(2) 组织防汛项目实施;

(3) 收集汛情、水情和气象预报信息,并及时向应急领导小组报告;

(4) 负责在公司施工标段发布防汛预警信号;

(5) 编制防汛工作报告;

(6) 汛期做好 24 小时防汛值班工作;

(7) 完成防洪度汛应急领导小组交办的其他工作。

……

4 预防与预警

4.1 预防与监测

4.1.1 信息监测

(1) 水情、气象信息

公司委派专人负责防汛信息的收发工作,当预报即将发生严重灾害,防汛应急领导小组办公室应提早预警,做好相关准备。当发生洪水时,密切联系水文部门加密测验时段,及时掌握测验结果,雨情、水情应在最短时间内通报,为应急领导小组适时指挥决策提供依据。

......

3. 防洪度汛检查表

防洪度汛检查表

序号	检查内容及要求	检查意见
1	有防洪度汛要求的工程应编制防洪度汛方案和超标准洪水应急预案	
2	成立防洪度汛的组织机构和防汛抢险队伍	
3	配置足够的防洪度汛物资	
4	汛前应组织演练	
5	施工进度应满足防洪度汛方案及超标准洪水应急预案要求	
6	应开展防洪度汛专项检查,及时整改发现的问题	
7	应建立畅通的水文气象信息渠道	
8	应建立防洪度汛值班制度,并记录齐全	
验收结论意见:		
验收人员:	验收日期: 年 月 日	

说明:本表一式_____份,由检查单位填写。用于存档和备查。

【三级评审项目】

4.2.6 交通安全管理

按照有关法律法规、技术标准做好交通安全管理。建立交通安全管理制度;施工现场道路(桥梁)符合规范要求,交通安全防护设施齐全可靠,警示标志齐全完好;定期对车船进行检测和检验,保证安全技术状态良好;车船不得违规载人;车辆在施工区内应限速行驶;定期组织驾驶人员培训,严格驾驶行为管理,严禁无证驾驶、酒后驾驶、疲劳驾驶、超载驾驶;大型设备运输或搬运应制定专项方案。

【评审方法及评审标准】

查相关文件、记录并查看现场。

1. 未建立交通安全管理制度,扣2分;

2. 施工现场道路(桥梁)不符合规范要求,每项扣5分;

3. 交通安全防护设施不符合要求,每处扣2分;

4. 交通警示标志设置不符合要求,每处扣2分;

5. 未按规定对车船进行检测和检验,每台扣2分;

6. 车船违规载人,每次扣2分;

7. 违规驾驶,每次扣2分;

8. 使用不符合规定的车船,每台扣5分;

9. 大型设备运输或搬运未制定专项方案,每次扣5分。

【标准分值】

10 分

◆法规要点◆

《厂内机动车辆安全管理规定》(劳部发〔1995〕161 号)

第二章 安全技术要求

第三条 车辆应车容整洁、车身周正。车辆的装备、安全防护装置及附件应齐全有效。

第四条 车辆的整车技术状况、污染物排放、噪声应符合国家有关标准及规定。

第五条 全车各部位在发动机运转及停车时应无漏油、漏水、漏电、漏气现象。

第六条 车辆的液压系统应管路畅通,密封良好;操作杆无变形,无卡阻;分配器元件配合良好,安全阀动作灵敏可靠;工作部件在额定速度范围内不应有爬行、停滞和明显冲动现象。

第七条 车辆发动机应安装牢固可靠,动力性好,运转平稳,无异响,起动和停机性能良好。

第八条 发动机起动系、点火系、燃料系、润滑系、冷却系应机件齐全,性能良好,安装牢固,线路、管路不磨碰。

第三章 安全管理

第三十七条 企业应加强对厂内机动车辆的安全管理,保证厂内机动车辆的安全运行。

第三十八条 企业应建立健全厂内机动车辆安全管理规章制度,并认真执行。

第三十九条 厂内机动车辆应逐台建立安全技术管理档案,其内容包括:

1. 车辆出厂的技术文件和产品合格证;

2. 使用、维护、修理和自检记录;

3. 安全技术检验报告;

4. 车辆事故记录。

《水利水电工程施工通用安全技术规程》(SL 398—2007)

3.3 施工道路及交通

3.3.1 永久性机动车辆道路、桥梁、隧道,应按照 JTG 801 的有关规定,并考虑施工运输的安全要求进行设计修建。

3.3.3 施工生产区内机动车辆临时道路应符合下列规定:

1. 道路纵坡不宜大于 8%,进入基坑等特殊部位的个别短距离地段最大纵坡不应超过 15%;道路最小转弯半径不应小于 15 m;路面宽度不应小于施工车辆宽度的 1.5 倍,且双车道路面宽度不宜窄于 7.0 m,单车道不宜窄于 4.0 m。单车道应在可视范围内设有会车位置。

2. 路基基础及边坡保持稳定。

3. 在急弯、陡坡等危险路段及叉路、涵洞口应设有相应警示标志。

4. 悬崖陡坡、路边临空边缘除应设有警示标志外还应设有安全墩、挡墙等安全防护设施。

5. 路面应经常清扫、维护和保养并应做好排水设施,不应占用有效路面。

3.3.4 交通繁忙的路口和危险地段应有专人指挥或监护。

◆**条文释义**◆

交通安全设施：是指为保障行车和行人的安全，充分发挥道路的作用，在道路沿线所设置的人行地道、人行天桥、照明设备、护栏、标柱、标志标线等设施的总称。交通安全设施包括：交通标志、标线、护栏、隔离栅、轮廓标、诱导标、防眩设施等。

◆**实施要点**◆

1. 本条考核应提供的备查资料一般包括：交通安全管理制度，车船进行检测和检验记录。

2. 水利工程施工单位应按照有关法律法规、技术标准做好交通安全管理。

◆**材料实例**◆

1. 印发激励分配文件

××水利工程建设有限公司文件
×××〔2021〕×号

关于印发《交通安全管理制度》的通知

各部门、各分公司：

为了规范公司管辖范围内机动车、驾驶员的安全管理，预防交通事故，根据《水利水电工程施工通用安全技术规程》（SL 398—2007），我公司组织制定了《交通安全管理制度》，现印发给你们，请遵照执行。

附件：交通安全管理制度

××水利工程建设有限公司（章）

2021 年×月×日

交通安全管理制度

第一章 总 则

第一条 为了规范公司管辖范围内机动车、驾驶员的安全管理，预防交通事故，制定本制度。

第二条 本制度适用于本公司管辖范围内交通安全管理。

第二章　管理职责

第三条　办公室是公司交通安全管理工作的主管部门,应定期开展场内机动车驾驶员安全教育培训,建立场内机动车安全技术管理档案,组织进行车辆的检查、检测。

第四条　各所属单位、项目部正职是交通安全第一责任人。

第五条　公司、各所属单位、各项目部应建立机动车辆及驾驶员安全管理制度,明确机动车辆的采购、验收、使用、维护、保养、检查、检测的要求。

第六条　机动车辆购置应按公司的规定进行,使用中应做好维护保养工作。如涉及租用、借用车辆,须签订合同,并按照有关交通安全法规,由双方签订交通管理安全协议书。按照国家有关法规,履行和办理各级政府公安交通部门规定的管理职责和相应手续。

第七条　机动车辆管理应遵守国家关于机动车辆的安全管理规定,车辆的装备、安全防护装置及附件应齐全有效,整车技术状况、污染物和噪声排放应符合国家有关规定,全车各部位在发动机运转及停车时应无漏油、漏水、漏电、漏气现象,车容整洁,车辆安全技术状况不符合国家有关标准或交通安全有关的证照资料不全或无效的,严禁使用。

第八条　机动车辆应定期由机动车安全技术部门检验机构进行检测和检验合格,对已达到报废条件的机动车辆应强制报废,并及时办理报废、回收、销户手续,以保证机动车辆车况良好。

第三章　机动车辆驾驶人员管理

第九条　驾驶员在驾车时必须服从公安交警、运管征稽部门的管理,严格遵守《中华人民共和国道路交通法》。

第十条　机动车辆驾驶员必须取得机动车辆驾驶证和相应的从业资格证书(营运性车辆驾驶员应取得营业性道路运输驾驶员从业资格证书,特种车辆及危险物品运输车辆驾驶员应取得国家规定的驾驶员从业资格证书)。机动车辆驾驶员应当按照驾驶证载明的准驾车型驾驶机动车。

⋯⋯

【三级评审项目】

4.2.7　消防安全管理

按照有关法律法规、技术标准做好消防安全管理。建立消防管理制度,建立健全消防安全组织机构,落实消防安全责任制,建立重点防火部位或场所档案;临建设施之间的安全距离、消防通道等均符合消防安全规定;仓库、宿舍、加工场地及重要设备配有足够的消防设施、器材,并建立台账;消防设施、器材应有防雨、防冻措施,并定期检验、维修,确保完好有效;严格执行动火审批制度;组织开展消防培训和演练。

【评审方法及评审标准】

查相关文件、记录并查看现场。

1. 未建立消防安全管理制度,扣 2 分;

2. 未建立健全消防安全组织机构,扣 10 分;

3. 防火重点部位或场所档案不全,每少一项扣 2 分;

4. 安全距离、消防通道等不符合规定，每处扣 2 分；

5. 防火重点部位未按规定配备消防设施、器材，每处扣 2 分；

6. 未建立消防设施、器材台账，扣 3 分；

7. 消防设施、器材无防雨、防冻措施，每处扣 1 分；

8. 未定期进行检验、维修，每台(具)扣 1 分；

9. 未严格执行动火审批制度，每次扣 2 分；

10. 未定期组织消防培训和演练，每少一次扣 2 分。

【标准分值】

10 分

◆法规要点◆

《水利工程建设安全生产管理规定》(水利部令第 26 号)

第三十一条　施工单位应当在施工现场建立消防安全责任制度，确定消防安全责任人，制定用火、用电、使用易燃易爆材料等各项消防安全管理制度和操作规程，设置消防通道、消防水源，配备消防设施和灭火器材，并在施工现场入口处设置明显标志。

《水利水电工程施工通用安全技术规程》(SL 398—2007)

3.5.1　各单位应建立、健全各级消防责任制和管理制度，组建专职或义务消防队，并配备相应的消防设备，做好日常防火安全巡视检查，及时消除火灾隐患，经常开展消防宣传教育活动和灭火、应急疏散救护的演练。

3.5.2　根据施工生产防火安全需要，应配备相应的消防器材和设备，存放在明显易于取用的位置。消防器材及设备附近，严禁堆放其他物品。

3.5.3　消防用器材设备，应妥善管理，定期检验，及时更换过期器材，消防汽车、消防栓等设备器材不应挪作他用。

3.5.4　根据施工生产防火安全的需要，合理布置消防通道和各种防火标志，消防通道应保持通畅，宽度不应小于 3.5 m。

3.5.11　施工生产作业区与建筑物之间的防火安全距离，应遵守下列规定：

1. 用火作业区距所建的建筑物和其他区域不应小于 25 m。

2. 仓库区、易燃、可燃材料堆集场距所建的建筑物和其他区域不应小于 20 m。

3. 易燃品集中站距所建的建筑物和其他区域不应小于 30 m。

3.5.13　木材加工厂(场、车间)应遵守下列规定：

1. 独立建筑与周围其他设施、建筑之间的安全防火距离不应小于 20 m。

2. 安全消防通道保持畅通。

3. 原材料、半成品、成品堆放整齐有序，并留有足够的通道，保持畅通。

4. 木屑、刨花、边角料等弃物及时清除，严禁置留在场内，保持场内整洁。

5. 设有 10 m³ 以上的消防水池、消防栓及相应数量的灭火器材。

6. 作业场所内禁止使用明火和吸烟。

7. 明显位置设置醒目的禁火警示标志及安全防火规定标识。

《水利水电工程施工安全管理导则》(SL 721—2015)

7.4.1 水利水电工程消防设计、施工必须符合国家工程建设消防技术标准。各参建单位依法对建设工程的消防设计、施工质量负责。

7.4.2 各参建单位的主要负责人是本单位的消防安全第一责任人。各参建单位应履行下列消防安全职责：

1. 制定消防安全制度、消防安全操作规程、灭火和应急疏散预案，落实消防安全责任制；

2. 按标准配置消防设施、器材，设置消防安全标志；

3. 定期组织对消防设施进行全面检测；

4. 开展消防宣传教育；

5. 组织消防检查；

6. 组织消防演练；

7. 组织或配合消防安全事故调查处理等。

7.4.6 机电设备安装中搭设的防尘棚、临时工棚及设备防尘覆盖膜等，应选用防火阻燃材料。

7.4.7 施工生产中使用明火和易燃物品时，应做好相应防火措施，遵守施工生产作业区与建筑物之间防火安全距离的有关规定。施工区域需要使用明火时，应将使用区进行防火分隔，清除动火区域内的易燃、可燃物。

7.4.8 施工单位使用明火或进行电(气)焊作业时，应落实防火措施，特殊部位应办理动火作业票。

7.4.9 水利水电工程应按照国家有关规定进行消防验收、备案。

◆**条文释义**◆

1. 消防：即是消除隐患，预防灾患(即预防和解决人们在生活、工作、学习过程中遇到的人为与自然、偶然灾害的总称)。

2. 动火作业：是指在禁火区进行焊接与切割作业及在易燃易爆场所使用喷灯、电钻、砂轮等进行可能产生火焰、火花和炽热表面的临时性作业。

3. 消防通道：是指消防人员实施营救和被困人员疏散的通道，在各种险情中起到不可低估的作用，比如楼梯口、过道。

◆**实施要点**◆

1. 本条考核应提供的备查资料一般包括：消防管理制度、消防设施、器材台账等资料。

2. 水利工程施工单位应按照有关法律法规、技术标准做好消防安全管理。建立消防管理制度，建立健全消防安全组织机构，落实消防安全责任制。

◆材料实例◆

1. 印发消防安全管理制度文件

××水利工程建设有限公司文件

××× 〔2021〕×号

关于印发《××项目部消防安全管理制度》的通知

各部门、各分公司：

为规范消防安全管理工作，预防和减少火灾事故，根据《中华人民共和国消防法》，我公司组织制定了《××项目部消防安全管理制度》，现印发给你们，请遵照执行。

附件：××项目部消防安全管理制度

××水利工程建设有限公司（章）

2021年×月×日

××项目部消防安全管理制度

第一章　总　则

第一条　为规范消防安全管理工作，预防和减少火灾事故，根据《中华人民共和国消防法》，制定本制度。

第二条　本制度适用于本项目部消防安全管理。

第二章　管理职责

第三条　项目负责人为本项目部消防安全第一责任人，主要职责有：

（一）贯彻执行消防安全法律、法规；

（二）统筹安排消防工作与生产经营活动，批准实施消防工作计划；

（三）掌握消防工作情况，保证资源；

（四）确定各级消防安全责任；

（五）组织消防检查，督促隐患整改，及时处理涉及消防安全的重大问题；

（六）根据消防法律、法规的规定建立专职或义务消防队；

（七）组织制定本项目部火灾应急预案，并实施演练。

第四条　办公室负责消防安全管理，其职责如下：

（一）制定消防工作计划，组织实施消防安全管理工作；

（二）落实本项目消防设施、灭火器材和消防安全标志的维护保养工作，确保其完好有

效;确保疏散通道和安全出口畅通;

（三）组织管理专职或义务消防队;

（四）开展消防安全检查,监督检查消防隐患的整改;

（五）组织员工开展消防安全知识和技能的培训教育;

（六）组织或参加火灾事故的调查处理工作;

（七）负责建立消防档案,确定消防安全重点部位。

第三章 消防安全宣传教育和培训

第五条 办公室应定期组织对职工进行有关消防安全教育的培训。培训内容主要包括:

（一）有关消防法规、消防安全制度和消防安全的操作规程;

（二）本项目、本岗位的火灾危险因素和防火措施;

（三）有关消防设施的性能、灭火器材的使用方法;

（四）报火警、扑救初始火灾以及自救逃生的知识和技能。

……

2. 印发消防安全组织机构文件

××水利工程建设有限公司文件
×××〔2021〕×号

关于印发《××项目部消防安全组织机构》的通知

各部门、各分公司:

为进一步贯彻落实消防工作"预防为主,防消结合"的方针,坚持"谁主管,谁负责"的原则,认真落实消防工作责任制,加强本项目部消防安全工作的领导,经研究决定,建立本项目部消防安全组织机构,并公布如下:

一、消防安全领导小组

组　长:×××

副组长:×××

成　员:×××、×××

职　责:

（一）召开消防安全工作会议,传达上级相关文件与会议精神,部署、落实消防安全事宜。

（二）负责组织对紧急预案的落实,保证完成领导部署的各项任务。

（三）做好宣传、教育、检查等工作,努力将火灾事故减小到最低限度。

二、消防安全工作小组

消防安全领导组织机构下设通信联络组、灭火行动组、安全救护组、疏散引导组,分别具体负责通信联络、组织救火、抢救伤员、疏散等工作。

（一）通信联络组

组　　长：×××

组　　员：×××、×××

职　　责：火险发生时，负责立即电话报告消防安全工作组，以快速得到指示，视火情拨打119，迅速告知全体人员，抢险救灾。

（二）灭火行动组

组　　长：×××

组　　员：×××、×××

职　　责：负责消防设施完善和消防用具准备，负责检查施工现场用电、用火安全；火险发生，立即参加救火救灾工作。

（三）安全救护组

组　　长：×××

组　　员：×××、×××

职　　责：负责做好及时送往医院的准备工作，负责火险发生时受伤员工及救火人员伤痛的紧急处理和救护。

（四）疏散引导组

组　　长：×××

组　　员：×××、×××

职　　责：负责制定紧急疏散方案，明确逃生途径与办法指导，负责紧急疏散中的安全。

××水利工程建设有限公司（章）

2021 年×月×日

【三级评审项目】

4.2.8　易燃易爆危险品管理

按照有关法律法规、技术标准做好易燃易爆危险品管理。建立易燃易爆危险品管理制度；易燃易爆危险品运输应按规定办理相关手续并符合安全规定；现场存放炸药、雷管等，得到当地公安部门的许可，并分别存放在专用仓库内，指派专人保管，严格领退制度；氧气、乙炔、液氨、油品等危险品仓库屋面采用轻型结构，并设置气窗及底窗，门、窗向外开启；有避雷及防静电接地设施，并选用防爆电器；氧气瓶、乙炔瓶存放、使用应符合规定；带有放射源的仪器的使用管理，应满足相关规定。

【评审方法及评审标准】

查相关文件、记录并查看现场。

1. 未建立易燃易爆危险品管理制度，扣 2 分；

2. 易燃易爆危险品运输不符合规定，每次扣 5 分；

3. 现场存放炸药、雷管等未按规定办理许可，扣 10 分；

4. 炸药、雷管等未分别存放，扣 10 分；

5. 炸药、雷管等未指派专人保管，扣 10 分；

6. 炸药、雷管等未严格执行领退料制度，扣 10 分；

7. 仓库结构或通风条件不满足要求，扣 10 分；

8. 仓库未安装避雷及防静电接地设施，扣 10 分；

9. 仓库未选用防爆电器，扣 10 分；

10. 氧气瓶、乙炔瓶存放、使用不符合规定，每处扣 2 分；

11. 带有放射源的仪器使用管理不符合规定，每次扣 5 分。

【标准分值】

10 分

◆法规要点◆

《水利水电工程施工通用安全技术规程》(SL 398—2007)

3.5.5　宿舍、办公室、休息室内严禁存放易燃易爆物品，未经许可不得使用电炉。利用电热的车间、办公室及住室，电热设施应有专人负责管理。

3.5.6　挥发性的易燃物质，不应装在开口容器及放在普通仓库内。装过挥发油剂及易燃物质的空容器，应及时退库。

3.5.7　闪点在 45℃以下的桶装、罐装易燃液体不应露天存放，存放处应有防护栅栏，通风良好。

3.5.8　施工区域需要使用明火时，应将使用区进行防火分隔，清除动火区域内的易燃、可燃物，配置消防器材，并应有专人监护。

3.5.9　油料、炸药、木材等常用的易燃易爆危险品存放使用场所、仓库，应有严格的防火措施和相应的消防设施，严禁使用明火和吸烟。

3.5.10　易燃易爆危险物品的采购、运输、储存、使用、回收、销毁应有相应的防火消防措施和管理制度。

3.5.12　加油站、油库，应遵守下列规定：

1. 独立建筑，与其他设施、建筑之间的防火安全距离不应小于 50 m。

2. 周围应设有高度不低于 2.0 m 的围墙、栅栏。

3. 库区内道路应为环形车道，路宽应不小于 3.5 m，应设有专门消防通道，保持畅通。

4. 罐体应装有呼吸阀、阻火器等防火安全装置。

5. 应安装覆盖库(站)区的避雷装置，且应定期检测，其接地电阻不应大于 102 Ω。

6. 罐体、管道应设防静电接地装置，接地网、线用 40 mm×4 mm 扁钢或 φ10 圆钢埋设，且应定期检测，其接地电阻不应大于 302。

7. 主要位置应设置醒目的禁火警示标志及安全防火规定标识。

8. 应配备相应数量的泡沫、干粉灭火器和砂土等灭火器材。

9. 应使用防爆型动力和照明电器设备。

10. 库区内严禁一切火源，严禁吸烟及使用手机。

11. 工作人员应熟悉使用灭火器材和消防常识。

12. 运输使用的油罐车应密封，并有防静电设施。

7.4.3 施工单位应制定油料、炸药、木材等易燃易爆危险物品的采购、运输、储存、使用、回收、销毁的消防措施和管理制度。

7.4.4 各参建单位的宿舍、办公室、休息室建筑构件的燃烧性能等级应为 A 级;室内严禁存放易燃易爆物品,严禁乱拉乱接电线,未经许可不得使用电炉,利用电热设施的车间、办公室及宿舍,电热设施应有专人负责管理。

7.4.5 使用过的油布、棉纱等易燃物品应及时回收,妥善保管或处置,挥发性的易燃物质,不应装在开口容器或放在普通仓库内;盛装过挥发油剂及易燃物质的空容器,应及时退库;施工现场设备的包装材料和其他废弃物应及时回收、清理,存放和使用易燃易爆物品的场所严禁明火和吸烟。

◆条文释义◆

1. 易燃易爆危险品:凡具有爆炸、易燃、毒害、腐蚀、放射性等危险性质,在运输、装卸、生产、使用、储存、保管过程中,于一定条件下能引起燃烧、爆炸,导致人身伤亡和财产损失等事故的化学物品,统称为化学危险物品。

2. 防静电接地:是为防止静电对易燃油、天然气管道等的危险作用而设的接地,电子行业为降低静电放电损害等而采取的措施。

3. 防爆电器:是在含有爆炸性危险气体混合物的场合中能够防止爆炸事故发生的电器。

◆实施要点◆

1. 本条考核应提供的备查资料一般包括:易燃易爆危险品管理制度,危险品运输、使用、保管过程中应按规定办理的相关手续材料。

2. 水利工程施工单位应按照有关法律法规、技术标准做好易燃易爆危险品管理。

◆材料实例◆

1. 危险化学品领取登记台账

危险化学品领取登记台账

序号	品名	规格	单位	领取数量	退料数量	剩余数量	领取人/退料人	经办人	时间	备注
1										
2										
3										
4										
5										

2. 危险化学品出入库登记台账

危险化学品出入库登记台账

危险化学品名称					仓库名称		
序号	入库			出库			结存
	入库日期	数量	验收人	出库日期	数量	验收人	

【三级评审项目】

4.2.9 高边坡、基坑作业

按照有关法律法规、技术标准进行高边坡、基坑作业。根据施工现场实际编制专项施工方案或作业指导书,经过审批后实施;施工前,在地面外围设置截、排水沟,并在开挖开口线外设置防护栏,危险部位应设置警示标志;排架、作业平台搭设稳固,底部生根,杆件绑扎牢固,脚手板应满铺,临空面设置防护栏杆和防护网;自上而下清理坡顶和坡面松渣、危石、不稳定体,不在松渣、危石、不稳定体上或下方作业;垂直交叉作业应设隔离防护棚,或错开作业时间;对断层、裂隙、破碎带等不良地质构造的高边坡,按设计要求采取支护措施,并在危险部位设置警示标志;严格按要求放坡,作业时随时注意边坡的稳定情况,发现问题及时加固处理;人员上下高边坡、基坑,走专用爬梯;安排专人监护、巡视检查,并及时进行分析、反馈监护信息;高处作业人员同时系挂安全带和安全绳。

【评审方法及评审标准】

查相关文件、记录并查看现场。

1. 未根据施工现场实际编制专项施工方案或作业指导书,扣15分;

2. 排水设施、防护设施、警示标志不符合要求,每处扣2分;

3. 排架、作业平台不符合要求,每处扣2分;

4. 松渣、危石、不稳定体未清理,每处扣2分;

5. 未自上而下清理,或在松渣、危石、不稳定体上方或下方作业,每次扣2分;

6. 垂直交叉作业安全管理不到位,每处扣2分;

7. 未按设计要求采取支护措施,扣15分;

8. 未按要求放坡,每处扣5分;

9. 发现问题未及时处置,扣15分;

10. 未设置专用爬梯,每处扣2分;

11. 作业时现场无专人监护,扣5分;

12. 未按规定进行检查,扣5分;

13. 未按要求进行监测、分析,扣 5 分;

14. 高处作业人员未系挂安全带或安全绳,每人扣 2 分。

【标准分值】

15 分

◆法规要点◆

《水利工程建设安全生产管理规定》(中华人民共和国水利部令第 26 号)

第二十三条　施工单位应当在施工组织设计中编制安全技术措施和施工现场临时用电方案,对下列达到一定规模的危险性较大的工程应当编制专项施工方案,并附具安全验算结果,经施工单位技术负责人签字以及总监理工程师核签后实施,由专职安全生产管理人员进行现场监督:

(一)基坑支护与降水工程

对前款所列工程中涉及高边坡、深基坑、地下暗挖工程、高大模板工程的专项施工方案,施工单位还应当组织专家进行论证、审查。

《水利水电工程施工通用安全技术规程》(SL 398—2007)

3.1.15　高边坡作业前应处理边坡危石和不稳定体,并应在作业面上方设置防护设施。

5.1.5　高边坡、基坑边坡应根据具体情况设置高度不低于 1.0 m 的安全防护栏或挡墙,防护栏和挡墙应牢固。

《水利水电工程施工安全管理导则》(SL 721—2015)

10.2.4　施工单位在不稳定岩体、孤石、悬崖、陡坡、高边坡、深槽、深坑下部及基坑内作业时,应设置防护挡墙或积石。

10.3.3　施工单位进行高边坡或深基坑作业时,应按要求放坡,自上而下清理坡顶和坡面松渣、危石、不稳定体;垂直交叉作业应采取隔离防护措施,或错开作业时间,应安排专人监护、巡视检查,并及时分析、反馈监护信息,作业人员上下高边坡、深基坑时,应走专用通道,高处作业人员应同时系挂安全带和安全绳。

◆条文释义◆

1. 高边坡作业:土方边坡高度大于 30 m 或地质缺陷部位的开挖作业;石方边坡高度大于 50 m 或滑坡地段的开挖作业。

2. 深基坑工程:开挖深度超过 3 m(含)的深基坑作业;开挖深度虽未超过 3 m,但地质条件、周围环境和地下管线复杂,或影响毗邻建筑(构筑)物安全的深基坑作业。

◆实施要点◆

1. 本条考核应提供的备查资料一般包括:专项施工方案或作业指导书,相关管理的方案、记录及照片等。

2. 水利工程施工单位应按照有关法律法规、技术标准进行高边坡、基坑作业。根据施工现场实际编制专项施工方案或作业指导书,经过审批后实施。

◆材料实例◆

高边坡作业监护、巡视检查表

高边坡作业监护、巡视检查表

工程名称			编号：	
检查地点		检查日期：		
序号	检查项目	检查标准		检查情况
1	施工方案	高边坡工程作业前应编制专项施工方案,施工方案应针对施工情形,应经过审批,需要专家论证的专项施工方案必须经专家论证		
2	临边防护	开挖开口线外应设置防护栏杆,防护栏杆高度应高于1.2 m,防护栏杆应安装牢固,防护栏杆材料应有足够的强度;临空面设置防护栏杆和防护网		
3	排架作业平台	排架、作业平台应稳固,应满足施工负荷,应底部生根,杆件应绑扎牢固		
4	排水措施	地面外围设置截、排水沟,排水应通畅		
5	坑边荷载	积土、料具堆放距离槽边距离不小于设计规定		
6	上下通道	人员上下设专用通道;设置通道严格按照要求		
7	松渣、危石、不稳定物体清理	按自上而下的原则清理坡顶和坡面松渣、危石、不稳定物体等,不应在松渣、危石、不稳定物体上或下方作业		
8	土方开挖	施工机械进场经过验收;挖土机作业位置牢固、安全;挖土机作业时,不得有人员进入挖土机作业半径内;按照规定程序挖土或超挖,司机持证作业		
9	垂直交叉作业	垂直交叉作业上下应设隔离防护棚,应错开作业时间,并设专人进行监护		
10	作业环境	设置足够照明,光线充足		
11	作业人员	高处作业人员应系挂安全带或安全绳,安全带或安全绳系挂应正确;安排专人进行监护、巡视检查,并及时分析、反馈监护信息		
12	不良地质构造高边坡支护	对断层、裂隙、破碎带等不良地质构造的高边坡,应按设计要求采取支护措施,断层、裂隙、破碎带等危险部位应设置警示标志		
其他存在问题及处理结果： 监护、检查人员（签名）：				
检查结论： 现场负责人（签名）：				

【三级评审项目】

4.2.10 洞室作业

按照有关法律法规、技术标准进行洞室作业。根据现场实际制定专项施工方案;进洞前,做好坡顶坡面的截水排水系统;Ⅲ、Ⅳ、Ⅴ类围岩开挖除对洞口进行加固外,还应在洞口设置防护棚;洞口边坡上和洞室的浮石、危石应及时处理,并按要求及时支护;交叉洞室在贯通前优先安排锁口锚杆的施工;位于河水位以下的隧洞进、出口,应设置围堰或预留岩坎等防止水淹洞室的措施;洞内渗漏水应集中引排处理,排水通畅;有瓦斯等有害气体的防治措施;按要求布置安全监测系统,及时进行监测、分析、反馈观测资料,并按规定进行检查;遇到不良地质地段开挖时,采取浅钻孔、弱爆破、多循环,尽量减少对围岩的扰动,并及时进行支护。遇不良地质构造或易塌方地段,有害气体逸出及地下涌水等突发事件,立即停工,并撤至安全地点;洞内照明、通风、除尘满足规范要求。

【评审方法及评审标准】

查相关文件、记录并查看现场。

1. 未根据现场实际制定专项施工方案,每处扣 2 分;

2. 未按规定对洞口进行加固,或未按规定在洞口设置防护棚,每处扣 2 分;

3. 浮石、危石未及时处理,每处扣 2 分;

4. 交叉洞室贯通前未进行锁口锚杆施工,扣 10 分;

5. 无防止水淹洞室的措施,扣 10 分;

6. 排水不通畅,每处扣 2 分;

7. 无瓦斯等有害气体的防治措施,扣 10 分;

8. 未按要求进行监测、分析,扣 10 分;

9. 未按规定进行检查,扣 5 分;

10. 遇突发事件未及时处置,扣 10 分;

11. 照明、通风、除尘不满足规范要求,每处扣 2 分。

【标准分值】

10 分

◆**法规要点**◆

《水利水电工程施工通用安全技术规程》(SL 398—2007)

3.4.3 常见产生粉尘危害的作业场所应采取以下相应措施控制粉尘浓度:地下洞室施工应有强制通风设施,确保洞内粉尘、烟尘、废气及时排出。

《水利水电工程施工安全管理导则》(SL 721—2015)

10.3.8 洞室作业前,应清除洞口、边坡上的浮石、危石及倒悬石,设置截、排水沟,并按设计要求及时支护。

Ⅲ类、Ⅳ类围岩开挖时,应对洞口进行加固,并设置防护棚,洞挖掘进长度达到 15~20 m 时,应依据地质条件、断面尺寸,及时做好洞口段永久性或临时性支护;当洞深长度大于洞径 3~5 倍时,应强制通风,交叉洞室在贯通前应优先安排锁口锚杆的施工。

施工过程中应按要求布置安全监测系统,及时进行监测、分析、反馈,并按规定进行巡视检查。

◆**条文释义**◆

1. 围岩：在岩石地下工程中，由于受开挖影响而发生应力状态改变的周围岩体。

2. 浮石：指火山喷发后岩浆冷却后形成的一种矿物质，主要成分是二氧化硅，质地软，比重小，能浮于水面。

3. 锚杆：是巷道支护的最基本的组成部分，锚杆将巷道的围岩加固在一起，使围岩支护自身。锚杆不仅用于矿山，也用于工程技术中，对边坡、隧道、坝体进行主体加固。锚杆作为深入地层的受拉构件，它一端与工程构筑物连接，另一端深入地层中，整根锚杆分为自由段和锚固段，自由段是指将锚杆头处的拉力传至锚固体的区域，其功能是对锚杆施加预应力。

4. 瓦斯：气体燃料的统称，是古代植物在堆积成煤的初期，纤维素和有机质经厌氧菌的作用分解而成，在高温、高压的环境中，在成煤的同时，由于物理和化学作用，继续生成瓦斯。

◆**实施要点**◆

1. 本条考核应提供的备查资料一般包括：专项施工方案以及有关防治措施，相关管理的方案、记录及照片等。

2. 水利工程施工单位应按照有关法律法规、技术标准进行洞室作业。

◆**材料实例**◆

洞室作业安全检查表

洞室作业安全检查表

工程名称：　　　　　　　　　　　　　　　　　　　　　年　　月　　日

序号	检查内容及要求	检查意见
1	Ⅲ、Ⅳ、Ⅴ类围岩开挖应对洞口进行加固，也应在洞口设置防护棚	
2	洞口边坡上和洞室的浮石、危石应及时处理，且应按设计要求及时支护	
3	交叉洞室在贯通前应优先安排锁口锚杆施工	
4	应按设计要求布置安全检测系统，且应进行安全检测	
5	洞顶排水系统应完善，洞内排水应通畅	
6	应有防止水淹洞室的措施；应有瓦斯等有害气体的防治措施	
7	遇不良地质构造或易塌方地段，有害气体逸出及地下涌水等突发事件应及时处置	
8	洞内照明、通风除尘应满足规范要求	
验收结论意见：		

（续表）

验收人员：

说明：本表一式_____份，由检查单位填写。用于存档和备查。

【三级评审项目】

4.2.11 爆破、拆除作业

按照有关法律法规、技术标准进行爆破、拆除作业。爆破、拆除作业单位必须持有相应的资质，建立爆破、拆除安全管理制度；作业前编制方案，进行爆破、拆除设计，履行审批程序，并严格安全交底；装药、堵塞、网络联结以及起爆，由爆破负责人统一指挥，爆破员按爆破设计和爆破安全规程作业；影响区采取相应安全警戒和防护措施，作业时有专人现场监护；爆破工程技术人员、爆破员、安全员、保管员和押运员等应持证上岗。

【评审方法及评审标准】

查相关文件、记录并查看现场。

1. 作业单位不具备相应资质，扣 10 分；

2. 未建立爆破、拆除作业安全管理制度，扣 2 分；

3. 未编制方案，未进行爆破、拆除设计或未履行审批程序，扣 10 分；

4. 未交底或交底不符合规定，每人扣 2 分；

5. 未严格执行爆破、拆除设计和安全规程，扣 10 分；

6. 影响区未采取相应安全警戒和防护措施，扣 10 分；

7. 作业时现场无专人监护，扣 5 分；

8. 未按规定持证上岗，每人扣 2 分。

【标准分值】

10 分

◆法规要点◆

《水利工程建设安全生产管理规定》（中华人民共和国水利部令第 26 号）

第二十三条 施工单位应当在施工组织设计中编制安全技术措施和施工现场临时用电方案，对下列达到一定规模的危险性较大的工程应当编制专项施工方案，并附具安全验算结果，经施工单位技术负责人签字以及总监理工程师核签后实施，由专职安全生产管理人员进行现场监督：

（六）拆除、爆破工程

《水利水电工程施工通用安全技术规程》（SL 398—2007）

3.1.4 爆破、高边坡、隧洞、水上（下）、高处、多层交叉施工、大件运输、大型施工设备安装及拆除等危险作业应有专项安全技术措施，并应设专人进行安全监护。

3.1.12 爆破作业应统一指挥,统一信号,专人警戒并划定安全警戒区。爆破后应经爆破人员检查,确认安全后,其他人员方能进入现场。洞挖、通风不良的狭窄场所,应在通风排烟、恢复照明及安全处理后,方可进行其他作业。

《水利水电工程施工安全管理导则》(SL 721—2015)

10.3.4 施工单位进行爆破作业必须取得爆破作业单位许可证。

1. 爆破作业前,应进行爆破试验和爆破设计,并严格履行审批手续。

2. 爆破作业应统一时间、统一指挥、统一信号,划定安全警戒区,明确安全警戒人员,采取防护措施,严格按照爆破设计和爆破安全规程作业。

3. 爆破人员应持证上岗。

◆**条文释义**◆

无。

◆**实施要点**◆

1. 本条考核应提供的备查资料一般包括:作业单位资质证书文件、爆破或拆除作业安全管理制度、施工方案及审批手续等。

2. 水利工程施工单位应按照有关法律法规、技术标准进行爆破、拆除作业。

◆**材料实例**◆

爆破作业安全检查表

爆破作业安全检查表

工程名称：　　　　　　　　　　　　　　　　　　　　　　　　　年　　月　　日

序号	检查内容及要求	检查意见
1	爆破作业前爆破设计应通过审批	
2	爆破影响区应采取相应安全警戒和防护措施	
3	爆破作业应严格执行爆破设计和爆破安全规程	
4	爆破作业人员应持证上岗	
5	爆破作业应有专人现场监控	
验收结论意见：		
验收人员：		

说明:本表一式_____份,由检查单位填写,用于存档和备查。

【三级评审项目】

4.2.12 水上水下作业

按照有关法律法规、技术标准进行水上水下作业。建立水上水下作业安全管理制度;从事可能影响通航安全的水上水下活动应按照有关规定办理中华人民共和国水上水下活动许可证;施工船舶应按规定取得合法的船舶证书和适航证书,在适航水域作业;编制专项施工方案,制定应急预案,对作业人员进行安全技术交底,作业时安排专人进行监护;水上作业有稳固的施工平台和梯道,平台不得超负荷使用;临水、临边设置牢固可靠的栏杆和安全网;平台上的设备固定牢固,作业用具应随手放入工具袋;作业平台上配齐救生衣、救生圈、救生绳和通信工具;施工平台、船舶设置明显标识和夜间警示灯;建立畅通的水文气象信息渠道;作业人员正确穿戴救生衣、安全帽、防滑鞋、安全带;作业人员按规定经培训考核合格后持证上岗,并定期进行体检;雨雪天气进行水上作业,采取防滑、防寒和防冻措施,水、冰、霜、雪及时清除;遇到六级以上强风等恶劣天气不进行水上作业,发生暴风雪和强台风等恶劣天气后全面检查,消除隐患。

【评审方法及评审标准】

查相关文件、记录并查看现场。

1. 未建立水上水下作业安全管理制度,扣 2 分;

2. 未按规定办理作业许可,扣 10 分;

3. 未取得合法的船舶证书或适航证书,每艘扣 5 分;

4. 未编制专项施工方案或应急预案,扣 5 分;

5. 未交底或交底不符合规定,每人扣 2 分;

6. 作业时现场无专人监护,扣 5 分;

7. 无施工平台、梯道,每处扣 5 分;

8. 平台、梯道不稳固或超负荷使用,每处扣 3 分;

9. 防护栏杆和安全网不符合要求,每处扣 2 分;

10. 施工平台上的设备固定不牢固,每处扣 2 分;

11. 救援用品、器具配备不足,扣 3 分;

12. 未设置明显标识和夜间警示灯,扣 3 分;

13. 未建立畅通的水文气象信息渠道,扣 5 分;

14. 作业人员未正确穿戴劳动防护用品,每人扣 2 分;

15. 作业人员未按规定持证上岗,每人扣 2 分;

16. 作业人员未定期进行体检,每人扣 2 分;

17. 未采取可靠防滑、防寒和防冻措施,扣 3 分;

18. 恶劣天气进行作业,扣 10 分;

19. 恶劣天气后未全面检查并消除隐患,每次扣 3 分。

【标准分值】

10 分

◆**法规要点**◆

《水利水电工程施工通用安全技术规程》(SL 398—2007)

3.1.4 爆破、高边坡、隧洞、水上(下)、高处、多层交叉施工、大件运输、大型施工设备安装及拆除等危险作业应有专项安全技术措施,并应设专人进行安全监护。

《水利水电工程施工安全管理导则》(SL 721—2015)

10.3.7 施工单位进行水上(下)作业前,应根据需要办理中华人民共和国水上水下活动许可证,并安排专职安全管理人员进行巡查。

水上作业应有稳固的施工平台和通道,临水、临边设置牢固可靠的护栏和安全网;平台上的设备应固定牢固,作业用具应随手放入工具袋,作业平台上应配齐救生衣、救生圈、救生绳和通信工具。

作业人员应持证上岗,正确穿戴救生衣、安全帽、防滑鞋、安全带,定期进行体格检查。

◆**条文释义**◆

1. 水下作业:使用潜水员或水下作业机械等在水下进行各种工作的统称。包括:水下探摸、水下勘查、水下电焊、水下切割、水下爆破、水下电视摄像、水下摄影、浮筒作业等。用于援潜救生、沉船打捞、水下工程建设、科学试验以及水底资源开发等。

2. 船舶适航证书:船舶检验机构签发的,用以证明船舶结构和性能符合一定要求,适合在一定水域内航行的证书。

◆**实施要点**◆

1. 本条考核应提供的备查资料一般包括:水上水下作业安全管理制度、作业许可证、专项施工方案或应急预案以及有关措施等文件,水上水下作业记录、相关设施统计表等。

2. 水利工程施工单位应按照有关法律法规、技术标准进行水上水下作业。

◆**材料实例**◆

水上水下活动安全检查表

水上水下活动安全检查表

工程名称				
施工单位			项目负责人	
序号	检查项目	检查内容与要求		验收结果
1	通用要求	施工单位应当具备法律、法规规定的资质		
		向海事管理机构提出申请并报送相应的材料,取得了海事管理机构颁发的中华人民共和国水上水下活动许可证		
		按规定需要发布航行警告、航行通告并已办妥相关手续		
		建设期间或者活动期间对通航安全、防治船舶污染可能构成重大影响的,已在申请海事管理机构水上水下活动许可之前进行通航安全评估		

水利工程施工安全生产标准化工作指南

工程名称				
施工单位			项目负责人	
序号	检查项目	检查内容与要求		验收结果
1	通用要求	建立健全涉水工程水上交通安全制度和管理体系，严格履行涉水工程建设期和使用期内水上交通安全有关职责		
		机动船和各工程船舶的船员持适任证书		
		特种作业人员持证上岗		
		设置船舶避风措施、停靠地点		
		施工作业的船舶、浮动设施按规定悬挂信号标志		
		施工船舶按安全操作规程进行施工作业		
2	专项施工组织设计	编制水上水下活动施工安全技术措施。落实国家安全作业和防火、防爆、防污染等有关法律法规，制定施工安全保障方案，完善安全生产条件，采取有效安全防范措施		
		编制船舶防台、防汛、防突风锚泊方案及安全措施		
		制定水上应急预案，保障涉水工程的水域通航安全		
		向参与施工人员、船舶进行书面安全技术交底		
3	水上作业	水上的各类作业平台必须按规定搭设，符合安全要求		
		施工工程船的牵引缆、摆动缆活动范围内设置安全标志		
		在施工船舶牵引缆、摆动缆 10 m 内无作业、逗留人员		
		船舶雾航必须按《国际海上避碰规则》和《中华人民共和国内河避碰规则》的有关规定执行。船舶航行时，驾驶人员应按规定鸣放雾号，减速慢行，注视雷达信息，并派专人进行瞭望		
		无违章指挥、违章作业、违反劳动纪律现象		
		施工作业的船舶、浮动设施的救生设施、消防器具完善，符合安全规定		
		水上施工作业及船上流动作业人员应按规定穿着救生衣。符合高处作业条件的，还应按高处作业的规定系好安全带		
		各工程船的安全装置完善、可靠		
		水上搭设的人行通道、作业平台符合要求		
4	潜水作业	从事潜水作业的人员必须持有有效潜水员资格证书		
		潜水最大安全深度和减压方案应符合现行国家标准的有关规定		
		潜水员使用水下电气设备、装备、装具和水下设施时，应符合现行国家标准的有关规定		
		潜水作业现场应备有急救箱及相应的急救器具。水深超过 30 m 应备有减压舱等设备		
		当施工水域的水温在 5℃ 以下、流速大于 1.0 m/s 或具有噬人海生物、障碍物或污染物等时，在无安全防御措施情况下潜水员不得进行潜水作业		

工程名称				
施工单位			项目负责人	
序号	检查项目	检查内容与要求		验收结果
4	潜水作业	潜水员下水作业前,应熟悉现场的水文、气象、水质和地质等情况,掌握作业方法和技术要求,了解施工船舶的锚缆布设及移动范围等情况,并制定安全处置方案		
		潜水作业应执行潜水员作业时间和替换周期的规定		
		通风式重装潜水员下水应使用专用潜水爬梯		
		为潜水员递送工具、材料和物品应使用绳索进行递送,不得直接向水下抛掷		
		潜水员进行水下安装、电焊、切割、爆破时,必须严格执行安全操作规程		
		潜水员下潜作业前严禁喝酒		
5	交通船	船员应持适任证书		
		交通船应标定乘员额定人数		
		乘坐人员应听从船员的指挥,不得抢上抢下或船未靠稳就跳船		
		乘坐人员不得站立和坐骑在船头、船尾和船帮上,遇有风浪时,船上乘坐人员不得来回走动		
		船到位后,应待靠稳拴牢后方可上、下		
		非本船驾驶人员严禁擅自操作		
		船上配备足够的救生器材		
		制定乘坐交通船安全管理规定		

验收结论			
			验收日期： 年 月 日
参加验收人员	总承包单位	专业承包单位	监理单位
	专项方案编制人：(签名)	专项方案编制人：(签名)	专业监理工程师：(签名)
	项目技术负责人：(签名)	项目技术负责人：(签名)	
	项目负责人：(签名)	项目负责人：(签名)	总监理工程师：(签名)
	(项目章)	(项目章)	

说明:本表一式_____份,由施工单位填写。总承包单位、专业承包单位、监理单位各1份。

【三级评审项目】

4.2.13 高处作业

按照有关法律法规、技术标准进行高处作业。建立高处作业安全管理制度;高处作业人员体检合格后上岗作业,登高架设作业人员持证上岗;在坝顶、陡坡、悬崖、杆塔、吊桥、脚手架、屋顶以及其他危险边沿进行悬空高处作业时，临空面搭设安全网或防护栏杆，且安全网随着建筑物升高而提高；登高作业人员正确佩戴劳动防护用品和正确使用用具，作业前应检查作业场所安全措施落实情况；有坠落危险的物件应固定牢固，无法固定的应先行清除或放置在安全处；雨天、雪天高处作业，应采取可靠的防滑、防寒和防冻措施；遇有六级及以上大风或恶劣气候时，应停止露天高处作业；高处作业应现场监护。

【评审方法及评审标准】

查相关文件、记录并查看现场。

1. 未建立高处作业安全管理制度，扣 2 分；

2. 高处作业人员未经体检合格上岗，每人扣 2 分；

3. 登高架设人员未按规定持证上岗，每人扣 2 分；

4. 防护栏杆和安全网不符合要求，每处扣 2 分；

5. 存在坠落危险的物件，每处扣 2 分；

6. 未采取可靠防滑、防寒和防冻措施，扣 3 分；

7. 未正确佩戴和使用劳动防护用品、用具，每人扣 2 分；

8. 恶劣天气进行露天作业，扣 10 分；

9. 高处作业时现场无专人监护，扣 5 分。

【标准分值】

10 分

◆**法规要点**◆

《水利水电工程施工通用安全技术规程》(SL 398—2007)

3.1.4 爆破、高边坡、隧洞、水上(下)、高处、多层交叉施工、大件运输、大型施工设备安装及拆除等危险作业应有专项安全技术措施，并应设专人进行安全监护。

5.2.2 高处作业下方或附近有煤气、烟尘及其他有害气体，应采取排除或隔离等措施，否则不应施工。

5.2.3 高处作业前，应检查排架、脚手板、通道、马道、梯子和防护设施，符合安全要求方可作业。高处作业使用的脚手架平台应铺设固定脚手板，临空边缘应设高度不低于1.2 m 的防护栏杆。

5.2.19 高处作业周围的沟道、孔洞井口等，应用固定盖板盖牢或设围栏。

5.2.20 遇有六级及以上的大风，严禁从事高处作业。

5.2.21 进行三级、特级、悬空高处作业时，应事先制定专项安全技术措施。施工前，应向所有施工人员进行技术交底。

《水利水电工程施工安全管理导则》(SL 721—2015)

10.1.4 施工单位应采取措施，控制施工过程及物料、设施设备、器材、通道、作业环境等存在的事故隐患，对动火作业、受限空间内作业、临时用电作业、高处作业等危险性较高的作业活动实施作业许可管理，严格履行审批手续。作业许可证应包含危害因素分析和安全措施等内容。

10.2.3 施工单位必须在高处作业面的临空边缘设置安全护栏和夜间警示红灯，脚手架作业面高度超过 3.2 m 时，临边应挂设水平安全网，并于外侧挂立网封闭，在同一垂直方向上同时进行多层交叉作业时,应设置隔离防护棚。

10.3.5　施工单位进行高处作业前,应检查安全技术措施和人身防护用具落实情况,凡患高血压、心脏病、贫血病、癫痫病以及其他不适于高空作业的,不得从事高空作业。

有坠落可能的物件应固定牢固,无法固定的应放置安全处或先行清除;高处作业时应安排专人进行监护。

遇有六级及以上大风或恶劣气候时,应停止露天高处作业;雨天和雪天进行高处作业时,必须采取可靠的防滑、防寒和防冻措施。

◆**条文释义**◆

高处作业:凡在坠落高度基准面 2 m 以上(含 2 m)有可能坠落的高度进行的作业。

◆**实施要点**◆

1. 本条考核应提供的备查资料一般包括:高处作业安全管理制度、高处作业人员体检及持证上岗记录、有关措施方案等文件。

2. 水利工程施工单位应严格按照《建筑施工高处作业安全技术规范》(JGJ 80—2016)有关法律法规、技术标准进行高处作业。

3. 无"生产许可证"单位生产的产品不得使用,无"产品合格证书"的不得使用,检查产品的规格及技术性能是否与作业的防护要求吻合,已领用的劳动防护用品由使用者自行管理。

4. 无数事例证明,安全带是"救命带"。安全带使用前,应检查绳带有无变质、卡环是否有裂纹,卡簧弹跳性是否良好。高处作业如安全带无固定挂处,应采用适当强度的钢丝绳或采取其他方法。禁止把安全带挂在移动或带尖锐棱角或不牢固的物件上。高挂低用:将安全带挂在高处,人在下面工作就叫高挂低用。这是一种比较安全合理的科学系挂方法。它可以使有坠落发生时的实际冲击距离减小。安全带要拴挂在牢固的构件或物体上,要防止摆动或碰撞,绳子不能打结使用,钩子要挂在连接环上。

◆**材料实例**◆

高处作业检查表

高处作业检查表

工程名称				
总承包单位			项目负责人	
专业承包单位			项目负责人	
序号	检查项目	检查内容与要求		验收结果
1	安全帽	进入施工现场的人员必须正确佩戴安全帽		
		安全帽的质量应符合规范要求		
2	安全网	在建工程外、脚手架的外侧应采用密目式安全网进行封闭		
		安全网的质量应符合规范要求		

序号	检查项目	检查内容与要求	验收结果
3	安全带	高处作业人员应按规定系挂安全带	
		安全带的系挂应符合规范要求	
		安全带的质量应符合规范要求	
4	临边防护	作业面边沿应设置连续的临边防护设施	
		临边防护设施的构造、强度应符合规范要求	
		临边防护设施宜定型化、工具化,杆件的规格及连接固定方式应符合规范要求	
5	洞口防护	在建工程的预留洞口、楼梯口、电梯井口等孔洞应采取防护措施	
		防护措施、设施应符合规范要求	
		防护设施宜定型化、工具化	
		电梯井内每隔两层且不大于 10 m 处应设置安全平网防护	
6	通道口防护	通道口防护应严密、牢固	
		防护棚两侧应采取封闭措施	
		防护棚宽度应大于通道口宽度,长度应符合规范要求	
		当建筑物高度超过 24 m,通道口防护顶棚应采用双层防护	
		防护棚的材质应符合规范要求	
7	攀登作业	梯脚底部应坚实,不得垫高使用	
		折梯使用时,上部夹角宜为 35°~45°,并应设有可靠拉撑装置	
		梯子的材质和制作质量应符合规范要求	
8	悬空作业	悬空作业处应设置防护栏杆或采用其他可靠的安全措施	
		悬空作业所使用的索具、吊具、料具等应经验收,合格后方可使用	
9	移动式操作平台	操作平台应按规定进行设计计算	
		移动式操作平台,轮子与平台连接应牢固、可靠,立柱底端距离地面高度不得大于 80 mm	
		操作平台应按设计和规范要求进行组装,铺板应严密	
		操作平台四周应按规范要求设置防护栏杆,并应设置登高扶梯	
		操作平台的材质应符合规范要求	
10	悬挑式物料钢平台	悬挑式物料钢平台的制作、安装应编制专项施工方案,并应进行设计计算	
		悬挑式物料钢平台的下部支撑系统或上部拉结点,应设置在建筑物结构上	
		斜拉杆或钢丝绳应按规范要求在平台两侧各设置前后两道	
		钢平台两侧必须安装固定的防护栏杆,并在平台明显处设置荷载限定标牌	
		钢平台台面、钢平台与建筑结构间铺板应严密、牢固	

水利工程施工安全生产标准化工作指南

序号	检查项目	检查内容与要求	验收结果
验收结论		验收日期： 年 月 日	
参加验收人员	总承包单位	专业承包单位	监理单位
	专项方案编制人：（签名）	专项方案编制人：（签名）	专业监理工程师：（签名）
	项目技术负责人：（签名）	项目技术负责人：（签名）	
	项目负责人：（签名）	项目负责人：（签名）	总监理工程师：（签名）
	（项目章）	（项目章）	

说明：本表一式_____份，由施工单位填写。施工单位、监理单位各1份。

【三级评审项目】

4.2.14 起重吊装作业

按照有关法律法规、技术标准进行起重吊装作业。作业前应编制起重吊装方案或作业指导书，向作业人员进行安全技术交底；作业前对设备、安全装置、工器具进行检查，确保满足安全要求；起重吊装作业区域应设置警戒线，并安排专人进行监护；司机、信号司索工应持证上岗，按操作规程作业，信号传递畅通；吊装按规定办理审批手续；严禁以运行的设备、管道以及脚手架、平台等作为起吊重物的承力点；利用构筑物或设备的构件作为起吊重物的承力点时，应经核算；恶劣天气不得进行室外起吊作业。

【评审方法及评审标准】

查相关文件、记录并查看现场。

1. 未编制起重吊装方案或作业指导书，扣10分；

2. 未交底或交底不符合规定，每人扣2分；

3. 设备、安全装置、工器具不满足安全要求，每项扣2分；

4. 作业区域未设置警戒线，每处扣3分；

5. 作业时现场无专人监护，扣5分；

6. 作业人员未按规定持证上岗，每人扣2分；

7. 作业人员未严格按操作规程作业，每次扣2分；

8. 信号传递不畅通，扣5分；

9. 吊装未按规定办理审批手续，每次扣5分；

10. 违规起吊，每次扣5分；

11. 恶劣天气进行室外起吊作业，扣10分。

【标准分值】

10分

◆**法规要点**◆

《水利水电工程施工安全管理导则》(SL 721—2015)

10.3.6 施工单位起重作业应按规定办理施工作业票,并安排专人现场指挥。

作业前,应先进行试吊,检查起重设备各部位受力情况;起重作业必须严格执行"十不吊"的原则;起吊过程应统一指挥,确保信号传递畅通;未经现场指挥人员许可,不得在起吊重物下面及受力索具附近停留和通过。

◆**条文释义**◆

1. 吊装:是指吊车或者起升机构对设备的安装、就位的统称,在检修或维修过程中利用各种吊装机具将设备、工件、器具、材料等吊起,使其发生位置变化。

2. 司索工:是指吊装作业中主要从事地面工作人员准备吊具捆绑挂钩、摘钩卸载等,多数情况还担任指挥任务,司索工的工作质量与整个搬运作业安全关系极大。

◆**实施要点**◆

1. 本条考核应提供的备查资料一般包括:起重吊装方案或作业指导书,吊装审批手续等。

2. 水利工程施工单位应按照《水利水电工程施工通用安全技术规程》(SL 398—2007)有关法律法规、技术标准进行起重吊装作业。

◆**材料实例**◆

起重吊装作业验收表

起重吊装作业验收表

工程名称				
总承包单位			项目负责人	
专业承包单位			项目负责人	
序号	检查项目	检查内容与要求		验收结果
1	施工方案	起重吊装作业应编制专项施工方案,并按规定进行审核、审批		
		超规模的起重吊装作业,应组织专家对专项方案进行论证		
2	起重机械	起重机械应按规定安装荷载限制器及行程限位装置		
		荷载限制器、行程限位装置应灵敏可靠		
		起重拔杆组装应符合设计要求		
		起重拔杆组装后应进行验收,并应由责任人签字确认		
3	钢丝绳与地锚	钢丝绳磨损、断丝、变形、锈蚀应在规范允许范围内		
		钢丝绳规格应符合起重机产品说明书要求		
		吊钩、卷筒、滑轮磨损应在规范允许范围内		
		吊钩、卷筒、滑轮应安装钢丝绳防脱装置		
		起重拔杆的缆风绳、地锚设置应符合设计要求		

序号	检查项目	检查内容与要求	验收结果
4	索具	当采用编结连接时,编结长度不应小于 15 倍的绳径,且不应小于 300 mm	
		当采用绳夹连接时,绳夹规格应与钢丝绳相匹配,绳夹数量、间距应符合规范要求	
		索具安全系数应符合规范要求	
		吊索规格应互相匹配,机械性能应符合设计要求	
5	作业环境	起重机行走作业处地面承载能力应符合产品说明书要求	
		起重机与架空线路安全距离应符合规范要求	
6	作业人员	起重机司机应持证上岗,操作证应与操作机型相符	
		起重机作业应设专职信号指挥和司索人员,一人不得同时兼顾信号指挥和司索作业	
		作业前应按规定进行安全技术交底,并有交底记录	
7	起重吊装	当多台起重机同时起吊一个构件时,单台起重机所承受的荷载应符合专项施工方案要求	
		吊索系挂点应符合专项施工方案要求	
		起重机作业时,任何人不应停留在起重臂下方,被吊物不应从人的正上方通过	
		起重机不应采用吊具载运人员	
		当吊运易散落物件时,应使用专用吊笼	
8	高处作业	应按规定设置高处作业平台	
		平台强度、护栏高度应符合规范要求	
		爬梯的强度、构造应符合规范要求	
		应设置可靠的安全带悬挂点,并应高挂低用	
9	构件码放	构件码放荷载应在作业面承载能力允许范围内	
		构件码放高度应在规定允许范围内	
		大型构件码放应有保证稳定的措施	
10	警戒监护	应按规定设置作业警戒区	
		警戒区应设专人监护	

验收结论		验收日期: 年 月 日
参加验收人员	**总承包单位**	**专业承包单位**	**监理单位**
	专项方案编制人:(签名)	专项方案编制人:(签名)	专业监理工程师:(签名)
	项目技术负责人:(签名)	项目技术负责人:(签名)	总监理工程师:(签名)
	项目负责人:(签名)	项目负责人:(签名)	
	(项目章)	(项目章)	

说明:本表一式_____份,由施工单位填写。施工单位、监理单位各 1 份。

【三级评审项目】

4.2.15 临近带电体作业

按照有关法律法规、技术标准进行临近带电体作业。建立临近带电体作业安全管理制度；作业前编制专项施工方案或安全防护措施，向作业人员进行安全技术交底，并办理安全施工作业票，安排专人现场监护；电气作业人员应持证上岗并按操作规程作业；作业时施工人员、机械与带电线路和设备的距离应大于最小安全距离，并有防感应电措施；当小于最小安全距离时，应采取绝缘隔离的防护措施，并悬挂醒目的警告标志，当防护措施无法实现时，应采取停电等措施。

【评审方法及评审标准】

查相关文件、记录并查看现场。

1. 未建立临近带电体作业安全管理制度，扣2分；

2. 未编制专项施工方案或安全防护措施，扣10分；

3. 未交底或交底不符合规定，每人扣2分；

4. 电气作业人员未按规定持证上岗，每人扣2分；

5. 作业时现场无专人监护，扣5分；

6. 违规作业，每人扣2分；

7. 安全距离不足时未采取安全措施，扣10分。

【标准分值】

10分

◆法规要点◆

《水利水电工程施工通用安全技术规程》(SL 398—2007)

5.2.6 在带电体附近进行高处作业时，距带电体的最小安全距离应满足表5.2.6的规定，如遇特殊情况，应采取可靠的安全措施。

表5.2.6 高处作业与带电体的安全距离

电压等级(V)	10 V及以下	20～35	44	60～110	154	220	330
工器具、安装构件、接地线与带电体的距离(m)	2.0	3.5	3.5	4.0	5.0	5.0	6.0
工作人员的活动范围与带电体的距离(m)	1.7	2.0	2.2	2.5	3.0	4.0	5.0
整体组立杆塔与带电体的距离	应大于倒杆距离(自杆塔边缘到带电体的最近侧为塔高)						

《水利水电工程施工安全管理导则》(SL 721—2015)

10.3.9 临近带电体作业前，应办理安全施工作业票，并设专人监护，作业人员、机械与带电线路和设备的距离必须大于标准规定的最小安全距离，并有防感应电措施；当与带电线路和设备的作业距离不能满足最小安全距离的要求时，应采取安全措施，否则严禁作业。

◆条文释义◆

1. 带电体：是指带电荷的物体，对轻小物体有吸引力。

2. 感应电：为导电设备外部带的一种电。一般研究表明，人体对高压电场下的静电感应电流的反应更加灵敏，0.1～0.2 mA 的感应电流通过人体时，即使未触及被感应物体，人也会有明显的针刺感。

3. 绝缘隔离装置：用绝缘材料制成的隔离设备。

◆**实施要点**◆

1. 本条考核应提供的备查资料一般包括：临近带电体作业安全管理制度、专项施工方案或安全防护措施等文件。

2. 水利工程施工单位应按照《水利水电工程施工通用安全技术规程》(SL 398—2007)、《水利水电工程施工安全管理导则》(SL 721—2015)有关法律法规、技术标准进行临近带电体作业。

◆**材料实例**◆

1. 临近带电体作业工作票(第一种)

临近带电体作业工作票(第一种)

第　　号
1. 工作负责人(监护人)：_____ 班组
2. 工作班组人员：_____
3. 工作内容和工作地点
4. 计划工作时间：自___年___月___日___时___分至___年___月___日___时___分
5. 安全措施：

下列由工作票签发人填写	下列由工作许可人(值班员)填写
应拉开关和刀闸,包括填写前已拉开关和刀闸(注明编号)	已拉开关和刀闸(注明编号)
应装接地线(注明确实地点)	已装接地线(注明接地编号和装设地点)
应设遮栏,应挂标志牌	已设遮栏、已挂警示标志牌(注明地点)
	工作地点带电部分的安全措施
工作票签发人(签名)： 收到工作票时间：___年___月___日___时___分 值班负责人(签名)：	工作许可人(签名)： 值班负责人(签名)：

6. 许可开始工作时间：___年___月___日___时___分。
工作许可人(签名)：_____ 工作负责人(签名)：_____
7. 工作负责人变动：原工作负责人____离去,变更____为工作负责人。
变动时间：___年___月___日___时___分。
工作票签发人(签名)：
8. 工作期延期,有效期延长到：___年___月___日___时___分
工作负责人(签名)：
值长或值班负责人(签名)：
9. 工作结束：
工作班人员已全部撤离,现场已清理完毕,全部工作于___年___月___日___时___分结束,工作负责人(签名)：_____ 工作许可人(签名)：_____。接地线共___组已拆除。
值班负责人(签名)：
10. 备注：

填写说明：详见临近带电体作业工作票(第二种)说明。

2. 临近带电体作业工作票(第二种)

临近带电体作业工作票(第二种)

编　　号

1. 工作负责人(监护人):_____ 班组_____工作班组人员
2. 工作任务:
3. 计划工作时间:
自___年___月___日___时___分至___年___月___日___时___分
4. 工作条件(停电或不停电):
5. 注意事项(安全措施):
工作票签发人(签名):
6. 许可开始工作时间:___年___月___日___时___分
工作许可人(值班员)(签名):
工作负责人(签名):
7. 工作结束时间:___年___月___日___时___分
工作负责人(签名):_____工作许可人(值班员)(签名):_____
8. 备注:

【三级评审项目】

4.2.16　焊接作业

按照有关法律法规、技术标准进行焊接作业。建立焊接作业安全管理制度;焊接前对设备进行检查,确保性能良好,符合安全要求;焊接作业人员持证上岗,按规定正确佩戴个人防护用品,严格按操作规程作业;进行焊接、切割作业时,有防止触电、灼伤、爆炸和引起火灾的措施,并严格遵守消防安全管理规定;焊接作业结束后,作业人员清理场地、消除焊件余热、切断电源,仔细检查工作场所周围及防护设施,确认无起火危险后离开。

【评审方法及评审标准】

查相关文件、记录并查看现场。

1. 未建立焊接作业安全管理制度,扣2分;
2. 焊接设备不符合安全要求,扣10分;
3. 作业人员未按规定持证上岗,每人扣2分;
4. 作业人员未按规定佩戴防护用品,每人扣2分;
5. 作业人员违反操作规程,每人扣2分;
6. 焊接、切割作业无安全措施,每次扣2分;
7. 作业结束后未仔细检查并确保安全,每次扣2分。

【标准分值】

10分

◆法规要点◆

《水利水电工程施工通用安全技术规程》(SL 398—2007)

9.1.2　凡从事焊接与气割的工作人员,应熟知本标准及有关安全知识,并经过专业培训考核取得操作证,持证上岗。

9.1.3　从事焊接与气割的工作人员应严格遵守各项规章制度,作业时不应擅离职守,进入岗位应按规定穿戴劳动防护用品。

9.1.4　焊接和气割的场所,应设有消防设施,并保证其处于完好状态。焊工应熟练掌握其使用方法,能够正确使用。

《水利水电工程施工安全管理导则》(SL 721—2015)

10.3.10　焊接与切割作业人员应持证上岗,按规定正确佩戴个人防护用品,严格按操作规程作业。

作业前,应对设备进行检查,确保性能良好,符合安全要求。

作业时,应有防止触电、灼伤、爆炸和金属飞溅引起火灾的措施,并严格遵守消防安全管理规定,不得利用管道、设备、容器、钢轨、脚手架、钢丝绳等作为临时接地线(接零线)的通路。

作业结束后,作业人员应清理场地、消除焊件余热、切断电源,仔细检查工作场所周围及防护设施,确认无起火危险后方可离开。

◆**条文释义**◆

1. 焊接:是金属加工的主要方法之一,它是将两个或两个以上分离的工件,按一定的形式和位置连接成一个整体的工艺过程。焊接的实质,是利用加热或其他方法,使焊料与被焊金属之间互相吸引、互相渗透,依靠原子之间的内聚力使两种金属达到永久牢固地结合。

2. 灼伤:由于热力或化学物质作用于身体,引起局部组织损伤,并通过受损的皮肤、黏膜组织导致全身病理生理改变;有些化学物质还可以被创面吸收,引起全身中毒的病理过程。

◆**实施要点**◆

1. 本条考核应提供的备查资料一般包括:焊接作业安全管理制度,焊接、切割作业安全措施等文件。

2. 水利工程施工单位应按照《水利水电工程施工通用安全技术规程》(SL 398—2007)有关法律法规、技术标准进行焊接作业。

◆**材料实例**◆

焊接作业人员台账

焊接作业人员台账

编制单位:　　　　　　　编制时间:　　　　　　　编号:

序号	姓名	单位	性别	身份证号	办证单位	作业类别	操作证号码	初次取证时间	复审时间	是否现岗	备注

填写说明:台账后附上证书复印件。

【三级评审项目】

4.2.17 交叉作业

按照有关法律法规、技术标准进行交叉作业。建立交叉作业安全管理制度;制定协调一致的安全措施,进行充分的沟通和交底,且应有专人现场检查与协调、监护;两个以上不同作业队伍在同一作业区域内进行作业活动时,应签订安全管理协议,明确各自的管理职责和采取的措施;垂直交叉作业应搭设严密、牢固的防护隔离设施;交叉作业时,严禁上下投掷材料、边角余料;工具应随手放入工具袋,严禁在吊物下方接料或逗留。

【评审方法及评审标准】

查相关文件、记录并查看现场。

1. 未建立交叉作业安全管理制度,扣2分;

2. 未制定安全措施,扣10分;

3. 未交底或交底不符合规定,每人扣2分;

4. 作业时现场无专人监护,扣5分;

5. 两个以上作业队伍交叉作业时,未签订安全管理协议,扣5分;

6. 垂直交叉作业时,安全防护措施落实不到位,扣5分;

7. 违规作业,每人扣2分。

【标准分值】

10分

◆法规要点◆

《水利水电工程施工通用安全技术规程》(SL 398—2007)

3.1.4 爆破、高边坡、隧洞、水上(下)、高处、多层交叉施工、大件运输、大型施工设备安装及拆除等危险作业应有专项安全技术措施,并应设专人进行安全监护。

5.5.7 在同一垂直方向同时进行两层以上交叉作业时,底层作业面上方应设置防止上层落物伤人的隔离防护棚,防护棚宽度应超过作业面边缘1 m。

《水利水电工程施工安全管理导则》(SL 721—2015)

7.8.6 交叉作业时,项目技术负责人应根据工程进展情况定期向相关作业队和作业人员进行安全技术交底。

10.3.11 两个以上施工单位交叉作业可能危及对方生产安全的,应签订安全生产管理协议,明确各自的安全生产管理职责和应采取的安全措施,安排专职安全生产管理人员协调与巡视检查。

◆条文释义◆

交叉作业:两个或以上的工种在同一个区域同时施工称为交叉作业。凡在不同层次中,处于空间贯通状态下同时进行的高处作业,属于交叉作业。

◆实施要点◆

1. 本条考核应提供的备查资料一般包括:交叉作业安全管理制度、交叉作业安全措施、安全管理协议等文件。

2. 水利工程施工单位应按照有关法律法规、技术标准进行交叉作业。

◆材料实例◆

交叉作业安全管理制度

××水利工程建设有限公司文件
×××〔2021〕×号

关于印发《交叉作业安全管理制度》的通知

各部门、各分公司：

为了加强对公司所属单位交叉作业的安全管理与监督，预防和减少生产安全事故，保障作业人员的安全与健康，根据有关法律、法规及相关标准，我公司组织制定了《交叉作业安全管理制度》，现印发给你们，请遵照执行。

附件：交叉作业安全管理制度

××水利工程建设有限公司（章）

2021 年×月×日

交叉作业安全管理制度

1 目的

为了确保现场交叉作业施工人员规范作业，确保不发生安全事故，特制定本规定。

2 范围

本规定适用于施工现场交叉作业施工安全管理。

3 职责

3.1 项目部负责对本项目交叉作业过程编制施工方案，并督促施工人员按照方案内容规范作业。

3.2 安全科负责对项目部交叉作业过程情况进行监督检查。

4 管理规定

4.1 垂直作业

4.1.1 作业人员在进行上下立体交叉作业时不得在上下贯通同一垂直面上作业，后行作业人员注意避让先行作业人员。

4.1.2 下层作业位置必须处于上层作业物体可能坠落范围之外，当不能满足时，上下之间应设隔离防护层。

4.1.3　禁止下层作业人员在防护栏杆、平台等构件的下方休息、逗留。

4.2　起重作业

4.2.1　吊装移动工件、分段前,起重指挥与起重司机通知有关人员撤离,确认吊物下及吊物行走路线范围无人员及障碍物,吊物通行路线下方所有人员无条件撤离。

4.2.2　起重挂钩、指挥人员站位不得与起重物体起吊路线交叉,不得站在被吊物体通行的死角,与被吊物体保持有效的安全距离。

4.3　现场车辆作业

4.3.1　各类车辆在大型起重设备工作范围内作业时,大型起重设备拥有优先通过权,施工现场内各类车辆必须避让,不得争抢通行。

4.3.2　车辆运输超宽、超长物资时必须做好防范措施(挂警示标识、监护引导人员),防止碰撞其他物件与人员。

4.3.3　车辆进入施工现场,须按减速慢行,确认安全后通过,不得与其他车辆、行人争抢通道。

4.3.4　高空作业车、汽车吊在狭小空间或高压线附近作业时,必须保持可靠的安全距离,操作时须缓慢,严禁大幅度运行作业。

4.4　搭架作业

4.4.1　脚手架搭设中或未检验合格,其他作业人员不得进入搭架范围,脚手架等辅助材料拆除时,下方不得有其他操作人员。

4.4.2　脚手板堆放高度不得超过 2 m,脚手管堆放高度不得超过 1 m,堆放的底部宽度应大于 1 m,以保证堆放的稳定性。

4.4.3　严禁在堆放物的脚手架、T 排旁休息,防止倒塌伤人。

4.5　明火、打磨作业

4.5.1　禁火作业与电焊、打磨作业不得在同一时段同一区域交叉作业。

4.5.2　焊接动火作业与气体软管、气体分气包保持适当的安全距离或做好可靠的防护。

4.5.3　打磨作业时,打磨机磨削方向不得有人员和易燃物。

4.5.4　上方动火作业(焊接、切割)应注意下方有无人员、易燃和可燃物质,若有应做好防护措施,遮挡落下焊渣,防止引发火灾。

4.6　设备维修时,按规定挂警示牌告知操作者,必要时采取相应的安全措施(派专人看守、切断电源、拆除法兰等),谨防误操作引发事故。

4.7　因工作需要进入他人作业场所,必须以书面形式向该场地管理者申请,与该场所管理者协调做好防范措施后方可作业。

4.7.1　进入门机、龙门吊运行范围,有可能影响门机、龙门吊安全的交叉作业,如高空作业车跨越门机、龙门吊轨道进行的涂装作业。

4.7.2　生产区域进行建筑施工作业、建构筑物维护保养作业。

4.7.3　其他由施工负责人根据作业风险分析确定需进行告知的交叉作业。

4.8　涉及需审批、告知的作业(如明火作业、探伤作业、涂装作业、密性试验作业、锅炉调试作业、投油作业、狭小空间作业、零时线路安装等)按相应作业许可规定执行。

【三级评审项目】

4.2.18 有(受)限空间作业

按照有关法律法规、技术标准进行有(受)限空间作业。建立有(受)限空间作业安全管理制度;实行有(受)限空间作业审批制度;有(受)限空间作业应当严格遵守"先通风、再检测、后作业"的原则;作业人员必须经安全培训合格方能上岗作业;向作业人员进行安全技术交底;必须配备个人防中毒窒息等防护装备,严禁无防护监护措施作业;作业现场应设置安全警示标识,应有监护人员;制定应急措施,现场必须配备应急装备,科学施救。

【评审方法及评审标准】

查相关文件、记录并查看现场。

1. 未建立有(受)限空间作业安全管理制度,扣 2 分;

2. 未落实审批制度,扣 10 分;

3. 作业前,未按规定进行通风、检测,扣 10 分;

4. 未交底或交底不符合规定,每人扣 2 分;

5. 未落实防护措施,扣 10 分;

6. 未制定应急措施,扣 5 分;

7. 缺少安全警示标识,每处扣 2 分;

8. 作业时现场无专人监护,扣 5 分;

9. 现场应急装备配备不足,扣 5 分。

【标准分值】

10 分

◆**法规要点**◆

《水利工程建设与质量安全生产监督检查办法(试行)》问题清单(2020 年版)

(四) 施工作业管理

55. 地下暗挖工程、有限作业空间、潮湿等场所作业未使用安全电压,在存放易燃、易爆物品场所或有瓦斯的巷道内未使用防爆照明设备。

69. 有(受)限空间作业未做到"先通风、再检测、后作业"或通风不足、检测不合格作业。

◆**条文释义**◆

1. 有(受)限空间作业:

(1) 物理条件(同时符合以下 3 条)

a. 有足够的空间,让员工可以进入并进行指定的工作;

b. 进入和撤离受到限制,不能自如进出;

c. 并非设计用来给员工长时间在内工作的。

(2) 危险特征(符合任一项或以上)

a. 存在或可能产生有毒有害气体;

b. 存在或可能产生掩埋进入者的物料;

c. 内部结构可能将进入者困在其中(如,内有固定设备或四壁向内倾斜收拢);

d. 存在已识别出的健康、安全风险。

2. 窒息:人体的呼吸过程由于某种原因受阻或异常,所产生的全身各器官组织缺氧,二氧化碳潴留而引起的组织细胞代谢障碍、功能紊乱和形态结构损伤的病理状态称为窒息。

3. 防爆灯具:是具有防爆性能的一类照明灯具,主要有隔爆型防爆灯具、安全型防爆灯具、移动型防爆灯具等。

4. 安全电压:是指不致使人直接致死或致残的电压,一般环境条件下允许持续接触的"安全特低电压"是 36 V。行业规定安全电压为不高于 36 V,持续接触安全电压为 24 V,安全电流为 10 mA,电击对人体的危害程度,主要取决于通过人体电流的大小和通电时间的长短。

◆实施要点◆

1. 本条考核应提供的备查资料一般包括:有(受)限空间作业安全管理制度以及审批制度落实情况,现场防护和应急措施等文件。

2. 水利工程施工单位应按照有关法律法规、技术标准进行有(受)限空间作业。

◆材料实例◆

有(受)限空间作业安全管理制度

××水利工程建设有限公司文件

×××〔2021〕×号

关于印发《有(受)限空间作业安全管理制度》的通知

各部门、各分公司:

为了加强对公司所属单位有限空间作业的安全管理与监督,预防和减少生产安全事故,保障作业人员的安全与健康,根据《有限空间安全作业五条规定》(国家安全生产监督管理总局令第 69 号)、《工贸企业有限空间作业安全管理与监督暂行规定》(国家安全生产监督管理总局令第 59 号)等法律、法规及相关标准,我公司组织制定了《有(受)限空间作业安全管理制度》,现印发给你们,请遵照执行。

附件:有(受)限空间作业安全管理制度

××水利工程建设有限公司(章)

2021 年×月×日

有(受)限空间作业安全管理制度

第一章 总 则

第一条 为了加强对公司所属单位有限空间作业的安全管理与监督,预防和减少生产安全事故,保障作业人员的安全与健康,根据《有限空间安全作业五条规定》(国家安全生产监督管理总局令第 69 号)、《工贸企业有限空间作业安全管理与监督暂行规定》(国家安全生产监督管理总局令第 59 号)等法律、法规及相关标准,制定本制度。

第二条 本制度适用于公司所属地面生产经营单位有限空间作业的安全管理与监督。本制度所称有限空间,是指封闭或者部分封闭,与外界相对隔离,出入口较为狭窄,作业人员不能长时间在内工作,自然通风不良,易造成有毒有害、易燃易爆物质积聚或者含氧量不足的空间。

第三条 各生产经营单位是本单位有限空间作业安全的责任主体,其主要负责人对本单位有限空间作业安全全面负责,相关负责人在各自职责范围内对本单位有限空间作业安全负责。

第二章 有限空间作业的安全保障

第四条 存在有限空间作业的生产经营单位应当建立下列安全生产制度和规程:

(一)有限空间作业安全责任制度;

(二)有限空间作业审批制度;

(三)有限空间作业现场安全管理制度;

(四)有限空间作业现场负责人、监护人员、作业人员、应急救援人员安全培训制度;

(五)有限空间作业应急管理制度;

(六)有限空间作业安全操作规程。

第五条 生产经营单位应当对从事有限空间作业的现场负责人、监护人员、作业人员、应急救援人员进行专项安全培训。专项安全培训应当包括下列内容:

(一)有限空间作业的危险有害因素和安全防范措施;

(二)有限空间作业的安全操作规程;

(三)检测仪器、劳动防护用品的正确使用;

(四)紧急情况下的应急处置措施。

安全培训应当有专门记录,并由参加培训的人员签字确认。

第六条 生产经营单位应当对本企业的有限空间进行辨识,确定有限空间的数量、位置以及危险有害因素等基本情况,建立有限空间管理台账,并及时更新。

第七条 生产经营单位实施有限空间作业前,应当对作业环境进行评估,分析存在的危险有害因素,提出消除、控制危害的措施,制定有限空间作业方案,并经本企业负责人批准。

第八条 生产经营单位应当按照有限空间作业方案,明确作业现场负责人、监护人员、作业人员及其安全职责。

第九条 生产经营单位实施有限空间作业前,应当将有限空间作业方案和作业现场可能存在的危险有害因素、防控措施告知作业人员。现场负责人应当监督作业人员按照方案进行作业准备。

第十条　生产经营单位应当采取可靠的隔断(隔离)措施,将可能危及作业安全的设施设备、存在有毒有害物质的空间与作业地点隔开。

第十一条　有限空间作业应当严格遵守先通风、再检测、后作业的原则。检测指标包括氧浓度、易燃易爆物质(可燃性气体、爆炸性粉尘)浓度、有毒有害气体浓度。检测应当符合相关国家标准或者行业标准的规定。未经通风和检测合格,任何人员不得进入有限空间作业。检测的时间不得早于作业开始前30分钟。

第十二条　检测人员进行检测时,应当记录检测的时间、地点、气体种类、浓度等信息。检测记录经检测人员签字后存档。检测人员应当采取相应的安全防护措施,防止中毒窒息等事故发生。

第十三条　有限空间内盛装或者残留的物料对作业存在危害时,作业人员应当在作业前对物料进行清洗、清空或者置换。经检测,有限空间的危险有害因素符合《工作场所有害因素职业接触限值 第1部分:化学有害因素》(GBZ 2.1—2019)的要求后,方可进入有限空间作业。

第十四条　在有限空间作业过程中,生产经营单位应当采取通风措施,保持空气流通,禁止采用纯氧通风换气。发现通风设备停止运转、有限空间内氧含量浓度低于或者有毒有害气体浓度高于国家标准或者行业标准规定的限值时,生产经营单位必须立即停止有限空间作业,清点作业人员,撤离作业现场。

第十五条　在有限空间作业过程中,生产经营单位应当对作业场所中的危险有害因素进行定时检测或者连续监测。作业中断超过30分钟,作业人员再次进入有限空间作业前,应当重新通风、检测合格后方可进入。

第十六条　有限空间作业场所的照明灯具电压应当符合《特低电压(ELV)限值》(GB/T 3805—2008)等国家标准或者行业标准的规定;作业场所存在可燃性气体、粉尘的,其电气设施设备及照明灯具的防爆安全要求应当符合《爆炸性环境 第1部分:设备通用要求》(GB 3836.1—2010)等国家标准或者行业标准的规定。

······

【三级评审项目】

4.2.19　岗位达标

建立班组安全活动管理制度,明确岗位达标的内容和要求,开展安全生产和职业卫生教育培训、安全操作技能训练、岗位作业危险预知、作业现场隐患排查、事故分析等岗位达标活动,并做好记录。从业人员应熟练掌握本岗位安全职责、安全生产和职业卫生操作规程、安全风险及管控措施、防护用品使用、自救互救及应急处置措施。

【评审方法及评审标准】

查相关记录并现场问询。

1. 未建立班组安全活动管理制度,扣2分;
2. 制度内容不符合要求,扣1分;
3. 未按规定开展岗位达标活动,每少一项扣3分;

4. 从业人员对相关安全知识不熟悉,每人扣 2 分;

5. 记录不完整,每缺一项扣 2 分。

【标准分值】

15 分

◆法规要点◆

《国务院安委会关于深入开展企业安全生产标准化建设的指导意见》(安委〔2011〕4 号)

(一)总体要求。……加大安全投入,提高专业技术装备水平,深化隐患排查治理,改进现场作业条件。通过安全生产标准化建设,实现岗位达标、专业达标和企业达标,各行业(领域)企业的安全生产水平明显提高,安全管理和事故防范能力明显增强。

《水利水电工程施工安全管理导则》(SL 721—2015)

8.1.1 各参建单位应建立安全生产教育培训制度,明确安全生产教育培训的对象与内容、组织与管理、检查与考核等要求。

《水利工程建设与质量安全生产监督检查办法(试行)》问题清单(2020 年版)

(八)安全培训教育

100. 未按规定组织三级安全教育、转岗、复工、"四新"等安全生产教育培训。

101. 安全生产教育培训人员不全,或培训时间未达到规范要求。

◆条文释义◆

1. 岗位达标:是指依据有关法律法规、技术标准要求通过培训和考核,确保各级员工基本符合岗位要求。

2. 防护用品:是指保护劳动者在生产过程中的人身安全与健康所必备的一种防御性装备,对于减少职业危害起着相当重要的作用。

◆实施要点◆

本条考核应提供的备查资料一般包括:班组安全活动管理制度等文件。

◆材料实例◆

班组岗位达标管理制度

××水利工程建设有限公司文件

×××〔2021〕×号

关于印发《班组岗位达标管理制度》的通知

各部门、各分公司:

为全面加强公司工程管理,保证工程质量、进度和施工安全,根据国家法律法规及公司规定,结合具体实际,我公司组织制定了《班组岗位达标管理制度》,现印发给你们,请遵照执行。

附件:班组岗位达标管理制度

××水利工程建设有限公司(章)

2021年×月×日

班组岗位达标管理制度

1　范围

本制度规定了公司班组安全管理的职责、管理内容与方法。本制度适用于××水利工程建设有限公司各班组。

......

4　职责

4.1　各部门对本部门所属班组的安全管理工作全面负责,其中包括指导、督促、检查、考核等责任。

4.2　安全科负责督促各部门做好班组安全管理工作,并组织其他职能管理部门开展对班组安全管理的检查、指导和考核工作。

4.3　安全科负责公司对班组安全培训工作的管理。

5　管理内容与要求

5.1　班组安全组织标准

5.1.1　班(组)长是班组安全工作的第一负责人,对本班组安全工作负全责。

5.1.2　班组必须设1名兼职安全员,主要是协助班(组)长全面开展班组安全管理工作。安全员不在时,班(组)长必须指定能胜任的人员临时代替。班(组)长不在时,安全员有权安排人员处理与安全有关的工作。班组安全员必须经过培训,持证上岗。

5.1.3　班组分散作业时,每项工作的负责人即为安全负责人。

5.2　班组安全教育

5.2.1　教育内容

5.2.1.1　国家有关安全生产的法律法规,公司以及上级部门对班组安全生产工作的标准和要求。

5.2.1.2　公司及本单位安全简报和安全动态情况的信息。

5.2.1.3　本班组的概况和工作范围、本岗位、工种或其他对应岗位发生过的一些事故教训及预防措施。

5.2.1.4　本岗位、工种的安全规程、检修(运行)规程;电力系统安全规程、公司有关安全生产制度及公司安全禁令、通则。

5.2.1.5　本班组所面临和涉及的危险源及预控措施。

5.2.1.6　安全防护用品的正确使用方法,所操作的机械设备、各类工具、器具的安全使用要求。

5.2.1.7　各类事故的应急处理包括防火防爆、应急逃生、紧急救护等知识。

5.2.2　班组安全教育要求

5.2.2.1　在新技术、新工艺、新材料、新设备使用前，班组必须组织员工进行有针对性的安全教育、培训和考核。

5.2.2.2　对休假1个月以上人员、工伤休假复工人员、事故（含未遂事故）责任者、违章计分试岗及以上处理人员必须经过安全教育后方可上岗，安全教育时间必须在4学时以上。

5.2.2.3　按规定考试80分为及格，不及格者要复学复考，经考核合格后方可上岗独立工作或操作。教育内容、考核分数要记入"班组安全教育台账"。

5.2.2.4　新入岗人员在受安全教育后，班组长或安全员必须检查教育效果，并签署是否同意上岗的意见，报部门安全员备案。

……

【三级评审项目】

4.2.20　分包管理制度

工程分包、劳务分包、设备物资采购、设备租赁管理制度应明确各管理层次和部门管理职责和权限，包括分包方的评价和选择、分包招标合同谈判和签约、分包项目实施阶段的管理、分包实施过程中或结束后的再评价等。

【评审方法及评审标准】

查制度文本。

1. 未以正式文件发布，扣2分；

2. 制度内容不全，每缺一项扣1分；

3. 制度内容不符合有关规定，每项扣1分。

【标准分值】

2分

◆**法规要点**◆

《水利水电工程施工安全管理导则》(SL 721—2015)

5.1.6　施工单位应建立但不限于下列安全生产管理制度

10. 分包（供）方管理制度。

◆**条文释义**◆

1. 劳务分包：是指施工承包单位或者专业分包单位将其承揽工程中的劳务作业发包给具有相应资质的劳务分包单位完成的活动。

2. 设备租赁：是承租人为租赁其从制造商或卖主那里自行选定的设备而与出租人订立较长期限的租赁合同。

3. 合同谈判：即与合同除己方外所有的其他参与方，共同商谈合作细节、明确所有合同参与方的权利与义务，以及各方违约的处理方式。

◆**实施要点**◆

本条考核应提供的备查资料一般包括：分包管理制度文件。

◆**材料实例**◆

1. 工程分包管理制度文件

××水利工程建设有限公司文件
×××〔2021〕×号

关于印发《工程分包管理制度》的通知

各部门、各分公司：

为规范工程分包行为，全面加强工程分包管理，保证工程质量、进度和施工安全，维护企业经济利益，根据国家法律法规及公司规定，结合项目具体实际，我公司组织制定了《工程分包管理制度》，现印发给你们，请遵照执行。

附件：工程分包管理制度

××水利工程建设有限公司（章）

2021 年×月×日

工程分包管理制度

第一章　总　则

第一条　为规范工程分包行为，全面加强工程分包管理，保证工程质量、进度和施工安全，维护企业经济利益，根据国家法律法规及公司规定，结合项目具体实际，制定本管理办法。

第二条　本管理办法适用于所有需要工程分包的项目管理。

第二章　管理职责

第三条　工程科负责工程分包的前期工作，对拟分包单位做前期考察工作，并组织项目部（工程科、安全科人员）调查、评审、推荐合格的三家分包单位参加公司组织的工程招投标或内审。

第四条　经营科负责工程分包合同的编制和解释工作；负责工程分包报价书的编制和工程分包结算的审计工作。

第五条　安全科负责提供工程分包招标计划及对签约的工程分包单位现场施工进行综合管理；负责工程进度、质量、安全、文明施工的监督管理工作。参与考评、推荐合格分承包方工作。

第六条　财务科负责劳务、工程结算付款比例控制及参与分包单位的选择工作。

第三章　分包单位的选择

第七条　分包单位的资格预审

（一）工程科对工程分包单位施工营业执照、资质等级、施工业绩、管理水平、技术装备水平、履约能力、分包项目执行完后的服务与支持能力等进行考察，选择认为有施工能力的三家以上单位参加投标（或综合评审）资格审查。办公室需填写分包工程单位资格审查表，由项目经理签字审批。

（二）拟分包单位应同时满足施工所在区域建设行政主管部门的管理要求。

（三）在公司工程分包施工质量评价不合格的单位一年内不准许参加投标（或综合评审）。

（四）获准参加投标（或综合评审）资格审查的分包单位的相关资料（营业执照、资质证书、施工业绩等）报财务科备案。

······

2. 劳务分包管理制度文件

××水利工程建设有限公司文件
×××〔2021〕×号

关于印发《劳务分包管理制度》的通知

各部门、各分公司：

为规范劳务分包行为，全面加强劳务分包管理，保证工程质量、进度和施工安全，维护企业经济利益，根据国家法律法规及公司规定，结合项目具体实际，我公司组织制定了《劳务分包管理制度》，现印发给你们，请遵照执行。

附件：劳务分包管理制度

××水利工程建设有限公司（章）

2021 年×月×日

劳务分包管理制度

第一章　总　则

第一条　为了进一步加强劳务分包队伍管理，根据国家、行业及地方等有关规定，并结合我公司的实际情况，制定本制度。

第二条　本管理制度适用于工程需要劳务分包的相关管理。

第二章　管理职责

第三条　工程科相关职责

（一）根据生产任务的实际需要，负责提出劳务队伍设立计划及劳务人员使用计划。

（二）会同安全科等有关部门对劳务队伍的设备、施工能力等综合实力进行考查评价。

（三）为劳务队伍进行现场交底，提供作业指导书和相关技术资料。

（四）组织对劳务队伍的验工结算、竣工验收工作。

（五）负责劳务队伍的资质审查，会同有关部门每季度对其资质、信誉、人员素质、业绩、施工能力等综合实力进行考查评价。

（六）负责劳务管理实施细则的制定。

（七）对劳务管理工作进行指导与监督。

（八）负责对劳务队伍进行《劳务用工合同》的拟定，参与《机械租赁合同》的拟订，制定分部《内部经济考核责任书》的经济考核制度。

（九）负责劳务人员身份的查验工作，登记造册，建档立卡后方可使用。

（十）负责与直接雇佣的劳务人员签订《劳务用工合同》，对劳务队伍管理的劳务人员签订《劳务用工合同》情况进行检查。

（十一）负责统计上报劳务队伍、劳务人员情况的有关数据、报表。

（十二）负责对劳务队伍的验工结算、竣工验收、清算等工作。

第四条 安全科相关职责

（一）负责对劳务队伍在生产作业全过程工程质量监督检查，发现问题及时提出整改意见并监督实施。

（二）督促劳务队伍建立健全内部质量保证体系。

（三）负责对劳务队伍在生产作业全过程安全指导、检查与监督，参与进场所有劳务人员的岗前教育培训。

（四）督促劳务队伍建立健全内部安全、环境保证体系。

（五）负责和劳务队伍签订施工安全协议。

（六）负责对劳务人员岗前培训、持证上岗等情况进行落实、检查与监督。

（七）负责调查、处理劳务队伍、劳务人员发生的因工伤亡以及环境污染等事故。

（八）参与对劳务队伍的验工结算、竣工验收工作。

……

【三级评审项目】

4.2.21 分包方评价

对分包方进行全面评价和定期再评价，包括经营许可和资质证明，专业能力，人员结构和素质，机具装备，技术、质量、安全、施工管理的保证能力，工程业绩和信誉等，建立并及时更新合格分包方名录和档案。

【评审方法及评审标准】

查相关文件和记录。

1. 未对分包方进行评价，扣 4 分；

2. 评价对象不全，每少一个扣 1 分；

3. 未定期评价，每少一次扣 1 分；

4. 评价内容不全，每少一项扣 1 分；

5. 未建立或未及时更新合格分包方名录和档案,扣 4 分。

【标准分值】

4 分

◆法规要点◆

《水利水电工程施工安全管理导则》(SL 721—2015)

6.2.6 总承包单位对安全生产费用的使用负总责,分包单位对所分包工程的安全生产费用的使用负直接责任。总承包单位应定期检查评价分包单位施工现场安全生产费用使用情况。

◆条文释义◆

经营许可证:是法律规定的某些行业必须经过许可,而由主管部门办理的许可经营的证明。

◆实施要点◆

1. 本条考核应提供的备查资料一般包括:分包方评价记录表、合格分包方名录和档案等文件。

2. 水利工程施工单位应对分包方进行全面评价和定期再评价,包括经营许可和资质证明,专业能力,人员结构和素质,机具装备,技术、质量、安全、施工管理的保证能力,工程业绩和信誉等,建立并及时更新合格分包方名录和档案。

◆材料实例◆

1. 分包方评价记录表

分包方评价记录表

分包方名称		地址	
电话传真		联系人	
营业执照证号		企业等级证号	
安全生产许可证		经营范围	
分包的项目或服务名称			
评价记录			
评价内容	评价结论		评价人
经营许可和资质证明	符合□ 不符合□		
专业能力	较好□ 一般□		
人员结构和素质	较好□ 一般□		
机具装备情况	完备□ 较完备□ 不完备□		

技术、质量、安全、施工管理保证能力	好□	较好□	一般□	
工程业绩和信誉	好□	较好□	一般□	
评价审核意见：				
主管部门意见	签名：		日期： 年 月 日	

说明：本表一式_____份，由施工单位填写，用于存档和备查。

2. 工程分包合格供方名册

工程分包合格供方名册

序号	单位名称	营业执照号	资质类别及证书编号	安全生产许可证编号	经营范围	联系人	地址、邮编	联系电话

批准：　　　　　　　　审核：　　　　　　　　制表：

说明：本表一式_____份，由施工单位填写，用于存档和备查。

3. 合格劳务分包方名册

合格劳务分包方名册

序号	单位名称	资质等级	业务范围	联系人	地址、邮编	联系电话

批准：　　　　　　审核：　　　　　　制表：　　　　　　日期：

说明：本表一式_____份，由施工单位填写，用于存档和备查。

【三级评审项目】

4.2.22 分包方选择

确认分包方具备相应资质和能力,按规定选择分包方;依法与分包方签订分包合同和安全生产协议,明确双方安全生产责任和义务。

【评审方法及评审标准】

查相关文件和记录。

1. 违法分包或转包,扣 6 分;

2. 未明确双方安全责任和义务,扣 6 分。

【标准分值】

6 分

◆法规要点◆

《国务院关于坚持科学发展安全发展促进安全生产形势持续稳定好转的意见》(国发〔2011〕40 号)

(二十)加强建筑施工安全生产管理。按照"谁发证、谁审批、谁负责"的原则,进一步落实建筑工程招投标、资质审批、施工许可、现场作业等各环节安全监管责任。强化建筑工程参建各方企业安全生产主体责任。严密排查治理起重机、吊罐、脚手架等设施设备安全隐患。建立建筑工程安全生产信息系统,健全施工企业和从业人员安全信用体系,完善失信惩戒制度。建立完善铁路、公路、水利、核电等重点工程项目安全风险评估制度。严厉打击超越资质范围承揽工程、违法分包转包工程等不法行为。

◆条文释义◆

1. 资质:指从事某种工作或活动所具备的条件、资格、能力等。

2. 违法分包是指下列行为:

(1)总承包单位将建设工程分包给不具备相应资质条件的单位的;

(2)建设工程总承包合同中未有约定,又未经建设单位认可,承包单位将其承包的部分建设工程交由其他单位完成的;

(3)施工总承包单位将建设工程主体结构的施工分包给其他单位的;

(4)分包单位将其承包的建设工程再分包的。

◆实施要点◆

1. 本条考核应提供的备查资料一般包括:分包方资质和能力等文件,分包合同和安全生产协议。

2. 水利工程施工单位应按规定选择分包方,依法与分包方签订分包合同和安全生产协议,明确双方安全生产责任和义务。

◆**材料实例**◆

施工分包申报表

施工分包申报表

合同名称： 合同编号：

致（监理机构）： 　　根据施工合同约定和工程需要，我方拟将本申请表中所列项目分包给所选分包人，经考察，所选分包人具备按照合同要求完成所分包工程资质、经验、技术与管理水平、资源和财务能力，并具有良好的业绩和信誉，请贵方审核。									
分包人名称									
序号	合同工程量清单项目编号	分包工作名称	单位	合同工程量	合同单价(元)	合同金额(元)	分包工程量	分包工作金额(元)	分包工作金额占签约合同价的比例(%)
1									
2									
3									
4									
合计									
附件：分包人简况（包括分包人资质、业绩、经验、能力、信誉、财务、主要人员经历等资料） 　　　　　　　　　　　　　　　承包人（现场机构名称及盖章）： 　　　　　　　　　　　　　　　项目经理：(签名) 　　　　　　　　　　　　　　　日　期：　年　月　日									
监理机构将另行签发审核意见。 　　　　　　　　　　　　　　　监理机构（名称及盖章）： 　　　　　　　　　　　　　　　签收人：(签名) 　　　　　　　　　　　　　　　日　期：　年　月　日									

　　说明：1. 本表一式＿＿＿＿＿＿份，由施工单位填写，监理机构签收后，项目法人＿＿＿＿＿＿份、监理机构＿＿＿＿＿＿份、施工单位＿＿＿＿＿＿份。

　　2. 本表中分包工作金额＝合同单价×分包工程量

【**三级评审项目**】

4.2.23　分包方管理

　　对分包方进场人员和设备进行验证；督促分包方对进场作业人员进行安全教育，考核合格后进入现场作业；对分包方人员进行安全交底；审查分包方编制的安全施工措施，并督促落实；定期识别分包方的作业风险，督促落实安全措施。

【**评审方法及评审标准**】

查相关记录并查看现场。

1. 人员或设备验证不全，每少一项扣1分；

2. 未经培训合格，每人扣1分；

3. 未交底或交底不符合规定,每人扣 2 分;

4. 未定期识别分包方的作业风险、督促落实安全措施,扣 8 分。

【标准分值】

6 分

◆法规要点◆

《水利水电工程施工安全管理导则》(SL 721—2015)

6.1.7　总承包单位实行分包的,分包合同中应明确分包工程的安全生产费用,由总承包单位监督使用。

6.2.8　总承包单位对安全生产费用的使用负总责,分包单位对所分包工程的安全生产费用的使用负直接责任。总承包单位应定期检查评价分包单位施工现场安全生产费用使用情况。

7.8.3　专项施工方案应由施工单位技术负责人组织施工技术、安全、质量等部门的专业技术人员进行审核。经审核合格的,应由施工单位技术负责人签字确认,实行分包的,应由总承包单位和分包单位技术负责人共同签字确认。

8.4.4　实行分包的,总承包单位应统一管理分包单位的安全生产教育培训工作,分包单位应服从总承包单位的管理。

10.1.2　施工单位对其施工作业区域内的安全生产全面负责。实行分包的,由总承包单位负责施工现场安全生产的统一管理,并监督检查分包单位的管理情况。分包单位在总承包单位的统一管理下,负责分包范围内的安全生产管理工作。

◆条文释义◆

作业风险:因内部作业、人员及系统之不当与失误,或其他外部作业与相关事件,所造成损失之风险。

◆实施要点◆

1. 本条考核应提供的备查资料一般包括:分包方对进场作业人员安全教育培训记录、分包方编制的安全施工措施等文件。

2. 两个以上生产经营单位在同一作业区域内进行生产经营活动,可能危及对方生产安全的,应当签订安全生产管理协议,明确各自的安全生产管理职责和应当采取的安全措施,并指定专职安全生产管理人员进行安全检查与协调。

3. 生产经营单位不得将生产经营项目、场所、设备发包或者出租给不具备安全生产条件或者相应资质的单位或者个人。生产经营项目、场所发包或者出租给其他单位的,生产经营单位应当与承包单位、承租单位签订专门的安全生产管理协议,或者在承包合同、租赁合同中约定各自的安全生产管理职责;生产经营单位对承包单位、承租单位的安全生产工作统一协调、管理,定期进行安全检查,发现安全问题的,应当及时督促整改。

4. 安全资质审查不合格的不签订安全管理协议,安全协议未签订的不安排进场,施工作业安全方案不合格的不办理相关作业票证,安全措施不落实的不允许施工。

◆材料实例◆

相关方管理检查表

相关方管理检查表

序号	检查内容及要求	检查意见
1	工程分包、劳务分包、设备物资采购、设备租赁管理制度	
2	对分包方评价的资料档案和合格分包方目录	
3	评价的内容包括经营许可和资质证明,专业能力,人员结构和素质,机具装备,技术质量、安全、施工管理的保证能力,工程业绩和信誉	
4	依法与分包方签订分包合同和安全生产协议,明确双方安全生产责任和义务	
5	对分包方进场人员和设备进行验证	
6	督促分包方对进场作业人员进行安全教育,考试合格后进入现场作业	
7	对分包方人员进行安全交底	
8	审查分包方编制的安全施工措施,并督促落实	
9	定期识别分包方的作业风险,督促落实安全措施	
10	同一作业区域内有多个单位作业时,定期识别风险,采取有效的风险控制措施	
验收结论意见:		
验收人员:		

说明:本表一式_____份,由检查单位填写,用于存档和备查。

第三节 职业健康

【三级评审项目】

4.3.1 建立职业健康管理制度,明确职业危害的管理职责、作业环境、"三同时"、劳动防护品及职业病防护设施、职业健康检查与档案管理、职业危害告知、职业病申报、职业病治疗和康复、职业危害因素的辨识、监测、评价和控制的职责和要求。

【评审方法及评审标准】

查制度文本。

1. 未以正式文件发布,扣 2 分;

2. 制度内容不全,每缺一项扣 1 分;

3. 制度内容不符合有关规定,每项扣 1 分。

【标准分值】

2 分

◆**法规要点**◆

《水利水电工程施工通用安全技术规程》(SL 398—2007)

3.4.11 工程建设各单位应建立职业卫生管理规章制度和施工人员职业健康档案,对从事尘、毒、噪声等职业危害的人员应每年进行一次职业体检,对确认职业病的职工应及时给予治疗,并调离原工作岗位。

《水利水电工程施工安全管理导则》(SL 721—2015)

12.1.1 各参建单位应按照有关法律、法规、规章、制度和标准的要求,为从业人员提供符合职业健康要求的工作环境和条件,配备职业健康保护设施、工具和用品。

各参建单位的主要负责人应对本单位作业场所的职业危害防治工作负责。

◆**条文释义**◆

1. "三同时":同时设计、同时施工、同时投产使用。

2. 职业病:是指企业、事业单位和个体经济组织等用人单位的劳动者在职业活动中,因接触粉尘、放射性物质和其他有毒、有害物质等因素而引起的疾病。

3. 职业危害:是职工生产劳动过程所发生的对人身的威胁和伤害。职业危害因人们所从事的职业或职业环境中所特有的危险性、潜在危险因素、有害因素及人的不安全行为所造成的危害。它包括两个方面:一是职业意外事故,即在职业活动中所发生的一种不可预期的偶发事故。二是职业病,即在生产劳动及其他职业活动中接触职业性有害因素引起的疾病。职业病与职业危害因素有直接联系,并且具有因果关系和某些规律性。

◆**实施要点**◆

1. 本条考核应提供的备查资料一般包括：《职业健康管理制度》及其印发文件。

2. 水利工程施工单位应按照《中华人民共和国职业病防治法》《作业场所职业健康监督管理暂行规定》（国家安全生产监督管理总局令第 23 号）等有关法律法规、技术标准进行职业健康管理。

◆**材料实例**◆

印发职业健康管理制度文件

××水利工程建设有限公司文件
×××〔2021〕×号

关于印发《职业健康管理制度》的通知

各部门、各分公司：

　　为预防、控制和消除职业危害，预防职业病，我公司组织制定了《职业健康管理制度》，现印发给你们，请遵照执行。

　　附件：职业健康管理制度

××水利工程建设有限公司（章）

2021 年×月×日

职业健康管理制度

第一章　总则

　　第一条　为了预防、控制和消除职业危害，预防职业病，保护全体员工的身体健康和相关权益，根据《中华人民共和国职业病防治法》《用人单位职业健康监护管理办法》《工作场所职业健康监督管理暂行规定》等有关法律法规、规定，结合工程管理实际，特制定本制度。

　　第二条　职业卫生管理和职业病防治工作坚持"预防为主，防治结合"的方针，实行分类管理、综合治理的原则。

　　第三条　本制度适用于管理所范围内职业危害的监测、评价和控制。

第二章　职业病防治责任制度

　　第四条　安全生产委员会负责全所职业健康管理工作，安全科负责协调职业健康管理日常工作。

　　第五条　财务科负责保证职业健康管理资金投入。

第六条　办公室负责制定职业健康相关规章制度,职业危害申报,建立健全职工健康监护档案,工伤保险、培训等工作。

第七条　办公室协助监督检查职业健康状况,负责职工健康体检及职业卫生档案保管工作。

第八条　各部门落实职业健康管理的具体实施,做好职业病的日常防控工作。

第九条　制定或者修改有关职业健康的规章制度,应当听取管理所领导的意见。

第三章　职业病危害警示与告知制度

第十条　岗前告知。

(一)调任到岗时,办公室应将工作过程中可能产生的职业病危害及其后果、职业病危害防护措施和待遇等如实告知。

(二)未与在岗员工签订《职业病危害劳动告知合同》的,应按国家职业病危害防治法律、法规的相关规定与员工进行补签。

(三)在已订立劳动合同期间,因工作岗位或者工作内容变更,从事与所订立劳动合同中未告知的存在职业病危害的作业时,应向员工如实告知,现所从事的工作岗位存在的职业病危害因素,并签订职业病危害因素告知补充合同。

第十一条　现场告知。

(一)在有职业危害告知需要的工作场所醒目位置设置公告栏,公布有关职业病危害防治的规章制度、操作规程、职业病危害事故应急救援措施以及作业场所职业病危害因素检测和评价的结果。各有关部门及时提供需要公布的内容。

(二)在产生职业病危害的作业岗位的醒目位置,设置警示标识和中文警示说明。警示说明应当载明产生职业病危害的种类、后果、预防和应急处置措施等内容。

第十二条　检查结果告知。

如实告知员工职业卫生检查结果,发现疑似职业病危害的及时告知本人。员工离开本用人单位时,如索取本人职业卫生监护档案复印件,应如实、无偿提供,并在所提供的复印件上签章。

......

【三级评审项目】

4.3.2　结合工程施工作业及其采用的工艺方法,按照有关规定开展职业危害因素辨识工作,并评估职业危害因素的种类、浓度、强度及其对人体危害的途径,策划并明确相应的控制措施。

【评审方法及评审标准】

查相关记录。

1. 职业危害因素辨识、评估不全,每缺一项扣 1 分;

2. 未制定控制措施,每项扣 1 分。

【标准分值】

4 分

◆**法规要点**◆

《中华人民共和国职业病防治法》

第二十条　用人单位应当采取下列职业病防治管理措施:

(五)建立、健全工作场所职业病危害因素监测及评价制度。

第二十四条　产生职业病危害的用人单位,应当在醒目位置设置公告栏,公布有关职业病防治的规章制度、操作规程、职业病危害事故应急救援措施和工作场所职业病危害因素检测结果。

第二十六条　用人单位应当实施由专人负责的职业病危害因素日常监测,并确保监测系统处于正常运行状态。

用人单位应当按照国务院卫生行政部门的规定,定期对工作场所进行职业病危害因素检测、评价。检测、评价结果存入用人单位职业卫生档案,定期向所在地卫生行政部门报告并向劳动者公布。

职业病危害因素检测、评价由依法设立的取得国务院卫生行政部门或者设区的市级以上地方人民政府卫生行政部门按照职责分工给予资质认可的职业卫生技术服务机构进行。职业卫生技术服务机构所作检测、评价应当客观、真实。

发现工作场所职业病危害因素不符合国家职业卫生标准和卫生要求时,用人单位应当立即采取相应治理措施,仍然达不到国家职业卫生标准和卫生要求的,必须停止存在职业病危害因素的作业;职业病危害因素经治理后,符合国家职业卫生标准和卫生要求的,方可重新作业。

《作业场所职业健康监督管理暂行规定》(国家安全生产监督管理总局令第 23 号)

第十四条　新建、改建、扩建的工程建设项目和技术改造、技术引进项目(以下统称建设项目)可能产生职业危害的,建设单位应当按照有关规定,在可行性论证阶段委托具有相应资质的职业健康技术服务机构进行预评价。职业危害预评价报告应当报送建设项目所在地安全生产监督管理部门备案。

第十八条　存在职业危害的生产经营单位,应当在醒目位置设置公告栏,公布有关职业危害防治的规章制度、操作规程和作业场所职业危害因素监测结果。

对产生严重职业危害的作业岗位,应当在醒目位置设置警示标识和中文警示说明。警示说明应当载明产生职业危害的种类、后果、预防和应急处置措施等内容。

第二十一条　存在职业危害的生产经营单位应当设有专人负责作业场所职业危害因素日常监测,保证监测系统处于正常工作状态。监测的结果应当及时向从业人员公布。

第二十二条　存在职业危害的生产经营单位应当委托具有相应资质的中介技术服务机构,每年至少进行一次职业危害因素检测,每三年至少进行一次职业危害现状评价。定期检测、评价结果应当存入本单位的职业危害防治档案,向从业人员公布,并向所在地安全生产监督管理部门报告。

第二十三条　生产经营单位在日常的职业危害监测或者定期检测、评价过程中,发现作业场所职业危害因素的强度或者浓度不符合国家标准、行业标准的,应当立即采取措施进行整改和治理,确保其符合职业健康环境和条件的要求。

◆**条文释义**◆

1. 职业病危害:是指对从事职业活动的劳动者可能导致职业病的各种危害。职业病危害因素包括：职业活动中存在的各种有害的化学、物理、生物因素以及在作业过程中产生的其他职业有害因素。

2. 职业危害因素：生产环境中影响人体健康的各种有害因素的统称。可分三类：一是生产过程有关的因素，包括物理因素，如不良的气象条件（高温、高湿、低温等）、异常的气压（高气压、低气压）、辐射（高频电磁场、微波、紫外线、红外线、放射线）、噪声、振动等；化学因素，如工业毒物、粉尘等；生物因素，如某些寄生虫、微生物等。二是劳动过程中产生的因素，如劳动组织和制度不合理，精神紧张，劳动强度过大、频度过密等。三是生产环境中固有的因素，如自然环境中的不良因素、厂房建筑不合理等。

◆实施要点◆

1. 本条考核应提供的备查资料一般包括：职业危害因素辨识工作记录以及控制措施等文件。

2. 水利工程施工单位应按照《中华人民共和国职业病防治法》《作业场所职业健康监督管理暂行规定》（国家安全生产监督管理总局令第 23 号）等有关法律法规、技术标准开展职业危害因素辨识工作，策划并明确相应的控制措施。

◆材料实例◆

职业危害因素辨识一览表

职业危害因素辨识一览表

序号	作业场所	职业危害因素	可能导致的职业病	控制措施	备注
1	钻孔作业	粉尘	尘肺	（1）加强教育培训，提升作业人员对涉及职业危害的认知及相关防控措施； （2）正确佩戴劳动防护用品，加强作业防护； （3）严格操作规程作业； （4）加强通风	
		噪声	噪声聋	（1）加强教育培训，提升作业人员对涉及职业危害的认知及相关防控措施； （2）正确佩戴劳动防护用品，加强作业防护； （3）严格操作规程作业； （4）对噪声源采取有效降噪措施	
2	焊接作业	焊接烟尘	尘肺、职业性化学中毒	（1）加强教育培训，提升作业人员对涉及职业危害的认知及相关防控措施； （2）正确佩戴劳动防护用品，加强作业防护； （3）严格操作规程作业； （4）加强通风，并加强作业现场监督检查	
		焊接火光	电光性眼炎	（1）加强教育培训，提升作业人员对涉及职业危害的认知及相关防控措施； （2）正确佩戴劳动防护用品，加强作业防护； （3）严格操作规程作业； （4）定期开展职业健康体检	

序号	作业场所	职业危害因素	可能导致的职业病	控制措施	备注
3	土方开挖	粉尘	尘肺	(1) 加强教育培训,提升作业人员对涉及职业危害的认知及相关防控措施; (2) 正确佩戴劳动防护用品,加强作业防护; (3) 严格操作规程作业; (4) 加强通风	
4	砂石料生产作业	粉尘	尘肺	(1) 加强教育培训,提升作业人员对涉及职业危害的认知及相关防控措施; (2) 正确佩戴劳动防护用品,加强作业防护; (3) 严格操作规程作业; (4) 加强通风	
5	打桩作业	噪声	噪声聋	(1) 加强教育培训,提升作业人员对涉及职业危害的认知及相关防控措施; (2) 正确佩戴劳动防护用品,加强作业防护; (3) 严格操作规程作业; (4) 对噪声源采取有效降噪措施	
6	木料切割	噪声	噪声聋	(1) 加强教育培训,提升作业人员对涉及职业危害的认知及相关防控措施; (2) 正确佩戴劳动防护用品,加强作业防护; (3) 严格操作规程作业; (4) 对噪声源采取有效降噪措施	

【三级评审项目】

4.3.3　为从业人员提供符合职业健康要求的工作环境和条件,配备相适应的职业健康防护用品。在产生职业病危害的工作场所应设置相应的职业病防护设施。砂石料生产系统、混凝土生产系统、钻孔作业、洞室作业等产生职业病危害的工作场所的粉尘、噪声、毒物等指标应符合有关标准的规定。

【评审方法及评审标准】

查相关记录并查看现场。

1. 未配备相适应的劳动防护用品,每人扣 1 分;

2. 未按规定正确佩戴劳动防护用品,每人扣 1 分;

3. 产生职业病危害的工作场所未设置职业病防护设施,每处扣 2 分;

4. 工作场所的粉尘、噪声、毒物等指标超标,每处扣 2 分。

【标准分值】

6 分

◆**法规要点**◆

《水利水电工程施工安全管理导则》(SL 721—2015)

12.1.2　施工单位对存在职业危害的场所应加强管理,并遵守下列规定:

1. 对存在粉尘、有害物质、噪声、高温等职业危害因素的场所和岗位,应制定专项防控措施,并按规定进行专门管理和控制,明确具有职业危害的有关场所和岗位,制定专项防控措施,进行专门管理和控制。

2. 施工区内起重设施、施工机械、移动式电焊机及工具房、水泵房、空压机房、电工值班房等应符合职业卫生、环境保护要求。

12.1.4 施工单位应为从业人员提供符合职业健康要求的工作环境和条件,并遵守下列规定:

1. 配备符合国家或者行业标准的劳动防护用品;

2. 设置与职业危害防护相适应的卫生设施;

3. 膳食、饮水、休息场所等应符合卫生标准;

4. 在生产生活区域设置卫生清洁设施和管理保洁人员等。

《中华人民共和国职业病防治法》

第二十二条 用人单位必须采用有效的职业病防护设施,并为劳动者提供个人使用的职业病防护用品。用人单位为劳动者个人提供的职业病防护用品必须符合防治职业病的要求;不符合要求的,不得使用。

第二十四条 产生职业病危害的用人单位,应当在醒目位置设置公告栏,公布有关职业病防治的规章制度、操作规程、职业病危害事故应急救援措施和工作场所职业病危害因素检测结果。

对产生严重职业病危害的作业岗位,应当在其醒目位置,设置警示标识和中文警示说明。警示说明应当载明产生职业病危害的种类、后果、预防以及应急救治措施等内容。

第二十五条 对可能发生急性职业损伤的有毒、有害工作场所,用人单位应当设置报警装置,配置现场急救用品、冲洗设备、应急撤离通道和必要的泄险区。

对放射工作场所和放射性同位素的运输、贮存,用人单位必须配置防护设备和报警装置,保证接触放射线的工作人员佩戴个人剂量计。

对职业病防护设备、应急救援设施和个人使用的职业病防护用品,用人单位应当进行经常性的维护、检修,定期检测其性能和效果,确保其处于正常状态,不得擅自拆除或者停止使用。

《作业场所职业健康监督管理暂行规定》(国家安全生产监督管理总局令第 23 号)

第十九条 生产经营单位必须为从业人员提供符合国家标准、行业标准的职业危害防护用品,并督促、教育、指导从业人员按照使用规则正确佩戴、使用,不得发放钱物替代发放职业危害防护用品。

生产经营单位应当对职业危害防护用品进行经常性的维护、保养,确保防护用品有效。不得使用不符合国家标准、行业标准或者已经失效的职业危害防护用品。

第二十条 生产经营单位对职业危害防护设施应当进行经常性的维护、检修和保养,定期检测其性能和效果,确保其处于正常状态。不得擅自拆除或者停止使用职业危害防护设施。

◆**条文释义**◆

粉尘:是指悬浮在空气中的固体微粒。习惯上对粉尘有许多称呼,如灰尘、尘埃、烟尘、矿尘、沙尘、粉末等,这些名词没有明显的界限。国际标准化组织规定,粒径小于 $75\mu m$ 的固体悬浮物定义为粉尘。

◆**实施要点**◆

本条考核应提供的备查资料一般包括:职业健康防护用品记录以及职业病防护设施。

◆**材料实例**◆

1. 职业病防护设施采购(配置)记录

职业病防护设施采购(配置)记录

序号	个人防护用品名称	规格	数量	有无生产许可证	有无产品合格证	有无使用说明书	采购时间	采购人	验收人
1									
2									
3									

2. 职业病防护用品台账记录

职业病防护用品台账记录

货名:　　　　　　规格:　　　　　　计量单位:　　　　　　存放地点:

年		摘要	收入			发出			结存		
月	日		数量	单价	金额	数量	单价	金额	数量	单价	金额
		上年度结转									

【**三级评审项目**】

4.3.4　施工布置应确保使用有毒、有害物品的作业场所与生活区、辅助生产区分开,作业场所不应住人;将有害作业与无害作业分开,高毒工作场所与其他工作场所隔离。

【**评审方法及评审标准**】

查相关记录并查看现场。

1. 布置不合理,扣3分;

2. 作业场所住人,扣3分;

3. 高毒工作场所与其他工作场所未有效隔离,扣 3 分。

【标准分值】

3 分

◆**法规要点**◆

《水利水电工程施工安全管理导则》(SL 721—2015)

12.1.4　施工单位应为从业人员提供符合职业健康要求的工作环境和条件,并遵守下列规定:

1. 施工现场的办公、生活区与作业区分开设置,并保持安全距离。

《作业场所职业健康监督管理暂行规定》(国家安全生产监督管理总局令第 23 号)

第十二条　存在职业危害的生产经营单位的作业场所应当符合下列要求:

(一)生产布局合理,有害作业与无害作业分开;

(二)作业场所与生活场所分开,作业场所不得住人;

(三)有与职业危害防治工作相适应的有效防护设施;

(四)职业危害因素的强度或者浓度符合国家标准、行业标准;

(五)法律、法规、规章和国家标准、行业标准的其他规定。

◆**条文释义**◆

1. 作业场所:是指从业人员进行职业活动的所有地点,包括建设单位施工场所。

2. 有害作业:作业环境中有害物质的浓度、剂量超过国家卫生标准中该物质最高容许值的作业。

◆**实施要点**◆

水利工程施工单位应按照《中华人民共和国职业病防治法》《作业场所职业健康监督管理暂行规定》(国家安全生产监督管理总局令第 23 号)等有关法律法规、技术标准进行施工场所布置。

◆**材料实例**◆

无。

【三级评审项目】

4.3.5　在可能发生急性职业危害的有毒、有害工作场所,设置报警装置,制定应急处置方案,现场配置急救用品、设备,并设置应急撤离通道。

【评审方法及评审标准】

查相关记录和查看现场。

1. 报警装置设置不全,每少一处扣 2 分;

2. 报警装置不能正常工作,每处扣 2 分;

3. 无应急处置方案,扣 4 分;

4. 无急救用品、设备、应急撤离通道,扣 4 分。

【标准分值】

4 分

◆法规要点◆

《水利水电工程施工安全管理导则》(SL 721—2015)

12.1.2　施工单位对存在职业危害的场所应加强管理,并遵守下列规定:

1. 对可能发生急性职业危害的工作场所,应设置报警装置、标识牌、应急撤离通道和必要的泄险区,制定应急预案,配置现场急救用品、设备。

12.1.7　施工单位对存在严重职业危害的作业岗位,应设置警示标识、警示说明和报警装置。警示说明应载明职业危害的种类、后果、预防和应急救治措施。

《中华人民共和国职业病防治法》

第二十五条　对可能发生急性职业损伤的有毒、有害工作场所,用人单位应当设置报警装置,配置现场急救用品、冲洗设备、应急撤离通道和必要的泄险区。

对放射工作场所和放射性同位素的运输、贮存,用人单位必须配置防护设备和报警装置,保证接触放射线的工作人员佩戴个人剂量计。

◆条文释义◆

1. 职业危害:是指从业人员在从事职业活动中,由于接触粉尘、毒物等有害因素而对身体健康所造成的各种损害。

2. 报警装置:是指表示发生故障、事故或危险情况的信息显示装置。按接收信息的感觉通道性质,可分为视觉报警器、听觉报警器、触觉报警器和嗅觉报警器等。

◆实施要点◆

1. 本条考核应提供的备查资料一般包括:急性职业危害应急处置方案。

2. 水利工程施工单位应按照《中华人民共和国职业病防治法》等有关法律法规、技术标准在可能发生急性职业危害的有毒、有害工作场所,设置报警装置,并制定应急处置方案。

◆材料实例◆

职业病危害事故专项应急预案

××水利工程建设有限公司文件

×××〔2021〕×号

关于印发《职业病危害事故专项应急预案》的通知

各部门、各分公司:

为规范项目部职业病危害事故的调查和处理,及时有效地控制职业病危害事故,减轻职业病危害事故造成的损害,根据《中华人民共和国职业病防治法》有关规定,我公司组织制定了《职业病危害事故专项应急预案》,现印发给你们,请遵照执行。

　　附件:职业病危害事故专项应急预案

××水利工程建设有限公司(章)

2021年×月×日

职业病危害事故专项应急预案

1　总则

1.1　编制目的

　　为规范公司职业病危害事故的调查和处理,及时有效地控制职业病危害事故,减轻职业病危害事故造成的损害,防止事故恶化,最大限度降低事故损失,特制定本预案。

1.2　编制依据

　　《生产经营单位生产安全事故应急预案编制导则》《中华人民共和国职业病防治法》。

1.3　适用范围

　　本预案适用于公司职业病危害事故的应急救援工作。

2　应急处置基本原则

（1）救人高于一切;

（2）抢险施救与报告同时进行,逐级报告;

（3）局部服从全局,下级服从上级。

3　事故类型及危害程度分析

3.1　事故类型

　　可能发生的职业病危害事故有:

（1）人员中毒、窒息事故;

（2）出现尘肺病、噪声聋、手臂振动病、电光性眼炎等疑似职业病患者。

3.2　危害程度分析

　　公司各阶段、各部位,均可能导致人身伤亡事故发生,对工程参建人员生命安全造成威胁,甚至可能引起恐慌,造成负面影响。

4　事故分级

　　按照事故性质、严重程度、可控性和影响范围等因素,人身伤亡事故分为两级,即Ⅰ级、Ⅱ级。

（1）Ⅰ级事故

　　人身伤亡事故造成3人以上中毒和窒息;出现3人以上疑似职业病患者。

（2）Ⅱ级事故

　　人身伤亡事故造成1人以上3人以下中毒和窒息;出现1人以上3人以下疑似职业病患者。

本预案有关数量的表述中,"以上"含本数,"以下"不含本数。

5 应急指挥组织机构及职责

5.1 应急救援领导小组

组   长:×××

副组长:×××

成   员:×××   ×××

职   责:负责职业病危害事故救援工作的决策、组织、协调,参与现场统一指挥,统筹安排人、机、财、物等资源的合理配置,确保在救援过程中能快速反应、有效应对,最大限度地减少人身伤亡事故造成的人员伤亡和财产损失。

······

【三级评审项目】

4.3.6 各种防护用品、器具定点存放在安全、便于取用的地方,建立台账,并指定专人负责保管防护器具,并定期校验和维护,确保其处于正常状态。

【评审方法及评审标准】

查相关记录和查看现场。

1. 防护用品、器具存放不符合规定,每处扣 1 分;

2. 未建立台账,扣 3 分;

3. 未指定专人负责保管,扣 3 分;

4. 未定期校验和维护,每项扣 1 分。

【标准分值】

3分

◆法规要点◆

《水利水电工程施工安全管理导则》(SL 721—2015)

12.1.4 施工单位应为从业人员提供符合职业健康要求的工作环境和条件,并遵守下列规定:

1. 配备符合国家或者行业标准的劳动防护用品;

2. 对现场急救用品、设备和防护用品进行经常性检维修、检测。

《中华人民共和国职业病防治法》

第二十五条 对职业病防护设备、应急救援设施和个人使用的职业病防护用品,用人单位应当进行经常性的维护、检修,定期检测其性能和效果,确保其处于正常状态,不得擅自拆除或者停止使用。

《作业场所职业健康监督管理暂行规定》(国家安全生产监督管理总局令第 23 号)

第十九条 生产经营单位应当对职业危害防护用品进行经常性的维护、保养,确保防护用品有效。不得使用不符合国家标准、行业标准或者已经失效的职业危害防护用品。

第二十条 生产经营单位对职业危害防护设施应当进行经常性的维护、检修和保养,定期检测其性能和效果,确保其处于正常状态。不得擅自拆除或者停止使用职业危害防护设施。

◆**条文释义**◆

无。

◆**实施要点**◆

本条考核应提供的备查资料一般包括：防护用品、器具登记台账资料以及定期校验和维护记录。

◆**材料实例**◆

1. 职业危害防治设备器材登记表

职业危害防治设备器材登记表

工程名称：

序号	设备器材名称	规格型号	数量	使用地点	起用日期	防治内容	责任人	备注
填表人		审核人			填表日期			

说明：本表一式_____份，由施工单位填写，用于归档和备查。施工单位、监理机构各1份。

2. 职业危害防护器具校验和维护记录表

职业危害防护器具校验和维护记录表

工程名称：

序号	器具名称	器具数量	校验(维护)时间	校验(维护)结果	责任人

填表人：   审核人：

说明：本表一式_____份，由施工单位填写，用于归档和备查。

【三级评审项目】

4.3.7 对从事接触职业病危害的作业人员应按规定组织上岗前、在岗期间和离岗时职业健康检查，建立健全职业卫生档案和员工健康监护档案。

【评审方法及评审标准】

查相关记录。

1. 职业健康检查不全，每少一人扣1分；

2. 职业卫生档案和健康监护档案不全，每少一人扣1分。

【标准分值】

4 分

◆法规要点◆

《水利水电工程施工安全管理导则》(SL 721—2015)

12.1.3 施工单位应对从事危险作业的人员加强职业健康管理,并遵守下列规定:

1. 根据职业危害类别,进行上岗前、在岗期间、离岗时的职业健康检查;

2. 为相关岗位作业人员建立职业健康监护档案。

《中华人民共和国职业病防治法》

第二十条 用人单位应当采取下列职业病防治管理措施:建立、健全职业卫生档案和劳动者健康监护档案。

第三十五条 对从事接触职业病危害的作业的劳动者,用人单位应当按照国务院卫生行政部门的规定组织上岗前、在岗期间和离岗时的职业健康检查,并将检查结果书面告知劳动者。职业健康检查费用由用人单位承担。

职业健康检查应当由取得医疗机构执业许可证的医疗卫生机构承担。卫生行政部门应当加强对职业健康检查工作的规范管理,具体管理办法由国务院卫生行政部门制定。

第三十六条 用人单位应当为劳动者建立职业健康监护档案,并按照规定的期限妥善保存。

职业健康监护档案应当包括劳动者的职业史、职业病危害接触史、职业健康检查结果和职业病诊疗等有关个人健康资料。劳动者离开用人单位时,有权索取本人职业健康监护档案复印件,用人单位应当如实、无偿提供,并在所提供的复印件上签章。

《作业场所职业健康监督管理暂行规定》(国家安全生产监督管理总局令第 23 号)

第三十一条 对接触职业危害的从业人员,生产经营单位应当按照国家有关规定组织上岗前、在岗期间和离岗时的职业健康检查,并将检查结果如实告知从业人员。职业健康检查费用由生产经营单位承担,生产经营单位不得安排未经上岗前职业健康检查的从业人员从事接触职业危害的作业。

第三十二条 生产经营单位应当为从业人员建立职业健康监护档案,并按照规定的期限妥善保存。

从业人员离开生产经营单位时,有权索取本人职业健康监护档案复印件,生产经营单位应当如实、无偿提供,并在所提供的复印件上签章。

◆条文释义◆

1. 职业危害:是指从业人员在从事职业活动中,由于接触粉尘、毒物等有害因素而对身体健康所造成的各种损害。

2. 职业卫生档案:是指职业卫生监督执法、职业卫生技术服务、职业卫生防治、管理以及职业卫生科学研究活动中形成的,具有保存价值的文字、材料、图纸、照片、报表、录音带、录像、影视、计算机数据等文件材料。

3. 职业健康监护档案:记录职业人员职业健康信息的文档。

◆**实施要点**◆

本条考核应提供的备查资料一般包括：从事接触职业病危害的作业人员职业健康检查记录以及职业卫生档案和员工健康监护档案等文件。

◆**材料实例**◆

1. 职业健康检查结果及处理情况

职业健康检查结果及处理情况

体检机构：××市人民医院   检查时间：   年   月   日

序号	姓名	检查结论	备注
1	×××	① 脂肪肝；② 转氨酶升高	岗中检查
2	×××	本次体检未见异常	岗中检查
3	×××	① 甘油三酯升高；② 血糖升高	岗中检查
4	×××	① 甘油三酯升高；② 窦性心律伴频发室性早搏	岗中检查
5	×××	本次体检未见异常	岗前检查
6	×××	① 高血压；② 左心室高电压	岗中检查
	……		

1. 结论：本次体检中，应检查25名特殊工程操作人员，实际检查20名，另有5人（×××、×××……）由于工作原因，未参加本次体检。其中，×××检查出①高血压、②左心室高电压，建议调离现工作岗位，不宜从事高空作业和繁重体力劳动。

2. 处理情况：×××已调离当前登高工作，做保卫工作。

2. 接触有害因素职工健康监护及职业病情况

接触有害因素职工健康监护及职业病情况

有害因素名称	工种	应检人数	实检人数	上岗前体检人数		在岗期间体检人数		离岗时体检人数		检出职业禁忌人数	现有职业病人数	年度新增职业病例数	体检或职业病诊断机构
				应检数	实检数	应检数	实检数	应检数	实检数				

【**三级评审项目**】

4.3.8 按规定给予职业病患者及时的治疗、疗养；患有职业禁忌证的员工，应及时调整到合适岗位。

【**评审方法及评审标准**】

查相关记录和档案。

1. 职业病患者未得到及时治疗、疗养，每人扣1分；

2. 患有职业禁忌证的员工未及时调整到合适岗位，每人扣1分。

【标准分值】

3 分

◆法规要点◆

《水利水电工程施工安全管理导则》(SL 721—2015)

12.1.3 施工单位应对从事危险作业的人员加强职业健康管理,并遵守下列规定:

1. 不得安排未经上岗前职业健康检查的作业人员从事接触职业病危害因素的作业,不得安排有职业禁忌的作业人员从事其所禁忌的作业。

2. 按规定给予职业病患者及时的治疗、疗养。

《中华人民共和国职业病防治法》

第三十五条 用人单位不得安排未经上岗前职业健康检查的劳动者从事接触职业病危害的作业;不得安排有职业禁忌的劳动者从事其所禁忌的作业;对在职业健康检查中发现有与所从事的职业相关的健康损害的劳动者,应当调离原工作岗位,并妥善安置;对未进行离岗前职业健康检查的劳动者不得解除或者终止与其订立的劳动合同。

《作业场所职业健康监督管理暂行规定》(国家安全生产监督管理总局令第 23 号)

第三十一条 不得安排有职业禁忌的从业人员从事其所禁忌的作业;对在职业健康检查中发现有与所从事职业相关的健康损害的从业人员,应当调离原工作岗位,并妥善安置。

◆条文释义◆

职业禁忌:是指劳动者从事特定职业或者接触特定职业病危害因素时,比一般职业人群更易于遭受职业病危害和罹患职业病或者可能导致原有自身疾病病情加重,或者在从事作业过程中诱发可能导致对他人生命健康构成危险的疾病的个人特殊生理或者病理状态。

◆实施要点◆

1. 本条考核应提供的备查资料一般包括:职业病患者及时的治疗、疗养记录等文件。

2. 水利工程施工单位应按规定给予职业病患者及时的治疗、疗养;患有职业禁忌证的员工,应及时调整到合适岗位。

◆材料实例◆

1. 职业病诊疗情况表

职业病诊疗情况表

诊断情况		
诊断日期	职业病种类	诊断机构

治疗情况				
治疗日期	病情	处方	治疗机构	主治医师

2. 岗位变迁情况登记表

岗位变迁情况登记表

变更前岗位	变更后岗位	变更时间	变更原因	备注

【三级评审项目】

4.3.9　与从业人员订立劳动合同时，如实告知作业过程中可能产生的职业危害及其后果、防护措施等。

【评审方法及评审标准】

查相关记录。

未如实告知，每人扣1分。

【标准分值】

4分

◆法规要点◆

《水利水电工程施工安全管理导则》(SL 721—2015)

12.1.5　各参建单位与员工订立劳动合同时，应如实告知本单位从业人员作业过程中可能产生的职业危害及其后果、防护措施等，并对从业人员及相关方进行宣传教育，使其了解生产过程中的职业危害、预防和应急处理措施，降低或消除危害后果。

《中华人民共和国职业病防治法》

第三十三条　用人单位与劳动者订立劳动合同(含聘用合同，下同)时，应当将工作过程中可能产生的职业病危害及其后果、职业病防护措施和待遇等如实告知劳动者，并在劳动合同中写明，不得隐瞒或者欺骗。

劳动者在已订立劳动合同期间因工作岗位或者工作内容变更，从事与所订立劳动合同中未告知的存在职业病危害的作业时，用人单位应当依照前款规定，向劳动者履行如实告知的义务，并协商变更原劳动合同相关条款。

用人单位违反前两款规定的，劳动者有权拒绝从事存在职业病危害的作业，用人单位不得因此解除与劳动者所订立的劳动合同。

《作业场所职业健康监督管理暂行规定》(国家安全生产监督管理总局令第 23 号)

第三十条　生产经营单位与从业人员订立劳动合同(含聘用合同,下同)时,应当将工作过程中可能产生的职业危害及其后果、职业危害防护措施和待遇等如实告知从业人员,并在劳动合同中写明,不得隐瞒或者欺骗。生产经营单位应当依法为从业人员办理工伤保险,缴纳保险费。

从业人员在履行劳动合同期间因工作岗位或者工作内容变更,从事与所订立劳动合同中未告知的存在职业危害的作业的,生产经营单位应当依照前款规定,向从业人员履行如实告知的义务,并协商变更原劳动合同相关条款。

生产经营单位违反本条第一款、第二款规定的,从业人员有权拒绝作业。生产经营单位不得因从业人员拒绝作业而解除或者终止与从业人员所订立的劳动合同。

◆条文释义◆

1. 职业病危害:是指从业人员在从事职业活动中,由于接触粉尘、毒物等有害因素而对身体健康所造成的各种损害。

2. 劳动合同:劳动者与用人单位明确双方权利义务的协议。

◆实施要点◆

1. 本条考核应提供的备查资料一般包括:从业人员劳动合同(含职业危害告知)、职业危害因素告知书等文件。

2. 水利工程施工单位在与从业人员订立劳动合同时,应如实告知作业过程中可能产生的职业危害及其后果、防护措施等。

◆材料实例◆

1. 职业危害因素告知书

职业危害因素告知书

_____同志:

您从事的作业活动中存在(可填写:粉尘、噪声、高温等)_____ 职业危害因素。

该职业危害因素危害及后果、防护措施详见附件内容。

公司按照国家有关规定,对职业危害因素采取了职业病防护措施,并对您发放个人防护用品。

公司按照国家有关规定对职业危害因素采取职业病防护措施,为您发放个人职业危害防护用品,并进行上岗前、在岗期间和离岗时的职业健康检查和应急检查。

一旦发生职业病,公司按照国家有关规定,为您如实提供职业病诊断、鉴定所需的劳动者职业史和职业危害接触史、工作场所职业危害因素检测结果等资料及相应待遇。

请您履行以下义务:

自觉遵守项目部制定的操作规程和制度;正确使用职业病防护用品;积极参加职业健康

知识培训;定期参加职业病健康体检;发现职业病危害隐患事故应当及时报告本单位负责人;树立自我保护意识,积极配合项目部监督检查,避免职业病的发生,排除职业禁忌证。

特此告知。

欢迎您随时提出行之有效的预防职业病的建议或措施。

附件:

……

4. 高温

危害及后果:高温作业对机体的影响主要是体温调节和人体水盐代谢的紊乱,机体内多余的热不能及时散发掉,产生蓄热现象而使体温升高。在高温作业条件下大量出汗,可使体内水分和盐大量丢失。一般生活条件下出汗量为每日 6 L 以下,高温作业工人日出汗量可达 8~10 L,甚至更多。汗液中的盐主要是氯化钠和少量钾,大量出汗可引起体内水盐代谢紊乱,对循环系统、消化系统、泌尿系统都可造成一些不良影响。

防护措施:(1)供给饮料和补充营养,高温作业的工人应补充与出汗量相等的水分和盐分;(2)合理安排工作时间,避免高温时段。

××水利工程建设有限公司(章)

2021 年×月×日

告知人:

被告知人:

2. 职业病危害告知卡(示例)

职业病危害告知卡(示例)

工作场所存在粉尘,对人体有损害,请注意防护		
	理化特性	健康危害
粉尘	粉尘是指悬浮在空气中的固体微粒。在一定的温度、湿度和密度下,可能会造成爆炸。	粉尘能通过呼吸、吞咽、皮肤、眼睛或直接接触进入人体,其中呼吸系统为主要途径。长期接触或吸入高浓度的生产性粉尘,可引起尘肺、呼吸系统及皮肤肿瘤和局部刺激作用引发的病变等病症。
	应急处理	
	定期体检,早期诊断,早期治疗。发现身体状况异常时,要及时去医院检查治疗。	
	防护措施	
	采取湿式作业、密闭尘源、通风除尘,对除尘设施定期维护和检修,确保除尘设施运转正常,加强个体防护,接触粉尘从业人员应穿工作服、戴工作帽,减少身体暴露部位,根据粉尘性质,佩戴多层防尘口罩以防止粉尘从呼吸道进入,造成危害。	
	必须戴防毒面具,注意通风,必须戴防护手套,必须戴防护眼镜,必须穿防护服。	
标准限值:×× 检测数据:×× 检测日期: 年 月 日		
急救电话:120 消防电话:119 职业卫生咨询电话:××××		

【三级评审项目】

4.3.10 对接触严重职业危害的作业人员进行警示教育,使其了解施工过程中的职业危害、预防和应急处理措施;在严重职业危害的作业岗位,设置警示标识和警示说明,警示说明应载明职业危害的种类、后果、预防以及应急救治措施。

【评审方法及评审标准】

查相关记录、查看现场并问询。

1. 培训不全,每少一人扣 1 分;

2. 作业人员不清楚职业危害、预防和应急处理措施,每人扣 1 分;

3. 未设置警示标识和警示说明,每处扣 1 分;

4. 警示标识和警示说明不符合要求,每处扣 1 分。

【标准分值】

4 分

◆**法规要点**◆

《水利水电工程施工安全管理导则》(SL 721—2015)

12.1.6 各参建单位应对预防职业危害开展多种形式的宣传教育活动,提高从事职业危害岗位人员的安全意识和预防能力。

12.1.7 施工单位对存在严重职业危害的作业岗位,应设置警示标识、警示说明和报警装置,警示说明应载明职业危害的种类、后果、预防和应急救治措施。

《中华人民共和国职业病防治法》

第二十四条 对产生严重职业病危害的作业岗位,应当在其醒目位置,设置警示标识和中文警示说明。警示说明应当载明产生职业病危害的种类、后果、预防以及应急救治措施等内容。

《作业场所职业健康监督管理暂行规定》(国家安全生产监督管理总局令第 23 号)

第十八条 对产生严重职业危害的作业岗位,应当在醒目位置设置警示标识和中文警示说明。警示说明应当载明产生职业危害的种类、后果、预防和应急处置措施等内容。

◆**条文释义**◆

无。

◆**实施要点**◆

本条考核应提供的备查资料一般包括:对接触严重职业危害的作业人员警示教育培训记录。

◆**材料实例**◆

1. 安全教育培训记录表

安全教育培训记录表

培训时间		主讲教师	
培训地点		培训对象	
培训主题			
培训目的			
培训内容			
培训总结与考核情况			

2. 职业危害中文警示说明(示例)

职业危害中文警示说明(示例)(甲醛)

分子式:HCHO。分子量:30.03	
理化特性	常温为无色、有刺激性气味的气体,沸点为－19.5℃,能溶于水、醇、醚,其水溶液称福尔马林溶液,杀菌能力极强。15℃以下易聚合,置空气中氧化为甲酸。
可能产生的危害后果	低浓度甲醛蒸气对眼、上呼吸道黏膜有强烈刺激作用,高浓度甲醛蒸气对中枢神经系统有毒性作用,可引起中毒性肺水肿。 主要症状:眼痛流泪、喉痒及胸闷、咳嗽、呼吸困难,口腔糜烂、上腹痛、吐血,眩晕、恐慌不安、步态不稳,甚至昏迷。皮肤接触可引起皮炎,有红斑、丘疹、瘙痒、组织坏死等。
职业病危害防护措施	1. 使用甲醛设备应密闭,不能密闭的应加强通风排毒; 2. 注意个人防护,穿戴防护用品; 3. 严格遵守安全操作规程
应急救治措施	1. 撤离现场,移至新鲜空气处,吸氧; 2. 皮肤黏膜损伤,立即用 2% 的碳酸氢钠($NaHCO_3$)溶液或大量清水冲洗; 3. 立即与医疗急救单位联系抢救

【三级评审项目】

4.3.11　工作场所存在职业病目录所列职业病的危害因素的,按照有关规定,通过"职业病危害项目申报系统"及时、如实向所在地有关部门申报危害项目,发生变化后及时补报。

【评审方法及评审标准】

查相关记录。

1. 未按规定申报,扣 3 分;

2. 申报材料内容不全,每缺一类扣 1 分;

3. 发生变化未及时补报,每缺一类扣 1 分。

【标准分值】

3 分

◆**法规要点**◆

《水利水电工程施工安全管理导则》(SL 721—2015)

12.1.9　施工现场存在或发生职业危害的单位应及时、如实向项目主管部门、安全生产监督部门申报生产过程存在的职业危害因素,发生变化后应及时补报。

《中华人民共和国职业病防治法》

第二十六条　用人单位应当按照国务院卫生行政部门的规定,定期对工作场所进行职业病危害因素检测、评价。检测、评价结果存入用人单位职业卫生档案,定期向所在地卫生行政部门报告并向劳动者公布。

《作业场所职业健康监督管理暂行规定》(国家安全生产监督管理总局令第 23 号)

第二十一条　存在职业危害的生产经营单位应当设有专人负责作业场所职业危害因素日常监测,保证监测系统处于正常工作状态。监测的结果应当及时向从业人员公布。

第二十二条　存在职业危害的生产经营单位应当委托具有相应资质的中介技术服务机构,每年至少进行一次职业危害因素检测,每三年至少进行一次职业危害现状评价。定期检测、评价结果应当存入本单位的职业危害防治档案,向从业人员公布,并向所在地安全生产监督管理部门报告。

◆**条文释义**◆

1. 职业病危害因素:包括职业活动中存在的各种有害的化学、物理、生物因素以及在作业过程中产生的其他职业有害因素。

2. 职业病目录:2013 年 12 月 23 日,国家卫生计生委、人力资源社会保障部、安全监管总局、全国总工会四部门联合印发《职业病分类和目录》。《职业病分类和目录》将职业病分为职业性尘肺病及其他呼吸系统疾病、职业性皮肤病、职业性眼病、职业性耳鼻喉口腔疾病、职业性化学中毒、物理因素所致职业病、职业性放射性疾病、职业性传染病、职业性肿瘤、其他职业病 10 类 132 种。

◆**实施要点**◆

1. 本条考核应提供的备查资料一般包括:职业病危害项目申报有关材料。

2. 水利工程施工单位应按照有关规定,通过"职业病危害项目申报系统"及时、如实向所在地有关部门申报危害项目,发生变化后及时补报。

◆**材料实例**◆

1. 职业病危害项目申报表

职业病危害项目申报表

单位:(盖章)　　　　　　　主要负责人:　　　　　　　日期:

申报类别	初次申报□　　变更申报□	变更原因	
单位注册地址		工作场所地址	
企业类型	大□　　中□　　小□　　微□	行业分类	

法定代表人			联系电话		
职业卫生管理机构	有□	无□	职业卫生管理人员数	专职	
				兼职	
劳动者总人数			职业病累计人数		
职业病危害因素种类	粉尘类	有□无□	接触人数		接触职业病危害因素总人数：
	化学物质类	有□无□	接触人数		
	物理因素类	有□无□	接触人数		
	放射性物质类	有□无□	接触人数		
	其他	有□无□	接触人数		
职业病危害因素分布情况	作业场所名称	职业病危害因素名称		接触人数（可重复）	接触人数（不重复）
	（作业场所1）				
		……			
	（作业场所2）				
		……			
		……			
		……			
	合计				

【三级评审项目】

4.3.12　按照规定制定职业危害场所检测计划，定期对职业危害场所进行检测，并将检测结果存档。

【评审方法及评审标准】

查相关记录和档案。

1. 未制定职业危害场所检测计划，扣6分；

2. 未定期检测，每少一次扣1分；

3. 检测结果未存档，每少一次扣1分。

【标准分值】

6 分

◆法规要点◆

《水利水电工程施工安全管理导则》(SL 721—2015)

12.1.2 施工单位对存在职业危害的场所应加强管理,并遵守下列规定:制定职业危害场所检测计划,定期对职业危害场所进行检测,并将检测结果公布、归档。

《中华人民共和国职业病防治法》

第二十六条 用人单位应当按照国务院卫生行政部门的规定,定期对工作场所进行职业病危害因素检测、评价。检测、评价结果存入用人单位职业卫生档案,定期向所在地卫生行政部门报告并向劳动者公布。

第四十一条 用人单位按照职业病防治要求,用于预防和治理职业病危害、工作场所卫生检测、健康监护和职业卫生培训等费用,按照国家有关规定,在生产成本中据实列支。

《作业场所职业健康监督管理暂行规定》(国家安全生产监督管理总局令第 23 号)

第二十二条 存在职业危害的生产经营单位应当委托具有相应资质的中介技术服务机构,每年至少进行一次职业危害因素检测,每三年至少进行一次职业危害现状评价。定期检测、评价结果应当存入本单位的职业危害防治档案,向从业人员公布,并向所在地安全生产监督管理部门报告。

◆条文释义◆

无。

◆实施要点◆

1. 本条考核应提供的备查资料一般包括:职业危害场所检测计划、检测报告等文件。

2. 水利工程施工单位应按照规定制定职业危害场所检测计划,定期对职业危害场所进行检测,并将检测结果存档。

◆材料实例◆

1. 职业危害因素检测监测计划

××水利工程建设有限公司文件

×××〔2021〕×号

关于印发《职业危害因素检测监测计划》的通知

各部门、各分公司:

为提高对工作场所职业病危害相关因素的识别能力,有效控制工作场所职业病危害因素的浓度(强度),确保其符合国家职业接触限值要求,以达到控制职业病危害风险的目的,根据有关规定,我公司组织制定了《职业危害因素检测监测计划》,现印发给你们,请遵照执行。

附件:职业危害因素检测监测计划

××水利工程建设有限公司(章)

2021年×月×日

2. 职业危害场所检测计划

××××年度职业危害场所检测计划

单位:(盖章)　　　　　　　　　　　　　　　　　　　　　　　　　　日期:

序号	危害所在地	危害场所	检测项目	检测日期	检测单位	检测依据	计划费用(元)
1	××项目部	混凝土生产系统	粉尘、噪声、毒物		××市疾病预防控制中心	(检测单位确定)	
2	××项目部	喷砂、防腐作业	粉尘、噪声、毒物		××安全评价咨询服务有限公司	(检测单位确定)	
3	××项目部	混凝土生产系统	粉尘、噪声、毒物		××市疾病预防控制中心	(检测单位确定)	
4	××项目部	金属结构制作	粉尘、噪声、毒物		××安全评价咨询服务有限公司	(检测单位确定)	
						总计:	

批准人:　　　　　　　　　　　　　　　　　　　　　编制人:

【三级评审项目】

4.3.13　职业病危害因素浓度或强度超过职业接触限值的,制定切实有效的整改方案,立即进行整改。

【评审方法及评审标准】

查相关记录。

1. 未制定有效的整改方案,扣2分;

2. 未整改,扣2分。

【标准分值】

4分

◆法规要点◆

《中华人民共和国职业病防治法》

第二十六条 发现工作场所职业病危害因素不符合国家职业卫生标准和卫生要求时，用人单位应当立即采取相应治理措施，仍然达不到国家职业卫生标准和卫生要求的，必须停止存在职业病危害因素的作业；职业病危害因素经治理后，符合国家职业卫生标准和卫生要求的，方可重新作业。

《作业场所职业健康监督管理暂行规定》（国家安全生产监督管理总局令第 23 号）

第二十三条 生产经营单位在日常的职业危害监测或者定期检测、评价过程中，发现作业场所职业危害因素的强度或者浓度不符合国家标准、行业标准的，应当立即采取措施进行整改和治理，确保其符合职业健康环境和条件的要求。

◆条文释义◆

1. 职业病危害：是指对从事职业活动的劳动者可能导致职业病的各种危害。

2. 职业病危害因素：职业活动中存在的各种有害的化学、物理、生物因素以及在作业过程中产生的其他职业有害因素。

3. 职业接触限值：劳动者在职业活动过程中长期反复接触，对绝大多数接触者的健康不引起有害作用的容许接触水平。

◆实施要点◆

1. 本条考核应提供的备查资料一般包括：职业病危害因素浓度或强度超过职业接触限值的整改方案等文件。

2. 水利工程施工单位对职业病危害因素浓度或强度超过职业接触限值的，要制定切实有效的整改方案，立即进行整改。

◆材料实例◆

无。

第四节　警示标志

【三级评审项目】

4.4.1　制定包括施工现场安全和职业病危害警示标志、标牌的采购、制作、安装和维护等内容的管理制度。

【评审方法及评审标准】

查制度文本。

1. 未以正式文件发布,扣2分;

2. 制度内容不全,每缺一项扣1分;

3. 制度内容不符合有关规定,每项扣1分。

【标准分值】

2分

◆**法规要点**◆

《中华人民共和国职业病防治法》

第二十四条　产生职业病危害的用人单位,应当在醒目位置设置公告栏,公布有关职业病防治的规章制度、操作规程、职业病危害事故应急救援措施和工作场所职业病危害因素检测结果。

《作业场所职业健康监督管理暂行规定》(国家安全生产监督管理总局令第23号)

第十八条　存在职业危害的生产经营单位,应当在醒目位置设置公告栏,公布有关职业危害防治的规章制度、操作规程和作业场所职业危害因素监测结果。

◆**条文释义**◆

无。

◆**实施要点**◆

本条考核应提供的备查资料一般包括:施工现场安全和职业病危害警示标志、标牌的采购、制作、安装和维护等内容的管理制度文本。

◆材料实例◆

安全警示标志、标牌使用管理制度

××水利工程建设有限公司文件

×××〔2021〕×号

关于印发《安全警示标志、标牌使用管理制度》的通知

各部门、各分公司：

为认真执行安全标志标准，加强安全标志采购、使用、维护、现场管理，使安全标志的管理标准化、规范化，充分发挥安全标志的警示作用，以提高事故防范能力，根据国家有关安全标志的标准，我公司组织制定了《安全警示标志、标牌使用管理制度》，现印发给你们，请遵照执行。

附件：安全警示标志、标牌使用管理制度

××水利工程建设有限公司（章）

2021 年×月×日

安全警示标志、标牌使用管理制度

第一章　总　则

第一条　为认真执行安全标志标准，加强安全标志采购、使用、维护、现场管理，使安全标志的管理标准化、规范化，充分发挥安全标志的警示作用，以提高事故防范能力，根据国家有关安全标志的标准，特制定本规定。

第二条　本制度适用于本公司安全标志管理。

第二章　管理职责

第三条　安全科是公司安全标志的归口管理部门，负责安全标志管理制度的制定和修订，并对本制度的执行情况进行监督检查和考核。

第四条　公司其他职能管理部门分别负责职能范围内安全标志的管理。

第五条　工程科负责生产现场有关设施、设备及管道涂色防护和标志的管理。

第六条　办公室负责安全标志的采购及发放，安全科等职能管理部门对采购产品的质量进行监督。

第七条　各部门、各单位对所需的各类安全标志牌进行统计，编制采购计划，负责安全标志的安装、维护、更新和日常管理。

第三章　标志管理

第八条　标志的采购

（一）安全标志需求单位根据实际需要，提出安全标志订购计划，经批准后进行采购。

（二）各部门或单位根据生产、检修、作业的需要自行设置的标志，由各单位按有关标准规定的要求设计、制作和设置。

……

【三级评审项目】

4.4.2　按照规定和场所的安全风险特点，在有重大危险源、较大危险因素和严重职业病危害因素的场所（包括施工起重机械、临时供用电设施、脚手架、出入通道口、楼梯口、电梯井口、孔洞口、桥梁口、隧道口、陡坡边缘、变压器配电房、爆破物品库、油品库、危险有害气体和液体存放处等）及危险作业现场（包括爆破作业、大型设备设施安装或拆除作业、起重吊装作业、高处作业、水上作业、设备设施维修作业等），应设置明显的安全警示标志和职业病危害警示标识，告知危险的种类、后果及应急措施等，危险处所夜间应设红灯示警；在危险作业现场设置警戒区、安全隔离设施，并安排专人现场监护。

【评审方法及评审标准】

查相关记录和查看现场。

1．未按规定设置警示标志标识，每处扣 2 分；

2．危险作业现场未按规定设置安全警戒区或安全隔离设施，每处扣 2 分；

3．危险作业现场无专人监护，扣 5 分。

【标准分值】

18 分

◆法规要点◆

《中华人民共和国安全生产法》

第三十二条　生产经营单位应当在有较大危险因素的生产经营场所和有关设施、设备上，设置明显的安全警示标志。

《中华人民共和国职业病防治法》

第二十四条　对产生严重职业病危害的作业岗位，应当在其醒目位置，设置警示标识和中文警示说明。警示说明应当载明产生职业病危害的种类、后果、预防以及应急救治措施等内容。

第二十五条　对可能发生急性职业损伤的有毒、有害工作场所，用人单位应当设置报警装置，配置现场急救用品、冲洗设备、应急撤离通道和必要的泄险区。

放射工作场所和放射性同位素的运输、贮存，用人单位必须配置防护设备和报警装置，保证接触放射线的工作人员佩戴个人剂量计。

《作业场所职业健康监督管理暂行规定》（国家安全生产监督管理总局令第 23 号）

第十八条　对产生严重职业危害的作业岗位，应当在醒目位置设置警示标识和中文警示说明。警示说明应当载明产生职业危害的种类、后果、预防和应急处置措施等内容。

《安全标志及其使用导则》(GB 2894—2008)

4 标志类型

安全标志分禁止标志、警告标志、指令标志和提示标志四大类型。

5 颜色

安全标志所用的颜色应符合 GB 2893—2008 规定的颜色。

6 安全标志牌的要求

6.1 标志牌的衬边

安全标志牌要有衬边。除警告标志边框用黄色勾边外，其余全部用白色将边框勾一窄边，即为安全标志的衬边，衬边宽度为标志边长或直径的 0.025 倍。

6.2 标志牌的材质

安全标志牌应采用坚固耐用的材料制作，一般不宜使用遇水变形、变质或易燃的材料。有触电危险的作业场所应使用绝缘材料。

6.3 标志牌表面质量

标志牌应图形清楚，无毛刺、孔洞和影响使用的任何疵病。

9 安全标志牌的使用要求

9.1 标志牌应设在与安全有关的醒目地方，并使大家看见后，有足够的时间来注意它所表示的内容。环境信息标志宜设在有关场所的入口处和醒目处；局部信息标志应设在所涉及的相应危险地点或设备(部件)附近的醒目处。

9.2 标志牌不应设在门、窗、架等可移动的物体上，以免标志牌随母体物体相应移动，影响认读。标志牌前不得放置妨碍认读的障碍物。

9.3 标志牌的平面与视线夹角应接近 90°，观察者位于最大观察距离时，最小夹角不低于 75°。

9.4 标志牌应设置在明亮的环境中。

9.5 多个标志牌在一起设置时，应按警告、禁止、指令、提示类型的顺序，先左后右、先上后下地排列。

9.6 标志牌的固定方式分附着式、悬挂式和柱式三种。悬挂式和附着式的固定应稳固不倾斜，柱式的标志牌和支架应牢固地连接在一起。

9.7 其他要求应符合 GB/T 15566.1—2020 的规定。

10 检查与维修

10.1 安全标志牌至少每半年检查一次，如发现有破损、变形、褪色等不符合要求时应及时修整或更换。

10.2 在修整或更换激光安全标志时应有临时的标志替换，以避免发生意外的伤害。

◆条文释义◆

1. 重大危险源：是指长期地或临时地生产、使用、储存或经营危险物质，且危险物质的数量等于或超过临界量的单元。

2. 较大危险因素：是指导致或可能导致较大伤亡事故或职业健康损坏的根源、状态或行为，或它们的组合。

3. 严重职业病危害因素：职业活动中存在的各种有害的化学、物理、生物等因素，以及在作业过程中产生的其他职业有害因素。可能产生放射性职业病危害因素的；可能产生在《职业性接触毒物危害程度分级》中危害程度为"高度和极度危害"的化学物质的；可能产生含游离二氧化硅 10％以上粉尘的；可能产生石棉纤维的；应列入严重职业危害范围的。

4. 安全标志：用以表达特定安全信息的标志，由图形符号、安全色、几何形状（边框）或文字构成。

5. 安全色：传递安全信息含义的颜色，包括红、蓝、黄、绿四种颜色。

◆**实施要点**◆

水利工程施工单位应按照规定和场所的安全风险特点，在有重大危险源、较大危险因素和严重职业病危害因素的场所及危险作业现场，设置明显的安全警示标志和职业病危害警示标识，告知危险的种类、后果及应急措施等，危险处所夜间应设红灯示警；在危险作业现场设置警戒区、安全隔离设施，并安排专人现场监护。

◆**材料实例**◆

无。

【三级评审项目】

4.4.3 定期对警示标志进行检查维护，确保其完好有效。

【评审方法及评审标准】

查相关记录和查看现场。

1. 未定期进行检查维护，扣 5 分；

2. 警示标志损坏，每处扣 1 分。

【标准分值】

5 分

◆**法规要点**◆

无。

◆**条文释义**◆

无。

◆**实施要点**◆

水利工程施工单位应定期对警示标志进行检查维护，确保其完好有效。

◆**材料实例**◆

施工现场安全警示标志检查表

施工现场安全警示标志检查表

工程名称			施工单位	
序号	安全标志牌名称	应设数量	检查情况	整改情况
1				
2				
3				
4				
5				
检查人员:(签名)				
			年　　月　　日	
监理单位意见:				
监理工程师:(签名)			年　　月　　日	

说明:本表一式_____份,由施工单位填写,用于归档和备查。施工单位、监理单位各1份。

第五章

隐患排查治理

第一节 安全风险管理

【三级评审项目】

5.1.1 安全风险管理制度应明确风险辨识与评估的职责、范围、方法、准则和工作程序等内容。

【评审方法及评审标准】

查制度文本。

1. 未以正式文件发布,扣 2 分;

2. 制度内容不全,每缺一项扣 1 分;

3. 制度内容不符合有关规定,每项扣 1 分。

【标准分值】

2 分

◆法规要点◆

《水利部关于开展水利安全风险分级管控的指导意见》(水监督〔2018〕323 号)

第 2 条 水利生产经营单位是本单位安全风险管控工作的责任主体。各级水行政主管部门要督促水利生产经营单位落实安全风险管控责任,按照有关制度和规范,针对单位特点,建立安全风险分级管控制度,制定危险源辨识和风险评价程序,明确要求和方法,全面开展危险源辨识和风险评价,强化安全风险管控措施,切实做好安全风险管控各项工作。

《水利水电工程施工危险源辨识与风险评价导则(试行)》(办监督函〔2018〕1693 号)

第 1.7 条 开工前,项目法人应组织其他参建单位研究制定危险源辨识与风险管理制度,明确监理、施工、设计等单位的职责、辨识范围、流程、方法……

◆条文释义◆

安全风险:发生危险事件或有害暴露的可能性,与随之引发的人身伤害、健康损失或财产损失的严重性组合。

◆实施要点◆

1. 本条考核应提供的备查资料一般包括:《安全风险管理制度》及其印发文件。

2. 水利工程施工单位应建立安全风险管理制度,其主要内容包括监理、施工、设计等单位的职责、辨识范围、流程方法等,并以正式文件印发。制度的内容要全面,不应漏项。

◆材料实例◆

印发安全风险管理制度文件

××水利工程建设有限公司文件

××× 〔2021〕×号

关于印发《安全风险管理制度》的通知

各部门、各分公司：

为做好工程安全风险管控，预防事故的发生，实现安全技术、安全管理的标准化和科学化，根据《水利水电工程施工危险源辨识与风险评价导则（试行）》（办监督函〔2018〕1693号）、《水利部关于开展水利安全风险分级管控的指导意见》（水监督〔2018〕323号），结合公司实际情况，我公司组织制定了《安全风险管理制度》，现印发给你们，希望认真组织学习，遵照执行。

特此通知。

附件：安全风险管理制度

××水利工程建设有限公司（章）

2021年×月×日

安全风险管理制度

第一章　总　则

第一条　为全面加强风险预控、深化关口前移，规范公司安全生产风险分级管控工作（以下简称"风险管控"），有效遏制和坚决防范事故，根据《中华人民共和国安全生产法》（主席令第13号）、《国务院安委会办公室关于印发标本兼治遏制重特大事故工作指南的通知》（安委办〔2016〕3号）、《国务院安委会办公室关于实施遏制重特大事故工作指南构建双重预防机制的意见》（安委办〔2016〕11号）、《企业职工伤亡事故分类》（GB 6441—1986）等法律法规和有关标准、规范和规定，结合公司实际，特制定本制度。

第二条　本规定适用于公司各部门、各项目部施工现场管理范围内的风险管控工作。

第三条　本规定中的安全生产风险是指生产安全事故或健康损害事件发生的可能性和严重性的组合。

可能性，是指事故（事件）发生的概率。严重性，是指事故（事件）一旦发生后，将造成的人员伤害和经济损失的严重程度。

第四条　风险管控应遵循以下原则：

（一）全员参与、全方位管理和全过程控制。动员全员参与分析评估生产过程各环节发生事故的可能性及严重程度，找出薄弱环节和关注点并针对性地加以防控。风险管控应涵盖作业活动、工艺流程、设备、系统、生产区域等各方面，并贯穿于生产管理活动的全过程。

（二）风险可接受。通过切实、合理、可行的风险控制措施将风险控制在可接受的范围内，防止风险管控措施失效或弱化形成隐患甚至发生事故，实现把风险控制在隐患形成之前。

（三）动态管理。将风险管理融入事前、事中和事后管理，确保风险得到全面、动态、持续识别和控制，实现持续改进。

第二章　管理职责

第五条　公司主要负责人是本公司安全风险管控工作的第一责任人，对本公司安全风险管控工作全面负责，应履行下列职责：

（一）贯彻落实国家法律法规、标准规范和上级部署，组织开展本公司风险管控工作。

（二）组织制定安全风险管控工作的规章制度，全面组织开展本公司风险管控工作。

（三）保障风险管控工作所需人、财、物等资源的投入。

（四）组织检查、指导、考核本公司安全风险辨识、评估、控制等工作。

（五）法律、法规和上级规定的其他职责等。

第六条　安全科

（一）贯彻落实国家法律法规、标准规范和公司关于开展安全风险管控工作要求。

（二）全面组织各部门开展风险管控工作。

（三）开展安全风险辨识、评估，确定风险等级，制定风险控制措施并予以实施。

（四）保障风险管控工作所必要的资源，开展安全风险管控知识培训，使员工掌握风险辨识、评估与控制的方法，保证风险管控工作的有效开展。

（五）负责及时更新单位管理范围内存在的安全生产风险辨识、评价和管控清单。

（六）负责指导各部门安全风险辨识、评价和管控清单的编写和使用。

……

【三级评审项目】

5.1.2　组织对安全风险进行全面、系统的辨识，对辨识资料进行统计、分析、整理和归档。

【评审方法及评审标准】

查相关记录并查看现场。

1. 未实施安全风险辨识，扣 10 分；

2. 辨识内容不全或与实际不符，每项扣 2 分；

3. 统计、分析、整理和归档资料不全，每缺一项扣 2 分。

【标准分值】

10 分

◆**法规要点**◆

《水利部关于开展水利安全风险分级管控的指导意见》（水监督〔2018〕323 号）

第 2 条第 1 款：全面开展危险源辨识。水利生产经营单位应每年全方位、全过程开展危险源辨识,做到系统、全面、无遗漏,并持续更新完善。

《水利水电工程施工危险源辨识与风险评价导则(试行)》(办监督函〔2018〕1693号)

第1.5条　水利工程建设项目法人和勘测、设计、施工、监理等参建单位(以下一并简称各单位)是危险源辨识、风险评价和管控的主体。各单位应结合本工程实际,根据工程施工现场情况和管理特点,全面开展危险源辨识与风险评价,严格落实相关管理责任和管控措施,有效防范和减少安全生产事故。

第1.7条　……施工单位应按要求组织开展本标段危险源辨识及风险等级评价工作,并将成果及时报送项目法人和监理单位……

◆**条文释义**◆

风险辨识:是指针对不同风险种类及特点,识别其存在的危险、危害因素,分析可能产生的直接后果以及次生、衍生后果。

◆**实施要点**◆

1. 本条考核应提供的备查资料一般包括:危险源辨识与安全风险评价表。

2. 水利工程施工单位应依据《水利水电工程施工危险源辨识与风险评价导则(试行)》组织开展安全风险等级评定、资料收集等工作。辨识的内容应全面、符合实际,不应漏项。辨识的资料应进行统计、分析、整理和归档,不应缺项。

◆**材料实例**◆

无。

【**三级评审项目**】

5.1.3　选择合适的方法,定期对所辨识出的存在安全风险的作业活动、设备设施、物料等进行评估。风险评估时,至少从影响人、财产和环境三个方面的可能性和严重程度进行分析。

【**评审方法及评审标准**】

查相关记录。

1. 未实施风险评估,扣7分;

2. 风险评估对象不全,每缺一项扣1分;

3. 风险评估内容不全,每缺一项扣1分。

【**标准分值**】

7分

◆**法规要点**◆

《水利部关于开展水利安全风险分级管控的指导意见》(水监督〔2018〕323号)

第2条第1款:水利生产经营单位应每年全方位、全过程开展危险源辨识,做到系统、全面、无遗漏,并持续更新完善。一般地,可从施工作业类、机械设备类、设施场所类、作业环境类、生产工艺类等几个类型进行危险源辨识,查找具有潜在能量和物质释放危险的、可造成人员伤亡、健康损害、财产损失、环境破坏，在一定的触发因素作用下可转化为事故的部位、区域、场所、空间、岗位、设备及其位置，列出危险源清单，并按重大和一般两个级别对危险源进行分级。在建工程按《水利水电工程施工危险源辨识与风险评价导则（试行）》（办监督函〔2018〕1693号）进行辨识。

◆条文释义◆

风险评估：在风险事件发生之前或之后（但还没有结束），对该事件给人们的生活、生命、财产等各个方面造成的影响和损失的可能性进行量化评估的工作。即，风险评估就是量化测评某一事件或事物带来的影响或损失的可能程度。

◆实施要点◆

1. 本条考核应提供的备查资料一般包括：危险源辨识与风险评估报告，要求风险评估的对象和内容应全面，不应漏项。

2. 水利工程施工单位应每年编写危险源与风险评估报告，报告主要包含：工程简介、辨识与评价主要依据、评价方法和标准、辨识与评价、安全管控措施、应急预案六大方面。

◆材料实例◆

危险源辨识与风险评价报告

×××工程施工危险源辨识与风险评价报告

1　工程简介

1.1　工程概况

1.2　施工作业环境

1.3　危险物质仓储区

1.4　生活及办公区自然环境

1.5　危险特性

1.6　工作或作业持续时间

2　危险源辨识与风险评价的主要依据

2.1　评价目的

为有效识别、管控×××工程过程中的危险源及风险，杜绝施工生产安全事故，水利工程施工单位相关人员组成危险源辨识与评价工作小组，全面评定×××工程过程的危险源，逐项评价其风险值，确定一般危险源、重大危险源，并对一般危险源进行风险等级评定，风险等级包括重大风险、较大风险、一般风险、低风险。

2.2　评价依据

1.《中华人民共和国安全生产法》；

2.《水利水电工程施工危险源辨识与风险评价导则》（办监督函〔2018〕1693号）；

3.《水利部关于开展水利安全风险分级管控的指导意见》（水监督〔2018〕323号）。

2.3 评价范围

本次危险源与风险评价的范围：×××拆建工程。

3 评价方法与标准

3.1 评价方法与标准

......

【三级评审项目】

5.1.4 根据评估结果，确定安全风险等级，实施分级分类差异化动态管理，制定并落实相应的安全风险控制措施（包括工程技术措施、管理控制措施、个体防护措施等），对安全风险进行控制。

【评审方法及评审标准】

查相关记录并查看现场。

1. 未确定安全风险等级，每项扣 2 分；

2. 未实施分级分类差异化动态管理，每项扣 2 分；

3. 控制措施制定或落实不到位，每项扣 2 分。

【标准分值】

8 分

◆法规要点◆

《水利部关于开展水利安全风险分级管控的指导意见》（水监督〔2018〕323 号）

第 2 条第 2 款：科学评定风险等级。水利生产经营单位要根据危险源类型，采用相适应的风险评价方法，确定危险源风险等级。

第 2 条第 3 款：分级实施风险管控。水利生产经营单位要按安全风险等级实行分级管理，落实各级单位、部门、车间（施工项目部）、班组（施工现场）、岗位（各工序施工作业面）的管控责任。各管控责任单位要根据危险源辨识和风险评价结果，针对安全风险的特点，通过隔离危险源、采取技术手段、实施个体防护、设置监控设施和安全警示标志等措施，达到监测、规避、降低和控制风险的目的。要强化对重大安全风险的重点管控，风险等级为重大的一般危险源和重大危险源要按照职责范围报属地水行政主管部门备案，危险物品重大危险源要按照规定同时报有关应急管理部门备案。

《水利水电工程施工危险源辨识与风险评价导则（试行）》（办监督函〔2018〕1693 号）

第 1.8 条 施工期，各单位应对危险源实施动态管理，及时掌握危险源及风险状态和变化趋势，实时更新危险源及风险等级，并根据危险源及风险状态制定针对性防控措施。

第 3.2 条 危险源辨识应由经验丰富、熟悉工程安全技术的专业人员，采用科学、有效及适用的方法，辨识出本工程的危险源，对其进行分类和分级，汇总制定危险源清单，确定危险源名称、类别、级别、可能导致事故类型及责任人等内容。必要时可进行集体讨论或专家技术论证。

◆条文释义◆

1. 风险等级：安全风险等级从高到低划分为重大风险、较大风险、一般风险和低风险，分别用红、橙、黄、蓝四种颜色标示。

2. 动态管理：是为适应社会经济的不稳定性和市场的多变性，随时改进、修订经营业务，使企业活动与管理保持一定弹性的管理理论。

3. 工程技术：指的是工程实用技术。工程技术亦称生产技术，是在工业生产中实际应用的技术。就是人们将科学知识或技术发展的研究成果应用于工业生产过程，以达到改造自然的预定目的的手段和方法。

4. 管理控制：是在实际工作中，为达到某一预期的目的，对所需的各种资源进行正确而有效的组织、计划、协调，并相应建立起一系列正常的工作秩序和管理制度的活动。它是管理功能的组成部分，同时也表现为一个连续的过程。在这个过程中，管理人员应采取各种有效措施，以提高经济效益，实现经济发展目标。《财经大辞典》(由中国财政经济出版社 1990年出版)指出，管理控制是包括人力控制、物力控制、财力控制等子系统的管理控制系统。其主要内容有：建立多层次的目标系统，在各单位、各部门间进行资源的优化配置，通过下达目标和组织检查目标的落实情况，分析问题、查明原因，并找出方法予以解决；建设精干、高效的管理机构，采用卓有成效的管理方法。

5. 个体防护：在生产劳动或生活中用以防护人体不为环境中不良因素(粉尘、有害气体、生物病原体等)所危害的一种措施。

◆**实施要点**◆

水利工程施工单位应根据评估结果，确定安全风险等级，制定并落实相应的安全风险控制措施，并做好检查记录。

◆**材料实例**◆

无。

【三级评审项目】

5.1.5 将评估结果及所采取的控制措施告知从业人员，使其熟悉工作岗位和作业环境中存在的安全风险。

【评审方法及评审标准】

查相关记录并现场问询。

1. 告知不全，每少一人扣 1 分；

2. 不熟悉安全风险有关内容，每人扣 1 分。

【标准分值】

3 分

◆**法规要点**◆

《水利部关于开展水利安全风险分级管控的指导意见》(水监督〔2018〕323 号)

第 2 条第 5 款：强化风险公告警示。水利生产经营单位要建立安全风险公告制度，定期组织风险教育和技能培训，确保本单位从业人员和进入风险工作区域的外来人员掌握安全风险的基本情况及防范、应急措施。要在醒目位置和重点区域分别设置安全风险公告栏，制作岗位安全风险告知卡,标明工程或单位的主要安全风险名称、等级、所在工程部位、可能引发的事故隐患类别、事故后果、管控措施、应急措施及报告方式等内容。对存在重大安全风险的工作场所和岗位,要设置明显警示标志,并强化监测和预警。要将安全防范与应急措施告知可能直接影响范围内的相关单位和人员。

◆条文释义◆

控制措施:是指企业根据风险评估结果,结合风险应对策略,确保内部控制目标得以实现的方法和手段。控制措施为内部控制五大要素之一,也称控制活动。

◆实施要点◆

水利工程施工单位应将评估结果及所采取的控制措施告知从业人员,使其熟悉工作岗位和作业环境中存在的安全风险,在风险位置制定风险告知牌。

◆材料实例◆

印发安全风险告知书

安全风险告知书

单位	×××水利工程建设施工单位			
告知人	(施工现场专职安全员)	告知日期	年　月　日	
告知提要	高空坠物、机械伤害、高边坡安全等			
告知内容:(可附页)				
接受告知人签字				

【三级评审项目】

5.1.6　变更管理制度应明确组织机构、施工人员、施工方案、设备设施、作业过程及环境发生变化时的审批程序及相关要求。

【评审方法及评审标准】

查制度文本。

1. 未以正式文件发布,扣2分;

2. 制度内容不全,每缺一项扣1分;

3. 制度内容不符合有关规定,每项扣1分。

【标准分值】

2分

◆法规要点◆

无。

◆条文释义◆

1. 变更：改变、更动。

2. 管理制度：是组织、机构、单位管理的工具，对一定的管理机制、管理原则、管理方法以及管理机构设置的规范。它是实施一定的管理行为的依据，是社会再生产过程顺利进行的保证。合理的管理制度可以简化管理过程，提高管理效率。

3. 审批：审查批示，审查批准。

◆实施要点◆

1. 本条考核应提供的备查资料一般包括：(1)《变更管理制度》及其印发文件；(2)变更风险、控制措施告知书。

2. 水利工程施工单位应制定变更管理制度，内容包含组织机构、施工人员、施工方案、设备设施、作业过程及环境发生变化时的审批程序及要求。制度的内容要全面，不应漏项。

◆材料实例◆

1. 印发变更管理制度文件

××水利工程建设有限公司文件

×××〔2021〕×号

关于印发《变更管理制度》的通知

各部门、各分公司：

为规范本公司安全生产的变更管理，消除或减少由于变更而引起的潜在事故隐患，我公司组织制定了《变更管理制度》，现印发给你们，请遵照执行。

附件：变更管理制度

××水利工程建设有限公司(章)

2021 年×月×日

变更管理制度

第一章　总　则

第一条　为规范本公司安全生产的变更管理，消除或减少由于变更而引起的潜在事故隐患,特制定本制度。

第二条 规定了对组织机构、施工人员、施工方案、设备设施、作业过程及环境永久性或暂时性的变化进行有计划的控制,以避免或减轻对安全生产的影响。

第三条 本制度适用所有部门。

第二章 管理职责

第四条 变更申请单位首先对变更全过程进行风险辨识、制定控制措施,确保变更符合国家相关标准或规范,保证设备及其附属设施变更后的安全运行。

第五条 变更申请人或责任单位,填写好变更实施计划表,逐级上报进行审批。

第六条 变更结束后,实施变更的单位负责组织相关人员对变更情况进行验收,确保变更达到计划要求,并将变更结果通知相关单位(部门)和人员。

第三章 变更分类

第七条 工艺技术变更包括以下内容:

(一)原料介质变更;

(二)工艺流程及操作条件的重大变更;

(三)工艺设备的改进和变更;

(四)操作规程的变更;

(五)工艺参数的变更;

(六)公用工程的水、电、气、风的变更等。

第八条 设备设施变更包括以下内容:

(一)设备设施变更:因更换与原设备不同的设备和配件,设备材料代用,临时性的电气设备变更等;

(二)设备设施的更新改造;

(三)安全设施的变更;

(四)更换与原设备不同的设备或配件;

(五)设备材料代用变更;

(六)临时的电气设备等。

……

2. 变更实施计划表

变更实施计划表

实施部门		计划时间			
变更事项	人员□ 机构□ 工艺□ 技术□ 设施□ 作业过程□ 环境□				
变更具体内容:					
申请人: 日期:					

(续表)

审批意见:
批准人(负责此项变更的归口部门负责人): 日期:

3. 变更风险、控制措施告知书

变更风险、控制措施告知书

单位名称:

告知人	×××	告知日期	年　　月　　日
告知内容:(可附页)			
告知人签字			日期:
被告知人签字			

【三级评审项目】

5.1.7　变更前,应对变更过程及变更后可能产生的风险进行分析,制定控制措施,履行审批及验收程序,并告知和培训相关从业人员。

【评审方法及评审标准】

查相关记录。

1. 变更前未进行风险分析,每项扣2分;

2. 未制定控制措施,每项扣2分;

3. 未履行审批或验收程序,每项扣2分;

4. 未告知或培训,每项扣2分。

【标准分值】

8分

◆**法规要点**◆

《水利部关于开展水利安全风险分级管控的指导意见》(水监督〔2018〕323号)

第2条第4款:水利生产经营单位要高度关注危险源风险的变化情况,动态调整危险源、风险等级和管控措施,确保安全风险始终处于受控范围内。

第2条第5款:水利生产经营单位要建立安全风险公告制度,定期组织风险教育和技能培训,确保本单位从业人员和进入风险工作区域的外来人员掌握安全风险的基本情况及防范、应急措施。

◆**条文释义**◆

验收：按照一定标准进行检验而后收下或认可逐项验收。建筑工程在施工单位自行质量检查评定的基础上，参与建设活动的有关单位共同对检验批、分项、分部、单位工程的质量进行抽样复验，根据相关标准以书面形式对工程质量达到合格与否做出确认。

◆**实施要点**◆

1. 本条考核应提供的备查资料一般包括：变更风险控制措施验收表。

2. 水利工程施工单位应在变更前编制"变更风险控制措施验收表"，并对变更过程中施工可能产生的风险进行分析，制定控制措施，履行审批及验收流程。

3. 水利工程施工单位应将工作岗位和作业环境中存在的安全风险进行告知，在风险位置制定风险告知牌。定期组织从业人员开展风险教育和技能培训，确保本单位从业人员和进入风险工作区域的外来人员掌握安全风险的基本情况及防范、应急措施。

◆**材料实例**◆

制定变更风险控制措施验收表

变更风险控制措施验收表

验收项目名称		变更部门	
组织验收部门		日期	年　　月　　日
验收意见			验收人员： 日　　期：
单位负责人或 项目经理意见			签　字： 日　　期：

第二节　重大危险源辨识和管理

【三级评审项目】

5.2.1　重大危险源管理制度应明确重大危险源辨识、评价和控制的职责、方法、范围、流程等要求。

【评审方法及评审标准】

查制度文本。

1. 未以正式文件发布,扣2分;

2. 制度内容不全,每缺一项扣1分;

3. 制度内容不符合有关规定,每项扣1分。

【标准分值】

2分

◆**法规要点**◆

《水利水电工程施工安全管理导则》(SL 721—2015)

11.3.3　项目法人应在开工前,组织各参建单位共同研究制订项目重大危险源管理制度,明确重大危险源辨识、评价和控制的职责、方法、范围、流程等要求。

施工单位应根据项目重大危险源管理制度制订相应管理办法,并报监理单位、项目法人备案。

◆**条文释义**◆

重大危险源:长期地或者临时地生产、搬运、使用或者储存危险物品,且物品的数量等于或者超过临界量的单元(包括场所和设施)。

◆**实施要点**◆

1. 本条考核应提供的备查资料一般包括:《重大危险源管理制度》及其印发文件。

2. 水利工程施工单位应编制工程重大危险源管理制度,主要内容应明确重大危险源辨识、评价和控制的职责、方法、范围、流程等内容。

◆**材料实例**◆

印发重大危险源管理制度文件

××水利工程建设有限公司文件

×××〔2021〕×号

关于印发《重大危险源管理制度》的通知

各部门、各分公司：

为准确辨识危险源，评估其风险程度，并进行风险分级，从而进行有效控制，现将《重大危险源管理制度》印发给你们，请遵照执行。

附件：重大危险源管理制度

××水利工程建设有限公司（章）

2021 年×月×日

重大危险源管理制度

1　目的

为全面掌握本工程重大危险源的数量、状况及其分布，加强对重大危险源的管理，有效防范事故的发生，根据《中华人民共和国安全生产法》《水利水电工程施工安全管理导则》《水电水利工程施工重大危险源辨识及评价导则》《水利水电工程施工危险源辨识与风险评价导则（试行）》等有关法律法规和技术标准，制定本制度。

2　适用范围

适用于本工程重大危险源管理。

3　术语及定义

水利水电工程施工危险源（以下简称"危险源"）是指在水利水电工程施工过程中有潜在能量和物质释放危险的、可造成人员伤亡、健康损害、财产损失、环境破坏，在一定的触发因素作用下可转化为事故的部位、区域、场所、空间、岗位、设备及其位置。

水利水电工程施工重大危险源（以下简称"重大危险源"）是指在水利水电工程施工过程中有潜在能量和物质释放危险的、可能导致人员死亡、健康严重损害、财产严重损失、环境严重破坏，在一定的触发因素作用下可转化为事故的部位、区域、场所、空间、岗位、设备及其位置。

重大危险源包含《中华人民共和国安全生产法》定义的危险物品重大危险源。工程区域内危险物品的生产、储存、使用及运输，其危险源辨识与风险评价参照国家和行业有关法律法规和技术标准。

4　职责

4.1　水利工程建设项目法人和勘测、设计、施工、监理等参建单位（以下一并简称为"各单位"）是危险源辨识、风险评价和管控的主体。各单位应结合本工程实际，根据工程施工现场情况和管理特点，全面开展危险源辨识与风险评价，严格落实相关管理责任和管控措施，有效防范和减少安全生产事故。

4.2　开工前，项目法人应组织其他参建单位研究制定危险源辨识与风险管理制度，明确监理、施工、设计等单位的职责、辨识范围、流程、方法等；施工单位应按要求组织开展本标段危险源辨识及风险等级评价工作，并将成果及时报送项目法人和监理单位；项目法人应开展本工程危险源辨识和风险等级评价,编制危险源辨识与风险评价报告,主要内容及要求详见附件1。

……

【三级评审项目】

5.2.2　开工前,进行重大危险源辨识、评估,确定危险等级,并将辨识、评估成果及时报监理单位和项目法人。

【评审方法及评审标准】

查相关记录。

1. 未进行重大危险源辨识,扣10分;

2. 辨识或评估不全,每缺一项扣2分;

3. 未确定危险等级,每项扣2分;

4. 未及时报备,每项扣2分。

【标准分值】

10分

◆**法规要点**◆

《水利水电工程施工安全管理导则》(SL 721—2015)

11.3.2　水利水电工程施工重大危险源应按发生事故的后果分为下列四级:

1. 可能造成特别重大安全事故的危险源为一级重大危险源;

2. 可能造成重大安全事故的危险源为二级重大危险源;

3. 可能造成较大安全事故的危险源为三级重大危险源;

4. 可能造成一般安全事故的危险源为四级重大危险源。

11.3.4　施工单位应在开工前,对施工现场危险设施或场所组织进行重大危险源辨识,确定危险等级,并将辨识成果及时报监理单位和项目法人。

◆**条文释义**◆

1. 重大危险源:是指长期地或临时地生产、使用、储存或经营危险物质,且危险物质的数量等于或超过临界量的单元。

2. 危险等级:是指危险的潜在严重性的量度。

◆**实施要点**◆

1. 本条考核应提供的备查资料一般包括:重大危险源辨识评价表和重大危险源备案申报表。

2. 水利工程施工单位应依据《水利水电工程施工重大危险源辨识及评价导则》(DL/T 5274—2012)、《水利水电工程施工危险源辨识与风险评价导则(试行)》和工程重大危险源管理制度,对重大危险源开展辨识、评价并确定危险等级。(危险源辨识与风险评价报告,请参考第五章第一节中"×××工程施工危险源辨识与风险评价报告"。)

3. 根据《水利水电工程施工危险源辨识与风险评价导则(试行)》要求,危险源分为重大危险源、一般危险源,判定为重大危险源的不再进一步分级。

◆材料实例◆

1. 重大危险源辨识评价表

重大危险源辨识评价表

工程名称:

危险源名称		危险源地点	
确认时间		涉及时间段	
责任单位		责任人	
可能存在的主要危险因素			
参与辨识的单位及人员签字			

说明:本表一式＿＿＿＿＿份,由项目法人或施工单位填写,用于归档和备查。施工单位填写后,随同重大危险源识别与评价汇总表报项目法人。项目法人组织辨识后,填写此表,并送施工单位、监理机构各1份。

2. 重大危险源备案申报表

重大危险源备案申报表

工程名称		工程地点	
项目法人		法人代表	
施工单位		项目经理	
监理单位		项目总监	

序号	危险源名称	涉及时间段	可能存在的主要危险因素
1	围堰工程		溺水、塌陷、滑坡、渗漏
2	脚手架工程		高处坠落、物体打击、火灾
3	建筑物拆除工程		坍塌、物体打击、高处坠落、淹溺、爆炸
4	供电系统		触电、高处坠落
5	起重设备安装拆卸及吊装作业		起重伤害、高处坠落、机械伤害、触电

根据《水利水电工程施工安全管理导则》,现将××工程重大危险源等级备案申报材料:

1. ……

2. ……

……

报上,请予以备案。

项目法人(印章)

年　　月　　日

说明:本表由项目法人填写,报项目主管部门和安全监督机构备案。

【三级评审项目】

5.2.3 针对重大危险源制定防控措施,明确责任部门和责任人,并登记建档。

【评审方法及评审标准】

查相关记录。

1. 未制定防控措施,每项扣1分;

2. 未明确责任部门和责任人,每项扣1分。

【标准分值】

6分

◆法规要点◆

《中华人民共和国安全生产法》

第三十七条 生产经营单位对重大危险源应当登记建档,进行定期检测、评估、监控,并制定应急预案,告知从业人员和相关人员在紧急情况下应当采取的应急措施。

生产经营单位应当按照国家有关规定将本单位重大危险源及有关安全措施、应急措施报有关地方人民政府安全生产监督管理部门和有关部门备案。

◆条文释义◆

1. 登记:是指把有关事项或东西登录记载在册籍上。

2. 建档:建立档案。

◆实施要点◆

1. 本条考核应提供的备查资料一般包括:重大危险源登记表。

2. 水利工程施工单位应对评价确认的重大危险源及时登记建档,按照国家有关规定向主管部门和安全监督部门备案。

◆材料实例◆

重大危险源登记表

重大危险源登记表

序号	施工标段	施工单位	责任人	危险源名称	危险因素	措施和应急预案是否落实
1	×××工程土建	×××工程土建施工项目部	×××	建筑物拆除	坍塌、物体打击、高处坠落、淹溺、爆炸	已编制应急预案,并在现场安装警示标志、设立警戒区
2	×××工程土建	×××工程土建施工项目部	×××	脚手架工程	高处坠落、物体打击、火灾	已编制应急预案,对作业人员进行技术交底,设立警示标牌,定期检查防护栏杆等
3	……					

【三级评审项目】

5.2.4　按照国家有关规定,定期对重大危险源的安全设施和安全监测监控系统进行检测、检验,并进行经常性维护、保养,保证安全设施和安全监测监控系统有效、可靠运行。维护、保养、检测应当做好记录,并由有关人员签字。

【评审方法及评审标准】

查相关记录并查看现场。

1. 未定期检测、检验,每项扣1分;

2. 未维护、保养,每项扣1分。

【标准分值】

15分

◆**法规要点**◆

《水利水电工程施工安全管理导则》(SL 721—2015)

11.4.2　施工单位应按照国家有关规定,定期对重大危险源的安全设施和安全监测监控系统进行检测、检验,并进行经常性维护、保养,保证安全设施和安全监测监控系统有效、可靠运行。维护、保养、检测应做好记录,并由有关人员签字。

◆**条文释义**◆

1. 安全设施:是指企业(单位)在生产经营活动中,将危险、有害因素控制在安全范围内,以及减少、预防和消除危害所配备的装置(设备)和采取的措施。

2. 安全监测系统:是工程学术语,指用于监测工程安全运行的系统,安全监测系统由布置在工程结构物上的监测仪器及采集系统组成。

3. 检测:用指定的方法检验测试某种物体(气体、液体、固体)指定的技术性能指标,适用于各种行业范畴的质量评定,如:土木建筑工程、水利、食品、化学、环境、机械、机器等。

4. 检验:检查并验证。

◆**实施要点**◆

1. 本条考核应提供的备查资料一般包括:重大危险源监控工作检查表。

2. 水利工程施工单位应对确认的重大危险源逐条检查,明确监控责任人与监控要求,严格落实分级控制措施。

◆**材料实例**◆

重大危险源监控工作检查表

重大危险源监控工作检查表

序号	检查内容	检查结果		
		施工单位	监理单位	××单位
1	是否建立重大危险源管理制度			

序号	检查内容	检查结果		
		施工单位	监理单位	××单位
2	是否明确重大危险源辨识和控制的职责、方法、方位、流程等要求			
3	是否按制度进行重大危险源辨识、评价			
4	是否对评价确认的重大危险源及时登记建档			
5	是否按照规定向相关主管部门备案			
6	是否明确重大危险源的各级监控责任人和监控要求			
7	是否根据项目建设进展，对重大危险源实施动态的辨识、评价和控制			
8	是否在重大危险源处设置明显的安全警示标志和警示牌			
9	……			

参加检查人员：

【三级评审项目】

5.2.5 对重大危险源的管理人员进行培训，使其了解重大危险源的危险特性，熟悉重大危险源安全管理规章制度，掌握安全操作技能和应急措施。

【评审方法及评审标准】

查相关记录并现场问询。

1. 培训不全，每少一人扣 2 分；

2. 不熟悉重大危险源相关知识，每人扣 1 分。

【标准分值】

5 分

◆**法规要点**◆

《水利水电工程施工安全管理导则》(SL 721—2015)

11.4.4 项目法人、施工单位应组织对重大危险源的管理人员进行培训，使其了解重大危险源的危险特性，熟悉重大危险源安全管理规章制度，掌握安全操作技能和应急措施。

◆**条文释义**◆

无。

◆**实施要点**◆

本条考核应提供的备查资料一般包括：管理人员重大危险源培训记录表。

◆材料实例◆

管理人员重大危险源培训记录表

管理人员重大危险源培训记录表

单位名称		日期	
教育部门		讲课人	
危险源名称		培训学时	
教育内容：(可附页) 记录人：			
教育培训评估： 评估人：			
参加培训人员签名：			

【三级评审项目】

5.2.6 在重大危险源现场设置明显的安全警示标志和警示牌。警示牌内容应包括危险源名称、地点、责任人员、可能的事故类型、控制措施等。

【评审方法及评审标准】

查看现场。

1. 未设置警示标志和警示牌，每处扣 2 分；

2. 警示牌内容不符合要求，每处扣 1 分。

【标准分值】

5 分

◆法规要点◆

《水利水电工程施工安全管理导则》(SL 721—2015)

11.4.5 施工单位应在重大危险源现场设置明显的安全警示标志和警示牌。警示牌内容应包括危险源名称、地点、责任人员、可能的事故类型、控制措施等。

◆条文释义◆

1. 危险源：是指可能导致人员伤害或疾病、物质财产损失、工作环境破坏或这些情况组合的根源或状态因素。

2. 事故：一般是指当事人违反法律法规或由疏忽失误造成的意外死亡、疾病、伤害、损坏或者其他严重损失的情况，如交通事故、生产事故、医疗事故、自伤事故。

◆实施要点◆

1. 本条考核应提供的备查资料一般包括：(1)重大危险源现场安全警示标志和警示牌

统计表;(2)查看现场。

2. 安全警示标牌设置应符合《安全标志及其使用导则》(GB 2894—2008)的要求,警示牌内容应包括危险源名称、地点、责任人员、可能的事故类型、控制措施等。

【三级评审项目】

5.2.7 制定重大危险源事故应急预案,建立应急救援组织或配备应急救援人员、必要的防护装备及应急救援器材、设备、物资,并保障其完好和方便使用。

【评审方法及评审标准】

查相关记录并查看现场。

1. 未制定应急预案,每项扣1分;

2. 保障措施不到位,每项扣1分。

【标准分值】

6分

◆**法规要点**◆

《水利水电工程施工安全管理导则》(SL 721—2015)

11.4.6 项目法人、施工单位应组织制定建设项目重大危险源事故应急预案,建立应急救援组织或配备应急救援人员、必要的防护装备及应急救援器材、设备、物资,并保障其完好和方便使用。

◆**条文释义**◆

1. 应急救援:一般是指针对突发、具有破坏力的紧急事件采取预防、预备、响应和恢复的活动与计划。根据紧急事件的不同类型,有卫生应急、交通应急、消防应急、地震应急、厂矿应急、家庭应急等领域的应急救援。

2. 应急预案:指面对突发事件如自然灾害、重特大事故、环境公害及人为破坏的应急管理、指挥、救援计划等。

3. 应急救援物资:是应对突发情况时,有效减少人民的财产损失的物质资源。

◆**实施要点**◆

本条考核应提供的备查资料一般包括:(1)《重大危险源事故应急预案》;(2)保障必要的防护装备及应急救援器材、设备、物资完好和方便使用的措施落实到位。

◆**材料实例**◆

重大危险源事故应急预案

重大危险源事故应急预案

1 总则

1.1 编制目的

为有效应对本单位重大危险源失控而导致的事故,最大限度减少人员伤亡和财产损失,结合实际,特制定本预案。

1.2　编制依据

《生产经营单位生产安全事故应急预案编制导则》(GB/T 29639—2013)。

1.3　适用范围

本预案适用于公司重大危险源事故的应急救援工作。

2　应急处置基本原则

(1) 救人高于一切;

(2) 抢险施救与报告同时进行,逐级报告;

(3) 局部服从全局,下级服从上级。

3　事故类型及危害程度分析

3.1　事故类型

重大危险源可能发生的事故有:

(1) 火灾;

(2) 爆炸;

(3) 中毒和窒息;

(4) 起重伤害;

(5) 高处坠落;

(6) 坍塌等。

3.2　危害程度分析

单位重大危险源,可能导致事故发生,对工程参建人员生命安全造成威胁,甚至可能引起恐慌,造成负面影响。

……

【三级评审项目】

5.2.8　根据施工进展加强重大危险源的日常监督检查,对危险源实施动态的辨识、评价和控制。

【评审方法及评审标准】

查相关记录。

1. 日常监督检查不到位,每项扣1分;

2. 未进行动态管理,每项扣1分。

【标准分值】

3分

◆法规要点◆

《水利水电工程施工安全管理导则》(SL 721—2015)

11.4.10　各参建单位应根据施工进展加强重大危险源的日常监督检查,对危险源实施动态的辨识、评价和控制。

◆**条文释义**◆

1. 进展:向前发展。

2. 监督:对现场或某一特定环节、过程进行监视、督促和管理,使其结果能达到预定的目标。

3. 动态:指(事情)变化发展的情况。

◆**实施要点**◆

1. 本条考核应提供的备查资料一般包括:重大危险源监控工作检查表、重大危险源动态监控表和重大危险源销号登记表。

2. 水利工程施工单位根据工程建设进度,对重大危险源实行动态管理,及时更新,并落实控制措施,制定应急预案,并告知相关人员在紧急情况下应当采取的措施。

◆**材料实例**◆

1. 重大危险源监控工作检查表

重大危险源监控工作检查表

序号	检查内容	检查结果		
		施工单位	监理单位	××单位
1	是否建立重大危险源管理制度			
2	是否明确重大危险源辨识和控制的职责、方法、流程等要求			
3	是否按制度进行重大危险源辨识、评价			
4	是否对评价确认的重大危险源及时登记建档			
5	是否按照规定向相关主管部门备案			
6	是否明确重大危险源的各级监控责任人和监控要求			
7	是否根据项目建设进展,对重大危险源实施动态的辨识、评价和控制			
8	是否在重大危险源处设置明显的安全警示标志和警示牌			
9	……			
参加检查人员:				

2. 重大危险源动态监控表

重大危险源动态监控表

工程名称：×××工程

危险源名称					
危险源地点	施工现场		确认时间	年 月 日	
责任单位	×××工程项目部		责任人	×××	
预防事故主要措施					
动态监控情况					
序号	检查日期	检查内容	检查结果	整改情况	检查人员

说明：本表一式_____份，由施工单位填写，用于归档和备查。施工单位、监理机构各1份。

3. 重大危险源销号登记表

重大危险源销号登记表

项目名称	×××工程	
施工单位	×××工程项目部	
重大危险源名称		部位	
施工简况及销号申请	专职安全员（签字）： 施工负责人（签字）： 年　月　日	
监理工程师审核意见	监理工程师（签字）： 年　月　日	
建设单位审核意见	业主（签字）： 年　月　日	

【三级评审项目】

5.2.9　按规定将重大危险源向主管部门备案。

【评审方法及评审标准】

查相关记录。

未按规定备案，每项扣1分。

【标准分值】

3分

◆法规要点◆

《水利水电工程施工安全管理导则》(SL 721—2015)

11.4.8 对可能导致一般或较大安全事故的险情,项目法人、监理、施工等知情单位应按照项目管理权限立即报告项目主管部门、安全生产监督机构。

11.4.9 对可能导致重大安全事故的险情,项目法人、监理、施工等知情单位应按项目管理权限立即报告项目主管部门、安全生产监督机构和工程所在地人民政府,必要时可越级上报至水利部工程建设事故应急指挥部办公室。

对可能造成重大洪水灾害的险情,项目法人、监理、施工等知情单位应立即报告工程所在地防汛指挥部,必要时可越级上报至国家防汛抗旱总指挥部办公室。

◆条文释义◆

备案:是指向主管机关报告事由存案以备查考。

◆实施要点◆

水利工程施工单位应对评价确认的重大危险源及时登记建档,按照国家有关规定向主管部门和安全监督部门备案,并督促检查参建单位开展此项工作。

◆材料实例◆

无。

第三节　隐患排查治理

【三级评审项目】

5.3.1　事故隐患排查制度包括隐患排查目的、内容、方法、频次和要求等。

【评审方法及评审标准】

查制度文本。

1. 未以正式文件发布,扣2分;

2. 制度内容不全,每缺一项扣1分;

3. 制度内容不符合有关规定,每项扣1分。

【标准分值】

2分

◆法规要点◆

《中华人民共和国安全生产法》

第三十八条　生产经营单位应当建立健全生产安全事故隐患排查治理制度,采取技术、管理措施,及时发现并消除事故隐患。事故隐患排查治理情况应当如实记录,并向从业人员通报。

◆条文释义◆

安全生产事故隐患:是指生产经营单位违反安全生产法律、法规、规章、标准、规程和安全生产管理制度的规定,或者因其他因素在生产经营活动中存在可能导致事故发生的物的危险状态、人的不安全行为和管理上的缺陷。

事故隐患分为一般事故隐患和重大事故隐患。一般事故隐患,是指危害和整改难度较小,发现后能够立即整改排除的隐患。重大事故隐患,是指危害和整改难度较大,应当全部或者局部停产停业,并经过一定时间整改治理方能排除的隐患,或者因外部因素影响致使生产经营单位自身难以排除的隐患。

◆实施要点◆

1. 本条考核应提供的备查资料一般包括:《事故隐患排查制度》及其印发文件。

2. 水利工程施工单位应制定项目事故隐患排查制度,主要内容包括隐患排查目的、内容、方法、频次和要求等。

◆材料实例◆

印发事故隐患排查制度文件

××水利工程建设有限公司文件

××〔2021〕×号

关于印发《事故隐患排查治理制度》的通知

各部门、各分公司：

为了建立本公司安全生产事故隐患排查治理长效机制，加强事故隐患监督管理，防止和减少事故的发生，保障员工生命财产安全，依据国家《安全生产事故隐患排查、治理暂行规定》《江苏省生产经营单位安全生产事故隐患排查治理工作规范》等文件规定，我公司组织制定了《事故隐患排查治理制度》，现印发给你们，请遵照执行。

附件：事故隐患排查治理制度

××水利工程建设有限公司（章）

2021年×月×日

事故隐患排查治理制度

第一章　总　则

第一条　为了建立本公司安全生产事故隐患排查治理长效机制，加强事故隐患监督管理，防止和减少事故的发生，保障员工生命财产安全，制定本制度。

第二条　本制度适用于本公司所有员工和工程施工人员，必须严格遵守公司各项规章制度和各项安全生产管理制度，严格遵守岗位操作规程。

第三条　本制度规定事故隐患分类、排查、报告、整改及奖励办法。

第四条　本制度所称安全生产事故隐患（以下简称"事故隐患"），是指违反安全生产法律、法规、规章、标准、规程和安全生产管理制度的规定，或者因其他因素在生产经营活动中存在可能导致事故发生的物的危险状态、人的不安全行为和管理上的缺陷。

第五条　事故隐患分类

事故隐患分为一般事故隐患、重大事故隐患。一般事故隐患，是指危害和整改难度较小，发现后能够立即整改排除的隐患。重大事故隐患，是指危害和整改难度较大，应当全部或者局部停产停业，并经过一定时间整改治理方能排除的隐患，或者因外部因素影响致使生产经营公司自身难以排除的隐患。

第二章　管理职责

第六条　公司主要负责人

公司主要负责人应对事故隐患排查和整改负全面的领导责任，应负责组织建立健全公司事故隐患排查治理的长效机制,保证安全资金的投入,逐步解决各类安全隐患。

第七条　事故隐患排查领导小组

(一)公司成立安全生产事故隐患排查领导小组,分别由公司分管安全的副总经理任组长,安全科科长任副组长,各部门(项目部)领导为成员。

(二)安全生产事故隐患排查领导小组办公室设在安全科,主要负责活动开展的日常管理工作。

第八条　安全科

(一)负责对查出的事故隐患进行登记,按照事故隐患的等级进行分类,建立事故隐患信息档案。

(二)对各类隐患排查治理进行监督、检查、考核。

(三)负责对事故隐患报告奖励资金的汇总和发放等。

第九条　项目部

(一)按照"谁主管,谁负责"的原则,各项目部主要负责人对本项目部事故隐患的排查和整改负主要责任。

(二)各班组长对所辖范围的事故隐患排查和整改工作负责,每个职工对本岗位的事故隐患排查和整改负责,任何人发现事故隐患,均有权向安全科和公司领导报告。

第三章　事故隐患排查

第十条　事故隐患排查方式

(一)事故隐患排查的方式包括:定期综合检查、专业专项检查、季节性检查、节假日检查、日常检查等。

(二)综合性安全检查

公司应每半年对各部门、项目部开展一次综合性检查,特殊情况下可增加频次。检查的内容主要包括:

(1)安全生产责任及安全管理制度的贯彻落实情况。

(2)危险源、危险场所安全监控措施执行情况。

(3)生产场所各类安全防护设施的完好情况。

(4)设备设施的防护装置、定时维护、保养情况。

(5)特种作业人员的持证上岗、遵守操作规程情况。

(6)特种设备的安全检查。

(7)安全防护设施的运行情况。

(8)项目部组织机构、安全例会、责任制考核情况。

(9)消防、用电、交通等专项检查及各类事故隐患整改情况。

(10)作业人员安全技术操作规程执行情况。

(11)劳动防护用品的发放和使用情况等。

(三)专项安全检查

公司每年应有针对性地组织 2~3 次专项安全检查,内容包括脚手架、特种设备、施工用电、机械安全、防雷防风、交通安全、安全工器具、安全标识、消防、危险化学品、重大危险源、上级临时安排的专项安全检查等。

（四）季节性安全检查

根据季节变化的特点情况，而组织的有针对性的安全检查，如汛前安全检查、汛后安全检查、夏季安全检查、冬季安全检查等。

（五）节假日前安全检查

包括五一、国庆、春节等节日前的各项安全检查工作。

（六）日常安全检查

包括日巡检、周例检等。

第十一条　事故隐患排查的范围

（一）事故隐患排查的范围应涉及所有与工程建设相关的场所、环境、人员、设备设施和活动，具体包括：

——安全生产法律法规、标准规范的贯彻执行情况；

——安全生产责任制等规章制度的建立和落实情况；

——人员安全教育培训、持证上岗情况；

——生产安全事故的报告、调查处理及责任追究情况；

——重要设施设备的日常管理维护、运行及检测检验情况；

——重大危险源的辨识、登记建档、监控及措施落实情况；

——安全生产费用提取使用情况；

——应急预案编制、演练、应急设备设施维护情况；

——施工现场作业人员执行操作规程的情况；

——施工现场安全情况，包括施工用电、施工现场道路及交通安全、消防安全、安全防护设施等；

——设备安全管理情况等。

（二）发生以下情况，各部门、项目部应及时组织事故隐患排查：

——安全生产法律法规、标准规范发生变更或更新；

——施工条件或工艺改变；

——对事故、事件或其他信息有新的认识；

——组织机构和人员发生大的调整的。

第十二条　检查记录

检查工作要及时做好文字记录。主要内容包括：检查时间、内容、人员、结果、存在的主要问题及整改意见，检查人员要签字确认。

第四章　事故隐患治理

第十三条　隐患排查组织应根据检查情况，及时向被检查单位下发整改通知单；被检查单位应认真研究制定整改方案，落实整改措施，尽快完成整改并填写隐患整改回执单，及时向隐患排查组织反馈整改落实情况。收到隐患整改回执单后，隐患排查组织应及时组织人员对相关单位隐患整改情况进行验证，形成隐患的闭环管理。

第十四条　一般事故隐患治理

一般事故隐患由相关部门（项目部）组织有关人员，立即组织整改。

第十五条　重大事故隐患治理

（一）对于重大事故隐患，应编制重大事故隐患治理方案，由安全科提交公司，由公司主要负责人批准后实施。相关部门、项目部、班组落实隐患整改的目标和任务、方法和措施、经费和物资、治理的机构和人员、治理的时限和要求、安全措施和应急预案等。

（二）治理方案内容包括目标和任务、方法和措施、经费和物资、机构和人员、时限和要求。

（三）重大事故隐患治理前，应采取临时控制措施并制定应急预案。

第十六条　在事故隐患治理过程中，事故隐患部门应当采取相应的安全防范措施，防止事故发生。

第十七条　公司保证事故隐患排查治理所需的各类资源。

第五章　事故隐患统计报告

第十八条　隐患的报告

（一）各项目部应每月开展自查。对于自查中发现的问题，要组织相关人员进行分析研究，提出处理意见，项目部解决不了的问题要逐级上报，重大事故隐患在 2 小时内报主管领导。

（二）隐患报告应包括事故隐患地点、事故隐患内容、拟采取的控制措施等。

第十九条　事故隐患信息统计分析

安全科、项目部分管安全的科室（部门）每月 28 日前将本单位当月隐患排查的情况进行汇总，填写事故隐患汇总登记台账（附件 3），根据汇总结果，认真填报事故隐患排查治理情况统计表。

第二十条　事故隐患季度总结通报

项目部每季度、每年对隐患排查情况进行统计分析，并填写隐患统计分析表（见附件 4）上报至公司安全科，安全科每季度、每年对全公司的隐患排查情况进行统计分析，并在每季度安全生产委员会例会上对本季度隐患排查和整改结果进行通报，认真总结隐患排查治理工作经验、有效做法和存在的问题，提出下一阶段工作安排及有关建议，各项目部通报本项目部的隐患排查和整改结果。

第六章　事故隐患预测预警

第二十一条　公司及各部门、项目部通过与气象部门联系、上网、接收项目法人信息等途径及时获取水文、气象等信息，在接到自然灾害预报时，及时发出预警信息。

第二十二条　公司对因自然灾害可能导致事故的隐患，应采取预防措施。

第二十三条　公司每季度对本公司事故隐患排查治理情况进行统计分析，开展安全生产预测预警。

第七章　奖励、惩罚规则

第二十四条　严格落实检查报告责任制。对检查不及时、不认真或对检查中发现的问题麻木不仁,没有采取得力措施而酿成事故的,要追究有关人员责任。

第二十五条 报告事故隐患的数量和质量作为年终评先进的重要依据。

第二十六条 职工在工作中,发现并排除可能造成重大人员伤亡和财产损失隐患的,给予通报表彰和物质奖励。

第二十七条 凡不按要求开展安全生产隐患排查及整治不力的单位和个人,一经发现,分别给予相关单位和个人 200~2000 元的经济处罚。

第二十八条 发现了事故隐患因未及时整改,报告人也没继续上报而导致事故的发生,将对发生事故的部门按照从重处罚,对责任人将从重处理。

第二十九条 对报告人特别是越级上报的人员,进行打击报复的或有此嫌疑的,一经查实报总经理处理。

第八章 附则

第三十条 本制度解释权归安全科所有。

第三十一条 本制度自批准之日起实施。

【三级评审项目】

5.3.2 根据事故隐患排查制度开展事故隐患排查,排查前应制定排查方案,明确排查的目的、范围和方法;排查方式主要包括定期综合检查、专项检查、季节性检查、节假日检查和日常检查等;对排查出的事故隐患,应及时书面通知有关责任部门,定人、定时、定措施进行整改,并按照事故隐患的等级建立事故隐患信息台账。相关方排查出的隐患统一纳入本单位隐患管理。至少每两月自行组织一次安全生产综合检查。

【评审方法及评审标准】

查相关记录并查看现场。

1. 未制定排查方案,每次扣 1 分;

2. 排查方式不全,每缺一项扣 2 分;

3. 排查结果与现场实际不符,每次扣 1 分;

4. 未书面通知有关部门,每次扣 1 分;

5. 隐患信息台账不全,每缺一项扣 1 分;

6. 未将相关方隐患纳入本单位隐患管理,扣 5 分;

7. 安全生产综合检查频次不够,每少一次扣 1 分;

8. 按照《水利工程生产安全重大事故隐患判定标准(试行)》,存在重大事故隐患的,不得评定为安全生产标准化达标单位。

【标准分值】

10 分

◆**法规要点**◆

《中华人民共和国安全生产法》

第十八条 生产经营单位的主要负责人对本单位安全生产工作负有下列职责:

(五) 督促、检查本单位的安全生产工作,及时消除生产安全事故隐患

第二十二条　生产经营单位的安全生产管理机构以及安全生产管理人员履行下列职责：

检查本单位的安全生产状况，及时排查生产安全事故隐患，提出改进安全生产管理的建议；

第四十三条　生产经营单位的安全生产管理人员应当根据本单位的生产经营特点，对安全生产状况进行经常性检查；对检查中发现的安全问题，应当立即处理；不能处理的，应当及时报告本单位有关负责人，有关负责人应当及时处理。检查及处理情况应当如实记录在案。

生产经营单位的安全生产管理人员在检查中发现重大事故隐患，依照前款规定向本单位有关负责人报告，有关负责人不及时处理的，安全生产管理人员可以向主管的负有安全生产监督管理职责的部门报告，接到报告的部门应当依法及时处理。

《国务院关于进一步加强企业安全生产工作的通知》（国发〔2010〕23 号）

第四条　及时排查治理安全隐患。企业要经常性开展安全隐患排查，并切实做到整改措施、责任、资金、时限和预案"五到位"。建立以安全生产专业人员为主导的隐患整改效果评价制度，确保整改到位。对隐患整改不力造成事故的，要依法追究企业和企业相关负责人的责任。对停产整改逾期未完成的不得复产。

第十条　生产经营单位应当定期组织安全生产管理人员、工程技术人员和其他相关人员排查本单位的事故隐患。对排查出的事故隐患，应当按照事故隐患的等级进行登记，建立事故隐患信息档案，并按照职责分工实施监控治理。

◆**条文释义**◆

1. 隐患排查治理：是生产经营单位安全生产管理过程中的一项法定工作。《中华人民共和国安全生产法》第三十八条规定：生产经营单位应当建立健全生产安全事故隐患排查治理制度，采取技术、管理措施，及时发现并消除事故隐患。事故隐患排查治理情况应当如实记录，并向从业人员通报。

2. 排查：在一定范围内进行逐个检查、审查。

3. 季节性安全检查：是针对气候特点（如夏季、冬季、雨季、风季等）可能对施工生产带来的安全危害而组织的安全检查。

◆**实施要点**◆

1. 本条考核应提供的备查资料一般包括：（1）安全检查记录表；（2）事故隐患排查记录表；（3）隐患排查前制定排查方案，即各类安全检查通知红头文件（明确排查的目的、范围和方法）；（4）事故隐患整改通知单；（5）事故隐患排查治理汇总表；（6）生产安全事故隐患排查治理登记台账。

2. 水利工程施工单位应根据排查制度的规定，定期对工程现场、生活区、办公区以及人员、设备设施等开展安全隐患排查工作。排查方式有定期综合检查、专项检查、季节性检查、节假日检查和日常检查等，对排查出的隐患，及时书面通知有关单位，每月至少开展一次安全综合检查。

3. 水利工程施工单位对排查出的事故隐患进行分析、评估，确定一般隐患和重大隐患，登记建档。

◆材料实例◆

1. 安全检查记录表

安全检查记录表

检查部门		检查日期	
检查类别		记录人	
受检单位、项目部			
人员、设备、施工作业及环境和条件			
危险品及危险源安全情况			
发现的安全隐患及消除隐患的要求			
采取的安全措施及隐患消除情况			
检查人员签字：			
		日期： 年 月 日	

2. 事故隐患排查记录表

事故隐患排查记录表

单位名称：

工程名称		排查日期	
隐患部位		检查部门（人员）	
检查内容			
被检查部门（人员）			
隐患情况及其产生原因：(可以附页)			
记录人：		年 月 日	
整改意见：			
检查负责人：		年 月 日	
复查意见：			
复查负责人：		年 月 日	
备注：			

3. 印发"春节"放假前安全检查文件

××水利工程建设有限公司文件
×××〔2021〕×号

关于开展"春节"放假前安全检查的通知

各部门、各项目部：

春节即将来临，为认真做好节假日安全生产工作，全面消除各类事故隐患，严防安全事故的发生，确保安全生产工作持续稳定好转，员工过一个平安祥和的春节，公司决定于2021年×月×日—×月×日开展春节放假前安全检查，现将有关事项通知如下：

一、工作目标

此次安全检查工作既要全面排查又要突出重点、难点，通过此次安全检查，健全隐患排查治理管理制度，加强职工安全防范意识，形成隐患排查治理长效机制，最大限度地减少安全事故的发生。

二、隐患排查内容

此次春节节前的安全检查主要包括消防安全管理、车辆交通安全管理、特种设备（或重点设备）的安全管理等。

1. 消防安全管理：灭火器等消防设施的配备和使用、易燃易爆危险化学品的储存情况等。

2. 车辆交通安全管理：检查各种车辆的安全状况、车辆安全管理措施的制定情况等。

3. 特种设备（或重点设备）的安全管理：特种设备（或重点设备）的使用情况，有无安全隐患，有无"三违"现象等。

三、工作要求

各部门主要负责人、各项目部主要负责人要切实履行好安全工作职责，把安全隐患排查工作摆上突出位置，切实担负起组织、协调、发动、推进的职责，做到排查不留死角，整改不留后患。对因责任不落实、措施不到位、工作不得力而导致事故发生的，依据安全生产法律法规，严肃追究直接责任人员和相关领导的责任。

××水利工程建设有限公司（章）

2021年×月×日

4. 印发夏季安全检查文件

××水利工程建设有限公司文件

×××〔2021〕×号

关于开展夏季安全检查的通知

各部门、各项目部：

夏季是各类安全生产事故的多发期，也是全年安全生产工作的重点、难点。为做好夏季安全生产工作，克服季节性不利因素的影响，有效控制各类事故发生，确保全公司安全生产形势的稳定，定于2021年×月×日—×月×日在全公司范围内开展夏季安全检查，现将有关事项通知如下：

一、工作目标

通过开展夏季安全生产隐患排查活动，及时发现生产过程中暴露出的安全隐患和突出问题，采取积极有效的整改措施，形成隐患排查治理长效机制，确保公司夏季财产安全及职工安全。

二、隐患排查内容

此次安全检查主要针对灭火装置的配备和使用情况、防雷接地情况、防暑降温措施等。

1. 灭火装置的配备和使用：检查灭火装置的配备是否合理、是否完好无损、是否齐全等。

2. 防雷接地情况：主要检查避雷针、接地线带、设备设施的接地装置、电器线路等。

3. 防暑降温措施：检查是否有防暑药品，办公室或宿舍内是否有空调、电扇等。

三、工作要求

各部门主要负责人、各项目部主要负责人要切实履行好安全工作职责，把安全隐患排查工作摆上突出位置，切实担负起组织、协调、发动、推进的职责，做到排查不留死角、整改不留后患。对因责任不落实、措施不到位、工作不得力而导致事故发生的，依据安全生产法律法规，严肃追究直接责任人员和相关领导的责任。

××水利工程建设有限公司(章)

2021年×月×日

5. 事故隐患整改通知单

事故隐患整改通知单

项目名称：   编号：

致： 　　　　年　　月　　日,经检查发现你单位施工现场存在如下事故隐患。请接到通知后,按照"三定"要求限在　　月　　日前,按照有关安全技术标准规定,采取相应整改措施,并在自查合格后,将整改完成情况及防范措施,按时反馈到通知发出单位。 　　　　存在的主要问题：   　　　　　　　　　　　　　　　　　　　　　　　　检查人： 　　　　　　　　　　　　　　　　　　　　　　　　负责人： 　　　　　　　　　　　　　　　　　　　　　　　　检查单位(签章)： 　　　　　　　　　　　　　　　　　　　　　　　　　　年　　月　　日
隐患单位签收人：   　　　　　　　　　　　　　　　　　　　　签收日期：　　年　　月　　日
整改复查情况：   　　　　　　　　　　　　　　　　　　　　复查负责人：　　年　　月　　日

6. 事故隐患排查治理汇总表

事故隐患排查治理汇总表

工程名称：

序号	排查时间	排查 负责人	安全隐患 情况简述	隐患级别	整改措施	整改 责任人	整改情况	复查人
填表人：			审核人：			填表日期：　　年　　月　　日		

7. 生产安全事故隐患排查治理登记台账

生产安全事故隐患排查治理登记台账

登记单位名称：

序号	检查时间	隐患大类	隐患中类	隐患所在部位	隐患类别	隐患等级	隐患概况	具体情况及整改措施方案	投入资金（元）	复查验收情况	检查人员	整改责任人	整改期限	整改完成日期	验收复查责任人

说明："隐患类别"按事故统计"事故类别"填写。

事故类别分为：1. 物体打击；2. 车辆伤害；3. 机械伤害；4. 起重伤害；5. 触电；6. 淹溺；7. 灼烫；8. 火灾；9. 高处坠落；10. 坍塌；11. 容器爆炸；12. 中毒和窒息；13. 其他。"隐患等级"分为一般、一级重大、二级重大、三级重大。隐患大类分为：1. 基础管理；2. 现场管理。隐患中类把基础管理和现场管理再细分。基础管理分为：1. 资质证照；2. 安全生产管理机构及人员；3. 安全生产责任制；4. 安全生产管理制度；5. 安全操作规程；6. 教育培训；7. 安全生产管理档案；8. 安全生产投入；9. 应急管理；10. 特种设备基础管理；11. 职业卫生基础管理；12. 相关方基础管理；13. 其他基础管理。现场管理分为：1. 特种设备现场管理；2 生产设备设施及工艺；3. 场所环境；4. 从业人员操作行为；5. 消防安全；6. 用电安全；7. 职业卫生现场安全；8. 有限空间现场安全；9. 辅助动力系统；10. 相关方现场管理；11. 其他现场管理。

【三级评审项目】

5.3.3 建立事故隐患报告和举报奖励制度，鼓励、发动职工发现和排除事故隐患，鼓励社会公众举报。对发现、排除和举报事故隐患的有功人员，应给予物质奖励和表彰。

【评审方法及评审标准】

查制度文本和相关记录。

1. 未建立事故隐患报告和举报奖励制度，扣 2 分；

2. 制度内容不全，每缺一项扣 1 分；

3. 制度内容不符合有关规定，每项扣 1 分；

4. 无物质奖励和表彰记录，扣 5 分。

【标准分值】

5 分

◆**法规要点**◆

《安全生产领域举报奖励办法》（安监总财〔2018〕19 号）

第七条 举报人举报的重大事故隐患和安全生产违法行为，属于生产经营单位和负有安全监管职责的部门没有发现,或者虽然发现但未按有关规定依法处理,经核查属实的,给予举报人现金奖励。具有安全生产管理、监管、监察职责的工作人员及其近亲属或其授意他人的举报不在奖励之列。

第八条　举报人举报的事项应当客观真实,并对其举报内容的真实性负责,不得捏造、歪曲事实,不得诬告、陷害他人和企业;否则,一经查实,依法追究举报人的法律责任。

第九条　负有安全监管职责的部门应当建立健全重大事故隐患和安全生产违法行为举报的受理、核查、处理、协调、督办、移送、答复、统计和报告等制度,并向社会公开通信地址、邮政编码、电子邮箱、传真电话和奖金领取办法。

◆条文释义◆

1. 物质奖励:是以增加公务员的物质利益的方式对员工工作表现和成绩给予肯定、鼓励和表扬的奖励措施,其种类主要包括颁发奖金、工资晋级、准予特别假、旅游等形式。

2. 表彰:表扬并嘉奖。

3. 举报:指检举、报告。

◆实施要点◆

1. 本条考核应提供的备查资料一般包括:(1)《事故隐患报告和举报奖励制度》及其印发文件;(2)表彰安全生产先进集体和先进个人的红头文件。

2. 水利工程施工单位应建立事故隐患报告和举报奖励制度,制度的内容要全面,不应漏项。

◆材料实例◆

1. 印发事故隐患报告和举报奖励制度文件(详见 5.3.1《事故隐患排查治理制度》相关内容)。

2. 印发关于表彰安全生产先进集体和先进个人的决定。

××水利工程建设有限公司文件
×××〔2021〕×号

关于表彰 2020 年度安全生产先进集体和先进个人的决定

各部门、各分公司:

2020 年,我公司认真贯彻落实上级安全生产决策部署,全面落实安全生产主体责任,严格落实安全防范措施,大力开展安全生产标准化创建工作,公司安全生产形势持续稳定,涌现出了一批先进集体和先进个人。经研究,决定对×××等×个先进集体和×××等×名先进个人予以表彰。

希望受到表彰的先进单位和个人珍惜荣誉,再接再厉,为公司安全生产工作再立新功。

希望广大干部职工要学习先进,扎实工作,认真做好安全生产各项工作。

附件:2020 年度安全生产先进集体及先进个人名单

×× 水利工程建设有限公司(章)

2021 年 × 月 × 日

2020 年度安全生产先进集体及先进个人名单

一、安全生产先进集体

×××

×××

×××

……

二、安全生产先进个人

×××　×××　×××

……

【三级评审项目】

5.3.4　单位主要负责人组织制定重大事故隐患治理方案,经监理单位审核,报项目法人同意后实施。治理方案应包括下列内容:重大事故隐患描述;治理的目标和任务;采取的方法和措施;经费和物资的落实;负责治理的机构和人员;治理的时限和要求;安全措施和应急预案等。

【评审方法及评审标准】

查相关记录并查看现场。

1. 未制定治理方案,扣 5 分;

2. 治理方案内容不符合要求,每项扣 1 分;

3. 审批程序不符合要求,扣 5 分;

4. 未按治理方案实施,扣 5 分。

【标准分值】

5 分

◆法规要点◆

《安全生产事故隐患排查治理暂行规定》(国家安全生产监督管理总局令第 16 号)

第十五条　对于重大事故隐患,由生产经营单位主要负责人组织制定并实施事故隐患治理方案。重大事故隐患治理方案应当包括以下内容:

(一)治理的目标和任务;

(二)采取的方法和措施;

（三）经费和物资的落实；

（四）负责治理的机构和人员；

（五）治理的时限和要求；

（六）安全措施和应急预案。

◆条文释义◆

1. 重大事故隐患：是指危害和整改难度较大，应当全部或者局部停产停业，并经过一定时间整改治理方能排除的隐患，或者因外部因素影响致使生产经营单位自身难以排除的隐患。

2. 单位负责人：是指单位法定代表人或者法律、行政法规规定代表单位行使职权的主要负责人。

◆实施要点◆

1. 本条考核应提供的备查资料一般包括：重大事故隐患治理方案。

2. 水利工程施工单位应制定重大事故隐患治理方案，其主要内容包括重大事故隐患描述、治理的目标和任务、采取的方法和措施、经费和物资的落实、负责治理的机构和人员、治理的时限和要求、安全措施和应急预案等。方案的内容要全面，不应漏项。

3. 在治理前应及时采取临时控制措施并制定应急方案，并向项目主管部门和有关部门报告。审批程序应规范，并按治理方案实施。

◆材料实例◆

无。

【三级评审项目】

5.3.5 建立事故隐患治理和建档监控制度，逐级建立并落实隐患治理和监控责任制。

【评审方法及评审标准】

查制度文本。

1. 未以正式文件发布，扣 2 分；

2. 制度内容不全，每缺一项扣 1 分；

3. 制度内容不符合有关规定，每项扣 1 分。

【标准分值】

2 分

◆法规要点◆

《安全生产事故隐患排查治理暂行规定》(国家安全生产监督管理总局令第 16 号)

第八条　生产经营单位是事故隐患排查、治理和防控的责任主体。

生产经营单位应当建立健全事故隐患排查治理和建档监控等制度，逐级建立并落实从主要负责人到每个从业人员的隐患排查治理和监控责任制。

◆**条文释义**◆

无。

◆**实施要点**◆

1. 本条考核应提供的备查资料一般包括:《事故隐患治理和建档监控制度》及其印发文件。

2. 水利工程施工单位应建立事故隐患治理和建档监控制度,其主要内容包括健全隐患排查治理工作责任制度、定期隐患排查治理工作制度、隐患登记备案制度、重大隐患报告与评估制度,制定隐患排查治理工作计划、隐患排查专项资金使用计划、重大隐患治理监控制度、隐患排查治理培训制度、隐患报告举报奖励制度等,并以正式文件印发。制度的内容要全面,不应漏项。

◆**材料实例**◆

印发事故隐患治理和建档监控制度文件

××水利工程建设有限公司文件
×××〔2021〕×号

关于印发《事故隐患治理和建档监控制度》的通知

各部门、各分公司:

为加强事故隐患排查治理工作,把企业绩效评估指标内容转化为企业内部管理制度,防止和减少事故发生,保证全体员工生命安全和公司财产安全,根据《中华人民共和国安全生产法》《安全生产事故隐患排查治理暂行规定》(国家安全监管总局令第 16 号)及安全隐患排查治理体系建设有关规定,我公司组织制定了《事故隐患治理和建档监控制度》,现印发给你们,请遵照执行。

附件:事故隐患治理和建档监控制度

××水利工程建设有限公司(章)

2021 年×月×日

事故隐患治理和建档监控制度

1. 目的

为加强事故隐患排查治理工作,把企业绩效评估指标内容转化为企业内部管理制度,防止和减少事故发生,保证全体员工生命安全和公司财产安全,根据《中华人民共和国安全生产法》《安全生产事故隐患排查治理暂行规定》(国家安全监管总局令第 16 号)及安全隐患排查治理体系建设有关规定,结合本公司实际情况,特制订本制度。

2. 适用范围

本制度适用于本公司作业区域内事故隐患排查治理和建档监控工作。

3. 职责

(1)成立主要负责人担任组长的隐患排查治理领导小组,并依据公司安全生产责任制确定其职责。

(2)隐患发生部门负责人对本部门的事故隐患排查治理工作负责,公司安全科对事故隐患排查治理工作实施监督管理。

(3)生产经营项目、场所、设备发包、出租的,公司安全科应与承包、承租单位签订安全生产管理协议,并在协议中明确各方对事故隐患排查、治理和防控报告的管理职责。公司对承包、承租单位的事故隐患排查治理负有统一协调和监督管理的职责。

4. 事故隐患排查治理和监控

(1)事故隐患定义

事故隐患是指违反安全生产法律、法规、规章、标准、规程和安全生产管理制度的规定,或者因其他因素在施工生产活动中存在可能导致事故发生的物的危险状态、人的不安全行为和管理上的缺陷。

(2)事故隐患分级

......

【三级评审项目】

5.3.6　一般事故隐患应立即组织整改。

【评审方法及评审标准】

查相关记录。

一般事故隐患未立即组织整改,每项扣 1 分。

【标准分值】

6 分

◆法规要点◆

《安全生产事故隐患排查治理暂行规定》(国家安全生产监督管理总局令第 16 号)

第十五条　对于一般事故隐患,由生产经营单位(车间、分厂、区队等)负责人或者有关人员立即组织整改。

◆条文释义◆

一般事故隐患:是指危害和整改难度较小,发现后能够立即整改排除的隐患。

◆实施要点◆

1. 本条考核应提供的备查资料一般包括:事故隐患整改通知回复单。

2. 对于一般事故隐患,应立即要求责任单位整改消除。

◆**材料实例**◆

事故隐患整改通知回复单

事故隐患整改通知回复单

工程名称: 编号:

致:
　　我方接到编号为＿＿＿＿＿＿＿＿＿＿＿ 的事故隐患整改通知后,已按要求完成了整改工作,现报上,请予以复查。
　　附:(文字资料及相片)

　　项目负责人:(签名)

　　　　　　　　　　　　　　　　　　　　　　　　　　年　　　月　　　日

检查单位验收意见:

检查单位:

检查单位负责人:(签名)

　　　　　　　　　　　　　　　　　　　　　　　　　　年　　　月　　　日

【三级评审项目】

5.3.7　事故隐患整改到位前,应采取相应的安全防范措施,防止事故发生。

【评审方法及评审标准】

查相关记录并查看现场。

未采取安全防范措施,每项扣 1 分。

【标准分值】

5 分

◆**法规要点**◆

《安全生产事故隐患排查治理暂行规定》(国家安全生产监督管理总局令第 16 号)

第十六条　生产经营单位在事故隐患治理过程中,应当采取相应的安全防范措施,防止事故发生。事故隐患排除前或者排除过程中无法保证安全的,应当从危险区域内撤出作业人员,并疏散可能危及的其他人员,设置警戒标志,暂时停产停业或者停止使用;对暂时难以停产或者停止使用的相关生产储存装置、设施、设备,应当加强维护和保养,防止事故发生。

◆**条文释义**◆

安全防范:做好准备和保护,以应付攻击或者避免受害,从而使被保护对象处于没有危险、不受侵害、不出现事故的安全状态。显而易见,安全是目的,防范是手段,通过防范的手段达到或实现安全的目的,就是安全防范的基本内涵。

◆**实施要点**◆

1. 本条考核应提供的备查资料一般包括：事故隐患整改到位前采取的一系列安全防范措施。

2. 对重大事故隐患，应制定隐患治理方案，在治理前应及时采取临时控制措施并制定应急方案，并向项目主管部门和有关部门报告。

◆**材料实例**◆

无。

【**三级评审项目**】

5.3.8 重大事故隐患治理完成后，对治理情况进行验证和效果评估，经监理单位审核，报项目法人。一般事故隐患治理完成后，对治理情况进行复查，并在隐患整改通知单上签署明确意见。

【**评审方法及评审标准**】

查相关记录并查看现场。

1. 对于重大事故隐患，未进行验证、效果评估，扣 10 分；

2. 对于一般事故隐患，未复查或未签署意见，每项扣 2 分。

【**标准分值**】

10 分

◆**法规要点**◆

《生产安全事故隐患排查治理规定(修订稿)》(国家安全监管总局)

第十九条 重大事故隐患治理工作结束后，生产经营单位应当组织本单位的技术人员和专家对重大事故隐患的治理情况进行评估或者委托依法设立的为安全生产提供技术、管理服务的机构对重大事故隐患的治理情况进行评估。

◆**条文释义**◆

1. 验证：经过检验得到证实。

2. 评估：评价估量。

3. 复查：再一次检查或审核。

◆**实施要点**◆

1. 本条考核应提供的备查资料一般包括：事故隐患整改、验证与评估记录表、事故隐患整改通知回复单。

2. 水利工程施工单位应在重大事故隐患治理完成后，对治理情况进行验证和效果评估，填报"事故隐患整改、验证与评估记录表"，经监理单位审核，报项目法人。一般事故隐患治理完成后，应对治理情况进行复查，并在"事故隐患整改通知回复单"上签署明确意见。

◆材料实例◆

1. 事故隐患整改、验证与评估记录表

事故隐患整改、验证与评估记录表

工程名称：

检查名称			
隐患内容		整改时限	
整改责任人		整改完成时间	
整改措施： 整改情况： 整改责任人：			年　　月　　日
其他需要说明 的情况	整改责任人：		年　　月　　日
治理情况的验证 及效果评估			验证人： 年　　月　　日

2. 事故隐患整改通知回复单(详见 5.3.6"事故隐患整改通知回复单")

【三级评审项目】

5.3.9　按月、季、年对隐患排查治理情况进行统计分析,形成书面报告,经单位主要负责人签字后,报项目法人,并向从业人员通报。

【评审方法及评审标准】

查相关记录。

1. 未按规定进行统计分析和报告,每次扣 1 分;

2. 未向从业人员通报,每次扣 1 分。

【标准分值】

5 分

◆法规要点◆

《安全生产事故隐患排查治理暂行规定》(国家安全生产监督管理总局令第 16 号)

第十四条　生产经营单位应当每季、每年对本单位事故隐患排查治理情况进行统计分析,并分别于下一季度 15 日前和下一年 1 月 31 日前向安全监管监察部门和有关部门报送书面统计分析表。统计分析表应当由生产经营单位主要负责人签字。

《生产安全事故隐患排查治理规定(修订稿)》(国家安全监管总局)

第十五条　生产经营单位应当每月对本单位事故隐患排查治理情况进行统计分析,并按照规定的时间和形式报送安全监管监察部门和有关部门。

对于重大事故隐患,生产经营单位除依照前款规定报送外,应当向安全监管监察部门和有关部门提交书面材料。重大事故隐患报送内容应当包括：

（一）隐患的现状及其产生原因；

（二）隐患的危害程度和整改难易程度分析；

（三）隐患的治理方案。

已经建立隐患排查治理信息系统的地区,生产经营单位应当通过信息系统报送前两款规定的内容。

◆条文释义◆

1. 统计分析:是指运用统计方法及与分析对象有关的知识,从定量与定性的结合上进行的研究活动。

2. 通报:用来表彰先进,批评错误,传达重要指示精神或情况时使用的公务文书。

◆实施要点◆

1. 本条考核应提供的备查资料一般包括:生产安全事故隐患排查治理情况统计分析月报表、水利安全生产隐患排查治理情况统计表等报表。

2. 水利工程施工单位应按照月、季、年对隐患排查治理情况进行统计分析,编报生产安全事故隐患排查治理情况统计分析月报表、水利安全生产隐患排查治理情况统计表等报表,并向从业人员通报。

◆材料实例◆

1. 生产安全事故隐患排查治理情况统计分析月报表

生产安全事故隐患排查治理情况统计分析月报表

施工单位(盖章)：

	一般事故隐患				重大事故隐患										
									未整改的重大事故隐患列入治理计划						
	隐患排查数(项)	已整改数(项)	整改率(%)	整改投入资金(万元)	隐患排查数(项)	已整改数(项)	整改率(%)	整改投入资金(万元)	计划整改数(项)	落实目标任务(项)	落实经费物资(项)	落实机构人员(项)	落实整改期限(项)	落实应急措施(项)	落实整改资金(万元)
本月数															
1月至本月累计数															
事故隐患排查治理情况分析：															

单位主要负责人：　　　　填表人：　　　　填表日期：

2. 水利安全生产隐患排查治理情况统计表

水利安全生产隐患排查治理情况统计表

填报单位(盖章)：   (20××年×月—×月)

隐患类别	排查治理隐患单位数量	一般隐患			重大隐患									
					排查治理重大隐患			列入治理计划的重大隐患						
		排查一般隐患	其中：已整改	整改率	排查重大隐患	其中：已整改销号	整改率	列入治理计划的重大隐患	落实治理目标任务	落实治理经费物资	落实治理机构人员	落实治理时间要求	落实安全措施应急预案	累计落实治理资金
	个	项	项	%	项	项	%	项	项	项	项	项	项	万元
水利工程建设														
安全生产标准化														

审核人：　　　　　　填表人：　　　　　　联系电话：　　　　　　填报日期：

【三级评审项目】

5.3.10　地方人民政府或有关部门挂牌督办并责令全部或者局部停止施工的重大事故隐患,治理工作结束后,应组织本单位的技术人员和专家对治理情况进行评估。经治理后符合安全生产条件的,由项目法人向有关部门提出恢复施工的书面申请,经审查同意后,方可恢复施工。

【评审方法及评审标准】

查相关记录并查看现场。

1. 未按规定进行评估,扣5分;

2. 未经审查同意恢复施工,扣5分。

【标准分值】

5分

◆**法规要点**◆

《安全生产事故隐患排查治理暂行规定》(国家安全生产监督管理总局令第16号)

第十八条　地方人民政府或者安全监管监察部门及有关部门挂牌督办并责令全部或者局部停产停业治理的重大事故隐患,治理工作结束后,有条件的生产经营单位应当组织本单位的技术人员和专家对重大事故隐患的治理情况进行评估;其他生产经营单位应当委托具备相应资质的安全评价机构对重大事故隐患的治理情况进行评估。

经治理后符合安全生产条件的,生产经营单位应当向安全监管监察部门和有关部门提出恢复生产的书面申请,经安全监管监察部门和有关部门审查同意后,方可恢复生产经营。申请报告应当包括治理方案的内容、项目和安全评价机构出具的评价报告等。

◆**条文释义**◆

1. 挂牌督办:指的是上级政府和行政主管部门通过社会公示等办法,督促限期完成对重点案件的查处和整改任务。挂牌督办的案件如果到时间不能够办理好是要问责的。挂牌督办的目的是想方设法提高对案件的重视程度,其根本目的还是要解决问题、办成事情。挂牌督办的案件一般都是在一定的区域内有重大影响的案件。

2. 责令:责成、命令。

◆**实施要点**◆

1. 本条考核应提供的备查资料一般包括:重大事故隐患整治过程资料。

2. 水利工程施工单位应监督检查参建单位隐患治理方案的制定情况、实施隐患治理情况、隐患治理后效果评估情况。对于地方人民政府或有关部门挂牌督办并责令全部或者局部停止施工的重大事故隐患,治理工作结束后,监督检查责任单位组织对治理情况进行评估。经治理后符合安全生产条件的,项目法人应向有关部门提出恢复施工的书面申请,经审查同意后,方可恢复施工。

◆**材料实例**◆

无

【三级评审项目】

5.3.11　运用隐患自查、自改、自报信息系统,通过信息系统对隐患排查、报告、治理、销账等过程进行管理和统计分析,并按照有关要求报送隐患排查治理情况。

【评审方法及评审标准】

查相关文件和记录。

1. 未应用信息系统进行隐患管理和统计分析,扣5分;

2. 隐患管理和统计分析内容不完整,每缺一项扣1分;

3. 未按照要求报送隐患排查治理情况,每次扣1分。

【标准分值】

5分

◆**法规要点**◆

《企业安全生产标准化基本规范》(GBT 33000—2016)

5.1.6　企业应根据自身实际情况,利用信息化手段加强安全生产管理工作,开展安全生产电子台账管理、重大危险源监控、职业病危害防治、应急管理、安全风险管控和隐患自查自报、安全生产预测预警等信息系统的建设。

◆**条文释义**◆

1. 自查:是安全大检查的一种组织形式,由企事业单位组织自查小组或指派自查人员,依照有关法规或制度进行的自我内部检查活动。

2. 销账:也称销号,就是完成某项工程。

◆**实施要点**◆

本条考核应提供的备查资料一般包括：安全生产信息化管理系统、水利部安全生产信息系统填报材料。（本节内容结合"第一章 第六节 安全生产信息化建设"实施要点实施）

◆**材料实例**◆

隐患排查治理工作监督检查表

隐患排查治理工作监督检查表

工程名称：　　　　　　　　　　　　　　　　　　　检查日期：　　年　　月　　日

序号	检查内容	检查结果
1	是否建立事故隐患排查制度、举报奖励制度	
2	是否明确排查的目的、范围、方法和要求等	
3	是否开展隐患排查	
4	对排查出的事故隐患是否能够进行分析评估	
5	是否有重大事故隐患，有无登记建档等	
6	是否根据隐患排查的结果，制定隐患治理方案	
7	隐患治理方案内容是否包括目标和任务、方法和措施、经费和物资、机构和人员、时限和要求等	
8	重大事故隐患是否及时上报主管部门和有关部门	
9	重大事故隐患治理方案是否已经编制	
10	重大事故隐患是否在治理前及时采取临时控制措施并制定应急预案	
11	是否为隐患排查治理提供所需的各类资源	
12	是否按照隐患治理方案及时实施隐患治理	
13	隐患治理完成后，是否及时对治理情况进行验证和效果评估	
14	是否针对工程建设项目的地域特点及自然环境等情况进行分析、预测	
15	是否对自然灾害可能导致事故的隐患采取相应的预防措施	
16	是否对事故隐患排查治理情况及变化趋势进行统计分析，开展安全生产预测预警	
参加检查人员：		

第四节 预测预警

【三级评审项目】

5.4.1 根据施工企业特点,结合安全风险管理、隐患排查治理及事故等情况,运用定量或定性的安全生产预测预警技术,建立体现安全生产状况及发展趋势的安全生产预测预警体系。

【评审方法及评审标准】

查相关文件和记录资料。

1. 未建立安全生产预测预警体系,扣 5 分;

2. 预测预警体系内容不全,每缺一项扣 1 分。

【标准分值】

5 分

◆法规要点◆

《国务院关于进一步加强企业安全生产工作的通知》(国发〔2010〕23 号)

16. 建立完善企业安全生产预警机制。企业要建立完善安全生产动态监控及预警预报体系……

◆条文释义◆

1. 安全风险管理:是指通过识别生产经营活动中存在的危险、有害因素,并运用定性或定量的统计分析方法确定其风险严重程度,进而确定风险控制的优先顺序和风险控制措施,以达到改善安全生产环境、减少和杜绝安全生产事故的目标而采取的措施和规定。

2. 隐患排查治理:隐患排查治理是生产经营单位安全生产管理过程中的一项法定工作。

3. 定量:是指以数量形式存在着的属性,并因此可以对其进行测量。测量的结果用一个具体的量(称为单位)和一个数的乘积来表示。以物理量为例,距离、质量、时间等都是定量属性。

4. 定性:是指通过非量化的手段来探究事物的本质,其概念与定量相对应。定性的手段可以包括观测、实验和分析等,以此来考察研究对象是否具有这种或那种属性或特征以及它们之间是否有关系。

5. 趋势:是指事物或局势发展的动向,表示一种向尚不明确的或只是模糊地制定的遥远的目标持续发展的总的运动。

6. 安全生产预测预警体系:是指在全面辨识反映安全生产状态的指标的基础上,通过隐患排查、风险管理及仪器仪表监控等安全方法及工具,提前发现、分析和判断影响安全生产状态、可能导致事故发生的信息,定量化表示生产安全状态,及时发布安全生产预警信息,提醒人员注意,及时、有针对性地采取预防措施控制事态发展,最大限度地降低事故发生概率及后果严重程度,从而形成具有预警能力的安全生产系统。

◆**实施要点**◆

1. 本条考核应提供的备查资料一般包括:《安全风险预测预警管理办法》及其印发文件。

2. 水利工程施工单位应根据项目地域特点及自然环境情况、工程建设情况、安全风险管理、隐患排查治理及事故等情况,运用定量或定性的安全生产预测预警技术,制定工程自然灾害以及事故预测预警管理办法,并以正式文件印发。管理办法的内容要全面,不应漏项。

◆**材料实例**◆

印发工程自然灾害以及事故预测预警管理办法文件

××水利工程建设有限公司文件

×××〔2021〕×号

关于印发《×××工程自然灾害以及事故预测预警管理办法》的通知

各部门、各分公司:

为加强工程自然灾害以及事故预测预警管理,增强风险防范和应急处置能力,切实防止和减少自然灾害事故对工程建设的不利影响,我公司组织编制了《×××工程自然灾害以及事故预测预警管理办法》,现印发给你们,请认真学习,并贯彻落实。

附件:×××工程自然灾害以及事故预测预警管理办法

××水利工程建设有限公司(章)

2021 年×月×日

×××工程自然灾害以及事故预测预警管理办法

1 目的

为加强×××工程自然灾害及事故隐患预测预警管理,增强风险防范和应急处置能力,切实减少自然灾害事故对工程建设的不利影响,保障人民群众生命财产安全,根据《中华人民共和国安全法》《国务院关于进一步加强企业安全生产工作的通知》《安全生产隐患排查治理暂行规定》等有关法律法规,结合本工程实际,特制定本管理办法。

2 范围

本办法适用于×××工程自然灾害及事故隐患预测预警管理。国家法律、法规另有规定的,从其规定。

3 术语

3.1 自然灾害:主要包括干旱、洪涝灾害,风、冰、雪、沙尘暴等气象灾害,火山、地震、山体崩塌、滑坡、泥石流等地质灾害,风暴潮、海啸等海洋灾害,森林草原火灾和重大生物灾害等。

3.2 自然灾害预测预警:是指在工程建设过程中对可能出现的各种自然灾害的安全风险进行预测预警和防控,建立自然灾害预测、预警机制,对防范和应对自然灾害具有重要作用。

3.3 洪灾:洪灾是由于江、河、湖、库水位猛涨,堤坝漫溢或溃堤,水流入境而造成的灾害。

3.4 滑坡:是指斜坡上的土体或者岩体,受河流冲刷、地下水活动、地震及人工切坡等因素影响,在重力作用下,沿着一定的软弱面或者软弱带,整体地或者分散地顺坡向下滑动的自然现象。

3.5 台风:中心持续风速在 12 级至 13 级(即每秒 32.7 m 至 41.4 m)的热带气旋为台风(typhoon)或飓风(hurricane)。北太平洋西部(赤道以北,国际日期线以西,东经 100 度以东)地区通常称其为台风,而北大西洋及东太平洋地区则普遍称之为飓风。每年的夏秋季节,我国毗邻的西北太平洋上会生成不少名为台风的猛烈风暴,有的消散于海上,有的则登上陆地,带来狂风暴雨。

4 自然灾害引发事故预测

本工程汛期雨水多,常年降雨量在×××毫米/年以上,台风天气多,据多年统计,洪水、台风主要出现在 5 月到 10 月,本工程主要建筑物为一座引水闸。

……

【三级评审项目】

5.4.2 采取多种途径及时获取水文、气象等信息,在接到有关自然灾害预报时,应及时发出预警通知;发生可能危及安全的情况时,应采取撤离人员、停止作业、加强监测等安全措施,并及时向项目主管部门和有关部门报告。

【评审方法及评审标准】

查相关文件和记录。

1. 获取信息不及时,每次扣 2 分;

2. 未及时发出预警通知,扣 5 分;

3. 未采取安全措施,扣 5 分;

4. 未及时报告,每次扣 2 分。

【标准分值】

5 分

◆法规要点◆

《安全生产事故隐患排查治理暂行规定》(国家安全生产监督管理总局第 16 号令)

第十七条 生产经营单位应当加强对自然灾害的预防。对于因自然灾害可能导致事故灾难的隐患,应当按照有关法律、法规、标准和本规定的要求排查治理,采取可靠的预防措施,制定应急预案。在接到有关自然灾害预报时,应当及时向下属单位发出预警通知;发生自然灾害可能危及生产经营单位和人员安全的情况时,应当采取撤离人员、停止作业、加强监测等安全措施,并及时向当地人民政府及其有关部门报告。

◆条文释义◆

1. 预警:是指在灾害或灾难以及其他需要提防的危险发生之前,根据以往总结的规律或观测得到的可能性前兆,向相关部门发出紧急信号,报告危险情况,以避免危害在不知情或准备不足的情况下发生,从而最大限度减轻危害所造成的损失的行为。

2. 水文信息:实测水文资料和根据其分析计算所得成果的总称,水文信息是进行流域治理、工程规划设计与管理、防汛抗旱、制定社会经济发展计划等的重要依据。

◆实施要点◆

1. 本条考核应提供的备查资料一般包括:及时发布有关自然灾害的预警通知及其印发文件。

2. 水利工程施工单位应在接到自然灾害预报时,及时向有关部门发出预警信息,发布信息应及时,不应滞后。

3. 水利工程施工单位应组织对工程地域特点及自然环境进行分析、预测,要求对自然灾害可能导致事故的隐患采取相应的预防措施,并及时向项目主管部门和有关部门报告。

◆材料实例◆

1. 印发自然灾害的预警通知文件

××水利工程建设有限公司文件
×××〔2021〕×号

关于切实做好防御第×号台风工作的紧急通知

各部门、各分公司:

根据省水利厅《关于切实做好防御第×号强台风工作的紧急通知》,今年第×号台风"××"将于5日后在××××到××××一带沿海登陆。受其影响,预计×月×日我省大部分地区将有偏东大风,××以南地区有大到暴雨,局部大暴雨。为切实做好在建水利工程防御"××"台风的各项工作,确保工程施工质量及安全,现就有关事项通知如下:

一、加强领导,确保防台风责任落实到位

要高度重视当前抗×号强台风期间的安全保障工作,克服麻痹、松懈、倦怠等思想,要把迎战台风作为当前防工作的重中之重,各单位、各部门责任人要立即上岗到位,严格值班制度,认真履行职责,抓好各项防御措施落实。要密切注意当地气象防汛部门预测、预报,掌握风情、水情情况,服从防指统一指挥。

二、强化避险,确保在工人员生命安全

要把保护在工人员的生命安全放在防汛防台风工作的首位,暂停高空作业、吊装作业及水上作业,水上作业船舶应要求立即靠岸,将所有作业人员撤离到安全地带,做到有备无患,确保在工人员生命安全万无一失。

三、完善预案,确保防御工作有序高效

要对所有存在事故隐患的区域、部位、场所、设施进行一次全面、深入、彻底的拉网式排查,特别要加强对临时搭建物、未完工构筑物、机械设备、脚手架工程、模板支撑系统、深基坑支护、高空作业、水上作业等重点部位和安全关键环节的检查,有针对性研究制定防范措施,进一步修订完善防汛、防台预案,特别加强对施工现场的清理加固,重点加固高空作业机械设备、脚手架、工地简易房屋等。不能排除安全隐患的,要立即转移施工人员和机械设备,妥善安置。

四、加强值守,确保应急保障和信息畅通

要加强应急管理,强化应急保障和应急值守,严格执行 24 小时值班和领导带班制度。加强应急准备工作,落实应急机构、救援队伍、装备和物资等应急资源。一旦发生突发事件和事故险情,要立即按照程序进行应急处置,并按规定报告。

××水利工程建设有限公司(章)

2021 年×月×日

2. 自然灾害预防预警所属单位联络方式

自然灾害预防预警所属单位联络方式

工程名称:

序号	单位(部门)名称	联系人姓名	联系方式
1			
2			
3			

3. 地域特点及自然环境分析预测表

地域特点及自然环境分析预测表

工程名称		检查时间	
项目法人		设计单位	
施工单位		监理单位	
地域特点及自然环境等情况分析、预测		1. 工程地理位置、水位特征值、可能造成的事故; 2. 工程气候情况、灾害导致工程出现的事故	

对自然灾害可能导致事故的隐患采取相应的预防措施	1. 围堰防护：编制应急预案、成立应急救援队伍、配备应急救援设备设施，并定期开展演练。汛期加强围堰检查，落实值班制度。 2. 对可能导致基坑坍塌、滑坡的预防措施；落实降排水措施、对边坡防护、减轻周边荷载、加强值班巡查、编制应急预案、成立应急救援队伍、配备应急救援设备设施，并定期开展演练。 3. 对可能导致事故的隐患采取措施，按规范搭设并加固，6级以上大风停止作业，组织人员撤离
检察人员	
措施落实情况	
措施落实情况检查人员	

【三级评审项目】

5.4.3　根据安全风险管理、隐患排查治理及事故等统计分析结果，每月至少进行一次安全生产预测预警。

【评审方法及评审标准】

查相关记录。

未定期进行预测预警，每少一次扣1分。

【标准分值】

5分

◆**法规要点**◆

《国务院关于进一步加强企业安全生产工作的通知》（国发〔2010〕23号）

16. 建立完善企业安全生产预警机制。……每月进行一次安全生产风险分析。发现事故征兆要立即发布预警信息，落实防范和应急处置措施。对重大危险源和重大隐患要报当地安全生产监管监察部门、负有安全生产监管职责的有关部门和行业管理部门备案。涉及国家秘密的，按有关规定执行。

◆**条文释义**◆

1. 预警机制：是指预先发布警告的制度，通过及时提供警示的机构、制度、网络、举措等构成的预警系统，实现信息的超前反馈，为及时布置、防风险于未然奠定基础。

2. 事故征兆：事故出现的迹象。

◆**实施要点**◆

1. 本条考核应提供的备查资料一般包括：安全生产风险分析会记录、隐患排查和治理工作检查表、统计表等。

2. 水利工程施工单位应按规定每月至少对隐患排查治理及事故等统计分析结果进行1次安全生产预测预警。

◆**材料实例**◆

1. 安全生产风险分析会记录

×××公司 2021 年第×季度安全生产风险分析会记录

时　间					
地　点		主持人		记录人	
参加人员					
应到人数(人)		迟到人员名单			
实到人数(人)		缺席人员名单(原因)			

主要内容：

　　××××年××月××日,公司总经理×××组织职能部门及项目部相关人员召开第×季度安全生产风险分析会,会议纪要如下：

　　一、上季度事故隐患整改情况验证

　　按照公司及项目部的安排,上季度进行的隐患排查活动,共排查出×项安全隐患,都按期整改完成,整改率 100％。

　　······

　　二、2021 年第一季度事故隐患排查情况

　　××××年第×季度,公司及各项目部共组织安全检查××次,排查出一般事故隐患××处,要求立即落实整改措施。主要情况如下：

　　(1) 公司排查出一般事故隐患××项,涉及×××的情况。

　　······

　　三、下季度隐患排查工作安排

　　根据公司及项目部的安排,下季度组织安全检查××次,分别是：

　　(1) ××月：×××节前安全检查；

　　(2) ××月：安全文明施工专项检查；

　　······

2. 隐患排查和治理工作检查表

隐患排查和治理工作检查表

序号	检查项目	检查内容及要求	检查意见
1	隐患排查	安全检查及隐患排查制度以正式文件颁发	
		制度应明确排查的责任部门和人员、范围、方法和要求等	
		按安全检查及隐患排查制度组织进行排查,制定隐患排查方案	
		对所有与施工生产有关的场所、环境、人员、设备设施和活动组织进行定期综合检查、专业专项检查、季节性检查、节假日检查、日常检查等	
		检查表签字手续齐全	
		对隐患进行分析评价,确定隐患等级,并登记建档	

序号	检查项目	检查内容及要求	检查意见
2	隐患治理	一般事故隐患，立即组织整改排除	
		重大事故隐患应制定隐患治理方案，治理方案内容包括目标和任务、方法和措施、经费、物资、机构和人员、时限和要求	
		重大事故隐患在治理前应采取临时控制措施并制定应急预案	
		隐患治理完成后及时进行验证和效果评估	
3	预测预警	采取多种途径及时获取水文、气象等信息，在接到自然灾害预报时，及时发出预警信息	
		检查施工单位每季度、每年度对本单位事故隐患排查治理情况进行统计分析，开展安全生产预测预警	
被检查单位负责人(签名)：			检查负责人(签名)：
参加检查人员(签名)：			

水利工程施工安全生产标准化工作指南

第六章

应急管理

第一节　应急准备

【三级评审项目】

6.1.1　建立安全生产应急管理机构,指定专人负责安全生产应急管理工作。

【评审方法及评审标准】

查相关文件和记录。

未设置管理机构或未指定专人负责,扣 6 分。

【标准分值】

6 分

◆**法规要点**◆

《中华人民共和国安全生产法》

第二十条　生产经营单位应当具备的安全生产条件所必需的资金投入,由生产经营单位的决策机构、主要负责人或者个人经营的投资人予以保证,并对由于安全生产所必需的资金投入不足导致的后果承担责任。

第七十九条　危险物品的生产、经营、储存单位以及矿山、金属冶炼、城市轨道交通运营、建筑施工单位应当建立应急救援组织;生产经营规模较小的,可以不建立应急救援组织,但应当指定兼职的应急救援人员。

◆**条文释义**◆

应急管理:应急管理是应对于特重大事故灾害的危险问题提出的。应急管理是指政府及其他公共机构在突发事件的事前预防、事发应对、事中处置和善后恢复过程中,通过建立必要的应对机制,采取一系列必要措施,应用科学、技术、规划与管理等手段,保障公众生命、健康和财产安全,促进社会和谐健康发展的有关活动。

◆**实施要点**◆

1. 本条考核应提供的备查资料一般包括:设置安全生产应急管理机构及其印发文件。

2. 水利工程施工单位应设立应急处置指挥机构,成立与工程实际相适应的应急救援队或指定应急救援人员并以正式文件印发。

◆材料实例◆

印发成立应急管理机构文件

××水利工程建设有限公司文件

×××〔2021〕×号

关于成立生产安全事故应急救援机构的通知

各部门、各分公司：

为加强×××工程应急处置工作,最大限度地减少人员伤亡和财产损失,经研究决定成立×××工程应急救援机构,包括应急管理队伍、工程设施抢险队和专家咨询队伍。

一、应急管理队伍

组　长:×××

成　员:×××　×××

二、工程设施抢险队伍

组　长:×××

副组长:×××　×××

成　员:×××　×××　×××

三、专家咨询队伍

组　长:×××

成　员:×××　×××

四、职责

1. 应急管理队伍

负责接收同级人民政府和上级水行政主管部门的应急指令,组织各有关单位对水利工程建设重大质量与安全事故进行应急处置,并与有关部门进行协调和信息交换。

2. 工程设施抢险队伍,负责事故现场的工程设施抢险和安全保障工作。

3. 专家咨询队伍负责事故现场的工程设施安全性能评价与鉴定,研究应急方案,提出相应应急对策和意见,并负责从工程技术角度对已发事故还可能引起或产生的危险因素进行及时分析预测。

××水利工程建设有限公司(章)

2021年×月×日

【三级评审项目】

6.1.2　在安全风险分析、评估和应急资源调查的基础上,建立健全生产安全事故应急预案体系,包括综合预案、专项预案、现场处置方案,经监理单位审核,报项目法人备案。针对工作场所、岗位的特点,编制简明、实用、有效的应急处置卡。项目部的应急预案体系应与项目法人和地方政府的应急预案体系相衔接。按照有关规定通报应急救援队伍、周边企业等有关应急协作单位。

【评审方法及评审标准】

查相关文件和记录。

1. 应急预案未以正式文件发布,扣 8 分;

2. 应急预案不全,每缺一项扣 1 分;

3. 应急预案内容不完善、操作性差,每项扣 1 分;

4. 未按有关规定审核、报备,扣 5 分;

5. 应急处置卡不全,每缺一项扣 1 分;

6. 应急处置卡内容不完善、操作性差,每项扣 1 分;

7. 未通报有关应急协作单位,扣 1 分。

【标准分值】

8 分

◆ **法规要点** ◆

《中华人民共和国安全生产法》

第七十八条　生产经营单位应当制定本单位生产安全事故应急救援预案,与所在地县级以上地方人民政府组织制定的生产安全事故应急救援预案相衔接,并定期组织演练。

《生产安全事故应急预案管理办法》(国家安监总局令 17 号)

第六条　生产经营单位应急预案分为综合应急预案、专项应急预案和现场处置方案。

综合应急预案,是指生产经营单位为应对各种生产安全事故而制定的综合性工作方案,是本单位应对生产安全事故的总体工作程序、措施和应急预案体系的总纲。

专项应急预案,是指生产经营单位为应对某一种或者多种类型生产安全事故,或者针对重要生产设施、重大危险源、重大活动防止生产安全事故而制定的专项性工作方案。

现场处置方案,是指生产经营单位根据不同生产安全事故类型,针对具体场所、装置或者设施所制定的应急处置措施。

第十二条　生产经营单位应当根据有关法律、法规、规章和相关标准,结合本单位组织管理体系、生产规模和可能发生的事故特点,与相关预案保持衔接,确立本单位的应急预案体系,编制相应的应急预案,并体现自救互救和先期处置等特点。

《生产经营单位生产安全事故应急预案编制导则》(GB/T 29639—2020)

4.1　概述

生产经营单位应急预案编制程序包括成立应急预案编制工作组、资料收集、风险评估、应急资源调查、应急预案编制、桌面推演、应急预案评审和批准实施 8 个步骤。

4.6.1　应急预案编制应当遵循以人为本、依法依规、符合实际、注重实效的原则,以应急处置为核心,体现自救互救和先期处置的特点,做到职责明确、程序规范、措施科学,尽可能简明化、图表化、流程化。

4.8　应急预案评审

4.8.1　评审形式

应急预案编制完成后,生产经营单位应按法律法规有关规定组织评审或论证。参加应急预案评审的人员可包括有关安全生产及应急管理方面的、有现场处置经验的专家。应急预案论证可通过推演的方式开展。

8.2 评审内容

应急预案评审内容主要包括:风险评估和应急资源调查的全面性、应急预案体系设计的针对性、应急组织体系的合理性、应急响应程序和措施的科学性、应急保障措施的可行性、应急预案的衔接性。

◆条文释义◆

1. 应急预案:针对可能发生的事故,为最大限度减少事故损害而预先制定的应急准备工作方案。

2. 综合预案:是从总体上阐述事故的应急方针、政策,应急组织机构及相关应急职责,应急行动、措施和保障等基本要求和程序,是应对各类事故的综合性文件。

3. 专项预案:是针对具体的事故类别(比如煤矿瓦斯爆炸、危险化学品泄漏事故)、危险源和应急保障而制定的计划和方案,是综合预案的组成部分,应按照综合预案程序和要求组织制定,并作为综合预案的附件,专项应急预案应制定明确的救援程序和具体的应急救援措施。

4. 现场处置方案:是针对具体的装置、场所或设施、岗位所制定的应急处置措施。现场处置方案应具体、简单、针对性强,现场处置方案应当包括危险性分析、可能发生的事故特征、应急处置程序、应急处置要点和注意事项等内容。现场处置方案应根据风险评估及危险性控制措施逐一编制,做到事故相关人员应知应会,熟练掌握,并通过应急演练,做到迅速反应、正确处置。

5. 应急响应:针对事故险情或事故,依据应急预案采取的应急行动。

6. 应急演练:针对可能发生的事故情景,依据应急预案而模拟开展的应急活动。

7. 应急预案评审:对新编制或修订的应急预案内容的适用性所开展的分析评估及审定过程。

◆实施要点◆

1. 本条考核应提供的备查资料一般包括:(1)《生产安全事故应急预案》及其印发文件;(2)生产安全事故应急预案备案登记表;(3)应急预案形式评审表;(4)应急处置卡。

2. 水利工程施工单位应结合工程危险源状况、特点制定相适应的应急预案,并以正式文件形式印发,报项目主管部门备案。

3. 水利工程施工单位应针对工作场所、岗位的特点,编制简明、实用、有效的应急处置卡,内容应全面、完善,具有可操作性,无漏项。

4. 应急预案格式:(1)封面:应急预案封面主要包括应急预案编号、应急预案版本号、生产经营单位名称、应急预案名称及颁布日期。(2)批准页:应急预案应经生产经营单位主要负责人批准方可发布。(3)目次:应急预案应设置目次,目次中所列的内容及次序包括批准页、应急预案执行部门签署页、章的编号、标题、带有标题的条的编号、标题(需要时列出)、附件。

1. 印发生产安全事故应急预案文件

××水利工程建设有限公司文件

×××〔2021〕×号

关于印发《×××工程生产安全事故应急预案》的通知

各部门、各分公司：

为做好×××工程生产安全事故应急处置工作，有效控制和消除事故危害，最大限度减少人员伤亡和财产损失，保证工程顺利实施，根据《江苏省水利工程建设重大质量与安全事故应急预案》的要求，结合工程实际，制定了《×××工程生产安全事故应急预案》，现印发给你们，请遵照执行。

请各项目部根据本预案要求，结合所承担工程特点和范围，对施工现场生产安全事故易发部位、环节进行监控，制定施工现场生产安全事故应急预案，建立应急救援组织，落实应急救援人员，配备必要的应急救援器材、设备，并适时组织演练。

附件：×××工程生产安全事故应急预案

××水利工程建设有限公司(章)

2021年×月×日

×××工程生产安全事故应急预案

1 总则

1.1 编制目的

为切实做好×××工程生产安全事故应急处置工作，有效预防、及时控制和消除生产安全事故危害，最大限度减少人员伤亡和财产损失，科学、及时地指导生产安全事故的现场应急救援和善后处理工作，提高生产安全事故的快速反应和应急救援能力，保证工程顺利实施，根据国家、水利部及省有关规定，结合工程实际，制定本应急预案。

1.2 编制依据

(1)《中华人民共和国安全生产法》；

(2)《中华人民共和国突发事件应对法》；

(3)《中华人民共和国消防法》；

(4)《生产安全事故报告和调查处理条例》；

(5)《建设工程安全生产管理条例》；

（6）《生产经营单位生产安全事故应急预案编制导则》（GB/T 29639）；

（7）《水电水利工程施工重大危险源辨识及评价导则》（DL/T 5274）；

（8）《江苏省水利工程建设重大质量与安全事故应急预案》。

1.3 适用范围人

1.3.1 本应急预案适用×××工程建设中突然发生的且已经造成或者可能造成重大人员伤亡、重大财产损失、有重大社会影响或涉及公共安全的生产安全事故的应急处置工作。国家法律、行政法规另有规定的，从其规定。

1.3.2 结合本工程实际，按照事故发生的过程、性质和机理，生产安全事故主要包括：

（1）施工中的土石方塌方和结构坍塌安全事故；

（2）特种设备、施工机械作业安全事故；

（3）施工堰坍塌安全事故；

（4）施工安装安全事故；

（5）施工场地内道路交通安全事故；

（6）施工临时用电安全事故；

（7）脚手架、模板工程及高空作业安全事故；

（8）起重吊装安全事故；

（9）其他原因造成的安全事故。

水利工程建设期发生自然灾害、公共卫生、社会安全等事件，依照国家和地方相应应急预案执行。

1.4 工作原则

1.4.1 应急救援工作体现"以人为本、安全第一"的思想，把保障人民群众的生命安全和健康作为首要任务，最大限度地减少突发事故造成的人员伤亡和经济损失以及社会影响。

1.4.2 统一领导、分级负责。在县级以上人民政府的统一领导下，项目法人、现场建设管理单位、监理、施工以及其他参建单位按照各自的职责和权限，负责相应的生产安全事故应急救援处置工作。

1.4.3 条块结合、属地为主。生产安全事故的应急救援，遵循属地为主的原则，现场应急指挥机构以地方人民政府为主组建，项目法人、现场建设管理单位及其他各参建单位服从现场应急指挥机构的指挥。现场应急指挥机构组建到位履行职责前，项目法人及现场建设管理单位应当做好救援抢险工作。

1.4.4 信息准确、运转高效。参建各方要保持信息畅通，发生事故后及时报告事故信息，积极配合现场应急指挥机构快速处置信息。

1.4.5 预防为主，防治结合。贯彻落实"安全第一、预防为主、综合治理"的方针，坚持事故应急与预防工作相结合。做好预防、预测、预警和预报工作，做好常态下的风险评估、物资储备、队伍建设、装备完善、预案演练等工作。

2 现场应急救援指挥机构及职责

2.1 成立生产安全事故应急救援领导小组

······

2. 生产安全事故应急预案备案登记表

生产安全事故应急预案备案登记表

备案编号：××××—2021　×××

工程名称			
项目法人		主要负责人	
联系人		联系电话	

你单位上报的：

《×××工程生产安全事故应急预案》

经审查，符合要求，准予备案。

（盖章）

2021 年×月×日

3. 生产安全事故应急预案备案登记表

应急预案形式评审表

评审项目	评审内容及要求	评审意见
封面	应急预案版本号、应急预案名称、生产经营单位名称、发布日期等内容	
批准页	1. 对应急预案实施提出具体要求； 2. 发布单位主要负责人签字或单位盖章	
目录	1. 页码标准准确（预案简单时，目录可省略）； 2. 层次清晰，编号和标题编排合理	
正文	1. 文字通顺、语言精练、通俗易懂； 2. 结构层次清晰，内容格式规范； 3. 图表、文字清楚，编排合理（名称、顺序、大小等）； 4. 无错别字，同类文字的字体、字号统一	
附件	1. 附件项目齐全，编排有序合理； 2. 多个附件应标明附件的对应序号； 3. 需要时，附件可以独立装订	
编制过程	1. 成立应急预案编制工作组； 2. 全面分析本单位危险因素，确定可能发生的事故类型及危害程度； 3. 针对危险源和事故危害程度，制定相应的防范措施； 4. 客观评价本单位应急能力，掌握可利用的社会应急资源情况； 5. 制定相关专项预案和现场处置方案，建立应急预案体系； 6. 充分征求相关部门和单位意见，并对意见及采纳情况进行记录； 7. 必要时与相关专业应急救援单位签订应急救援协议； 8. 应急预案经过评审和论证； 9. 重新修订后评审的，一并注明	

4. 应急处置卡
（1）应急处置卡：主要负责人

应急处置卡：主要负责人

序号	应急处置措施
1	接到现场报警后，如造成人员伤亡，在一小时内将事故情况上报上级主管部门、当地政府主管部门
2	当需要启动应急预案时，第一时间下令启动预案。到达现场成立应急指挥部，担任总指挥，通过应急指挥部办公室通知应急指挥部各成员和相关单位
3	根据事故情况，结合各应急指挥部成员（如安全警戒组、医疗保障组等）意见，指挥应急救援工作
4	需要有关应急力量支援时，应及时向地方政府、上级主管部门汇报请求
5	在政府应急指挥部成立后，向其移交指挥权，介绍事故情况，做好后勤保障工作，配合开展救援
6	配合事故调查处理，抚恤伤亡人员，总结应急工作经验，落实整改措施

（2）应急处置卡：分管负责人

应急处置卡：分管负责人

序号	应急处置措施
1	接到应急指挥部办公室通知后，第一时间到达现场，接受指挥
2	第一时间通知应急领导小组成员和应急队伍到达现场，做好应急准备
3	协助总指挥制定事故抢险方案
4	在总指挥的指挥下，组织应急小组成员按照应急预案疏散事故现场人员，进行事故抢险救援
5	当判断单位层面无法进行救援时，向总指挥提议请求外界支援，并组织人员采取防止事故损失扩大的冷却、隔离、转移重要物资等处置工作
6	当外界支援力量到达后，组织人员协助开展事故救援，做好后勤保障工作
7	事故救援工作结束后，负责事故现场及有害物质的处理工作，并保护现场，配合开展善后处理和事故调查工作

（3）应急处置卡：火灾事故

应急处置卡：火灾事故

序号	应急处置措施
1	发生火灾、爆炸事故后，现场人员应及时向安全员报告，由安全员向现场应急小组报告
2	若火势较小，直接用灭火器对着火点进行灭火，附近其他人员进行支援，同时对其他未着火的地方进行防护，防止火势扩大
3	电气火灾必须切断电源后才能灭火，如果不能确保是否切断电源，严禁使用水灭火
4	现场应急小组启动本处置方案，统一指挥事故现场应急处置工作
5	参加火灾事故应急救援行动的人员必须佩戴和使用符合要求的防护用品。严禁救援人员在没有采取防护措施的情况下盲目施救
6	灭火结束后，注意保护好现场，积极配合有关部门的调查处理工作，组织人员进行现场清理，尽快恢复生产

（4）应急处置卡：触电事故

应急处置卡：触电事故

序号	应急处置措施
1	事故一旦发生，现场人员应当机立断地脱离电源，尽可能立即切断电源（关闭电路），也可用现场得到的绝缘材料等器材使触电人员脱离带电体
2	发生触电事故后，现场人员应及时向安全员报告，由安全员向触电事故现场应急小组报告
3	现场应急小组启动本处置方案，统一指挥事故现场应急处置工作
4	操作时正确佩戴防护用品，严格按规程操作
5	现场人员应配合医疗人员做好受伤人员的紧急救护工作，相关部门人员应做好现场的保护、拍照、事故调查等善后工作
6	救援结束后，注意保护好现场，积极配合有关部门的调查处理工作，组织人员进行现场清理，尽快恢复生产

（5）应急处置卡：食物中毒事故

应急处置卡：食物中毒事故

序号	应急处置措施
1	发生食物中毒事故后，立即对中毒者采取现场急救措施
2	拨打120，或安排送就近医院治疗
3	现场人员及时向安全员报告，安全员向食物中毒事故现场应急小组报告
4	现场应急小组启动本处置方案，统一指挥事故现场应急处置工作
5	清点与中毒者同时就餐的人员，告知应采取的措施
6	待事故处理完毕后，对食品、餐具及食品用工具进行无害化处理或销毁。根据不同的中毒食品，对中毒场所采取相应的消毒处理

【三级评审项目】

6.1.3　应按照应急预案建立应急救援组织，组建应急救援队伍，配备应急救援人员。必要时与当地具备能力的应急救援队伍签订应急支援协议。

【评审方法及评审标准】

查相关文件和记录。

1. 未建立应急救援队伍或配备应急救援人员，扣6分；

2. 应急救援队伍不满足要求，扣6分。

【标准分值】

6分

◆法规要点◆

《中华人民共和国安全生产法》

第七十六条　国家加强生产安全事故应急能力建设，在重点行业、领域建立应急救援基地和应急救援队伍，鼓励生产经营单位和其他社会力量建立应急救援队伍，配备相应的应急救援装备和物资，提高应急救援的专业化水平。

◆**条文释义**◆

无。

◆**实施要点**◆

1. 本条考核应提供的备查资料一般包括：(1) 建立应急救援队伍或配备应急救援人员及其印发文件；(2) 安全生产应急救援协议。

2. 水利工程施工单位应设立应急救援队伍，成立与工程实际相适应的应急救援队或指定应急救援人员并以正式文件印发，必要时，可与当地医院、消防、海事等单位签订应急支援协议，取得社会支援。

◆**材料实例**◆

1. 印发建立应急救援队伍或配备应急救援人员及其印发文件

××水利工程建设有限公司文件
×××〔2021〕×号

关于建立应急救援队伍的通知

各部门、各分公司：

为加强公司的应急处置能力，当发生突发事件时，能迅速、有效地采取应急行动，减少事故带来的损失，经研究决定，建立公司应急救援队伍。

一、应急救援队伍的组成

(1) 专业抢险组

组长：×××

成员：×××、×××

(2) 现场处置组

组长：×××

成员：×××、×××

(3) 保安救援组

组长：×××

成员：×××、×××

(4) 后勤保障组

组长：×××

成员：×××、×××

(5) 事故调查善后处理组

组长：×××

成员：×××、×××

（6）医疗保障组

组长：×××

成员：×××

二、应急救援队伍的职责

（1）专业抢险组：负责组织研究确定灾害现场抢救、抢险方案，提出应急的安全技术措施，为现场指挥救援工作提供技术咨询。针对不同的灾情，在救援过程中提供设备的性质、系统情况、救援方案。

（2）现场处置组：负责切断运行系统，调整运行方式，消除事故根源，保证其他机组或系统正常运行。

（3）保安救援组：根据应急领导小组的指示，划定警戒区域；严格控制无关人员、车辆进入警戒区域；疏散警戒区内无关人员和受到地震灾害威胁的重要物资；妥善保管好疏散出来的物资。

（4）后勤保障组：负责现场急救和运送伤员救治；了解现场受伤人员的数量及程度，及时向应急领导小组报告，并提出抢救方案；合理安排现场应急人员的生活保障；确保现场运输车辆的调用。

（5）事故调查善后处理组：负责做好灾害伤亡人员家属的安抚工作，妥善安排家属生活；依政策负责灾害遇难者及其家属的善后处理及受伤人员的医疗救助等。

（6）医疗保障组：负责受伤人员的救护工作。

三、经费保障

应急救援队伍所需经费由公司设立应急救援专项资金，并将应急救援必需开支列入预算。应急救援专项资金主要用于应急救援队伍建设、出勤补助、人身意外保险等。

××水利工程建设有限公司（章）

2021年×月×日

2. 安全生产应急救援协议

安全生产应急救援协议

甲方：

乙方：

为确保××工程生产安全事故救援工作及时、有效，最大限度地减少事故灾难损失和人员伤亡，依据《中华人民共和国安全生产法》及相关法律法规的精神，经双方协商，订立如下协议，供双方共同遵守执行。

一、发生生产安全事故后，乙方有义务支持、配合甲方实施事故抢险救援工作，并向甲方提供抢险器材和技术服务。

二、甲方根据乙方的应急救援特点，参照乙方需求，定期为乙方提供一定的应急抢险装备和防护器材，提高乙方的事故处置的快速反应和抢险救援能力。

三、甲方应急处置事故的责任

1. 根据事故应急处置险情的需要,负责通知乙方派出有关人员和抢险装备。

2. 负责抢险救援现场的指导与协调工作。

3. 有权对提供给乙方的应急物资的使用、维护情况进行监督检查。

四、乙方应急处置事故的责任

1. 接到甲方应急抢险救援的通知后,乙方必须保证在半小时内出动并迅速到达事故现场,不得延误应急抢险救援工作。

2. 乙方参与抢险救援工作的所有设备,必须经检验、检测合格,乙方参与抢险救援的工作人员,必须按规定持证上岗。

3. 乙方必须组织制定抢险救援相关规章制度和操作规程,并对本工程现场应急抢险的机械安全和人员安全负责。

4. 乙方应当按照甲方的要求,每半年向甲方报告所参与的事故抢险救援工作和甲方所提供的应急物资的使用情况。

5. 对在应急抢险中产生施救人员费用和设备物资的损耗费用,乙方有权按有关部门的规定向事故责任单位收取或者索赔。

五、本协议未尽事宜,可由双方另行协商确定。

六、本协议在履行过程中发生的争议,由双方当事人协商解决;协商不成的,双方可依法向人民法院起诉。

七、本协议有效期为20××年×月×日至20××年×月×日,如乙方不配合或者拒绝甲方的事故应急抢救活动,甲方有权单方解除协议,并要求乙方返还应急抢险装备。

八、本协议一式两份,双方各执一份,自双方签字盖章之日起生效。

甲方单位(盖章):　　　　　　　　　　乙方单位(盖章):

甲方法定代表人(签字):　　　　　　　乙方法定代表人(签字):

　　年　月　日　　　　　　　　年　月　日

【三级评审项目】

6.1.4　根据可能发生的事故种类与特点,设置应急设施,配备应急装备,储备应急物资,建立管理台账,安排专人管理,并定期检查、维护、保养,确保其完好、可靠。

【评审方法及评审标准】

查相关记录并查看现场。

1. 应急物资、装备不满足要求,每项扣2分;

2. 未建立台账,扣3分;

3. 未安排专人管理,扣3分;

4. 未定期检查、维护、保养,扣3分。

【标准分值】

10 分

◆法规要点◆

《中华人民共和国安全生产法》

第七十九条　危险物品的生产、经营、储存单位以及矿山、金属冶炼、城市轨道交通运营、建筑施工单位应当建立应急救援组织；生产经营规模较小的，可以不建立应急救援组织，但应当指定兼职的应急救援人员。

危险物品的生产、经营、储存、运输单位以及矿山、金属冶炼、城市轨道交通运营、建筑施工单位应当配备必要的应急救援器材、设备和物资，并进行经常性维护、保养，保证正常运转。

◆条文释义◆

应急物资：是指为应对严重自然灾害、事故灾难、公共卫生事件和社会安全事件等突发公共事件应急全过程中所必需的物资保障。从广义上概括，凡是在突发公共事件应对的过程中所用的物资都可以称为应急物资。

◆实施要点◆

1. 本条考核应提供的备查资料一般包括：应急物资和装备购买记录、应急物资和装备存放记录、应急物资和装备保管员任命书、应急装备和物资检查记录表、应急装备和物资维护保养记录。

2. 水利工程施工单位应按应急救援预案的要求，妥善安排应急经费，储备必要的应急物资，建立应急装备和物资台账，明确存放地点和具体数量，确保事故发生时应急自如。

3. 水利工程施工单位应足额投入应急资金，管理应急物资，做好装备和物资台账，清点物资具体数量和存放地点。

◆材料实例◆

1. 应急装备和物资购买记录

应急装备和物资购买记录

序号	应急装备、物资名称	数量	有无生产许可证	有无产品合格证	有无使用说明书	采购时间	采购人	验收人
1	推土机	×	有	有	有	×××	×××	×××
2	自卸汽车	×	有	有	有	×××	×××	×××
3	皮卡车	×	有	有	有	×××	×××	×××
4	潜水泵	×	有	有	有	×××	×××	×××
5	消防水带	×	有	有	有	×××	×××	×××
6	雨衣	×	有	有	有	×××	×××	×××

序号	应急装备、物资名称	数量	有无生产许可证	有无产品合格证	有无使用说明书	采购时间	采购人	验收人
7	雨鞋	×	有	有	有	×××	×××	×××
8	铁锹	×	有	有	有	×××	×××	×××
9	救生衣	×	有	有	有	×××	×××	×××
10	手电筒	×	有	有	有	×××	×××	×××
11	对讲机	×	有	有	有	×××	×××	×××
12	扩音喇叭	×	有	有	有	×××	×××	×××
13	口哨	×	有	有	有	×××	×××	×××
14	急救箱	×	有	有	有	×××	×××	×××
……	……	……	……	……	……	……	……	……

2. 应急物资和装备存放记录

应急物资和装备存放记录

序号	应急装备和物资名称	存放数量	存放地点	保管人
1	推土机	×	现场	×××
2	自卸汽车	×	现场	×××
3	皮卡车	×	现场	×××
4	潜水泵	×	现场	×××
5	消防水带	×	仓库	×××
6	雨衣	×	仓库	×××
7	雨鞋	×	仓库	×××
8	铁锹	×	仓库	×××
9	救生衣	×	仓库	×××
10	手电筒	×	仓库	×××
11	对讲机	×	仓库	×××
12	扩音喇叭	×	仓库	×××
13	口哨	×	仓库	×××
14	急救箱	×	仓库	×××
……	……	……	……	……

3. 应急物资和装备保管员任命书

××水利工程建设有限公司文件
×××〔2021〕×号

关于印发《应急装备和物资保管员任命书》的通知

各部门、各分公司：

为了规范应急装备和物资的检查、维护保养，保证本公司应急管理工作顺利开展，经公司安委会讨论决议，现任命×××同志为公司应急装备、物资管理负责人。

应急装备、物资保管员的主要职责包括：

(1) 根据工作计划编制本公司应急装备、物资的需求计划。

(2) 负责确认所采购应急装备、物资供应商的资质。

(3) 采购的应急装备、物资等应及时登记，填写采购记录，及时入库。

(4) 负责监督应急装备、物资的验收，特别是应急车辆的验收。

(5) 负责应急装备、物资的检查工作，做好检查记录。

(6) 按要求做好应急装备、物资的保管、保养工作。做到台账与实际符合。

(7) 及时更新应急装备、物资，确保完好有效。

×× 水利工程建设有限公司（章）

2021 年 × 月 × 日

4. 应急装备和物资检查记录表

应急装备和物资检查记录表

检查时间		检查地点	
检查人			
检查内容			
检查结果			

5. 应急装备和物资维护保养记录表

应急装备和物资维护保养记录表

序号	应急装备和物资名称	维护保养情况	维护时间	负责人
1	推土机			
2	自卸汽车			
3	汽车吊			
4	应急指挥车			
5	皮卡车			
6	潜水泵			
7	消防水带			
8	雨衣			
9	雨鞋			
10	防汛沙袋			
11	铁锹			
12	救生衣			
13	手电筒			
14	对讲机			
15	扩音喇叭			
16	口哨			
17	急救箱			
……	……			

【三级评审项目】

6.1.5 根据本单位的事故风险特点,每年至少组织一次综合应急预案演练或者专项应急预案演练,每半年至少组织一次现场处置方案演练,做到一线从业人员参与应急演练全覆盖,掌握相关的应急知识。对演练进行总结和评估,根据评估结论和演练发现的问题,修订、完善应急预案,改进应急准备工作。

【评审方法及评审标准】

查相关记录并现场问询。

1. 未按规定进行演练,每次扣 2 分;

2. 不熟悉相关应急知识,每人扣 1 分;

3. 未进行总结和评估,每次扣 1 分;

4. 未根据评估意见修订完善预案,每次扣 1 分;

5. 未根据修订完善后的预案改进工作,每次扣 1 分。

【标准分值】

5 分

◆法规要点◆

《生产安全事故应急预案管理办法》（国家安监总局令第 17 号）

第三十三条 生产经营单位应当制定本单位的应急预案演练计划，根据本单位的事故风险特点，每年至少组织一次综合应急预案演练或者专项应急预案演练，每半年至少组织一次现场处置方案演练。

《水利工程建设安全生产管理规定》（水利部令第 26 号）

第三十五条 项目法人应当组织制定本建设项目的生产安全事故应急救援预案，并定期组织演练。应急救援预案应当包括紧急救援的组织机构、人员配备、物资准备、人员财产救援措施、事故分析与报告等方面的方案。

第三十六条 施工单位应当根据水利工程施工的特点和范围，对施工现场易发生重大事故的部位、环节进行监控，制定施工现场生产安全事故应急救援预案。实行施工总承包的，由总承包单位统一组织编制水利工程建设生产安全事故应急救援预案，工程总承包单位和分包单位按照应急救援预案，各自建立应急救援组织或者配备应急救援人员，配备救援器材、设备，并定期组织演练。

《生产安全事故应急演练基本规范》（AQT 9007—2019）

4.4 应急演练基本流程

应急演练实施基本流程包括计划、准备、实施、评估总结、持续改进五个阶段。

6.1 成立演练组织机构

综合演练通常应成立演练领导小组，负责演练活动筹备和实施过程中的组织领导工作，审定演练工作方案、演练工作经费、演练评估总结以及其他需要决定的重要事项。演练领导小组下设策划与导调组、宣传组、保障组、评估组。根据演练规模大小，其组织机构可进行调整。

6.2.3 评估方案

演练评估方案内容：

　　a. 演练信息：目的和目标、情景描述，应急行动与应对措施简介；

　　b. 评估内容：各种准备、组织与实施、效果；

　　c. 评估标准：各环节应达到的目标评判标准；

　　d. 评估程序：主要步骤及任务分工；

　　e. 附件：所需要用到的相关表格。

8.2 总结

8.2.1 撰写演练总结报告

应急演练结束后，演练组织单位应根据演练记录、演练评估报告、应急预案、现场总结材料，对演练进行全面总结，并形成演练书面总结报告。报告可对应急演练准备、策划工作进行简要总结分析。参与单位也可对本单位的演练情况进行总结。演练总结报告的主要内容：

　　a. 演练基本概要；

　　b. 演练中发现的问题，取得的经验和教训；

c. 应急管理工作建议。

8.2.2 演练资料归档

应急演练活动结束后,演练组织单位应将应急演练工作方案、应急演练书面评估报告、应急演练总结报告文字资料,以及记录演练实施过程的相关图片、视频、音频资料归档保存。

9 持续改进

9.1 应急预案修订完善

根据演练评估报告中对应急预案的改进建议,按程序对预案进行修订完善。

9.2 应急管理工作改进

9.2.1 应急演练结束后,演练组织单位应根据应急演练评估报告、总结报告提出的问题和建议,对应急管理工作(包括应急演练工作)进行持续改进。

9.2.2 演练组织单位应督促相关部门和人员,制订整改计划,明确整改目标,制定整改措施,落实整改资金,并跟踪督查整改情况。

◆**条文释义**◆

1. 演练:演习,练习。

2. 修订:修改订正,进一步完善。

◆**实施要点**◆

1. 本条考核应提供的备查资料一般包括:(1) 事故应急预案演练记录;(2) 应急演练效果评估报告;(3) 现场处置方案培训记录;(4) 演练的通知、签名表、演练脚本、演练手册、照片等。

2. 水利工程施工单位应按规定开展生产安全事故应急知识和应急预案培训,使得从业人员掌握相应的事故应急知识和应急预案。按照《生产安全事故应急演练指南》(AQ/T 9007—2011)规定组织安全生产事故应急演练。原则上每年至少组织一次综合应急预案演练,每半年至少组织一次现场处置方案演练。演练结束后对效果进行评价,提出改进措施,在此基础上修订预案,及时整理收集资料。

3. 应急演练一般有以下几种:一是综合演练(针对应急预案中多项或全部应急响应功能开展的演练活动);二是单项演练(针对应急预案中某一项应急响应功能开展的演练活动);三是桌面演练(针对事故情景,利用图纸、沙盘、流程图、计算机模拟、视频会议等辅助手段,进行交互式讨论和推演的应急演练活动);四是实战演练[针对事故情景,选择(或模拟)生产经营活动中的设备、设施、装置或场所,利用各类应急器材、装备、物资,通过决策行动、实际操作,完成真实应急响应的过程];五是检验性演练(为检验应急预案的可行性、应急准备的充分性、应急机制的协调性及相关人员的应急处置能力而组织的演练);六是示范性演练(为检验和展示综合应急救援能力,按照应急预案开展的具有较强指导宣教意义的规范性演练);七是研究性演练(为探讨和解决事故应急处置的重点、难点问题,试验新方案、新技术、新装备而组织的演练)。

◆材料实例◆

1. 事故应急预案演练记录表

事故应急预案演练记录表

工程名称：

组织部门		预案名称/编号			
总指挥		演练地点		起止时间	
参加部门及人数		见签名表			
演练目的、内容： 1. 目的：······ 2. 内容：······					
演练过程： ······					
演练小结（成功经验、缺陷和不足）： ······					
整改建议： ······					
填表人：	×××	审核人：	×××	填表日期	年　月　日

2. 应急演练效果评估报告

应急演练效果评估报告

演练时间		演练地点	
演练名称		总指挥	
参加人员：			
演练总结和效果评价：			
演练存在的问题及整改措施：			

保存部门：　　　　　　　　　　　　　　　　　　　　保存期：

3. 现场处置方案培训记录

×××现场处置方案培训记录

培训时间		主讲教师	
培训地点		培训对象	
培训主题	×××现场处置方案培训		
培训目的			
培训内容			
培训总结与考核情况			

记录人：　　　　　　　　　　　　　　　　评审负责人：

【三级评审项目】

6.1.6 定期评估应急预案，根据评估结果及时进行修订和完善，并及时报备。

【评审方法及评审标准】

查相关文件和应急预案文本。

1. 未定期评估，扣3分；

2. 评估对象不全，每缺一项扣1分；

3. 评估内容不全，每缺一项扣1分；

4. 未及时修订完善，每项扣1分；

5. 未及时报备，每项扣1分。

【标准分值】

3分

◆**法规要点**◆

《**水利水电工程施工安全管理导则**》(**SL 721—2015**)

13.1.6 施工现场事故应急救援预案和各类应急预案应定期评估，必要时进行修订和完善。

◆条文释义◆

报备:是指出于规避风险或先入为主的考虑,进行一系列的上报和备案。

◆实施要点◆

1. 本条考核应提供的备查资料一般包括:应急预案评估材料和应急预案文本。

2. 水利工程施工单位应对事故应急预案进行定期评估,如安全生产和管理等要素发生变化时,应及时修订完善,确保应急预案与危险状况相适应,并及时向主管部门备案。

◆材料实例◆

1. 综合应急预案要素评审表

综合应急预案要素评审表

应急预案名称:

评审项目		评审内容及要求	评审意见
总　则	编制目的	目的明确,简明扼要	
	编制依据	1. 引用的法规标准合法有效; 2. 明确相衔接的上级预案,不得越级引用应急预案	
	应急预案 体系＊	1. 能够清晰表述本单位及所属单位应急预案组成和衔接关系 (推荐使用图表); 2. 能够覆盖本单位及所属单位可能发生的事故类型	
	应急工作 原则	1. 符合国家有关规定和要求; 2. 结合本单位应急工作实际	
适用范围＊		范围明确,适用的事故类型和响应级别合理	
危险性 分析	生产经营 单位概况	1. 明确有关设施、装置、设备以及重要目标场所的布局等情况; 2. 需要各方应急力量(包括外部应急力量)事先熟悉的有关基本情况和内容	
	危险源 辨识与风 险分析＊	1. 能够客观分析本单位存在的危险源及危险程度; 2. 能够客观分析可能引发事故的诱因、影响范围及后果	
组织机构 及职责	应急组织 体系	1. 能够清晰描述本单位的应急组织体系(推荐使用图表); 2. 明确应急组织成员日常及应急状态下的工作职责	
	指挥机构 及职责	1. 清晰表述本单位应急指挥体系; 2. 应急指挥部门职责明确; 3. 各应急救援小组设置合理,应急工作明确	
预防与 预警	危险源 管理	1. 明确技术性预防和管理措施; 2. 明确相应的应急处置措施	
	预警行动	1. 明确预警信息发布的方式、内容和流程; 2. 预警级别与采取的预警措施科学合理	
	信息报告 与处置＊	1. 明确本单位 24 小时应急值守电话; 2. 明确本单位内部信息报告的方式、要求与处置流程; 3. 明确事故信息上报的部门、通信方式和内容时限; 4. 明确向事故相关单位通告、报警的方式和内容; 5. 明确向有关单位发出请求支援的方式和内容; 6. 明确与外界新闻舆论信息沟通的责任人以及具体方式	

评审项目		评审内容及要求	评审意见
应急响应	响应分级 *	1. 分级清晰,且与上级应急预案响应分级衔接; 2. 能够体现事故紧急和危害程度; 3. 明确紧急情况下应急响应决策的原则	
	响应程序 *	1. 立足于控制事态发展,减少事故损失; 2. 明确救援过程中各专项应急功能的实施程序; 3. 明确扩大应急的基本条件及原则; 4. 能够辅以图表直观表述应急响应程序	
	应急结束	1. 明确应急救援行动结束的条件和相关后续事宜; 2. 明确发布应急终止命令的组织机构和程序; 3. 明确事故应急救援结束后负责工作总结部门	
后期处置		1. 明确事故发生后,污染物处理、生产恢复、善后赔偿等内容; 2. 明确应急处置能力评估及应急预案的修订等要求	
保障措施 *		1. 明确相关单位或人员的通信方式,确保应急期间信息通畅; 2. 明确应急装备、设施和器材及其存放位置清单,以及保证其有效性的措施; 3. 明确各类应急资源,包括专业应急救援队伍、兼职应急队伍的组织机构以及联系方式; 4. 明确应急工作经费保障方案	
培训与演练 *		1. 明确本单位开展应急管理培训的计划和方式方法; 2. 如果应急预案涉及周边社区和居民,应明确相应的应急宣传教育工作; 3. 明确应急演练的方式、频次、范围、内容、组织、评估、总结等内容	
附 则	应急预案备案	1. 明确本预案应报备的有关部门(上级主管部门及地方政府有关部门)和有关抄送单位; 2. 符合国家关于预案备案的相关要求	
	制定与修订	1. 明确负责制定与解释应急预案的部门; 2. 明确应急预案修订的具体条件和时限	

评审人员:　　　　　　　　　　　　　　　　　　日期:

注:"＊"代表应急预案的关键要素。

2. 专项应急预案要素评审表

专项应急预案要素评审表

应急预案名称:

评审项目	评审内容及要求	评审意见
事故类型和危险程度分析 *	1. 能够客观分析本单位存在的危险源及危险程度; 2. 能够客观分析可能引发事故的诱因、影响范围及后果; 3. 能够提出相应的事故预防和应急措施	

评审项目		评审内容及要求	评审意见
组织机构及职责＊	应急组织体系	1. 能够清晰描述本单位的应急组织体系（推荐使用图表）； 2. 明确应急组织成员日常及应急状态下的工作职责	
	指挥机构及职责	1. 清晰表述本单位应急指挥体系； 2. 应急指挥部门职责明确； 3. 各应急救援小组设置合理，应急工作明确	
预防与预警	危险源监控	1. 明确危险源的监测监控方式、方法； 2. 明确技术性预防和管理措施； 3. 明确采取的应急处置措施	
	预警行动	1. 明确预警信息发布的方式及流程； 2. 预警级别与采取的预警措施科学合理	
信息报告程序＊		1. 明确 24 小时应急值守电话； 2. 明确本单位内部信息报告的方式、要求与处置流程； 3. 明确事故信息上报的部门、通信方式和内容时限； 4. 明确向事故相关单位通告、报警的方式和内容； 5. 明确向有关单位发出请求支援的方式和内容	
应急响应＊	响应分级	1. 分级清晰合理，且与上级应急预案响应分级衔接； 2. 能够体现事故紧急和危害程度； 3. 明确紧急情况下应急响应决策的原则	
	响应程序	1. 明确具体的应急响应程序和保障措施； 2. 明确救援过程中各专项应急功能的实施程序； 3. 明确扩大应急的基本条件及原则； 4. 能够辅以图表直观表述应急响应程序	
	处置措施	1. 针对事故种类制定相应的应急处置措施； 2. 符合实际，科学合理； 3. 程序清晰，简单易行	
应急物资与装备保障＊		1. 明确对应急救援所需的物资和装备的要求； 2. 应急物资与装备保障符合单位实际，满足应急要求	

评审人员：　　　　　　　　　　　　　　　　　　　　　日期：

　　注："＊"代表应急预案的关键要素。如果专项应急预案作为综合应急预案的附件，综合应急预案已经明确的要素，专项应急预案可省略。

3. 现场处置方案要素评审表

现场处置方案要素评审表

现场处置方案名称：

评审项目	评审内容及要求	评审意见
事故特征＊	1. 明确可能发生事故的类型和危险程度，清晰描述作业现场风险； 2. 明确事故判断的基本征兆及条件	
应急组织及职责＊	1. 明确现场应急组织形式及人员； 2. 应急职责与工作职责紧密结合	

评审项目	评审内容及要求	评审意见
应急处置	1. 明确第一发现者进行事故初步判定的要点及报警时的必要信息； 2. 明确报警、应急措施启动、应急救护人员引导、扩大应急等程序； 3. 针对操作程序、工艺流程、现场处置、事故控制和人员救护等方面制定应急处置措施； 4. 明确报警方式、报告单位、基本内容和有关要求	
注意事项	1. 佩戴个人防护器具方面的注意事项； 2. 使用抢险救援器材方面的注意事项； 3. 有关救援措施实施方面的注意事项； 4. 现场自救与互救方面的注意事项； 5. 现场应急处置能力确认方面的注意事项； 6. 应急救援结束后续处置方面的注意事项； 7. 其他需要特别警示方面的注意事项	

评审人员：　　　　　　　　　　　　　　　　　　日期：

注："＊"代表应急预案的关键要素。现场处置方案落实到岗位每个人，可以只保留应急处置。

4. 生产安全事故应急预案评审纪要

生产安全事故应急预案评审纪要

单位名称			
评审时间		评审地点	
预案类型	综合预案□	专项预案□	现场处置预案□
评审专家组			
序号	姓名	职称	联系电话
1			
……			
参加评审人员			
序号	姓名	职称	联系电话
1			
……			

专家组评审意见：

专家组组长（签字）：

年　　月　　日

375

5. 生产安全事故应急预案修改专家确认表

生产安全事故应急预案修改专家确认表

序号	会议纪要中提出的修改意见	是否修改	专家签字
1			
2			
......			

说明：在"是否修改"一栏，由专家填写"已修改"或"未修改"。

第二节 应急处置

【三级评审项目】

6.2.1 发生事故后,启动相关应急预案,采取应急处置措施,开展事故救援,必要时寻求社会支援。

【评审方法及评审标准】

查相关记录。

1. 发生事故未及时启动应急预案,扣5分;

2. 未及时采取应急处置措施,扣5分。

【标准分值】

5分

◆法规要点◆

《中华人民共和国安全生产法》

第八十条 生产经营单位发生生产安全事故后,事故现场有关人员应当立即报告本单位负责人。

单位负责人接到事故报告后,应当迅速采取有效措施,组织抢救,防止事故扩大,减少人员伤亡和财产损失,并按照国家有关规定立即如实报告当地负有安全生产监督管理职责的部门,不得隐瞒不报、谎报或者迟报,不得故意破坏事故现场、毁灭有关证据。

《生产安全事故应急条例》(中华人民共和国国务院令第708号)

第十七条 发生生产安全事故后,生产经营单位应当立即启动生产安全事故应急救援预案,采取下列一项或者多项应急救援措施,并按照国家有关规定报告事故情况:

(一)迅速控制危险源,组织抢救遇险人员;

(二)根据事故危害程度,组织现场人员撤离或者采取可能的应急措施后撤离;

(三)及时通知可能受到事故影响的单位和人员;

(四)采取必要措施,防止事故危害扩大和次生、衍生灾害发生;

(五)根据需要请求邻近的应急救援队伍参加救援,并向参加救援的应急救援队伍提供相关技术资料、信息和处置方法;

(六)维护事故现场秩序,保护事故现场和相关证据;

(七)法律、法规规定的其他应急救援措施。

《水利工程建设安全生产管理规定》(水利部令第26号)

第三十八条 发生生产安全事故后,有关单位应当采取措施防止事故扩大,保护事故现场。需要移动现场物品时,应当做出标记和书面记录,妥善保管有关证物。

◆**条文释义**◆

1. 救援：指个人或群体在遭遇灾难或其他非常情况（含自然灾害、意外事故、突发危险事件等）时，获得实施解救行动的整个过程。

2. 支援：用人力、物力、财力或其他实际行动去支持和援助。

◆**实施要点**◆

1. 本条考核应提供的备查资料一般包括：发生事故后，第一时间启动相应的应急预案记录；为了防止事故进一步扩大，及时采取的相应措施和同步开展应急救援工作等资料。

2. 水利工程施工单位应向属地安全生产监督管理职责的部门如实报告，配合地方政府开展救援及事故调查工作。

◆**材料实例**◆

无

【三级评审项目】

6.2.2 应急救援结束后，应尽快完成善后处理、环境清理、监测等工作。

【评审方法及评审标准】

查相关记录。

善后处理不到位，扣3分。

【标准分值】

3分

◆**法规要点**◆

《生产安全事故应急条例》（中华人民共和国国务院令第708号）

第二十六条 有关人民政府及其部门根据生产安全事故应急救援需要依法调用和征用的财产，在使用完毕或者应急救援结束后，应当及时归还。财产被调用、征用或者调用、征用后毁损、灭失的，有关人民政府及其部门应当按照国家有关规定给予补偿。

第二十七条 按照国家有关规定成立的生产安全事故调查组应当对应急救援工作进行评估，并在事故调查报告中作出评估结论。

第二十八条 县级以上地方人民政府应当按照国家有关规定，对在生产安全事故应急救援中伤亡的人员及时给予救治和抚恤；符合烈士评定条件的，按照国家有关规定评定为烈士。

◆**条文释义**◆

1. 善后：妥善处理事情发生后的遗留问题。

2. 监测：监视、检测。

◆实施要点◆

在救援结束后,水利工程施工单位应认真分析总结事故原因,做好善后处理、环境清理,并自行组织或委托有资质单位进行监测,及时总结应急救援经验,提出相应改进措施。

◆材料实例◆

无

第三节　应急评估

【三级评审项目】

6.3.1　每年应进行一次应急准备工作的总结评估。完成险情或事故应急处置结束后，应对应急处置工作进行总结评估。

【评审方法及评审标准】

查相关记录。

未按规定进行总结评估，每次扣 1 分。

【标准分值】

4 分

◆法规要点◆

《生产安全事故应急预案管理办法》(国家安监总局令 17 号)

第三十四条　应急预案演练结束后，应急预案演练组织单位应当对应急预案演练效果进行评估，撰写应急预案演练评估报告，分析存在的问题，并对应急预案提出修订意见。

《水利水电工程施工安全管理导则》(SL 721—2015)

13.1.6　施工现场事故应急救援预案和各类应急预案应定期评审，必要时进行修订和完善。

◆条文释义◆

评估：评价估量。

◆实施要点◆

1. 本条考核应提供的备查资料一般包括：年度应急准备工作总结及评估资料。

2. 水利工程施工单位应每年对应急准备工作开展评估，完成险情或事故应急处置结束后进行总结评估。

◆材料实例◆

安全生产事故救援工作总结报告

×××工程事故救援工作总结报告(以上游围堰管涌为例)

20××年××月××日××时，×××工程河道施工排泥场发生一起围堰坍塌事故，造成泥浆大面积倾泻、人受伤、附近一所民房被泥淹没 1.2 m。事故发生后，项目部立即启动事故救援预案，应急救援小组、应急救援抢险队 70 余人紧急出动，展开抢险救援。经过长达近 4 小时的救援，事故现场得到有效控制，坍塌的围堰恢复、受伤人员得到及时救治、附近居民及时撤离,善后处理工作紧张有序地进行。现将本次事故救援工作情况总结报告如下。

一、事故基本情况

××月××日××时××分许,巡查人员×××,在排泥场南侧,发现围堰裂缝,自行处理,但裂缝越来越大,并形成缺口,泥浆开始倾泻,随即围堰大面积坍塌,×××被冲下围堰并受轻伤,附近一所民房被泥浆淹没1.2 m,此时他用手机向所在施工单位项目部报告事故情况。

二、事故救援情况

××时××分许,项目部主要负责人接到事故报告后,立即向建设处主要负责人报告,同时组织人员投入抢险。××时××分许应急救援领导小组接到报告后,立即启动应急预案,××时××分,第一批抢险人员到场开始人工封堵围堰、抢救伤员、通知并协助附近居民撤离。××时××分,×台挖机、×台翻斗车先后到场对围堰实行封堵。事故发生后,各级领导高度重视,应急预案领导小组负责人、各职能部门先后赶赴现场指挥,根据现场情况果断地启动了紧急事故处置预案,随即成立了事故现场救援处置指挥部。确立了"先控制、后处置、救人第一"的工作原则,正确采取了安全防护、善后监护等处置程序,众抢险人员全面展开事故救援和现场处置。各部门和专业救援队按照指挥部的统一部署和各自职能有条不紊地开展工作。

4小时后,坍塌围堰修复,附近居民撤离,受伤人员得到及时救治。应急救援领导小组通知有关部门对现场被泥浆污染的环境进行监测。

本次事故救援工作做到以下几点:

(一)及时准确报告情况,果断实施事故现场抢险。

(二)加强事故现场拉制,应急预案领导小组成员、各职能部门、抢险队员及时赶赴现场为实施紧急救援创造有利条件。

(三)紧急转移居民,确保人员安全。抢险救援人员及时通知居民并协助开展转移工作,使人员及时撤离到安全地带。

(四)加强现场环境监测,灵活处置,确保生态安全。

三、经验教训

本次事故原因是多方面的,造成的损失较大。总结这次救援工作,有成功的经验,也存在着一些不足。

(一)成功经验

1. 领导高度重视和统一指挥是成功应对各种突发事件的关键因素。与一般事件不同,突发事件有着时间上的突然性、破坏的巨大性、影响的广泛性。应对突发事件是应急救援小组和职能部门所必备的能力,各级领导在突发事件面前头脑清醒、冷静观察、沉着应对、科学决策、果断处置、靠前指挥就能稳定人心,极大地鼓舞和调动抢险人员的勇气和信心,赢得抢险救援工作的全面胜利,避免或者减少突发事件、事故所带来的巨大损失。

2. 建立健全完备的突发事件预案是应对各种突发事件的重要保证。为避免和减少突发事件危害,必须建立健全必要的预警机制,把事故隐患消除在萌芽状态。应急救援小组、职能部门切实履行职责,认真查处各类安全隐患,避免和减少"人祸"的发生,建立健全翔实、完备的预案、方案,并经常加以演练,遇到突发事件时,才能从容应对,灵活处置。

3. 建设一支高素质的专业抢险救援队伍是抢险救援、应对各种突发事件的可靠保证。应急抢险救援队伍执行的是艰难、复杂的任务,这就要求抢险救援人员必须具备顽强的战斗作风、严密的组织纪律、密切合作意识。

4. 必要的物资储备和技术装备为应对各种突发事件奠定了坚实的基础。

(二)需要改进的方面

1. 加强生产事故隐患排查力度,把事故消灭在萌芽状态。

2. 进一步完善事故救援方案,并有针对性地加强演练。

3. 进一步完善和加强事故初期的应对和处置能力。

本次事故危害严重,社会影响较大,给我们留下的思考也是长期的。现场救援和处置已经结束,善后处理工作正在紧张有序进行。这次抢险救援工作为我们今后处置类似的突发事件提供了宝贵的经验。

第七章

事故管理

第一节　事故报告

【三级评审项目】

7.1.1　事故报告、调查和处理制度应明确事故报告(包括程序、责任人、时限、内容等)、调查和处理内容(包括事故调查、原因分析、纠正和预防措施、责任追究、统计与分析等),应将造成人员伤亡(轻伤、重伤、死亡等人身伤害和急性中毒)、财产损失(含未遂事故)和较大涉险事故纳入事故调查和处理范畴。

【评审方法及评审标准】

查制度文本。

1. 未以正式文件发布,扣 2 分;

2. 制度内容不全,每缺一项扣 1 分;

3. 制度内容不符合有关规定,每项扣 1 分。

【标准分值】

2 分

◆**法规要点**◆

《生产安全事故报告和调查处理条例》(国务院令第 493 号)

对生产安全事故报告提出具体要求:

第十二条　报告事故应当包括下列内容:

(一)事故发生单位概况;

(二)事故发生的时间、地点以及事故现场情况;

(三)事故的简要经过;

(四)事故已经造成或者可能造成的伤亡人数(包括下落不明的人数)和初步估计的直接经济损失;

(五)已经采取的措施;

(六)其他应当报告的情况。

◆**条文释义**◆

1. 事故调查:事故发生后的认真检查,确定起因、明确责任,并采取措施防止事故的再次发生,这一过程即为事故调查。

2. 伤亡事故:指企业职工在生产劳动过程中,发生的人身伤害、急性中毒。

3. 轻伤和重伤:轻伤是指损失 1 个工作日以上(含 1 个工作日)低于 105 日的失能伤害,重伤是指损失工作日为 105 以上(含 105 个工作日),6000 个工作日以下的失能伤害。

4. 未遂事故:是指未发生健康损害、人身伤亡、重大财产损失与环境破坏的事故。

◆**实施要点**◆

1. 本条考核应提供的备查资料一般包括:《安全事故报告和调查处理制度》及其印发文件。

2. 水利工程施工单位应制定安全事故报告和调查处理制度,其主要内容应包括事故调查、原因分析、纠正和预防措施、事故报告、信息发布、责任追究等,并以正式文件印发。制度的制定要确实贴近工程实际,要有针对性和可操作性,制度的内容要齐全,不应漏项。

◆**材料实例**◆

1. 印发安全事故报告和调查处理制度文件

××水利工程建设有限公司文件

×××〔2021〕×号

关于印发《×××工程事故报告及调查处理制度》的通知

各部门、各分公司:

为规范×××工程生产安全事故报告和调查处理工作,明确事故报告、处置、调查、纠正预防、信息发布、责任追究等环节内容,根据《中华人民共和国安全生产法》《生产安全事故报告和调查处理条例》,结合本工程实际,公司组织制定了《×××工程事故报告及调查处理制度》,现印发给你们,希望认真组织学习,遵照执行。

附件:×××工程事故报告及调查处理制度

××水利工程建设有限公司(章)

2021 年×月×日

×××工程事故报告及调查处理制度

1 目的

为规范×××工程生产安全事故报告和调查处理工作,明确事故报告、处置、调查、纠正预防、信息发布、责任追究等环节内容,根据《中华人民共和国安全生产法》《生产安全事故报告和调查处理条例》,结合本工程实际,制定本制度。

2 范围

本制度适用于×××工程生产安全事故报告和调查处理工作。

3 原则

3.1 事故报告应当及时、准确、完整,任何单位和个人对事故不得迟报、漏报、谎报或者瞒报。

3.2 事故调查处理应当坚持实事求是、尊重科学的原则，及时、准确地查清事故经过、事故原因和事故损失，查明事故性质，认定事故责任，总结事故教训，提出整改措施，并对事故责任者依法追究责任。

4 事故报告

4.1 发生生产安全事故后，事故现场有关人员应当立即报告本单位项目经理和部门负责人。

4.2 事故单位责任人接到事故报告后，应在 1 小时之内向项目主管部门、安全生产监督机构、事故发生地县级以上人民政府安全监督管理部门和有关部门报告；特种设备发生事故，应当同时向特种设备安全生产监督机构报告。报告的方式可先采用电话口头报告，随后递交正式书面报告。

4.3 生产安全事故报告后出现新情况的，应及时补报。

5 事故报告范围

5.1 事故快报范围

本工程建设过程中发生的特别重大、重大、较大和造成人员死亡的一般事故以及非超标准洪水溃坝等严重危及公共安全、社会影响重大的涉险事故。

5.2 事故月报范围

本工程建设过程中发生的造成人员死亡、重伤（包括急性工业中毒）或者直接经济损失在 100 万元以上的生产安全事故。

6 事故报告内容

6.1 事故快报内容

(1) 事故发生的时间（年、月、日、时、分）、地点；

(2) 发生事故单位的名称、主管部门和参建单位资质等级情况；

(3) 事故的简要经过及原因初步分析；

(4) 事故已经造成和可能造成的伤亡人数（死亡、失踪、被困、轻伤、重伤、急性工业中毒等），初步估计事故造成的直接经济损失；

(5) 事故抢救进展情况和采取的措施；

(6) 其他应报告的有关情况。

6.2 事故月报内容

包括事故发生的时间和单位名称、单位类型、事故死亡和重伤人数（包括急性工业中毒）、事故类别、事故原因、直接经济损失和事故简要情况等。

7 事故处置

7.1 发生安全生产事故后，项目法人、监理单位和事故单位必须迅速、有效地实施先期处置；项目法人及事故单位主要负责人应立即到现场组织抢救，启动应急预案，采取有效措施，防止事故扩大。

7.2 项目事故应急处置指挥机构应执行现场应急指挥部的指令，根据工程特点、环境条件、事故类型及特征，为应急救援人员提供必要的安全防护装备，组织开展事故处置活动。

7.3 项目事故应急处置指挥机构应配合事故现场应急指挥机构划定事故现场危险区域范围、设置明显警示标志，做好事故现场保护工作，并及时发布通告，以防止人畜进入危险区域。

7.4　事故发生单位应负责接待并妥善安置事故人员家属和社会关注方,依法做好伤亡人员的善后工作,安排好受影响人员的生活,做好损失的补偿。

7.5　部门负责人应组织有关单位共同研究,采取有效措施,修复或处理发生事故的工程项目,尽快恢复工程建设。

8　事故调查

8.1　部门负责人应组织有关单位核查事故损失,编制损失情况报告,上报项目主管部门并抄送有关单位。

8.2　部门负责人、事故发生单位及其他有关单位应积极配合事故的调查、分析、处理和评估等工作。

8.3　部门负责人和事故发生单位应认真吸取事故教训,落实防范和整改措施,防止类似事故再次发生。

8.4　部门负责人和事故发生单位应按照负责事故调查的人民政府的批复,对本单位负有事故责任的人员进行处理。对不在事故快报、月报统计范围内的等级以下事故,由事故责任单位按照"四不放过"的原则进行处理,处理结果报项目法人备案。

8.5　事故责任单位应编制事故内部调查报告(含等级以下事故)。对事故责任人员进行责任追究,落实防范和整改措施。

8.6　部门负责人和事故发生单位应建立完善的事故档案和事故管理台账(含等级以下事故),定期对事故进行统计分析,并将统计分析成果作为公司安全教育培训的重要内容。

9　信息发布

施工单位配合上级部门做好信息发布。等级以下事故应在项目范围内告知。

【三级评审项目】

7.1.2　发生事故后按照有关规定及时、准确、完整地向有关部门报告,事故报告后出现新情况时,应当及时补报。

【评审方法及评审标准】

查相关记录。

1. 未按规定及时补报,扣4分;

2. 存在迟报、漏报、谎报、瞒报事故等行为的机构,不得评定为安全生产标准化达标单位。

【标准分值】

4分

◆法规要点◆

《生产安全事故报告和调查处理条例》(国务院令第493号)

对事故报告提出具体要求:

第九条　事故发生后,事故现场有关人员应当立即向本单位负责人报告;单位负责人接到报告后,应当于1小时内向事故发生地县级以上人民政府安全生产监督管理部门和负有安全生产监督管理职责的有关部门报告。

情况紧急时,事故现场有关人员可以直接向事故发生地县级以上人民政府安全生产监督管理部门和负有安全生产监督管理职责的有关部门报告。

第十三条 事故报告后出现新情况的,应当及时补报。

自事故发生之日起 30 日内,事故造成的伤亡人数发生变化的,应当及时补报。道路交通事故、火灾事故自发生之日起 7 日内,事故造成的伤亡人数发生变化的,应当及时补报。

《关于完善水利行业生产安全事故统计快报和月报制度的通知》(水利部办安监〔2009〕112 号)

一、事故统计报告范围

(一)事故快报范围

各级水行政主管部门、水利企事业单位在生产经营活动中以及其负责安全生产监管的水利水电在建、已建工程等生产经营活动中发生的特别重大、重大、较大和造成人员死亡的一般事故以及非超标准洪水溃坝等严重危及公共安全、社会影响重大的涉险事故。

(二)事故月报范围

各级水行政主管部门、水利企事业单位在生产经营活动中以及其负责安全生产监管的水利水电在建、已建工程等生产经营活动中发生的造成人员死亡、重伤(包括急性工业中毒)或者直接经济损失在 100 万元以上的生产安全事故。

二、事故统计报告内容

(一)事故快报内容……

(二)事故月报内容……

三、事故统计报告时限

(一)事故快报时限

发生快报范围内的事故后,事故现场有关人员应立即报告本单位负责人。事故单位负责人接到事故报告后,应在 1 小时之内向上级主管单位以及事故发生地县级以上水行政主管部门报告。有关水行政主管部门接到报告后,立即报告上级水行政主管部门,每级上报的时间不得超过 2 小时。情况紧急时,事故现场有关人员可以直接向事故发生地县级以上水行政主管部门报告。有关单位和水行政主管部门也可以越级上报。

对事故情况暂时不清的,可先报送事故概况,及时跟踪并将新情况续报。自事故发生之日起 30 日内(道路交通事故、火灾事故自发生之日起 7 日内),事故造成的伤亡人数发生变化或直接经济损失发生变动,应当重新确定事故等级并及时补报。

◆**条文释义**◆

无。

◆**实施要点**◆

1. 本条考核应提供的备查资料一般包括:生产安全事故快报表和水利行业生产安全事故月报表。

2. 事故发生后,水利工程施工单位应按照国务院《生产安全事故报告和调查处理条例》及有关规定及时、如实地向负责安全生产监督管理的部门以及水行政主管部门或者流域管理机构报告。不得迟报、漏报、谎报或者瞒报。

◆**材料实例**◆

1. 生产安全事故快报表

生产安全事故快报表

工程名称		事故地点		事故发生时间	
建设单位		单位负责人		手机号码	
监理单位		单位负责人		手机号码	
施工单位		单位负责人		手机号码	
事故单位概况					
事故现场情况					
事故经过简述					
已造成或者可能造成的伤亡人数（包括下落不明人数）					
直接经济损失（初步估计）					
已经采取的措施					
其他					
填表人		填报单位		（全称及盖章）	

说明：本表一式_____份，由事故单位填写，报项目法人、项目主管部门、安全生产监督机构和有关部门。施工单位、监理机构、项目法人各1份。

2. 水利行业生产安全事故月报表

水利行业生产安全事故月报表

填报单位：（盖章）   填报时间：　　年　　月　　日

序号	事故发生时间	发生事故单位		死亡人数	重伤人数	直接经济损失	事故类别	事故原因	事故简要情况
		名称	类型						

单位负责人（签章）：　　　　　　　　　部门负责人（签章）：　　　　　　　　　　制表人（签章）：

说明：1. 事故单位类型填写：①水利水电工程建设；②水利水电工程管理；③农村水电站及配套电网建设与运行；④水文测验；⑤水利水电工程勘测设计；⑥水利科学研究实验与检验；⑦后勤服务和综合经营；⑧其他。非水利系统事故单位，应予以注明。

2. 重伤事故按照《企业职工伤亡事故分类标准》(GB 6441—86)和《事故伤害损失工作日标准》(GB/T 15499—1995)定性。

3. 直接经济损失按照《企业职工伤亡事故经济损失统计标准》(GB 6721—86)确定。

4. 事故类别填写内容：①物体打击；②车辆伤害；③机械伤害；④起重伤害；⑤触电；⑥淹溺；⑦灼烫；⑧火灾；⑨高处坠落；⑩坍塌；⑪冒顶片帮；⑫透水；⑬放炮；⑭火药爆炸；⑮煤层瓦斯爆炸；⑯其他爆炸；⑰容器爆炸；⑱煤与瓦斯突出；⑲中毒和窒息；⑳其他伤害。可直接填写类别代号。

5. 本月无事故，应在表内填写"本月无事故"。

第二节 事故调查和处理

【三级评审项目】

7.2.1 发生事故后,采取有效措施,防止事故扩大,并保护事故现场及有关证据。

【评审方法及评审标准】

查相关记录。

1. 抢救措施不力,导致事故扩大,扣 4 分;

2. 未有效保护现场及有关证据,扣 4 分。

【标准分值】

4 分

◆**法规要点**◆

《生产安全事故报告和调查处理条例》(国务院令第 493 号)

对事故调查和处理提出具体要求:

第十四条 事故发生单位负责人接到事故报告后,应当立即启动事故相应应急预案,或者采取有效措施,组织抢救,防止事故扩大,减少人员伤亡和财产损失。

第十六条 事故发生后,有关单位和人员应当妥善保护事故现场以及相关证据,任何单位和个人不得破坏事故现场、毁灭相关证据。

因抢救人员、防止事故扩大以及疏通交通等原因,需要移动事故现场物件的,应当作出标志,绘制现场简图并作出书面记录,妥善保存现场重要痕迹、物证。

◆**条文释义**◆

1. 事故现场:是指发生事故有关的痕迹、物证等所在的空间。

2. 痕迹:指事物经过后,可察觉的形影或印迹。

3. 物证:是指能够证明真实情况的一切物品痕迹。

◆**实施要点**◆

1. 本条考核应提供的备查资料一般包括:事故现场抢险救援记录表和事故现场抢险救援统计表。

2. 发生事故后,水利工程施工单位主要负责人必须立即赶到现场,按照事故预案组织抢救,采取有效措施,防止事故扩大,并保护事故现场及有关证据。

3. 水利工程施工单位应将事故报告、现场实施抢救等纸质、影像资料保存完好。

◆**材料实例**◆

1. 事故现场抢险救援记录表

事故现场抢险救援记录表(_____年)

事故时间		事故地点	
现场负责人		记录人	
参与人员			
事故内容			
抢险救援处置情况说明			

记录时间:

2. 事故现场抢险救援统计表

事故现场抢险救援统计表(_____年度)

主管部门: 单位负责人:

序号	事故时间	事故地点	事故内容	参与人员	现场负责人	记录人

【三级评审项目】

7.2.2　事故发生后按照有关规定,组织事故调查组对事故进行调查,查明事故发生的时间、经过、原因、波及范围、人员伤亡情况及直接经济损失等。事故调查组应根据有关证据、资料,分析事故的直接、间接原因和事故责任,提出应吸取的教训、整改措施和处理建议,编制事故调查报告。

【评审方法及评审标准】

查相关文件和记录。

1. 无事故调查报告,扣7分;

2. 报告内容不符合规定,每项扣2分。

【标准分值】

7分

◆**法规要点**◆

《中华人民共和国安全生产法》

对事故调查和处理提出具体要求:

第八十三条 事故调查处理应当按照科学严谨、依法依规、实事求是、注重实效的原则,及时、准确地查清事故原因,查明事故性质和责任,总结事故教训,提出整改措施,并对事故责任者提出处理意见。事故调查报告应当依法及时向社会公布。事故调查和处理的具体办法由国务院制定。

事故发生单位应当及时全面落实整改措施,负有安全生产监督管理职责的部门应当加强监督检查。

第八十四条 生产经营单位发生生产安全事故,经调查确定为责任事故的,除了应当查明事故单位的责任并依法予以追究外,还应当查明对安全生产的有关事项负有审查批准和监督职责的行政部门的责任,对有失职、渎职行为的,依照本法第八十七条的规定追究法律责任。

第八十五条 任何单位和个人不得阻挠和干涉对事故的依法调查处理。

◆**条文释义**◆

事故调查:事故发生后的认真检查,确定起因,明确责任,并采取措施避免事故的再次发生,这一过程即为"事故调查"。

◆**实施要点**◆

1. 本条考核应提供的备查资料一般包括:事故内部调查报告,其主要内容包括事故发生单位概况,事故发生经过和事故救援情况,事故造成的人员伤亡和直接经济损失,事故发生的原因和事故性质,事故责任的认定以及对事故责任者的处理建议,事故防范和整改措施。

2. 水利工程施工单位应按照有关规定的要求,……并编制事故内部调查报告……内部调查报告内容可参照《生产安全事故报告和调查处理条例》(国务院令第493号)第三十条,报告内容要全面,不应漏项。

◆**材料实例**◆

××工程事故内部调查报告

××工程"8·2"事故内部调查报告

一、事故概况

工程名称:××工程

事故单位:××公司××工程项目部

事故时间:20××年8月2日××时××分

事故地点:××工程××位置

事故类别:××

事故性质:××

事故伤亡情况：重伤1人，伤者，×××，男(女)，×族，××岁，身份证号×××，×××村人，工种，××，工龄，××年。

经济损失：直接经济损失××余元。

二、事故单位基本情况

事故单位名称：××公司

事故单位地址：××省××市××公司

法定代表人：×××，身份证号：×××

营业执照号：××××××

组织机构代码：×××××××

单位类型：××

经营范围：××××　　××××

××公司始建于××××年××月，公司设有×××科、×××科等，主要从事×××生产和施工。现有员工×××人，×××为分管安全的负责人，×××为安全员。

三、事故经过及救援情况

20××年××月××日××时××分，××公司××项目部×××员工开始上班，×××负责×××，×××负责×××，到××时××分时，发生了……事故。后立即将×××送到×××医院救治，经诊断×××为×××。

事故发生后，××公司，于××月××日××时××分将事故情况上报了××××××，并针对此事故做了××××××。

四、事故原因分析及性质认定

通过由××组成的事故调查组，对事故现场勘查和询问相关当事人，认为导致此次事故的原因是：

（一）直接原因

1.……　　2.……

（二）间接原因

1.……　　2.……　　3.……

（三）事故性质

经调查认定，这是一起责任事故。

五、事故处理建议及结果

根据《×××》的规定，调查组对责任人员的处理建议及结果如下：

1.……　　2.……

六、此次事故应吸取的教训和采取的防范措施

1.……　　2.……　　3.……

七、事故调查组成员及签字

姓名	职务	组内职务	签名	备注

附件:1. ×××事故现场照片

2. ……

3. ……

××事故调查组

20××年××月××日

【三级评审项目】

7.2.3　事故发生后,由有关人民政府组织事故调查的,应积极配合开展事故调查。

【评审方法及评审标准】

查相关文件和记录。

未积极配合开展事故调查,扣 3 分。

【标准分值】

3 分

◆法规要点◆

《生产安全事故报告和调查处理条例》(国务院令第 493 号)

对事故调查和处理提出具体要求:

第十九条　特别重大事故由国务院或者国务院授权有关部门组织事故调查组进行调查。

重大事故、较大事故、一般事故分别由事故发生地省级人民政府、设区的市级人民政府、县级人民政府负责调查。省级人民政府、设区的市级人民政府、县级人民政府可以直接组织事故调查组进行调查,也可以授权或者委托有关部门组织事故调查组进行调查。

未造成人员伤亡的一般事故,县级人民政府也可以委托事故发生单位组织事故调查组进行调查。

第二十二条　事故调查组的组成应当遵循精简、效能的原则。

根据事故的具体情况,事故调查组由有关人民政府、安全生产监督管理部门、负有安全生产监督管理职责的有关部门、监察机关、公安机关以及工会派人组成,并应当邀请人民检察院派人参加。

事故调查组可以聘请有关专家参与调查。

第二十五条　事故调查组履行下列职责:

(一)查明事故发生的经过、原因、人员伤亡情况及直接经济损失;

(二)认定事故的性质和事故责任;

(三)提出对事故责任者的处理建议;

(四)总结事故教训,提出防范和整改措施;

(五)提交事故调查报告。

◆条文释义◆

无

◆**实施要点**◆

1. 本条考核应提供的备查资料一般包括：安全生产事故调查记录表。

2. 水利工程施工单位应按照有关规定的要求，积极配合事故调查组调查，对于未造成人员伤亡的一般事故，经授权调查的，应组织事故调查组进行调查，并编制事故内部调查报告。不得阻挠和干涉对事故的依法调查……

◆**材料实例**◆

安全生产事故调查记录表

安全生产事故调查记录表（_____年）

事故时间		事故地点	
调查组负责人		记录人	
调查组成员			
事故内容			
调查情况说明			
调查结果			

【**三级评审项目**】

7.2.4 按照"四不放过"的原则进行事故处理。

【**评审方法及评审标准**】

查相关文件和记录。

未按"四不放过"的原则处理，扣 4 分。

【**标准分值**】

4 分

◆**法规要点**◆

《**水利工程建设安全生产管理规定**》（水利部令第 **26** 号）

对事故调查和处理提出具体要求：

第四条 发生生产安全事故，必须查清事故原因，查明事故责任，落实整改措施，做好事故处理工作，并依法追究有关人员的责任。

第三十九条 水利工程建设生产安全事故的调查、对事故责任单位和责任人的处罚与处理,按照有关法律、法规的规定执行。

◆条文释义◆

四不放过:是指事故原因未查清不放过、责任人员未处理不放过、整改措施未落实不放过、有关人员未受到教育不放过。事故处理的"四不放过"原则是要求对安全生产工伤事故必须进行严肃认真的调查处理,接受教训,防止同类事故重复发生。

◆实施要点◆

1. 本条考核应提供的备查资料一般包括:生产安全事故处理"四不放过"落实情况表。

2. 对于事故处理,水利工程施工单位应坚持"四不放过"原则,要查明事故原因、追究事故责任、处罚事故责任人,进一步制定并落实防范和整改措施,举一反三,防止类似事故的发生。

◆材料实例◆

生产安全事故处理"四不放过"落实情况表

生产安全事故处理"四不放过"落实情况表

工程名称:

事故名称			发生时间		地点	
事故类别		人员伤害情况		直接经济损失		
事故发生单位						
事故概况						
事故调查处理情况						
事故原因未查清不放过						
责任人员未处理不放过						
整改措施未落实不放过						
有关人员未受到教育不放过						
其他						

说明:本表一式_____份,由事故发生单位填写,用于归档和备查。

【三级评审项目】

7.2.5 做好事故善后工作。

【评审方法及评审标准】

查相关文件和记录。

善后处理不到位,扣 3 分。

【标准分值】

3 分

◆法规要点◆

《生产安全事故应急条例》(中华人民共和国国务院令第 708 号)

第二十六条 有关人民政府及其部门根据生产安全事故应急救援需要依法调用和征用的财产,在使用完毕或者应急救援结束后,应当及时归还。财产被调用、征用或者调用、征用后毁损、灭失的,有关人民政府及其部门应当按照国家有关规定给予补偿。

第二十七条 按照国家有关规定成立的生产安全事故调查组应当对应急救援工作进行评估,并在事故调查报告中作出评估结论。

第二十八条 县级以上地方人民政府应当按照国家有关规定,对在生产安全事故应急救援中伤亡的人员及时给予救治和抚恤;符合烈士评定条件的,按照国家有关规定评定为烈士。

◆条文释义◆

善后:妥善处理事情发生后的遗留问题。

◆实施要点◆

水利工程施工单位应做好事故发生后的善后处理工作。

◆材料实例◆

无。

第三节 事故档案管理

【三级评审项目】

7.3.1 建立完善的事故档案和事故管理台账,并定期按照有关规定对事故进行统计分析。

【评审方法及评审标准】

查相关文件和记录。

1. 未建立事故档案和管理台账,扣3分;

2. 事故档案或管理台账不全,每缺一项扣2分;

3. 事故档案或管理台账与实际不符,每项扣1分;

4. 未统计分析,扣3分。

【标准分值】

3分

◆法规要点◆

无。

◆条文释义◆

事故管理:对于安全事故的后期处理工作。

◆实施要点◆

1. 本条考核应提供的备查资料一般包括:

(1) 生产安全事故记录表;

(2) 生产安全事故月(季、年)报表和统计分析表;

(3) 事故报告和调查处理工作检查表。

2. 水利工程施工单位应建立完善的事故档案和事故管理台账,台账资料应齐全,与实际发生情况相吻合,无漏项,并定期对事故进行统计分析。

◆材料实例◆

1. 生产安全事故记录表

生产安全事故记录表

工程名称:

事故名称			发生时间		地点	
事故类别		人员伤害情况		直接经济损失		

事故调查组长		成员		结案日期	
事故概况					
事故调查 处理情况					
填表人		审核人		填表日期	

说明:本表一式_____份,由事故发生单位填写,用于归档和备查。

2. 生产安全事故月(季、年)统计分析表

生产安全事故月(季、年)统计分析表

填报单位:(印章)   填报时间:　　年　　月　　日

序号	发生 时间	事故 单位	重伤 人数	死亡 人数	轻伤 人数	直接经 济损失	事故 类别	事故简 要情况	结案 日期
事故分析:									

单位负责人(签章):   部门负责人(签章):   制表人(签章):

说明:1. 本表一式_____份,由项目法人根据各参建单位上报情况进行填写,用于归档和备查。

2. 重伤事故按照《企业职工伤亡事故分类标准》(GB 6441—86)和《事故伤害损失工作日标准》(GB/T 15499—1995)定性。

3. 直接经济损失按照《企业职工伤亡事故经济损失统计标准》(GB 6721—86)确定。

4. 事故类别填写内容:(1)物体打击;(2)提升、车辆伤害;(3)机械伤害;(4)起重伤害;(5)触电;(6)淹溺;(7)灼烫;(8)火灾;(9)高处坠落;(10)坍塌;(11)冒顶片帮;(12)透水;(13)放炮;(14)火药爆炸;(15)瓦斯煤层爆炸;(16)其他爆炸;(17)容器爆炸;(18)煤与瓦斯突出;(19)中毒和窒息;(20)其他伤害。可直接填写类别代号。

5. 本月无事故,应在表内填写"本月无事故"。

3. 事故报告和调查处理工作检查表

事故报告和调查处理工作检查表

被检查单位: 年　　月　　日

序号	检查项目	检查内容及要求	检查意见
1	事故报告	(1) 建立生产安全事故报告和调查处理制度,以正式文件颁发	
		(2) 制度应明确事故报告、事故调查、原因分析、纠正和预防措施、责任追究、统计与分析等内容	
		(3) 事故发生后,安装有关规定及时、准确、完整地向有关部门报告	
		(4) 事故发生后,主要负责人或其代理人立即到现场组织抢救,采取有效措施,防止事故扩大,并保护事故现场及有关证据	

序号	检查项目	检查内容及要求	检查意见
2	事故调查和处理	（1）组织事故调查组或配合有关部门对事故进行调查，查明事故发生的时间、经过、原因、人员伤亡情况及直接经济损失等，并编制事故调查报告	
		（2）有关部门的调查报告保存和公开	
		（3）按照"四不放过"的原则，对事故责任人员进行责任追究，落实防范和整改措施	
		（4）对整改措施进行验证	
		（5）及时办理工伤，申报工伤认定材料，并保存档案	
		（6）建立完善的事故档案和事故管理台账，并定期对事故进行统计分析	
被检查单位负责人：(签名)		检查负责人：(签名)	
参加检查人员：(签名)			

第八章

持续改进

第一节 绩效评定

【三级评审项目】

8.1.1 安全生产标准化绩效评定制度应明确评定的组织、时间、人员、内容与范围、方法与技术、报告与分析等要求。

【评审方法及评审标准】

查制度文本。

1. 未以正式文件发布,扣 2 分;

2. 制度内容不全,每缺一项扣 1 分;

3. 制度内容不符合有关规定,每项扣 1 分。

【标准分值】

2 分

◆**法规要点**◆

《国务院关于坚持科学发展安全发展促进安全生产形势持续稳定好转的意见》(国发〔2011〕40 号)

(三十二)加强安全生产绩效考核。把安全生产考核控制指标纳入经济社会发展考核评价指标体系,加大各级领导干部政绩业绩考核中安全生产的权重和考核力度。把安全生产工作纳入社会主义精神文明和党风廉政建设、社会管理综合治理体系之中。制定完善安全生产奖惩制度,对成效显著的单位和个人要以适当形式予以表扬和奖励,对违法违规、失职渎职的,依法严格追究责任。

《国务院安委会关于深入开展企业安全生产标准化建设的指导意见》(安委〔2011〕4 号)

(一)打基础,建章立制。……企业要从组织机构、安全投入、规章制度、教育培训、装备设施、现场管理、隐患排查治理、重大危险源监控、职业健康、应急管理以及事故报告、绩效评定等方面,严格对应评定标准要求,建立完善安全生产标准化建设实施方案。

(四)创新机制,注重实效。……要积极研究采取相关激励政策措施,将达标结果向银行、证券、保险、担保等主管部门通报,作为企业绩效考核、信用评级、投融资和评先推优等的重要参考依据,促进提高达标建设的质量和水平。

◆**条文释义**◆

1. 绩效:组织或个人为了达到某种目标而采取的各种行为的结果。

2. 绩效评定:组织依照预先确定的标准和一定的评价程序,运用科学的评价方法,按照评价的内容和标准对评价对象的工作能力、工作业绩进行定期和不定期的考核和评价。

绩效评定可以采取关键事件法、排列法、考核表格、考核报告等方法,如关键事件法可以保存部门或个人最有利和最不利的工作行为的书面记录,排列法可以简单地把企业或部门所有员工按照安全生产成绩的顺序排列起来,考核报告可以按年度、季度等分阶段形成类似安全生产总结的绩效报告。

◆实施要点◆

1. 本条考核应提供的备查资料一般包括:《安全生产标准化绩效评定制度》及其印发文件。

2. 水利工程施工单位应建立安全生产标准化绩效评定制度,其主要内容包括评定的组织、时间、人员、内容与范围、方法与技术、周期、过程、报告与分析等,并以正式文件印发。制度的内容要全面,不应漏项。

◆材料实例◆

印发绩效评定制度文件

××水利工程建设有限公司文件

×××〔2021〕×号

关于印发《安全生产标准化绩效评定制度》的通知

各部门、各分公司:

为加强安全生产标准化绩效评定工作,明确评定的组织、时间、人员、内容与范围、方法与技术、周期、过程、报告与分析、持续改进等要求,根据水利部《水利安全生产标准化评定管理暂行办法》有关规定,我公司组织制定了《安全生产标准化绩效评定制度》,现印发给你们,请遵照执行。

附件:安全生产标准化绩效评定制度

××水利工程建设有限公司(章)

2021 年×月×日

安全生产标准化绩效评定制度

第一章　总　则

第一条　为确认安全生产标准化工作是否符合水利水电施工企业安全生产标准化评审标准要求,是否得到了有效的实施和保持,并为安全生产标准化工作的持续改进提供依据,特制定本制度。

第二条　本制度适用于本公司安全生产标准化绩效评定的管理。

第二章　管理职责

第三条　公司成立安全生产标准化绩效评定领导小组（以下简称"领导小组"）和安全生产标准化绩效评定工作小组（以下简称"工作小组"）。领导小组组长由公司主要负责人担任，工作小组组长由分管安全生产的负责人担任。

第四条　安全生产领导小组职责

全面负责安全生产标准化绩效评定工作，决策绩效评定的重大事项。

第五条　工作小组职责

（一）制定安全生产标准化绩效评定计划。

（二）负责安全生产标准化绩效评定工作。

（三）编制安全生产标准化绩效评定报告。

（四）提出不符合项报告，对不符合项纠正措施进行跟踪和验证。

（五）绩效评定结果向领导小组汇报。

第三章　时间与人员要求

第六条　时间要求

（一）在安全生产标准化实施以后，每年至少应组织一次安全生产标准化绩效评定。

（二）工作小组在安全生产标准化绩效评定前一个月向领导小组提交安全生产标准化绩效评定工作计划，经批准后施行。

第七条　人员要求

（一）工作小组成员必须参加相应的培训和考核，必须具备以下能力：

——熟悉相关的安全法律法规、标准规范；

——接受过水利安全生产标准化建设、自评、绩效评定等培训；

——具备辨别危险源和评估风险的能力；

——具备语言表达、沟通及合理的判断能力。

（二）工作小组成员必须有较强的工作责任心。

（三）工作小组成员必须具备较好的身体素质。

第四章　安全生产标准化绩效评定方法与技术要求

第八条　安全生产标准化绩效评定方法

（一）尽可能询问最了解所评估问题的具体人员

提开放式的问题。即尽量避免提对方能用"是"或"不是"回答的封闭性问题。提问可以用疑问词即"什么""哪一个""何时""哪里""谁""如何"等。其他关键词包括"出示""解释""记录""多少""程度""达标率""情况"等。采用易被理解的语言；使用事先准备好的检查表；采取公开讨论的方式，激发对方的思考和兴趣。在面谈时应注意交谈方式，尽可能避免与被访者争论，仔细倾听并记录要点。

（二）通过记录进行回顾

记录是整个安全生产标准化工作实施的客观证据，安全生产标准化绩效评定人员必须调阅相关审核内容的记录，对记录进行回顾。

（三）现场检查情况

安全生产标准化工作的最终落脚点都在作业现场，因此，必须重视作业现场的检查。通过检查中发现的问题,再对相关的文件或记录进行回顾,查明深层次的原因,为制定纠正与预防措施奠定基础,达到安全生产标准化工作持续改进的目的。

第九条 技术要求

(一)安全生产标准化绩效评定应重点关注重要的活动,包括设备设施管理、作业安全管理、事故隐患排查治理、重大危险源监控。

(二)注意扣分值高的项和不得分项。

第五章 过程要求

第十条 安全生产标准化绩效评定的依据、范围、频次和方法

(一)安全生产标准化绩效评定的依据:《水利水电施工企业安全生产标准化评审标准》、国家有关安全生产法律法规、标准规范等。

(二)安全生产标准化绩效评定范围:所有部门、项目部安全生产标准化相关的工作。

(三)安全生产标准化绩效评定频次:每年至少组织一次。

(四)发生死亡事故后,重新进行安全生产标准化绩效评定。

第十一条 安全生产标准化绩效评定前的准备

(一)编制安全生产标准化绩效评定计划,其内容主要包括:

——安全生产标准化绩效评定的目的、范围、方法、依据;

——安全生产标准化绩效评定的工作安排;

——安全生产标准化绩效评定工作小组成员;

——安全生产标准化绩效评定的时间、地点;

——受评定部门及评定要点;

——安全生产标准化绩效评定报告格式及编写要求等。

(二)安全生产标准化绩效评定的时间和部门安排也可采用滚动的方式。

(三)工作小组根据实施计划收集和审阅有关文件,编制安全生产标准化绩效评定检查表,安全生产标准化绩效评定检查表要列出评定项目、依据、方法,确保无遗漏,评定能顺利进行。

(四)各部门接到安全生产标准化绩效评定计划后,应提前做好准备。

第十二条 安全生产标准化绩效评定的实施

(一)首次会议

——由领导小组组长主持,领导小组和工作组成员参加,做好会议记录。

——工作小组组长介绍安全生产标准化绩效评定的计划安排,包括目的、范围、依据、评定方法、工作程序等。

(二)现场评定

——首次会议结束后即进入现场评定。

——工作小组根据安全生产标准化绩效评定检查表采用观察、交谈、询问、查阅有关文件等方法实施现场评定,并做好客观证据的记录。对发现的不符合事实,应由受评定部门陪同人员确认。

——评价过程中,由工作小组召开安全标准化绩效评定内部会议,讨论现场评定中的有关问题,确定不符合项,填写不符合项及纠正措施报告。

（三）末次会议

——由工作小组组长主持，领导小组、各部门负责人、项目负责人参加，做好会议记录。

——工作小组组长报告安全生产标准化绩效评定结果，宣读不符合项及纠正措施报告和分布情况，并宣布安全标准化绩效评定结论。

——领导小组组长总结本次安全生产标准化绩效评定的情况，并对纠正措施提出整改期限要求。

——领导小组对安全生产标准化绩效评定质量进行评价。

——末次会议结束后，各部门负责人签字。

第十三条　安全生产标准化绩效评定结束一周内，工作小组根据安全生产标准化绩效评定结果编写安全生产标准化绩效评定报告，经领导小组审批后，由工作小组分发到管理层和各部门。

第十四条　安全生产标准化绩效评定报告的内容要明确下列事项：

——各项安全生产制度措施的适宜性、充分性和有效性。

——安全生产工作目标、指标的完成情况。

——改进意见。

第十五条　安全生产目标、规章制度、操作规程等修改及验证

（一）责任部门、项目部在接到安全生产标准化绩效评定报告15日内，制订切实可行的纠正措施和期限等，经工作小组组长确认后，由责任部门组织实施。

（二）责任部门、项目部针对安全生产标准化绩效评定结果，对安全生产目标、规章制度、操作规程等进行修改，完善安全标准化的工作计划和措施。

（三）安全生产目标、规章制度、操作规程修订记录由安全科保管。

（四）工作小组负责对责任部门纠正措施完成情况进行跟踪和验证，并将跟踪、验证、关闭情况向领导小组汇报。

第六章　附　则

第十六条　本制度由安全科负责解释。

第十七条　本制度自印发之日起实施。

【三级评审项目】

8.1.2　每年至少组织一次安全标准化实施情况的检查评定，验证各项安全生产制度措施的适宜性、充分性和有效性，检查安全生产目标、指标的完成情况，提出改进意见，形成评定报告。发生生产安全责任死亡事故，应重新进行评定，全面查找安全生产标准化管理体系中存在的缺陷。

【评审方法及评审标准】

查相关文件和记录。

1. 主要负责人未组织评定，扣6分；

2. 检查评定每年少于一次，扣6分；

3. 无评定报告，扣6分；

4. 检查评定内容不符合规定，每项扣2分；

5. 发生死亡事故后未重新进行评定,扣 6 分。

【标准分值】

6 分

◆**法规要点**◆

《水利部关于水利安全生产标准化达标动态管理的实施意见》(水监督〔2021〕143 号)

3. 未提交年度自评报告的,记 3 分/次;经查年度自评报告不符合规定的,记 2 分/次;年度自评报告迟报的,记 1 分/次。

《江苏省水利安全生产标准化建设管理办法(试行)》(苏水规〔2016〕2 号)

第十七条　通过安全生产标准化评价的单位,每年应当至少进行一次自查,形成自查报告,于次年 1 月底前报省水利厅备案。

《水利安全生产标准化评审管理暂行办法实施细则》(办安监〔2013〕168 号)

第十四条　取得水利安全生产标准化等级证书的单位每年年底应对安全生产标准化情况进行自评,形成报告,于次年 1 月 31 日前通过“水利安全生产标准化评审管理系统”报送水利部安全生产标准化评审委员会办公室。

◆**条文释义**◆

无。

◆**实施要点**◆

1. 本条考核应提供的备查资料一般包括:《××××年度安全生产标准化绩效评定报告》。

2. 水利工程施工单位每年应至少组织一次安全生产标准化实施情况的检查评定,其目的主要是验证各项安全生产制度措施的适宜性、充分性和有效性,对检查安全生产工作目标、指标的完成情况,提出改进意见。如年内发生生产安全死亡事故,说明在安全管理某个环节出现了严重问题,需对安全管理工作全面检查,重新进行评定。

【三级评审项目】

8.1.3　评定报告以正式文件印发,向所有部门、分公司通报安全标准化工作评定结果。

【评审方法及评审标准】

查相关文件和记录。

1. 未以正式文件发布,扣 2 分;

2. 评定结果未通报,扣 2 分。

【标准分值】

2 分

◆**法规要点**◆

《国务院关于坚持科学发展安全发展促进安全生产形势持续稳定好转的意见》(国发〔2011〕40号)

(三十二)加强安全生产绩效考核。……制定完善安全生产奖惩制度,对成效显著的单位和个人要以适当形式予以表扬和奖励,对违法违规、失职渎职的,依法严格追究责任。

《国务院安委会关于深入开展企业安全生产标准化建设的指导意见》(安委〔2011〕4号)

(四)创新机制,注重实效。……要积极研究采取相关激励政策措施,将达标结果向银行、证券、保险、担保等主管部门通报,作为企业绩效考核、信用评级、投融资和评先推优等的重要参考依据,促进提高达标建设的质量和水平。

◆**条文释义**◆

通报:是用来表彰先进、批评错误、传达重要指示精神或情况时使用的文书。

◆**实施要点**◆

1. 本条考核应提供的备查资料一般包括:《关于印发××××年度安全生产标准化绩效评定报告的通知》或《关于通报××××年度安全生产标准化绩效评定情况的通知》等红头文件。

2. 安全生产标准化实施情况的检查评定应形成评定报告,并以正式文件印发给有关部门和分公司。

【**三级评审项目**】

8.1.4　将安全生产标准化自评结果,纳入单位年度绩效考评。

【**评审方法及评审标准**】

查相关文件和记录。

1. 未纳入年度绩效考评,扣3分;

2. 绩效考评不全,每少一个部门或单位扣1分;

3. 考评结果未兑现,每个部门或单位扣1分。

【**标准分值**】

3分

◆**法规要点**◆

《国务院关于坚持科学发展安全发展促进安全生产形势持续稳定好转的意见》(国发〔2011〕40号)

(三十二)加强安全生产绩效考核。……制定完善安全生产奖惩制度,对成效显著的单位和个人要以适当形式予以表扬和奖励,对违法违规、失职渎职的,依法严格追究责任。

《国务院安委会关于深入开展企业安全生产标准化建设的指导意见》(安委〔2011〕4号)

(四)创新机制,注重实效。……要积极研究采取相关激励政策措施,将达标结果向银行、证券、保险、担保等主管部门通报,作为企业绩效考核、信用评级、投融资和评先推优等的重要参考依据,促进提高达标建设的质量和水平。

《水利部关于水利安全生产标准化达标动态管理的实施意见》(水监督〔2021〕143号)

（三）加强宣传，激励带动。各级水行政主管部门、流域管理机构和安全生产标准化达标单位要建立完善有关激励与惩戒机制，将安全生产标准化等级作为招标投标、评优表彰、绩效考核、干部选任、信用评价等有关工作的重要参考依据，积极推进安全生产标准化成果的转化和应用。要充分运用各类舆论媒体，积极宣传和发布安全生产标准化动态管理结果。要畅通举报投诉渠道，接受社会监督，保障标准化动态管理公平、公正、公开。

◆**实施要点**◆

1. 本条考核应提供的备查资料一般包括：公司年底绩效考评汇总表（含安全生产指标）。

2. 水利工程施工单位应将安全生产标准化工作评定结果作为内设部门年度考核的重要指标。

【三级评审项目】

8.1.5　落实安全生产报告制度，定期向有关部门报告安全生产情况，并公示。

【评审方法及评审标准】

查相关文件和记录。

未报告或公示，扣2分。

【标准分值】

2分

◆**法规要点**◆

无。

◆**条文释义**◆

无。

◆**实施要点**◆

1. 本条考核应提供的备查资料一般包括：以安全生产工作总结、绩效评定报告、统计表等形式向有关部门报告（留取资料以红头文件为宜），并在公司范围内进行张贴或流转（留取资料以红头文件或照片等形式）。

2. 这里的有关部门，一般是指上级主管部门、行业主管部门、应急管理部门等。

◆**材料实例**◆

无。

第二节　持续改进

【三级评审项目】

8.2.1　根据安全生产标准化绩效评定结果和安全生产预测预警系统所反映的趋势,客观分析本单位安全生产标准化管理体系的运行质量,及时调整完善相关规章制度、操作规程和过程管控,不断提高安全生产绩效。

【评审方法及评审标准】

查相关文件和记录。

未及时调整完善,每项扣2分。

【标准分值】

15分

◆法规要点◆

《水利安全生产标准化评审管理暂行办法》(水安监〔2013〕189号)

第十七条　水利生产经营单位取得水利安全生产标准化等级证书后,每年应对本单位安全生产标准化的情况至少进行一次自我评审,并形成报告,及时发现和解决生产经营中的安全问题,持续改进,不断提高安全生产水平。

第十八条　安全生产标准化等级证书有效期为3年。有效期满需要延期的,须于期满前3个月,向水利部提出延期申请。

水利生产经营单位在安全生产标准化等级证书有效期内,完成年度自我评审,保持绩效,持续改进安全生产标准化工作,经评审机构复评、水利部审定,符合延期条件的,可延期3年。

《水利部关于水利安全生产标准化达标动态管理的实施意见》(水监督〔2021〕143号)

进一步促进水利生产经营单位安全生产标准化建设,督促水利安全生产标准化达标单位持续改进工作,防范生产安全事故发生。

(一)按照"谁审定谁动态管理"的原则,水利部对标准化一级达标单位和部属达标单位实施动态管理,地方水行政主管部门可参照本实施意见对其审定的标准化达标单位实施动态管理。

(二)水利生产经营单位获得安全生产标准化等级证书后,即进入动态管理阶段。动态管理实行累积记分制,记分周期同证书有效期,证书到期后动态管理记分自动清零。

(三)动态管理记分依据有关监督执法成果以及水利生产安全事故、水利建设市场主体信用评价"黑名单"等各类相关信息。

◆条文释义◆

1. 持续改进:持续改进是企业连续改进某一或某些运营过程以提高顾客满意度的方

法。《管理学大辞典》(由上海辞书出版社 2013 年出版)指出,持续改进一般步骤包括确定改进目标、寻找可能的解决方法、测定实施结果、正式采用等,要求企业营造一个全员参与、主动实施改进的氛围和环境,以确保改进过程的有效实施。

2. 趋势:是指事物或局势发展的动向,表示一种向尚不明确的或只是模糊地制定的遥远的目标持续发展的总的运动。

3. 安全生产预测预警系统:是根据所研究对象的特点,通过收集相关的资料信息,监控安全风险因素的变动趋势,并评价各种安全风险状态偏离预警线的强弱程度,向决策层发出预警信号并提前采取预控对策的系统。因此,首先,要构建预警系统必须先构建评价指标体系,并对指标类别加以分析处理;其次,依据预警模型,对评价指标体系进行综合评判;最后,依据评判结果设置预警区间,并采取相应对策。

◆实施要点◆

1. 本条考核应提供的备查资料一般包括:(1)安全生产标准化持续改进情况汇总表;(2)规章制度修订相关材料。

2. 水利工程施工单位应根据安全标准化的评定结果,及时对安全生产目标、规章制度等进行分析,查找原因,进一步完善安全生产标准化的工作计划和措施,实施计划、实施、检查、处理的"PDCA 循环",不断提高安全管理绩效。

3. 安全生产标准化体系建立以后,应根据运行过程中发现的问题,对管理体系进行持续的更新、完善和改进,力求做到规范管理、全员参与、人人有责、不断改进,创造一个安全的管理环境。持续改进是一个动态的过程,是不断发现问题,不断寻求纠正措施和预防措施的过程。

◆材料实例◆

1. 安全生产标准化持续改进情况汇总表

安全生产标准化持续改进情况汇总表

填表时间:

序号	内容	责任部门	责任人	计划完成时间	实际完成时间	效果验证
1	修订《生产安全事故应急救援预案》	安全科	×××	×××	×××	
2	修订《职业健康管理制度》	安全科	×××	×××	×××	
3	修订《水上水下作业操作规程》	安全科	×××	×××	×××	

审批人: 　　　　　　　　　　　　　　　　填表人:

2. 印发制度汇编修订版的文件

××水利工程建设有限公司文件

×××〔2021〕×号

关于印发《安全生产管理制度汇编(2021年修订版)》的通知

各部门、各分公司：

近期,我公司组织对安全生产标准化实施情况进行检查评定,并形成评定报告。评定报告显示,部分安全生产管理制度已过时。公司及时组织对《安全生产管理制度汇编》进行了修订,现将修订后的《安全生产管理制度汇编》印发给你们,请各部门、各分公司认真组织学习,并贯彻执行。

原《安全生产管理制度汇编(2019年修订版)》同时废止。

附件:《安全生产管理制度汇编(2021年修订版)》(略)

××水利工程建设有限公司(章)

2021年×月×日

附录

附录1 水利施工企业应建立的规章制度一览表

水利施工企业应建立的规章制度一览表

序号	规章制度名称	归口部门	备注
一	目标职责		
1	《安全生产目标管理制度》	安委办	
2	《安全生产责任制度》	安委办	
3	《安全生产承诺管理制度》	安委办	
4	《安全生产投入保障制度》	财务科	
5	《安全工作例会管理制度》	安委办	
6	《安全文化建设管理制度》	安委办	
7	《安全生产信息化管理制度》	安委办	
二	制度化管理		
8	《安全生产法律法规、标准规范管理制度》	安全科	
9	《安全操作规程管理制度》	安全科/工程科	
10	《文件管理制度》	办公室	
11	《记录管理制度》	办公室	
12	《档案管理制度》	办公室	
三	教育培训		
13	《安全教育培训管理制度》	安全科/人事科	
14	《特种作业人员管理制度》	安全科/人事科	
四	现场管理		
15	《安全防护设施管理制度》	工程科	
16	《安全设施与职业病防护设施"三同时"管理制度》	工程科	
17	《安全防护设施管理制度》	工程科	
18	《特种设备管理制度》	工程科	
19	《文明施工、环境保护管理制度》	工程科	
20	《治安保卫管理制度》	办公室	
21	《安全技术措施审查管理制度》	工程科	
22	《施工技术文件管理制度》	工程科	
23	《危险性较大单项工程管理制度》	工程科	
24	《施工用电安全管理制度》	工程科	

序号	规章制度名称	归口部门	备注
25	《施工工(器)具管理制度》	工程科	
26	《施工脚手架搭设(拆除)、使用管理制度》	工程科	
27	《防洪度汛安全管理制度》	工程科	
28	《交通安全管理制度》	办公室	
29	《消防安全管理制度》	办公室	
30	《消防安全责任制管理制度》	工程科	
31	《危险化学品管理制度》	工程科	
32	《高边坡、基坑作业安全管理制度》	工程科	
33	《洞室作业安全管理制度》	工程科	
34	《爆破作业安全管理制度》	工程科	
35	《水上水下作业安全管理制度》	工程科	
36	《高处作业安全管理制度》	工程科	
37	《起重吊装作业安全管理制度》	工程科	
38	《焊接作业安全管理制度》	工程科	
39	《交叉作业安全管理制度》	工程科	
40	《临近带电体作业安全管理制度》	工程科	
41	《有(受)空间作业安全管理制度》	工程科	
42	《安全生产反违章管理制度》	工程科	
43	《班组安全活动管理制度》	工程科	
44	《物资采购管理制度》	财务科	
45	《工程分包、劳务分包管理制度》	财务科	
46	《职业健康管理制度》	工会	
47	《劳动防护用品管理制度》	工会	
48	《施工现场安全警示标志、标牌管理制度》	工程科	
五	安全风险管控及隐患排查治理		
49	《安全风险辨识管理制度》	安全科	
50	《变更管理制度》	安全科	
51	《重大危险源管理制度》	安全科/工程科	
52	《隐患排查治理管理制度》	安全科	
53	《预测预警管理制度》	安全科	
54	《纠正和预防措施管理制度》	安全科	
六	应急管理		
55	《应急管理、应急预案评审管理制度》	安全科	

序号	规章制度名称	归口部门	备注
七	事故管理		
56	《安全生产事故报告、调查处理管理制度》	安委办	
八	持续改进		
57	《安全生产标准化绩效评定管理制度》	安委办	
九	其他		
58	《工伤保险管理制度》	工会/财务科	
59	《职业病防护设施"三同时"管理制度》	工会	
60	《安全生产考核奖惩制度》	财务科	

附录 2 水利施工企业应建立的操作规程一览表

水利施工企业应建立的操作规程一览表

序号	操作规程名称	归口部门	备注
一	设备方面		
1	《门座式起重机安全操作规程》	工程科/各项目部	
2	《塔式起重机安全操作规程》	工程科/各项目部	
3	《桥(龙门)式起重机安全操作规程》	工程科/各项目部	
4	《轮胎式起重机安全操作规程》	工程科/各项目部	
5	《履带式起重机安全操作规程》	工程科/各项目部	
6	《推土机安全操作规程》	工程科/各项目部	
7	《挖掘机安全操作规程》	工程科/各项目部	
8	《铲运机安全操作规程》	工程科/各项目部	
9	《装载机安全操作规程》	工程科/各项目部	
10	《拖拉机安全操作规程》	工程科/各项目部	
11	《自卸车安全操作规程》	工程科/各项目部	
12	《水泥混凝土混合料拌和设备安全操作规程》	工程科/各项目部	
13	《沥青拌和设备安全操作规程》	工程科/各项目部	
14	《混凝土输送泵安全操作规程》	工程科/各项目部	
15	《空压机安全操作规程》	工程科/各项目部	
16	《气焊与气割的安全操作》	工程科/各项目部	
17	《钢筋切断机安全操作规程》	工程科/各项目部	
18	《钢筋冷拉机安全操作规程》	工程科/各项目部	
19	《电动葫芦安全操作规程》	工程科/各项目部	
二	工种方面		
20	《施工现场综合规定》	工程科/各项目部	
21	《高空作业操作规程》	工程科/各项目部	
22	《支模工安全操作规程》	工程科/各项目部	
23	《钢筋工安全操作规程》	工程科/各项目部	
24	《混凝土工(含清基工)安全操作规程》	工程科/各项目部	
25	《拌和楼运转工安全操作规程》	工程科/各项目部	
26	《电焊工安全操作规程》	工程科/各项目部	

序号	操作规程名称	归口部门	备注
27	《电气安装工安全操作规程》	工程科/各项目部	
28	《木工安全操作规程》	工程科/各项目部	
29	《气焊工操作规程》	工程科/各项目部	
30	《电焊工操作规程》	工程科/各项目部	
31	《架子工安全操作规程》	工程科/各项目部	
32	《维修电工安全操作规程》	工程科/各项目部	
33	《普通工操作规程》	工程科/各项目部	
34	《起重指挥安全操作规程》	工程科/各项目部	
35	《起重机司机安全操作规程》	工程科/各项目部	
三	其他		
36	《新材料、新技术、新设备、新方法等"四新"操作规程》	工程科/各项目部	

附录3 水利施工企业应建立的预案一览表

水利施工企业应建立的预案一览表

序号	预案名称	归口部门	备注
一	综合性预案		
1	《生产安全事故综合应急预案》	安委办	
二	专项应急预案		
2	《防汛防旱应急预案》	安委办	
3	《防台风应急预案》	安委办	
4	《防地质灾害应急预案》	安委办	
5	《防冰冻雨雪天气应急预案》	安委办	
6	《突发公共卫生事件应急预案》	安委办	
7	《人身伤害事故应急预案》	安委办	
8	《大型机械事故应急预案》	安委办	
三	现场处置方案		
9	《触电事故现场处置方案》	工程科/安全科	
10	《坍塌事故现场处置方案》	工程科/安全科	
11	《机械伤害事故现场处置方案》	工程科/安全科	
12	《物体打击事故现场处置方案》	工程科/安全科	
13	《高处坠落事故现场处置方案》	工程科/安全科	
14	《车辆伤害事故现场处置方案》	工程科/安全科	
15	《火灾事故现场处置方案》	工程科/安全科	
16	《中毒事故现场处置方案》	工程科/安全科	
17	《中暑事故现场处置方案》	工程科/安全科	
18	《自然灾害事故现场处置方案》	工程科/安全科	
19	《淹溺事故现场处置方案》	工程科/安全科	
20	《交通事故现场处置方案》	工程科/安全科	

附录4 水利施工企业应执行的安全生产法规一览表

水利施工企业应执行的安全生产法规一览表

序号	名称	文号	颁布日期	实施日期 （随时更新）
一、安全生产法律				
1	《中华人民共和国刑法修正案（十）》	主席令第八十号	2017-11-4	2017-11-4
2	《中华人民共和国安全生产法》	主席令第八十八号	2021-6-10	2021-9-1
3	《中华人民共和国建筑法》	主席令第四十六号	2011-4-22	2011-7-1
4	《中华人民共和国劳动法》	主席令第十八号	2009-8-27	2009-8-27
5	《中华人民共和国劳动合同法》	主席令第七十三号	2012-12-28	2013-7-1
6	《中华人民共和国合同法》	主席令第十五号	1999-3-15	1999-10-1
7	《中华人民共和国消防法》	主席令第六号	2008-10-28	2009-5-1
8	《中华人民共和国道路交通安全法》	主席令第四十七号	2011-4-22	2011-5-1
9	《中华人民共和国职业病防治法》	主席令第八十一号	2017-11-4	2017-11-5
10	《中华人民共和国工会法》	主席令第六十二号	2001-10-27	2001-10-27
11	《中华人民共和国突发事件应对法》	主席令第六十九号	2007-8-30	2007-11-1
12	《中华人民共和国防震减灾法》	主席令第七号	2008-12-27	2009-5-1
13	《中华人民共和国水土保持法》	主席令第三十九号	2010-10-25	2011-3-1
14	《中华人民共和国防洪法》	主席令第四十八号	2016-7-2	2016-7-2
15	《中华人民共和国环境保护法》	主席令第九号	2014-4-24	2015-1-1
16	《中华人民共和国水污染防治法》	主席令第七十号	2017-6-27	2018-1-1
17	《中华人民共和国民法通则》	主席令第三十七号	2009-8-27	2009-8-27
18	《中华人民共和国行政处罚法》	主席令第七十六号	2017-9-1	2018-1-1
19	《中华人民共和国行政许可法》	主席令第七号	2003-8-27	2004-7-1
20	《中华人民共和国行政复议法》	主席令第七十六号	2017-9-1	2018-1-1
21	《中华人民共和国特种设备安全法》	主席令第四号	2013-6-29	2014-1-1
22	《中华人民共和国环境噪声污染防治法》	主席令第七十七号	1996-10-29	1997-3-1
23	《中华人民共和国招标投标法》	主席令第八十六号	2017-12-27	2017-12-28
24	《中华人民共和国水法》	主席令第四十八号	2016-7-2	2016-7-2
25	《中华人民共和国文物保护法》	主席令第八十一号	2017-11-4	2017-11-5

序号	名称	文号	颁布日期	实施日期（随时更新）
26	《中华人民共和国产品质量法》	主席令第十八号	2009 - 8 - 27	2009 - 8 - 27
27	《中华人民共和国内河交通安全管理条例》	国务院令第 676 号	2017 - 3 - 1	2017 - 3 - 1
二、安全生产行政法规				
28	《建设工程安全生产管理条例》	国务院令第 393 号	2003 - 11 - 24	2004 - 2 - 1
29	《安全生产许可证条例》	国务院令第 397 号	2014 - 7 - 29	2014 - 7 - 29
30	《生产安全事故报告和调查处理条例》	国务院令第 493 号	2007 - 4 - 9	2007 - 6 - 1
31	《国务院关于特大安全事故行政责任追究的规定》	国务院令第 302 号	2001 - 4 - 21	2001 - 4 - 21
32	《工伤保险条例》	国务院令第 586 号	2010 - 12 - 20	2011 - 1 - 1
33	《劳动保障监察条例》	国务院令第 423 号	2004 - 11 - 1	2004 - 12 - 1
34	《女职工劳动保护特别规定》	国务院令第 619 号	2012 - 4 - 28	2012 - 4 - 28
35	《中华人民共和国防汛条例》	国务院令第 588 号	2011 - 1 - 8	2011 - 1 - 8
36	《中华人民共和国抗旱条例》	国务院令第 552 号	2009 - 2 - 26	2009 - 2 - 26
37	《中华人民共和国水土保持法实施条例》	国务院令第 588 号	2011 - 1 - 8	2011 - 1 - 8
38	《建设项目环境保护管理条例》	国务院令第 682 号	2017 - 7 - 16	2017 - 10 - 1
39	《危险化学品安全管理条例》	国务院令第 591 号	2013 - 12 - 7	2013 - 12 - 7
40	《民用爆炸物品安全管理条例》	国务院令第 653 号	2014 - 7 - 29	2014 - 7 - 29
41	《中华人民共和国道路交通安全法实施条例》	国务院令第 687 号	2017 - 10 - 7	2017 - 10 - 7
42	《建设工程质量管理条例》	国务院令第 687 号	2017 - 10 - 7	2017 - 10 - 7
43	《建设工程勘察设计管理条例》	国务院令第 687 号	2017 - 10 - 7	2017 - 10 - 7
44	《气象灾害防御条例》	国务院令第 687 号	2017 - 10 - 7	2017 - 10 - 7
45	《对外承包工程管理条例》	国务院令第 676 号	2017 - 3 - 1	2017 - 3 - 1
46	《地质灾害防治条例》	国务院令第 394 号	2003 - 11 - 24	2004 - 3 - 1
47	《突发公共卫生事件应急条例》	国务院令第 588 号	2011 - 1 - 8	2011 - 1 - 8
48	《国务院关于进一步加强企业安全生产工作的通知》	国发〔2010〕23 号	2010 - 7 - 19	2010 - 7 - 19
49	《国务院关于坚持科学发展安全发展促进安全生产形势持续稳定好转的意见》	国发〔2011〕40 号》	2011 - 11 - 26	2011 - 11 - 26
三、安全生产部门规章				
50	《水行政处罚实施办法》	水利部令第 8 号	1997 - 12 - 26	1997 - 12 - 26

序号	名称	文号	颁布日期	实施日期（随时更新）
51	《水利基本建设项目稽察暂行办法》	水利部令第11号	1999-12-7	1999-12-7
52	《水利工程建设项目招标投标管理规定》	水利部令第14号	2001-10-29	2002-1-1
53	《水利工程建设监理规定》	水利部令第49号	2017-12-22	2017-12-22
54	《水利工程建设项目验收管理规定》	水利部令第49号	2017-12-22	2017-12-22
55	《水利工程建设监理单位资质管理办法》	水利部令第49号	2017-12-22	2017-12-22
56	《生产经营单位安全培训规定》	国家安监总局令第80号	2015-5-29	2015-5-29
57	《注册安全工程师管理规定》	国家安监总局令第63号	2013-8-29	2013-8-29
58	《安全生产检测检验机构管理规定》	国家安监总局令第80号	2015-5-29	2015-7-1
59	《安全生产行政复议规定》	国家安监总局令第14号	2007-10-8	2007-11-1
60	《安全生产违法行为行政处罚办法》	国家安监总局令第77号	2015-4-2	2015-5-1
61	《安全生产事故隐患排查治理暂行规定》	国家安监总局令第16号	2007-12-28	2008-2-1
62	《生产安全事故应急预案管理办法》	国家安监总局令第88号	2016-6-3	2016-7-1
63	《生产安全事故信息报告和处置办法》	国家安监总局令第21号	2009-6-16	2009-7-1
64	《特种作业人员安全技术培训考核管理规定》	国家安监总局令第80号	2015-5-29	2015-7-1
65	《建设项目安全设施"三同时"监督管理暂行办法》	国家安监总局令第77号	2015-4-2	2015-5-1
66	《危险化学品重大危险源监督管理暂行规定》	国家安监总局令第79号	2015-5-27	2015-7-1
67	《〈生产安全事故报告和调查处理条例〉罚款处罚暂行规定》	国家安监总局令第77号	2015-4-2	2015-5-1
68	《安全生产培训管理办法》	国家安监总局令第80号	2015-5-29	2015-7-1
69	《危险化学品建设项目安全监督管理办法》	国家安监总局令第79号	2015-5-27	2015-7-1
70	《工作场所职业卫生监督管理规定》	国家安监总局令第47号	2012-4-27	2012-6-1
71	《职业病危害项目申报办法》	国家安监总局令第48号	2012-4-27	2012-6-1
72	《用人单位职业健康监护监督管理办法》	国家安监总局令第49号	2012-4-27	2012-6-1

序号	名称	文号	颁布日期	实施日期（随时更新）
73	《危险化学品安全使用许可证实施办法》	国家安监总局令第89号	2017-3-6	2017-3-6
74	《安全生产领域违法违纪行为政纪处分暂行规定》	监察部、国家安监总局令第11号	2006-11-22	2006-11-22
75	《建筑施工企业安全生产许可证管理规定》	建设部令第23号	2015-1-22	2015-1-22
76	《实施工程建设强制性标准监督规定》	建设部令第23号	2015-1-22	2015-1-22
77	《城市建筑垃圾管理规定》	建设部令第139号	2005-3-23	2005-6-1
78	《建筑起重机械安全监督管理规定》	建设部令第166号	2008-1-28	2008-6-1
79	《机关、团体、企业、事业单位消防安全管理规定》	公安部令第61号	2001-11-14	2002-5-1
80	《机动车驾驶证申领和使用规定》	公安部令第139号	2016-1-29	2016-4-1
81	《火灾事故调查规定》	公安部令第121号	2012-7-17	2012-11-1
82	《建设工程消防监督管理规定》	公安部令第119号	2012-7-17	2012-11-1
83	《道路交通安全违法行为处理程序规定》	公安部令第105号	2008-12-20	2009-4-1
84	《特种设备作业人员监督管理办法》	国家质量监督检验检疫总局令第140号	2011-5-3	2011-7-1
85	《特种设备事故报告和调查处理规定》	国家质量监督检验检疫总局令第115号	2009-7-3	2009-7-3
86	《气瓶安全监察规定》	国家质量监督检验检疫总局令第166号	2015-8-25	2015-8-25
87	《起重机械安全监察规定》	国家质量监督检验检疫总局令第92号	2006-12-29	2007-6-1
88	《工伤认定办法》	人力资源和社会保障部令第8号	2010-12-31	2011-1-1
89	《建筑工程施工许可管理办法》	住房和城乡建设部令第18号	2014-6-25	2014-10-25
90	《中华人民共和国水上水下活动通航安全管理规定》	交通运输部令第69号	2016-9-2	2016-9-2
四、安全生产规范性文件				
91	《国务院安委会关于进一步加强安全培训工作的决定》	安委〔2012〕10号	2012-11-21	2012-11-21

序号	名称	文号	颁布日期	实施日期 （随时更新）
92	《国务院安委会办公室关于大力推进安全生产文化建设的指导意见》	安委办〔2012〕34 号	2012 - 7 - 30	2012 - 7 - 30
93	《国务院安委会办公室关于认真学习贯彻落实〈国务院办公厅关于继续深入扎实开展"安全生产年"活动的通知〉的通知》	安委办〔2012〕9 号	2012 - 2 - 29	2012 - 2 - 29
94	《国务院安委会关于深入开展企业安全生产标准化建设的指导意见》	安委〔2011〕4 号	2011 - 5 - 3	2011 - 5 - 3
95	《水利部办公厅关于开展病险水库除险加固工程自查整改工作的通知》	办建管〔2005〕146 号	2005 - 8 - 18	2005 - 8 - 18
96	《关于印发〈水利水电工程施工企业主要负责人、项目负责人和专职安全生产管理人员安全生产考核管理办法〉的通知》	水安监〔2011〕374 号	2011 - 7 - 15	2011 - 7 - 15
97	《关于印发水利行业开展安全生产标准化建设实施方案的通知》	水安监〔2011〕346 号	2011 - 7 - 6	2011 - 7 - 6
98	《水利部办公厅关于进一步加强水利水电工程施工企业主要负责人、项目负责人和专职安全生产管理人员安全生产培训工作的通知》	办安监函〔2015〕1516 号	2015 - 10 - 21	2015 - 10 - 21
99	《国务院安委会办公室关于认真学习和贯彻落实〈国务院关于进一步加强企业安全生产工作的通知〉的通知》	安委办〔2010〕15 号	2010 - 7 - 23	2010 - 7 - 23
100	《关于印发〈小型水库安全管理办法〉的通知》	水安监〔2010〕200 号	2010 - 5 - 31	2010 - 5 - 31
101	《水利部安全生产领导小组办公室关于做好水利安全生产隐患排查治理信息统计和报送工作的通知》	水安办〔2008〕1 号	2008 - 03 - 06	2008 - 03 - 06
102	《水利建设市场主体不良行为记录公告暂行办法》	水建管〔2009〕518 号	2009 - 10 - 27	2009 - 10 - 27
103	《水利建设市场主体信用信息管理暂行办法》	水建管〔2009〕496 号	2009 - 10 - 15	2009 - 10 - 15
104	《关于进一步加强水利工程建设管理的指导意见》	水建管〔2009〕115 号	2009 - 2 - 18	2009 - 2 - 18

序号	名称	文号	颁布日期	实施日期（随时更新）
105	《水利部关于加强中小河流治理和小型病险水库除险加固建设管理工作的通知》	水建管〔2011〕426号	2011-8-17	2011-8-17
106	《关于印发〈水利工程管理考核办法〉及其考核标准的通知》	水建管〔2008〕187号	2008-6-16	2008-6-16
107	《关于印发〈水闸安全鉴定管理办法〉的通知》	水建管〔2008〕214号	2008-6-18	2008-6-18
108	《关于加强水利工程建设项目开工管理工作的通知》	水建管〔2006〕144号	2006-4-24	2006-4-24
109	《水利工程建设重大质量与安全事故应急预案》	水建管〔2006〕202号	2006-6-5	2006-6-5
110	《水利建设工程施工分包管理规定》	水建管〔2005〕304号	2005-7-22	2005-7-22
111	《关于建立水利建设工程安全生产条件市场准入制度的通知》	水建管〔2005〕80号	2005-3-14	2005-3-14
112	《水库大坝安全鉴定办法》	水建管〔2003〕271号	2003-6-24	2003-8-1
113	《水利水电建设工程蓄水安全鉴定暂行办法》	水建管〔1999〕177号（水利部令第49号已做修改）	1999-4-16	1999-4-16
114	《水利工程建设项目实行项目法人责任制的若干意见》	水建管〔1995〕129号	1995-4-21	1995-4-21
115	《水利部发布〈关于加强农村水电建设管理的意见〉》	水电〔2006〕338号	2006-8-24	2006-8-24
116	《水工金属结构防腐蚀工作管理办法》	水综合〔2005〕264号	2005-9-27	2005-9-27
117	《国务院关于加强和改进消防工作的意见》	国发〔2011〕46号	2011-12-31	2011-12-31
118	《国务院关于进一步加强防震减灾工作的意见》	国发〔2010〕18号	2010-6-9	2010-6-9
119	《国务院关于全面加强应急管理工作的意见》	国发〔2006〕24号	2006-6-15	2006-6-15
120	《国务院办公厅转发安全监管总局等部门关于加强企业应急管理工作意见的通知》	国办发〔2007〕13号	2007-2-28	2007-2-28
121	《国务院办公厅关于进一步加强安全生产工作的通知》	国办发明电〔2008〕23号	2008-4-30	2008-4-30

序号	名称	文号	颁布日期	实施日期 （随时更新）
122	《国务院办公厅关于加强危险化学品安全管理工作的紧急通知》	国办发明电〔2004〕19 号	2004 - 4 - 26	2004 - 4 - 26
123	《国务院办公厅关于加强安全工作的紧急通知》	国办发明电〔2004〕7 号	2004 - 2 - 17	2004 - 2 - 17
124	《关于做好建设项目安全监管工作的通知》	安监总协调〔2006〕124 号	2006 - 6 - 30	2006 - 6 - 30
125	《关于印发〈生产安全事故档案管理办法〉的通知》	安监总办〔2008〕202 号	2008 - 11 - 17	2008 - 11 - 17
126	《国家安全监管总局关于进一步加强企业安全生产规范化建设严格落实企业安全生产主体责任的指导意见》	安监总办〔2010〕139 号	2010 - 8 - 20	2010 - 8 - 20
127	《国家安全监管总局关于贯彻落实〈职业病危害项目申报办法〉进一步加强职业病危害项目申报工作的通知》	安监总安〔2012〕75 号	2012 - 5 - 31	2012 - 5 - 31
128	《国家安全监管总局办公厅关于印发危险化学品重大危险源备案文书的通知》	安监总厅管三〔2012〕44 号	2012 - 4 - 5	2012 - 4 - 10
129	《关于加强建设项目安全设施"三同时"工作的通知》	发改投资〔2011〕1346 号	2003 - 9 - 30	2003 - 9 - 30
130	《关于加强重大工程安全质量保障措施的通知》	发改投资〔2009〕3183 号	2009 - 12 - 14	2009 - 12 - 14
131	《关于印发〈企业安全生产费用提取和使用管理办法〉的通知》	财企〔2012〕16 号	2012 - 2 - 14	2012 - 2 - 14
132	《建设部关于学习贯彻〈安全生产领域违法违纪行为政纪处分暂行规定〉的实施意见》	建质〔2006〕314 号	2006 - 12 - 27	2006 - 12 - 27
133	《关于印发〈危险性较大的分部分项工程安全管理办法〉的通知》	建质〔2009〕87 号	2009 - 5 - 13	2009 - 5 - 13
134	《建筑起重机械备案登记办法》	建质〔2008〕76 号	2008 - 4 - 18	2008 - 6 - 1
135	《2010 年版工程建设标准强制性条文（水利工程部分）》	建标〔2011〕60 号	2011 - 5 - 6	2011 - 7 - 7
136	《机电类特种设备安装改造维修许可规则（试行）》	国质检特〔2016〕147 号	2016 - 3 - 24	2016 - 3 - 24

序号	名称	文号	颁布日期	实施日期（随时更新）
137	《水利部关于印发〈水利建设工程文明工地创建管理办法〉的通知》	水精〔2014〕3 号	2012 - 9 - 5	2012 - 9 - 5
138	《水利部关于开展全国水利建设工程文明工地申报工作的通知》	文明办〔2014〕6 号	2014 - 11 - 4	2014 - 11 - 4
139	《水利部关于印发〈关于进一步明确水利工程建设质量与安全监督责任的意见〉的通知》	水建管〔2014〕408 号	2014 - 12 - 22	2014 - 12 - 22
140	《关于进一步做好小型病险水库除险加固有关工作的通知》	办规计〔2014〕269 号	2015 - 1 - 5	2015 - 1 - 5
141	《水利部关于加快水利建设市场信用体系建设的实施意见》	水建管〔2014〕323 号	2014 - 10 - 21	2014 - 10 - 21
142	《国家安全监管总局关于印发生产安全事故统计报表制度的通知》	安监总统计〔2016〕116 号	2016 - 11 - 08	2016 - 11 - 08
143	《建设部关于印发〈建筑工程预防高处坠落事故若干规定〉和〈建筑工程预防坍塌事故若干规定〉的通知》	建质〔2003〕82 号	2003 - 4 - 17	2003 - 4 - 17
144	《劳动部、财政部关于颁发〈劳动保护专项措施经费管理办法〉的通知》	劳计字〔1991〕43 号	1991 - 8 - 7	1991 - 8 - 7
145	《水电建设起重设备安全管理规定》	电综〔1998〕133 号	1998 - 2 - 21	1998 - 2 - 21
146	《建筑施工企业安全生产管理机构设置及专职安全生产管理人员配备办法》	建质〔2008〕91 号	2008 - 5 - 13	2008 - 5 - 13
五、安全生产标准规范				
147	《手持式电动工具的管理、使用、检查和维修安全技术规程》	GB/T 3787—2017	2017 - 7 - 12	2018 - 2 - 1
148	《起重机 钢丝绳保养、维护、检验和报废》	GB/T 5972—2016	2016 - 2 - 24	2016 - 6 - 1
149	《个体防护装备选用规范》	GB/T 11651—2008	2008 - 12 - 11	2009 - 10 - 1
150	《带电作业用绝缘绳索》	GB/T 13035—2008	2008 - 9 - 24	2009 - 8 - 1
151	《职业安全卫生术语》	GB/T 15236—2008	2008 - 12 - 15	2009 - 10 - 1
152	《带电作业用绝缘手套》	GB/T 17622—2008	2008 - 9 - 24	2009 - 8 - 1
153	《起重机 吊装工和指挥人员的培训》	GB/T 23721—2009	2009 - 4 - 24	2010 - 1 - 1

序号	名称	文号	颁布日期	实施日期 （随时更新）
154	《职业健康安全管理体系 要求》	GB/T 28001—2011	2011 - 12 - 30	2012 - 2 - 1
155	《职业健康安全管理体系 实施指南》	GB/T 28002—2011	2011 - 12 - 30	2012 - 2 - 1
156	《高处作业分级》	GB/T 3608—2008	2008 - 10 - 30	2009 - 6 - 1
157	《个体防护装备足部防护鞋（靴）的选择、使用和维护指南》	GB/T 28409—2012	2012 - 6 - 29	2013 - 3 - 1
158	《个体防护装备配备基本要求》	GB/T 29510—2013	2013 - 5 - 9	2014 - 2 - 1
159	《生产经营单位生产安全事故应急预案编制导则》	GB/T 29639—2013	2013 - 7 - 19	2013 - 10 - 1
160	《水土保持综合治理 技术规范 小型蓄排引水工程》	GB/T 16453.4—2008	2008 - 11 - 14	2009 - 2 - 1
161	《喷灌工程技术规范》	GB/T 50085—2007	2007 - 4 - 6	2007 - 10 - 1
162	《机械安全 防护装置 固定式和活动式防护装置设计与制造一般要求》	GB/T 8196—2003	2003 - 3 - 1	2003 - 9 - 1
163	《生产过程安全卫生要求总则》	GB/T 12801—2008	2008 - 12 - 15	2009 - 10 - 1
164	《生产过程危险和有害因素分类与代码》	GB/T 13861—2009	2009 - 10 - 15	2009 - 12 - 1
165	《场（厂）内机动车辆安全检验技术要求》	GB/T 16178—2011	2011 - 11 - 21	2012 - 5 - 1
166	《起重机械分类》	GB/T 20776—2006	2006 - 12 - 28	2007 - 7 - 1
167	《起重机 安全使用 第3部分：塔式起重机》	GB/T 23723.3—2010	2010 - 9 - 26	2011 - 2 - 1
168	《起重机 安全使用 第4部分：臂式起重机》	GB/T 23723.4—2010	2010 - 9 - 26	2011 - 2 - 1
169	《塔式起重机 安装与拆卸规则》	GB/T 26471—2011	2011 - 5 - 12	2011 - 12 - 1
170	《灌溉渠道系统量水规范》	GB/T 21303—2017	2017 - 11 - 1	2018 - 5 - 1
171	《节水灌溉工程技术规范（附条文说明）》	GB/T 50363—2006	2006 - 4 - 7	2006 - 9 - 1
172	《节水灌溉工程验收规范》	GB/T 50769—2012	2012 - 5 - 28	2012 - 10 - 1
173	《建设工程项目管理规范》	GB/T 50326—2017	2017 - 5 - 4	2018 - 1 - 1
174	《建设项目工程总承包管理规范》	GB/T 50358—2017	2017 - 5 - 4	2018 - 1 - 1
175	《建筑施工组织设计规范》	GB/T 50502—2009	2009 - 5 - 13	2009 - 10 - 1
176	《水位测量仪器 第2部分：压力式水位计》	GB/T 11828.2—2005	2005 - 3 - 2	2005 - 8 - 1

序号	名称	文号	颁布日期	实施日期（随时更新）
177	《土工试验方法标准(2007版)》	GB/T 50123—1999	1999 - 6 - 10	1999 - 10 - 1
178	《道路施工与养护机械设备 路面处理机械 安全要求》	GB/T 30750—2014	2014 - 6 - 9	2015 - 1 - 1
179	《建筑施工机械与设备 移动式破碎机 安全要求》	GB/T 30751—2014	2014 - 6 - 9	2015 - 1 - 1
180	《移动式道路施工机械 稳定土拌和机和冷再生机安全要求》	GB/T 30754—2014	2014 - 6 - 9	2015 - 1 - 1
181	《爆破工程工程量计算规范》	GB 50862—2013	2012 - 12 - 25	2013 - 7 - 1
182	《构筑物工程工程量计算规范》	GB 50860—2013	2012 - 12 - 25	2013 - 7 - 1
183	《施工企业安全生产管理规范》	GB 50656—2011	2011 - 7 - 26	2012 - 4 - 1
184	《建设工程施工现场消防安全技术规范》	GB 50720—2011	2011 - 6 - 6	2011 - 8 - 1
185	《建筑施工安全技术统一规范》	GB 50870—2013	2013 - 5 - 13	2014 - 3 - 1
186	《蓄滞洪区建筑工程技术规范》	GB 50181—1993	1993 - 7 - 16	1994 - 2 - 1
187	《防洪标准》	GB 50201—2014	2014 - 6 - 23	2015 - 5 - 1
188	《个体防护装备职业鞋》	GB 21146—2007	2007 - 11 - 1	2008 - 6 - 1
189	《个人用眼护具技术要求》	GB 14866—2006	2006 - 2 - 27	2006 - 12 - 1
190	《个体防护装备防护鞋》	GB 21147—2007	2007 - 11 - 1	2008 - 6 - 1
191	《个体防护装备安全鞋》	GB 21148—2007	2007 - 11 - 1	2008 - 6 - 1
192	《施工升降机安全规则》	GB 10055—2007	2007 - 3 - 12	2007 - 10 - 1
193	《塔式起重机安全规程》	GB 5144—2006	2006 - 6 - 2	2007 - 10 - 1
194	《起重机 安全标志和危险图形符号 总则》	GB 15052—2010	2011 - 1 - 10	2011 - 12 - 1
195	《爆破安全规程》	GB 6722—2011	2014 - 12 - 5	2015 - 7 - 1
196	《土方与爆破工程施工及验收规范》	GB 50201—2012	2012 - 3 - 30	2012 - 8 - 1
197	《危险化学品重大危险源辨识》	GB 18218—2009	2009 - 3 - 31	2009 - 12 - 1
198	《高处作业吊篮》	GB/T 19155—2017	2017 - 7 - 12	2018 - 8 - 1
199	《土方机械 机器安全标签 通则》	GB 20178—2014	2014 - 9 - 3	2015 - 7 - 1
200	《安全网》	GB 5725—2009	2009 - 4 - 1	2009 - 12 - 1
201	《安全带》	GB 6095—2009	2009 - 4 - 13	2009 - 12 - 1
202	《安全帽》	GB 2811—2007	2007 - 1 - 19	2007 - 12 - 1
203	《安全色》	GB 2893—2008	2008 - 12 - 11	2009 - 10 - 1
204	《安全标志及其使用导则》	GB 2894—2008	2008 - 12 - 11	2009 - 10 - 1

序号	名称	文号	颁布日期	实施日期 （随时更新）
205	《固定式钢梯及平台安全要求 （第1部分：钢直梯）》	GB 4053.1—2009	2009 - 3 - 31	2009 - 12 - 1
206	《固定式钢梯及平台安全要求 （第2部分：钢斜梯）》	GB 4053.2—2009	2009 - 3 - 31	2009 - 12 - 1
207	《固定式钢梯及平台安全要求（第3 部分：工业防护栏杆及钢平台）》	GB 4053.3—2009	2009 - 3 - 31	2009 - 12 - 1
208	《焊接与切割安全》	GB 9448—1999	1999 - 9 - 3	2000 - 5 - 1
209	《消防安全标志 第1部分：标志》	GB 13495.1—2015	2015 - 6 - 2	2015 - 8 - 1
210	《消防安全标志设置要求》	GB 15630—1995	1995 - 7 - 1	1996 - 2 - 1
211	《带式输送机安全规范》	GB 14784—2013	2013 - 12 - 31	2014 - 7 - 1
212	《起重机械安全规程 第1部分： 总则》	GB 6067.1—2010	2010 - 9 - 26	2011 - 6 - 1
213	《安全带检验方法》	GB 6095—2009	2009 - 4 - 13	2009 - 12 - 1
214	《固定的空气压缩机安全规则和 操作规程》	GB 10892—2005	2005 - 8 - 31	2006 - 8 - 1
215	《足部防护 电绝缘鞋》	GB 12011—2009	2009 - 4 - 13	2009 - 12 - 1
216	《起重机械超载保护装置》	GB 12602—2009	2009 - 4 - 24	2010 - 1 - 1
217	《化学品分类和危险性公示 通则》	GB 13690—2009	2009 - 6 - 1	2010 - 5 - 1
218	《坠落防护 带刚性导轨的自锁器》	GB 24542—2009	2009 - 10 - 30	2010 - 9 - 1
219	《建筑照明设计规范》	GB 50034—2013	2013 - 11 - 29	2014 - 6 - 1
220	《建筑抗震设计规范》	GB 50011—2010	2010 - 5 - 31	2010 - 10 - 1
221	《起重设备安装工程施工及验收 规范》	GB 50278—2010	2010 - 5 - 31	2010 - 12 - 1
222	《内河交通安全标志》	GB 13851—2008	2008 - 4 - 7	2008 - 10 - 1
223	《堤防工程设计规范》	GB 50286—2013	2012 - 12 - 25	2013 - 5 - 1
224	《安全防范工程技术规范》	GB 50348—2004	2004 - 10 - 9	2004 - 12 - 1
225	《企业职工伤亡事故分类》	GB 6441—1996	1986 - 5 - 31	1987 - 2 - 1
226	《开发建设项目水土流失防治标 准》	GB 50434—2008	2008 - 6 - 1	2008 - 7 - 1
227	《水利工程工程量清单计价规范》	GB 50501—2007	2007 - 4 - 6	2007 - 7 - 1
228	《建筑设计防火规范》	GB 50016—2014	2014 - 8 - 27	2015 - 5 - 1
229	《建筑工程抗震设防分类标准》	GB 50223—2008	2008 - 7 - 30	2008 - 7 - 30
230	《电力变压器、电源装置和类似 产品的安全 第24部分：建筑工 地用变压器的特殊要求》	GB 19212.24—2005	2005 - 10 - 9	2006 - 8 - 1

序号	名称	文号	颁布日期	实施日期 （随时更新）
231	《低压电气装置 第7-704部分：特殊装置或场所的要求 施工和拆除场所的电气装置》	GB 16895.7—2009	2009-4-21	2010-3-1
232	《移动式道路施工机械 通用安全要求》	GB 26504—2011	2011-5-12	2012-4-1
233	《〈移动式道路施工机械通用安全要求〉国家标准第1号修改单》	GB 26504—2011/XG 1—2012	2011-5-12	2013-5-1
234	《移动式道路施工机械 摊铺机安全要求》	GB 26505—2011	2011-5-12	2012-4-1
235	《建筑施工机械与设备 钻孔设备安全规范》	GB 26545—2011	2011-6-16	2012-5-1
236	《柴油打桩机 安全操作规程》	GB 13749—2003	1992-1-1	2004-6-1
237	《开发建设项目水土保持技术规范（附条文说明）》	GB 50433—2008	2008-1-14	2008-7-1
238	《职业健康监护技术规范》	GBZ 188—2014	2014-5-14	2014-10-1
239	《工作场所职业病危害警示标识》	GBZ 158—2003	2003-6-3	2003-12-1
240	《用人单位职业病防治指南》	GBZ/T 225—2010	2010-1-22	2010-8-1
241	《焊工防护手套》	AQ 6103—2007	2007-1-4	2007-4-1
242	《安全评价通则》	AQ 8001—2007	2007-1-4	2007-4-1
243	《安全预评价导则》	AQ 8002—2007	2007-1-4	2007-4-1
244	《安全验收评价导则》	AQ 8003—2007	2007-1-4	2007-4-1
245	《企业安全文化建设导则》	AQ/T 9004—2008	2008-11-19	2009-1-1
246	《企业安全文化建设评价准则》	AQ/T 9005—2008	2008-11-19	2009-1-1
247	《企业安全生产标准化基本规范》	GB/T 33000—2016	2016-12-13	2017-4-1
248	《生产安全事故应急演练指南》	AQ/T 9007—2011	2011-4-19	2011-9-1
249	《安全鞋、防护鞋和职业鞋选择、使用和维护》	AQ/T 6108—2008	2008-11-19	2009-1-1
250	《水利水电工程施工通用安全技术规程》	SL 398—2007	2007-11-26	2008-2-26
251	《水利水电工程土建施工安全技术规程》	SL 399—2007	2007-11-26	2008-2-26
252	《水利水电工程机电设备安装安全技术规程》	SL 400—2016	2016-12-20	2017-03-20
253	《水利水电工程施工作业人员安全操作规程》	SL 401—2007	2007-11-26	2008-2-26

序号	名称	文号	颁布日期	实施日期 （随时更新）
254	《水利水电工程施工地质勘察规程》	SL 313—2004	2004 - 12 - 8	2005 - 3 - 1
255	《水利水电单元工程施工质量验收评定标准 堤防工程》	SL 634—2012	2012 - 9 - 19	2012 - 12 - 19
256	《小型水电站施工技术规范》	SL 172—2012	2012 - 1 - 12	2012 - 4 - 12
257	《渠道防渗工程技术规范》	GB/T 50600—2010	2010 - 7 - 15	2011 - 2 - 1
258	《水利水电建设工程验收规程》	SL 223—2008	2008 - 3 - 3	2008 - 6 - 3
259	《泵站施工规范》	SL 234—1999	1999 - 3 - 23	1999 - 4 - 1
260	《水利水电工程等级划分及洪水标准》	SL 252—2017	2017 - 1 - 9	2017 - 4 - 9
261	《水库大坝安全评价导则》	SL 258—2017	2017 - 1 - 9	2017 - 4 - 9
262	《水利工程建设项目施工监理规范》	SL 288—2014	2014 - 10 - 30	2015 - 1 - 30
263	《水利水电工程施工组织设计规范》	SL 303—2017	2017 - 9 - 8	2017 - 12 - 8
264	《泵站安全鉴定规程》	SL 316—2015	2015 - 3 - 9	2015 - 6 - 9
265	《水利水电建设用缆索起重机技术条件》	SL 375—2017	2017 - 3 - 24	2017 - 6 - 24
266	《水利水电工程锚喷支护技术规范》	SL 377—2007	2007 - 10 - 8	2008 - 1 - 8
267	《水工建筑物地下开挖工程施工规范》	SL 378—2007	2007 - 10 - 8	2008 - 1 - 8
268	《大型灌区技术改造规程》	SL 418—2008	2008 - 4 - 21	2008 - 7 - 21
269	《水利水电起重机械安全规程》	SL 425—2017	2017 - 5 - 5	2017 - 8 - 5
270	《水工预应力锚固施工规范》	SL 46—1994	1994 - 3 - 31	1994 - 7 - 1
271	《水工建筑物岩石基础开挖工程施工技术规范》	SL 47—1994	1994 - 3 - 31	1994 - 7 - 1
272	《混凝土面板堆石坝施工规范》	SL 49—2015	2015 - 5 - 15	2015 - 8 - 15
273	《水工碾压混凝土施工规范》	SL 53—1994	1994 - 3 - 31	1994 - 7 - 1
274	《堤防工程技术规范》	SL 51—1993	1993 - 4 - 7	1993 - 7 - 1
275	《中小型水利水电工程地质勘察规范》	SL 55—2005	2005 - 4 - 18	2005 - 7 - 1
276	《土石坝安全监测技术规范》	SL 551—2012	2012 - 3 - 28	2012 - 6 - 28
277	《混凝土坝安全监测技术规范》	SL 601—2013	2013 - 3 - 15	2013 - 6 - 15

序号	名称	文号	颁布日期	实施日期 （随时更新）
278	《水工建筑物水泥灌浆施工技术规范》	SL 62—2014	2014 - 10 - 27	2015 - 1 - 27
279	《渠系工程抗冻胀设计规范（附条文说明）》	SL 23—2006	2006 - 9 - 9	2006 - 10 - 1
280	《浆砌石坝设计规范》	SL 25—2006	2006 - 4 - 12	2006 - 6 - 1
281	《水工金属结构焊接通用技术条件》	SL 36—2016	2016 - 7 - 20	2016 - 10 - 20
282	《偏心铰弧形闸门技术条件》	SL 37—1991	1991 - 9 - 24	1992 - 1 - 1
283	《水利水电工程设计洪水计算规范》	SL 44—2006	2006 - 9 - 9	2006 - 10 - 1
284	《水利水电工程施工测量规范》	SL 52—2015	2015 - 5 - 15	2015 - 8 - 15
285	《水工金属结构防腐蚀规范（附条文说明）》	SL 105—2007	2007 - 11 - 26	2008 - 2 - 26
286	《透水板校验方法》	SL 111—2017	2017 - 4 - 6	2017 - 7 - 6
287	《水利水电工程施工质量检测与评定规程（附条文说明）》	SL 176—2007	2007 - 7 - 14	2007 - 10 - 14
288	《水工混凝土结构设计规范》	SL 191—2008	2008 - 11 - 10	2009 - 2 - 10
289	《水工建筑物抗冰冻设计规范（附条文说明）》	SL 211—2006	2006 - 9 - 9	2006 - 10 - 1
290	《防汛储备物资验收标准》	SL 297—2004	2004 - 4 - 16	2004 - 5 - 20
291	《防汛物资储备定额编制规程》	SL 298—2004	2004 - 4 - 16	2004 - 5 - 20
292	《水坠坝技术规范》	SL 302—2004	2004 - 8 - 2	2004 - 11 - 1
293	《碾压混凝土坝设计规范》	SL 314—2004	2004 - 12 - 8	2005 - 2 - 1
294	《水土保持工程质量评定规程（附条文说明）》	SL 336—2006	2006 - 3 - 31	2006 - 7 - 1
295	《水利水电工程注水试验规程（附条文说明）》	SL 345—2007	2007 - 11 - 26	2008 - 2 - 26
296	《水工混凝土试验规程（附条文说明）》	SL 352—2006	2006 - 10 - 23	2006 - 12 - 1
297	《水工建筑物地下开挖工程施工规范》	SL 378—2007	2007 - 10 - 8	2008 - 1 - 8
298	《水工挡土墙设计规范》	SL 379—2007	2007 - 5 - 11	2007 - 8 - 11
299	《水利水电工程启闭机制造安装及验收规范》	SL 381—2007	2007 - 7 - 14	2007 - 10 - 14
300	《水利水电工程清污机型式基本参数技术条件》	SL 382—2007	2007 - 7 - 14	2007 - 10 - 14

序号	名称	文号	颁布日期	实施日期 （随时更新）
301	《水利水电工程边坡设计规范（附条文说明）》	SL 386—2007	2007 - 7 - 14	2007 - 10 - 14
302	《水利水电工程二次接线设计规范》	SL 438—2008	2008 - 12 - 16	2009 - 3 - 16
303	《溢洪道设计规范》	SL 253—2000	2000 - 7 - 13	2000 - 8 - 1
304	《水闸设计规范》	SL 265—2016	2016 - 11 - 30	2017 - 2 - 28
305	《碾压式土石坝设计规范》	SL 274—2001	2002 - 1 - 28	2002 - 3 - 1
306	《水工隧洞设计规范》	SL 279—2016	2016 - 4 - 26	2016 - 7 - 26
307	《水利水电工程混凝土预冷系统设计规范》	SL 512—2011	2011 - 2 - 11	2011 - 5 - 11
308	《水利水电工程施工机械设备选择设计导则》	SL 484—2010	2010 - 10 - 11	2011 - 1 - 11
309	《水利水电工程施工总布置设计规范》	SL 487—2010	2010 - 12 - 30	2011 - 3 - 30
310	《水利水电单元工程施工质量验收评定标准堤防工程》	SL 634—2012	2012 - 9 - 19	2012 - 12 - 19
311	《水利水电工程混凝土防渗墙施工技术规范》	SL 174—2014	2014 - 10 - 27	2015 - 1 - 27
312	《堤防工程施工规范》	SL 260—2014	2014 - 7 - 16	2014 - 10 - 16
313	《喷灌工程技术管理规程》	SL 569—2013	2013 - 2 - 1	2013 - 5 - 1
314	《水闸技术管理规程》	SL 75—2014	2014 - 9 - 10	2014 - 12 - 10
315	《疏浚与吹填工程技术规范》	SL 17—2014	2014 - 5 - 9	2014 - 8 - 9
316	《水利基本建设项目竣工财务决算编制规程》	SL 19—2014	2014 - 3 - 28	2014 - 6 - 28
317	《水工建筑物与堰槽测流规范》	SL 537—2011	2011 - 4 - 12	2011 - 7 - 12
318	《水闸施工规范》	SL 27—2014	2014 - 11 - 21	2015 - 2 - 1
319	《水工建筑物滑动模板施工技术规范》	SL 32—2014	2014 - 10 - 27	2015 - 1 - 27
320	《水泥胶砂流动度测定仪校验方法》	SL 123—2012	2012 - 8 - 1	2012 - 11 - 1
321	《水轮机模型浑水验收试验规程（附条文说明）》	SL 142—2008	2008 - 11 - 10	2009 - 2 - 10
322	《水电农村电气化验收规程》	SL 296—2004	2004 - 3 - 18	2004 - 7 - 1
323	《水利水电工程设计工程量计算规定》	SL 328—2005	2005 - 11 - 15	2006 - 1 - 1

序号	名称	文号	颁布日期	实施日期（随时更新）
324	《预冷混凝土片冰库》	SL 374—2017	2017 - 5 - 5	2017 - 8 - 5
325	《开发建设项目水土保持设施验收技术规程》	SL 387—2007	2007 - 10 - 8	2008 - 1 - 8
326	《水利水电工程混凝土预冷系统设计规范》	SL 512—2011	2011 - 2 - 11	2011 - 5 - 11
327	《水利基本建设项目竣工决算审计规程》	SL 557—2012	2012 - 3 - 28	2012 - 6 - 28
328	《衬砌与防渗渠道工程技术管理规程》	SL 599—2013	2013 - 5 - 29	2013 - 11 - 29
329	《小型水电站施工安全规程》	SL 626—2013	2013 - 9 - 6	2013 - 12 - 6
330	《水利水电工程钻探规程》	SL 291—2003	2003 - 9 - 27	2004 - 1 - 1
331	《施工企业安全生产评价标准》	JGJ/T 77—2010	2010 - 5 - 18	2010 - 11 - 1
332	《建筑起重机械安全评估技术规程》	JGJ/T 189—2009	2009 - 11 - 24	2010 - 8 - 1
333	《建筑施工土石方工程安全技术规范》	JGJ/T 180—2009	2009 - 6 - 18	2009 - 12 - 1
334	《建筑机械使用安全技术规程》	JGJ 33—2012	2012 - 5 - 3	2012 - 11 - 1
335	《建设工程施工现场环境与卫生标准》	JGJ 146—2013	2013 - 11 - 8	2014 - 6 - 1
336	《施工现场临时用电安全技术规范》	JGJ 46—2005	2005 - 4 - 15	2005 - 7 - 1
337	《建筑施工安全检查标准》	JGJ 59—2011	2011 - 12 - 7	2012 - 7 - 1
338	《建筑施工扣件式钢管脚手架安全技术规范》	JGJ 130—2011	2011 - 1 - 28	2011 - 12 - 1
339	《混凝土面板堆石坝施工规范》	DL/T 5128—2009	2009 - 7 - 22	2009 - 12 - 1
340	《泵站设备安装及验收规范》	SL 317—2015	2015 - 2 - 2	2015 - 5 - 2
341	《建筑拆除工程安全技术规范》	JGJ 147—2016	2016 - 11 - 15	2017 - 5 - 1
342	《施工现场机械设备检查技术规范》	JGJ 160—2016	2016 - 9 - 5	2017 - 3 - 1
343	《建筑施工碗扣式钢管脚手架安全技术规范》	JGJ 166—2016	2016 - 11 - 15	2017 - 5 - 1
344	《建筑施工作业劳动防护用品配备及使用标准》	JGJ 184—2009	2009 - 11 - 16	2010 - 6 - 1
345	《建筑施工塔式起重机安装、使用、拆卸安全技术规程》	JGJ 196—2010	2010 - 1 - 28	2010 - 7 - 1

序号	名称	文号	颁布日期	实施日期（随时更新）
346	《建筑施工升降机安装、使用、拆卸安全技术规程》	JGJ 215—2010	2010 - 6 - 12	2010 - 12 - 1
347	《施工现场临时用电安全技术规范》	JGJ 46—2005	2005 - 4 - 15	2005 - 7 - 1
348	《建筑施工模板安全技术规范》	JGJ 162—2008	2008 - 8 - 6	2008 - 12 - 1
349	《建筑施工木脚手架安全技术规范》	JGJ 164—2008	2008 - 8 - 6	2008 - 12 - 1
350	《建筑施工门式钢管脚手架安全技术规范》	JGJ 128—2010	2010 - 5 - 18	2010 - 12 - 1
351	《建筑施工工具式脚手架安全技术规范》	JGJ 202—2010	2010 - 3 - 31	2010 - 9 - 1
352	《建筑施工承插型盘扣式钢管支架安全技术规程》	JGJ 231 - 2010	2010 - 11 - 17	2011 - 10 - 1
353	《建筑施工竹脚手架安全技术规范》	JGJ 254—2011	2011 - 12 - 6	2012 - 5 - 1
354	《建筑施工起重吊装安全技术规范》	JGJ 276—2012	2012 - 1 - 11	2012 - 6 - 1
355	《建筑深基坑工程施工安全技术规范》	JGJ 311—2013	2013 - 10 - 9	2014 - 4 - 1
356	《建筑施工高处作业安全技术规范》	JGJ 80—2016	2016 - 7 - 9	2016 - 12 - 1
357	《液压滑动模板施工安全技术规程》	JGJ 65—2013	2013 - 6 - 24	2014 - 1 - 1
358	《水电水利工程土建施工安全技术规程》	DL/T 5371—2007	2007 - 7 - 20	2007 - 12 - 1
359	《水电水利基本建设工程单元工程质量等级评定标准 第1部分：土建工程》	DL/T 5113.1—2005	2005 - 2 - 14	2005 - 6 - 1
360	《水工建筑物水泥灌浆施工技术规范》	SL 62—2014	2014 - 10 - 27	2015 - 1 - 27
361	《水工建筑物岩石基础开挖工程施工技术规范》	DL/T 5389—2007	2007 - 7 - 20	2007 - 12 - 1
362	《水电水利工程缆索起重机安全操作规程》	DL/T 5266—2011	2011 - 7 - 28	2011 - 11 - 1
363	《水电水利工程施工机械安全操作规程 挖掘机》	DL/T 5261—2010	2011 - 1 - 9	2011 - 5 - 1

序号	名称	文号	颁布日期	实施日期 （随时更新）
364	《水电水利工程施工机械安全操作规程 推土机》	DL/T 5262—2010	2011 - 1 - 9	2011 - 5 - 1
365	《水电水利工程施工机械安全操作规程 装载机》	DL/T 5263—2010	2011 - 1 - 9	2011 - 5 - 1
366	《水电水利工程施工机械安全操作规程 专用汽车》	DL/T 5302—2013	2013 - 11 - 28	2014 - 4 - 1
367	《水电水利工程施工通用安全技术规程》	DL/T 5370—2007	2007 - 7 - 20	2007 - 12 - 1
368	《水电水利工程施工作业人员安全技术操作规程》	DL/T 5373—2007	2007 - 7 - 20	2007 - 12 - 1
369	《大坝安全监测数据自动采集装置》	DL/T 1134—2009	2009 - 7 - 22	2009 - 12 - 1
370	《水电水利工程钻探规程》	DL/T 5013—2005	2005 - 11 - 28	2006 - 6 - 1
371	《水工碾压混凝土施工规范》	DL/T 5112—2009	2009 - 7 - 22	2009 - 12 - 1
372	《水电水利工程 碾压式土石坝施工组织设计导则》	DL/T 5116—2000	2000 - 11 - 3	2001 - 1 - 1
373	《水电站基本建设工程验收规程》	DL/T 5123—2000	2000 - 11 - 3	2001 - 1 - 1
374	《水电水利工程施工压缩空气、供水、供电系统设计导则》	DL/T 5124—2001	2001 - 2 - 12	2001 - 7 - 1
375	《水工混凝土施工规范》	DL/T 5144—2001	2001 - 12 - 26	2002 - 5 - 1
376	《水工混凝土试验规程》	DL/T 5150—2001	2001 - 12 - 26	2002 - 5 - 1
377	《水工混凝土水质分析试验规程》	DL/T 5152—2001	2001 - 12 - 26	2002 - 5 - 1
378	《水力发电厂厂房采暖通风与空气调节设计规程》	DL/T 5165—2002	2002 - 9 - 16	2002 - 12 - 1
379	《水电工程预应力锚固设计规范》	DL/T 5176—2003	2003 - 1 - 9	2003 - 6 - 1
380	《混凝土坝安全监测技术规范》	DL/T 5178—2003	2003 - 1 - 9	2003 - 6 - 1
381	《水电水利工程混凝土预热系统设计导则》	DL/T 5179—2003	2003 - 1 - 9	2003 - 6 - 1
382	《水电水利工程锚喷支护施工规范》	DL/T 5181—2017	2017 - 11 - 15	2018 - 3 - 1
383	《水电水利工程施工总布置设计导则》	DL/T 5192—2004	2004 - 3 - 9	2004 - 6 - 1
384	《水电水利工程混凝土防渗墙施工规范》	DL/T 5199—2004	2004 - 10 - 20	2005 - 4 - 1

序号	名称	文号	颁布日期	实施日期（随时更新）
385	《水电水利工程高压喷射灌浆技术规范》	DL/T 5200—2004	2004-10-20	2005-4-1
386	《水电水利工程地下工程施工组织设计导则》	DL/T 5201—2004	2004-10-20	2005-4-1
387	《水工建筑物抗冲磨防空蚀混凝土技术规范》	DL/T 5207—2005	2005-2-14	2005-6-1
388	《混凝土坝安全监测资料整编规程》	DL/T 5209—2005	2005-2-14	2005-6-1
389	《大坝安全监测自动化技术规范》	DL/T 5211—2005	2005-2-14	2005-6-1
390	《水电水利工程钻孔抽水试验规程》	DL/T 5213—2005	2005-2-14	2005-6-1
391	《水电水利工程振冲法地基处理技术规范》	DL/T 5214—2016	2016-12-5	2017-5-1
392	《水工建筑物止水带技术规范》	DL/T 5215—2005	2005-2-14	2005-6-1
393	《水力发电厂交流110 kV～500 kV电力电缆工程设计规范》	DL/T 5228—2005	2005-11-28	2006-6-1
394	《土坝灌浆技术规范》	SL 564—2014	2014-7-3	2014-10-3
395	《水工混凝土耐久性技术规范》	DL/T 5241—2010	2010-5-1	2010-10-1
396	《水工混凝土建筑物缺陷检测和评估技术规程》	DL/T 5251—2010	2010-5-1	2010-10-1
397	《水电水利工程边坡施工技术规范》	DL/T 5255—2010	2011-1-9	2011-5-1
398	《水电水利工程施工环境保护技术规程》	DL/T 5260—2010	2011-1-9	2011-5-1
399	《水电水利工程混凝土搅拌楼安全操作规程》	DL/T 5265—2011	2011-7-28	2011-11-1
400	《水电水利工程钻孔土工试验规程》	DL/T 5354—2006	2006-12-17	2007-5-1
401	《水电水利工程土工试验规程》	DL/T 5355—2006	2006-12-17	2007-5-1
402	《水电水利工程施工导截流模型试验规程》	DL/T 5361—2006	2006-12-17	2007-5-1
403	《水工沥青混凝土试验规程》	DL/T 5362—2006	2006-12-17	2007-5-1
404	《水工碾压式沥青混凝土施工规范》	DL/T 5363—2006	2006-12-17	2007-5-1
405	《水工混凝土掺用磷渣粉技术规范》	DL/T 5387—2007	2007-7-20	2007-12-1

序号	名称	文号	颁布日期	实施日期 （随时更新）
406	《水工建筑物岩石基础开挖工程施工技术规范》	DL/T 5389—2007	2007 - 7 - 20	2007 - 12 - 1
407	《水电工程施工组织设计规范》	SL 303—2017	2017 - 9 - 8	2017 - 12 - 8
408	《水工建筑物滑动模板施工技术规范》	DL/T 5400—2016	2016 - 1 - 7	2016 - 6 - 1
409	《水工建筑物化学灌浆施工规范》	DL/T 5406—2010	2010 - 5 - 24	2010 - 10 - 1
410	《水电水利工程项目建设管理规范》	DL/T 5432—2009	2009 - 7 - 22	2009 - 12 - 1
411	《水工碾压混凝土试验规程》	DL/T 5433—2009	2009 - 7 - 22	2009 - 12 - 1
412	《水电水利工程施工重大危险源辨识及评价导则》	DL/T 5274—2012	2012 - 4 - 6	2012 - 7 - 1
413	《水电水利工程施工机械安全操作规程 凿岩台车》	DL/T 5280—2012	2012 - 8 - 23	2012 - 12 - 1
414	《水电水利工程施工机械安全操作规程 平地机》	DL/T 5281—2012	2012 - 8 - 23	2012 - 12 - 1
415	《水电水利工程施工机械安全操作规程 塔式起重机》	DL/T 5282—2012	2012 - 8 - 23	2012 - 12 - 1
416	《水电水利工程施工机械安全操作规程 混凝土泵车》	DL/T 5283—2012	2012 - 8 - 23	2012 - 12 - 1
417	《水电水利工程施工机械安全操作规程 运输类车辆》	DL/T 5305—2013	2013 - 11 - 28	2014 - 4 - 1
418	《水电水利工程施工安全监测技术规范》	DL/T 5308—2013	2013 - 11 - 28	2014 - 4 - 1
419	《水电水利工程施工安全生产应急能力评估导则》	DL/T 5314—2014	2014 - 3 - 18	2014 - 8 - 1
420	《水电水利工程施工机械安全操作规程 反井钻机》	DL/T 5701—2014	2014 - 10 - 15	2015 - 3 - 1
421	《水电水利工程施工安全防护设施技术规范》	DL 5162—2013	2013 - 11 - 28	2014 - 4 - 1
422	《施工机械安全技术操作规程 第十五册 空气压缩机》	DLJS 2 - 15—1981	1981 - 6 - 2	1981 - 6 - 2
423	《施工机械安全技术操作规程 第四册 潜孔式钻机》	DLJS 2 - 4—1981	1981 - 8 - 6	1981 - 8 - 6
424	《施工机械安全技术操作规程 第五册 凿岩台车》	DLJS 2 - 5—1981	1981 - 8 - 6	1981 - 8 - 6

序号	名称	文号	颁布日期	实施日期（随时更新）
425	《施工机械安全技术操作规程 第六册 汽车式起重机 轮胎式起重机》	DLJS 2-6—1981	1981-8-6	1981-8-6
426	《施工机械安全技术操作规程 第七册 门式起重机》	DLJS 2-7—1981	1981-8-6	1981-8-6
427	《施工机械安全技术操作规程 第九册 缆索起重机》	DLJS 2-9—1981	1981-8-6	1981-8-6
428	《施工机械安全技术操作规程 第十三册 混凝土拌和楼》	DLJS 2-13—1981	1981-6-2	1981-6-2
429	《施工机械安全技术操作规程 第十六册 柴油发电机组》	DLJS 2-16—1981	1981-6-2	1981-6-2
430	《施工机械安全技术操作规程 第八册 塔式起重机》	DLJS 2-8—1981	1981-8-6	1981-8-6
431	《履带起重机安全规程》	JG 5055—1994	1994-12-2	1995-7-1
432	《高空作业机械安全规则》	JG 5099—1998	1998-6-23	1998-12-1
433	《特种设备使用管理规则》	TSG 08—2017	2017-1-16	2017-8-1
434	《建设电子文件与电子档案管理规范》	CJJ/T 117—2017	2017-4-11	2017-10-1
435	《高处作业吊篮安装、拆卸、使用技术规程》	JB/T 11699—2013	2013-12-31	2014-7-1